Finite Element Analysis in Geotechnical Engineering：Application

岩土工程有限元分析：应用

〔英〕 David M. Potts　Lidija Zdravković　著

谢新宇　周　建　胡敏云　应宏伟 等　译

U0228254

科学出版社

北京

图字:01-2010-3046 号

内 容 简 介

　　本书系统介绍了岩土工程数值分析理论及相关知识,阐述了数值计算的优势及不足、限制和缺陷,帮助读者对数值分析结果作出准确判断。内容覆盖岩土参数的确定、隧道、挡土结构、挖方边坡、填方边坡、浅基础、深基础、程序基准测试、有限元的局限性及不足等方面。为使读者对有限元数值分析有全面深入的了解,本书侧重工程应用,理论部分在《岩土工程有限元分析:理论》中介绍。

　　本书可作为岩土工程及结构工程专业研究生教材,也可供广大土木工程领域的工程技术人员和科研人员学习参考。

图书在版编目(CIP)数据

　　岩土工程有限元分析:应用=Finite Element Analysis in Geotechnical Engineering: Application/(英)波茨(Potts D. M.),(英)斯察维奇(Zdravković L.)著;谢新宇等译.—北京:科学出版社,2010
　　ISBN 978-7-03-027671-1

　　Ⅰ.①岩…　Ⅱ.①波…②斯…③谢…　Ⅲ.①岩土工程-有限元分析　Ⅳ.①TU4

　　中国版本图书馆 CIP 数据核字(2010)第 092385 号

责任编辑:周　炜　王志欣　王向珍/责任校对:钟　洋
责任印制:赵　博/封面设计:鑫联必升

科 学 出 版 社 出版
北京东黄城根北街 16 号
邮政编码:100717
http://www.sciencep.com

北京凌奇印刷有限责任公司印刷
科学出版社发行　各地新华书店经销

*

2010 年 5 月第　一　版　　开本:B5(720×1000)
2025 年 1 月第五次印刷　　印张:23
字数:441 000

定价:198.00 元
(如有印装质量问题,我社负责调换)

译 者 的 话

在岩土工程教学和科研过程中,我们深深地感到需要一本合适的关于岩土工程数值计算的参考书。粗粗读了本书之后,我们都有被它吸引的感受。

本书基于作者 30 年来发展的岩土工程有限元分析软件(ICFEAP),并结合了室内试验、本构模型研究,以及大量现场试验成果,开创了有限元分析在岩土工程实践中全面应用的先河。内容涵盖了岩土工程的主要应用领域,不仅有详尽深入的理论分析和严密的试验研究,还展示了通过试验、理论和数值分析三者的有机结合,使有限元数值模拟在大量岩土实际工程中得到成功应用。这些实例包括比萨斜塔加固工程、伦敦地铁工程等。

参加本书翻译的周建、胡敏云和谢新宇曾先后在帝国理工学院做过访问学者,帝国理工学院岩土方向的多位教授和博士也来杭州做过学术交流,互相之间算是比较熟悉的。

我们决定翻译本书是在 2005 年底,当时谢新宇和胡敏云正在帝国理工学院访问,那里总是经常会有各种聚会,大家热热闹闹地喝酒,正是趁着酒兴,我们向两位作者提出将他们的著作翻译成中文出版的想法,他们欣然同意,并答应帮助处理有关版权事宜。

2006 年上半年,由谢新宇、周建和胡敏云牵头,又有应宏伟、潘晓东和刘开富几位加盟,翻译的班子算是搭成了。大家商定由周建和谢新宇分别负责《岩土工程有限元分析:理论》、《岩土工程有限元分析:应用》的统稿工作,并由谢新宇负责与出版社的联系事宜。翻译的具体分工如下:《岩土工程有限元分析:理论》,周建序言和第 1~3 章,胡敏云第 4~8 章和符号表,谢新宇第 9、10 章,潘晓东第 11、12章;《岩土工程有限元分析:应用》,谢新宇序言和第 1、6 章,应宏伟第 2、3 章,刘开富第 4、5 章,周建第 7~9 章。

翻译期间正值周建第二次在帝国理工学院访问,由她负责将大家翻译过程中遇到的一些问题与作者商量。翻译过程时间拖得很长,期间有作者的多次督促,历经两年总算脱稿,大家如释重负。翻译过程中浙江大学岩土专业的吴健、朱凯、杨相如、吴勇华、马伯宁、王龙、李晶、黄东、李涛等研究生作为初稿的第一批读者,提出了许多意见和建议。我们在此向为本书的翻译和出版给予帮助和支持的有关人士表示衷心的感谢。

翻译工作的困难也许只有亲历后才能真正体会,虽然我们尽力而为,但是鉴于英语和专业水平的限制,难免会有纰漏,还望各位读者和同行批评指正。

前　　言

有限元方法解决工程问题已有三十多年了,由于岩土工程问题的特殊性,近期该方法才大量用于解决岩土工程问题,因而介绍有限元方法在岩土工程中应用的书籍较少。

二十多年来,英国伦敦帝国学院(Imperial College,London)一直走在岩土工程数值分析的最前沿,凭借自己的计算程序及对有限元理论的深刻理解,已在有限元计算方面取得了巨大的成就,多年研究经验表明,合理地使用有限元方法可以为实际工程问题提供可靠的计算结果。

岩土工程有限元分析不仅要具备土力学和有限元方面的专业知识,了解现有本构模型的局限性,还要熟知软件的性能。全面掌握这些知识不容易,本科或硕士专业课程很少覆盖这些内容。很多工程师从事有限元分析或运用计算结果却不了解其局限和缺陷。近年来我们举办的为期 4 天的岩土工程数值分析短训班就非常强调这个问题。这个短训班吸引了许多工程界和学术界的人员参加,举办得很成功,但也暴露出很多工程师不具备有限元分析的基本能力。事实上,正是他们的强烈要求及鼓励促使我们撰写了这套书。

这套书主要介绍岩土工程有限元方法的应用,具体包括:

(1) 有限元理论,主要介绍有限元分析中所含的近似和假设。

(2) 常用本构模型及优缺点。

(3) 如何评价、比较商业软件的计算能力。

(4) 有限元计算结果可信度的判断。

(5) 用计算实例说明数值分析的局限性及利弊。

这套书主要面向商业软件的使用者及研究人员,也适用于岩土工程专业高年级本科生或研究生。为达到浅显易懂的目的,本书理论部分用传统的数学矩阵表示,没有使用张量符号。

显然,这套书不可能涉及与岩土工程有关的所有数值分析,其一,涉及的领域太多,全部覆盖这些内容需要很长的篇幅;其二我们的研究经验有限。因而,这套书侧重于介绍我们已熟练掌握,并对工程师有帮助的内容,仅含静力部分,不介绍动力响应。即便如此,集中在一本书中介绍仍不合适,于是将其分为《岩土工程有限元分析:理论》和《岩土工程有限元分析:应用》两本书。

《岩土工程有限元分析:理论》为理论部分,主要介绍有限元的基本理论和常用的本构模型,这是最主要的内容,它清楚地论述了理论和模型中的假设和条件。

《岩土工程有限元分析：应用》主要介绍有限元在实际工程中的应用，即具体如何运用，有哪些优缺点及存在的局限性，这不仅对软件使用者，而且对评价有限元计算结果的工程师都非常重要。

《岩土工程有限元分析：理论》共 12 章。第 1 章为岩土工程分析总论，介绍岩土数值分析所需的条件，提出现有分析方法的评价框架，让读者深入了解数值分析潜在的优越性。第 2 章为线弹性有限元理论，侧重于介绍理论所含的假设和条件。第 3 章介绍进行数值分析所需的修正和补充。

有限元理论最大的局限是线弹性材料假设。土体不是线弹性材料，第 4 章中介绍土体的重要特性应由本构模型反映。遗憾的是，没有一个本构模型既能反映土体的全部特征，同时模型参数又可以由简单的试验确定。第 5 章介绍非线性弹性模型，它由弹性模型发展而来，主要应用于早期的有限元分析，该模型有严重的局限性。现在应用较多的是基于弹塑性理论框架的本构模型，见第 6 章。第 7 章介绍简单的弹塑性模型。第 8 章介绍复杂的模型。

有限元中用非线性本构模型需要作一些理论拓展，详见第 2 章。第 9 章介绍最常用的非线性求解方法，从这些方法中可知，如果使用者不能选用合适的求解方法会导致很大的误差，本章中也具体讨论了获得准确计算结果的方法。

第 10 章为变形和渗流耦合的有限元理论，这里可以考虑与时间有关的固结问题。三维问题的分析见第 11 章，求解三维问题需要很大的计算机内存，本章介绍了如何减小计算所需内存，特别是迭代算法的使用。尽管三维分析已成功应用于其他工程领域，但就现在的计算机硬件条件而言，用三维计算分析大多数岩土工程问题还不是很经济。

第 12 章介绍傅里叶级数有限元法，可用于分析几何轴对称而材料或加载条件不对称的三维问题。与一般三维有限元相比，该方法的计算精度相同，但能节省一个数量级的内存空间。

本书建立在《岩土工程有限元分析：理论》基础之上，理论部分介绍不多，主要侧重于有限元计算的工程应用问题，共 9 章。

第 1 章介绍岩土工程计算参数的获取，这是分析中确定本构模型和初始条件时所必需的。分析了室内试验和现场试验各自的优点，仔细研究了各种不同试验得到的参数。

第 2 章分析隧道的施工，重点是施工过程的模拟和如何开展二维分析。探讨了如何选择一个合适的土体本构模型及水力边界条件来模拟隧道路线。

第 3 章分析挡土结构。主要分析了重力式挡墙、嵌入式板桩钢筋混凝土锚定墙。其重点是结构单元的模拟、合适本构模型的选择和施工的模拟。

第 4 章分析挖方边坡。引入了渐进破坏的概念，研究了其对边坡稳定性的作用，特别是与长期超静孔隙水压力消散的相互作用。

第 5 章分析填方边坡。分析了建在软弱和坚硬地基上的土石坝和堆石坝。讨论了合适本构模型的选择,相当详尽地介绍了合适的水力边界条件和渐进破坏的作用。对于建在软土地基上的路堤,研究了单一和多阶段施工及基底加固的作用。

第 6 章研究浅基础。首先分析了简单的地表基础,并与经典的承载力解答作比较。论证了数值分析对推进目前承载力研究水平的作用,分析了当前理论中的一些不足。举例说明了自重对排水承载力的影响,还考虑了基础形状和埋深的影响。研究了土体强度各向异性和预压对承载力的影响,分析了高塔及其承载力破坏与倾斜失稳的区别。通过对比萨斜塔的分析证明了数值分析的重要作用。

第 7 章分析深基础。分析了竖向荷载、水平荷载及弯矩综合作用下单桩和群桩性状、沉箱基础性状以及忽略土体强度各向异性分析带来的有害影响。

第 8 章讨论基准问题及有限元程序可靠性的评价。详细讨论了各种不同的选择及其不足,并给出了一些最近的基准校核结果。

第 9 章给出了作者遇到的数值计算的局限性及不足。特别讨论了隐含在模拟平面问题、初始条件方面有关问题的局限性以及一些普通本构模型在使用时的不足。

本书的重点在解释有限元方法的应用及其局限性和不足,特别是相当详尽地讨论了对于不同岩土边值问题合适本构模型的选取,并用作者经历的岩土工程实践论证了以上提出的观点。

本书中的所有数值分析实例均采用作者自己的计算机程序,该程序没有商业化,因而计算结果公正,不带任何偏见。读者如采用商业软件,则要考虑结果所隐含的一些意思。

David M. Potts　　Lidija Zdravković

伦　敦

2001 年 3 月

关于作者

本书大部分内容由 Potts 教授和 Zdravković 博士两位撰写并编辑,帝国理工学院和岩土咨询集团的同事对书中某些章节也做了贡献,特别是:

帝国理工学院的 Addenbrooke 博士撰写了第 2 章(隧道)的大部分内容;

岩土咨询集团的 Higgins 先生撰写了第 8 章(基准问题),并对第 3 章(挡土结构)作出了贡献;

岩土咨询集团的 Kovačević 博士撰写了第 4 章(挖方边坡)和第 5 章(填方边坡)的大部分内容。

致谢

感谢我们的同事 Burland 教授和 Vaughan 教授以及已毕业和在读的研究生，没有他们的支持和努力，本书是不可能完成的，特别感谢 Ganendra 博士，他的博士论文（Potts 教授指导）中有关群桩的内容构成了本书第 7 章（深基础）的一部分。

目　　录

第1章　岩土参数的确定

1.1　引　　言

对于岩土工程问题,成功进行有限元分析的重要因素之一是建立合适的岩土本构模型。正如《岩土工程有限元分析:理论》所提到的,目前还没有一个单一模型能综合反映实际土体的力学性质。鉴于此,在分析中抓住问题的主要方面并建立相应的模型就显得尤为重要。此外,为了能够在分析中使用特定的土体模型,其模型参数必须能够通过室内试验或者现场试验得到。本章总结了在岩土工程实践中广泛应用的常规室内试验和现场原位试验,以及相关模型参数的确定方法。

1.2　概　　述

由于目前尚没有一个土体本构模型能够完全反映土体的所有力学性质,这就需要确定何种土体特性在特定岩土工程问题中起决定作用,如刚度、变形、强度、剪胀性、各向异性等,并据此选用能够较好反映这些特性的本构模型。有限元分析中土体模型选用的另外一个重要方面是相应的模型参数能够通过土体的试验数据得到。后者也常常制约了一些成熟土体本构模型在实际中的运用,这是因为相应的模型参数无法通过常规室内试验或者现场试验获得。

本章的主要目的是简要回顾一下常规室内试验和现场试验,以及相关模型参数的确定方法。限于篇幅,无法详细给出从室内试验和现场试验的原始数据确定模型参数的方法。对于这方面的内容,读者可以参考相关专业文献。结合室内试验和现场试验对于了解土体性质是很有必要的。

1.3　室　内　试　验

1.3.1　简介

室内试验研究是几乎所有岩土工程的一个关键方面。室内试验可以分为以下几类:

(1) 土体物理性质研究,包括土体构造研究,土体基本参数试验,如含水量、级配、阿特贝(Atterberg)界限含水率试验,化学物和有机质含量,矿物学等。

(2) 土体单元力学性质试验,如应力应变特性、屈服特性、强度、蠕变性、渗透性等。

(3) 经验设计参数的确定,如道路 CBR 的确定。

(4) 物理模型,如离心机模型试验、标度试验、振动台试验。

为了获得本构模型参数,土体单元试验得到了广泛研究和应用,然而一些土体物理性质结果在使用上是有局限性的。这些土体单元试验的目的是以可控制的方式尽可能精确地量测土单元上的应力、应变及孔隙压力的变化情况。精确控制和量测土体受力响应是室内试验优于现场试验的一个主要方面。但是,室内土体单元试验的一个最大缺陷是获得原位结构和状态不变的未扰动试样比较困难。然而,在某种程度上,通过采用先进的取样技术,这些问题能够得到很好的解决,如 Laval 取样法(Hight,1993)。此外,对于砂土及弱黏结土的取样,这些问题依旧存在。

土体单元试验的一个基本问题是尽可能精确地模拟现场条件。这包括:

(1) 初始应力状态(如固结状态)。

(2) 应力变化情况。

(3) 变化顺序及速率。

(4) 场地排水条件。

如果要进行天然土体试验,需要对特定场地内不同深度处的一系列土样进行试验,由此得到整个场地范围内的土体受力响应参数。同样地,如果进行重塑土样试验,在相同的制样步骤下,进行不同初始应力状态下的重塑土样试验,由此得到整个范围内的材料响应参数。

本节下面将给出目前主要的室内试验设备及相关的试验方法。

1.3.2　固结试验

常规固结仪(图 1.1)含有一个直径 70mm、高 20mm 的金属圆环,试验时土样置于其中。在试样的上、下面设置透水石,以使试样在试验时沿竖向自由排水。由于金属环不透水,径向不能排水。试验时通过顶盖对试样施加竖向荷载增量,直至达到要求的应力水平。每级荷载增量施加后给予足够的时间以使超静孔隙水压力完全消散。

固结仪中试样完全的应力状态是未知的,唯一已知的是轴向总应力 σ_a。径向应力和孔隙水应力在常规固结试验中一般不需量测。

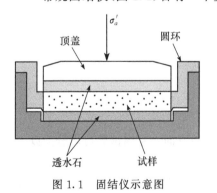

图 1.1　固结仪示意图

轴向应变 ε_a 通过顶盖的位移除以试样高度得到,而由于金属环的约束作用故侧向变形为零(即 $\varepsilon_r=0$)。因此,试样总的体积应变就等于轴向应变(即 $\varepsilon_v=\varepsilon_a$)。由于这些约束作用,可以称之为一维压缩试验。

　　黏土的固结试验结果以孔隙比-轴向有效应力(即 $e\text{-}\lg\sigma_a'$)形式给出,如图 1.2 所示。如上所述,每级荷载增量施加后给予了足够长的时间以确保超静孔隙水压力已经完全消散,所以,此时 $\sigma_a'=\sigma_a$。随着轴向有效应力的增加,试样的体积(即孔隙比)逐渐减小,加载曲线从试验初始状态沿着 abcd 变化,如图 1.2 所示。当有效应力超过了先期固结压力后(即 $\sigma_a'>(\sigma_a')_b$),通常假定此时压缩曲线为直线,也称之为原始压缩曲线,直线的斜率称为压缩指数 C_c,公式如下:

$$C_c=\frac{\Delta e}{\Delta(\lg\sigma_a')}\tag{1.1}$$

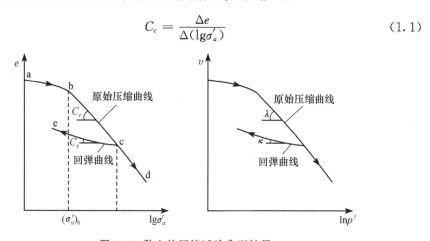

图 1.2　黏土的压缩试验典型结果

　　为研究土的回弹特性,可以对压缩试样进行轴向卸荷,从而导致孔隙比的增加,如图 1.2 中的曲线 ce 所示。在相同的 $e\text{-}\lg\sigma_a'$ 图中,假定这条曲线为直线,并称之为回弹曲线,其斜率称为回弹指数 C_s。

　　先期固结压力常常与以前施加在土样上的最大竖向有效应力有关。因此,试样最初超固结比 OCR 等于 $(\sigma_a')_b$ 除以试样当前状态的竖向有效应力。值得注意的是,对于结构性土,这种方法会高估 OCR,因为 b 点的应力会随着时间而增加。

　　为了能在一般的应力空间中运用固结试验数据,有必要以不变量的形式描述压缩和回弹曲线的斜率。已知一维压缩试验中径向应力和轴向应力之比(即 $K_0=\sigma_r'/\sigma_a'$),这样可以计算平均有效应力 $p'=(\sigma_a'+2K_0\sigma_a')/3$,然后比容以 $v(=1+e)$ 和平均有效应力 p' 的形式(如 $v\text{-}\ln p'$)重新绘制压缩和回弹曲线。这样原始压缩曲线的斜率 λ 可以表示为

$$\lambda=\frac{\Delta v}{\Delta(\ln p')}\tag{1.2}$$

回弹曲线的斜率 κ 也可以用相同的方法得到。这两个参数 λ 和 κ 对于临界状态模型是必需的，如修正剑桥模型、边界面塑性模型和冒泡模型（参见《岩土工程有限元分析：理论》第 7、8 章）。

由于在常规固结试验中不能测定 K_0，确定其取值是困难的。当土体状态处于原始压缩曲线段，即正常固结状态时，常常假定 $K_0 = K_0^{NC} = 1 - \sin\varphi'$（即 Jaky 公式），其中，$\varphi'$ 为内摩擦角。如果 φ' 已知，K_0 及 p' 就可以得到。由于 K_0^{NC} 在原始压缩曲线范围内几乎为常数，这样如果原始压缩曲线在 $e\text{-}\lg\sigma_a'$ 上为直线，则在 $v\text{-}\ln p'$ 上也为直线。事实上，可以得到 $C_c = 2.3\lambda$。然而，在回弹曲线范围内，K_0 不是常数，而是随着卸荷而增加。目前有一些经验公式可反映 K_0^{OC} 的变化情况，但是尚没有通用表达式。因此，在回弹曲线上确定 p' 是困难的。此外，如果 K_0^{OC} 是变化的，回弹曲线在 $e\text{-}\lg\sigma_a'$ 上是直线，但是在 $v\text{-}\ln p'$ 上不再是直线。因此，在固结试验中确定 κ 是困难的，并且还需要大量研究。

第三个参数是单位平均有效应力下的比容 v，或者在 MIT 模型中 $p' = 100\text{kPa}$ 时对应的比容，这是用来确定原始压缩曲线和回弹曲线在 $v\text{-}\ln p'$ 中的位置。这里特别需要注意的是，对于等向压缩（无偏应力）下的原始压缩曲线，这个参数是必需的。如上所述，固结试验中水平向应力和竖向应力不可能相等（即 $K_0 \neq 1$），因此原始压缩曲线尽管平行于等向压缩情况下的相应曲线，在 $v\text{-}\ln p'$ 坐标中向原点移动。对于大多数本构模型，把固结试验中原始压缩曲线的比容 v 变换为等向原始压缩曲线对应的适当值是可能的。

对于复杂问题，甚至一些更先进的本构模型，需要在 $\ln v\text{-}\ln p'$ 坐标中描述等向固结试验结果，通常假定原始压缩曲线和回弹曲线为直线，如《岩土工程有限元分析：理论》8.9 节所提到的 Al-Tabbaa & Wood 模型。

固结试验结果也可以用来确定竖向渗透系数 k_v。在每级荷载增量施加后，通过量测试样的高度随时间的变化情况，根据这些数据可以用一维固结理论来估计 k_v（Head，1994）。

对于砂土，由于初始密度的影响，土的力学行为更为复杂。在固结试验中研究两种相同的砂土试样，一个处于密实状态，另一个处于松散状态，图 1.3 给出了它们在竖向荷载增量作用下的力学特性。由于密实状态不同，因而初始孔隙比也就不同。在竖向有效应力增量作用下，试样沿着不同的正常压缩曲线变化。应力超过某点时，这些压缩曲线都会沿着相同的原始压缩曲线变化，如图 1.3 所示。土样越松散则这些点对应的竖

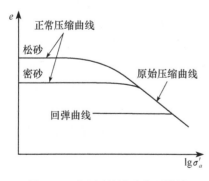

图 1.3　砂土固结试验典型结果

向有效应力越小。达到原始压缩曲线时的竖向有效应力值比黏性土相应的竖向有效应力值要大得多,并且比实际情况中的应力水平要大得多。在任何时候卸载,试样都将沿着回弹/再压缩曲线变化。通常假定这些曲线在 $e\text{-}\lg\sigma'_a$、$v\text{-}\ln p'$ 或者 $\ln v\text{-}\ln p'$ 中是直线。

固结试验得到的结果也可以用来计算侧限模量

$$E_c = \frac{\Delta\sigma'_a}{\Delta\varepsilon_a} \tag{1.3}$$

如果假定土体为各向同性弹性材料,这等价于一维模量

$$E_c = \frac{E(1-\mu)}{1-\mu-\mu^2} \tag{1.4}$$

如果假定泊松比 μ 已知,这样就可以由 E_c 得到杨氏模量 E。

1.3.3　三轴试验

在土体试验中,三轴仪是使用最广泛的试验仪器。Bishop 等(1962)详细阐述了土的三轴试验方法。Bishop 等(1975)给出了更先进的可以考虑应力路径的三轴仪。

常规三轴试验采用直径为 38mm 或者 100mm 的圆柱土样,如图 1.4 所示。其中较大直径的三轴仪用于天然黏土的试验,这是因为这些材料通常会含有天然裂隙。如果采用较小直径的土样,这些裂隙往往会被忽略。试样置于薄橡皮膜内,然后橡皮膜的上、下端用"O"形橡皮密封圈固定在试样帽和底座上。橡皮膜的作用是保证试样径向自由变形,同时起到隔离施加在试样上的围压和试样内部产生的孔隙水压力的作用。

密封的试样安装在底座上,并处于充满水的压力室内。压力室内水压力为 σ_c,施加在试样侧面的压力为径向总应力 σ_r,在刚性试样帽上施加同样大小的竖向应力,如图 1.5 所示。另外,通过传力杆在试样帽上施加一轴向力 F_a。如果试样横截面面积为 A,则施加在试样上的轴向总应力为

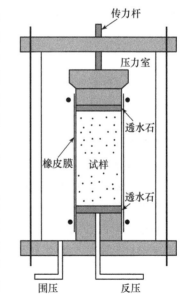

图 1.4　三轴仪示意图

$$\sigma_a = \sigma_c + \frac{F_a}{A} \tag{1.5}$$

特别值得注意的是,通过传力杆施加的应力不等于轴向应力,而是 $\sigma_a - \sigma_r$,即偏应

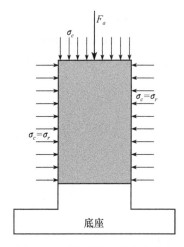

图 1.5　三轴试样上的应力分布

力 q。在三轴试验中可以量测孔隙水压力,因此有效轴向应力和有效侧应力可以表示为

$$\begin{cases} \sigma_a' = \sigma_a - p_f \\ \sigma_r' = \sigma_r - p_f \end{cases} \tag{1.6}$$

孔隙水压力可以在试样底部或顶部量测得到,也可以在试样高度的中部设置孔压传感器量测得到。

以前轴向应变是通过设置在三轴压力室外部的百分表量测试样轴向位移,然后推算得到。在最近 20 年时间里,应变量测技术得到很好的发展,目前可以直接量测试样的应变,这样就避免了试验测试系统带来的误差。轴向应变和径向应变都可以采用这种方法量测。

三轴仪可以用来做不同的三轴试验,一些最常见的试验有以下几种:

(1) 如果 σ_a 和 σ_r 同时增加,以至于侧向应变 $\varepsilon_r = 0$,这样试样的变形如同固结试验将是一维压缩变形。与固结试验相比,其优点是通过对孔隙水压力和侧应力的量测,可以得到有效应力,进而得到静止土压力系数 K_0^{NC},即

$$K_0^{NC} = \frac{\sigma_r'}{\sigma_a'} \tag{1.7}$$

同样,如果 σ_a 和 σ_r 同时减小,以至于侧向应变 $\varepsilon_r = 0$,此时可以得到不同超固结状态下(不同的 OCR)的土压力系数 K_0^{OC}。这些一维压缩和回弹结果可以绘制在 $e\text{-}\lg\sigma_a'$ 中,利用式(1.1)可以得到参数 C_c 和 C_s。总的体积应变 ε_v 在这两种试验条件下都等于轴向应变 ε_a。需要注意的是,如果 OCR 已知,则这些值与现场实际情况是相对应的。另外,在后续章节中将讨论一种从未扰动试样推算 K_0 的方法。

(2) 如果传力杆与试样帽不接触,即试样只受到围压作用,此时 $\sigma_a = \sigma_r$,试样变形处于等向压缩状态。如果压力室压力降低,则试样处于等向回弹状态。这些试验结果可以绘制在 $v\text{-}\ln p'$ 图中,利用式(1.2)可以得到参数 λ 和 κ。

(3) 在某一固结应力下进行各向同性或各向异性固结,然后进行排水或不排水剪切试验。在这种情况下,试样径向应力保持不变,轴向应力或增或减。如果 $\sigma_a > \sigma_r$,试样处于三轴压缩状态,此时 $\sigma_a = \sigma_1$,$\sigma_r = \sigma_\theta = \sigma_2 = \sigma_3$,表征中主应力影响的参数 $b = (\sigma_2 - \sigma_3)/(\sigma_1 - \sigma_3) = 0$。另外,如果试样轴向卸载,即 $\sigma_a < \sigma_r$,试样处于三轴伸长状态,此时 $\sigma_a = \sigma_3$,$\sigma_r = \sigma_\theta = \sigma_1 = \sigma_2$,$b = 1.0$。《岩土工程有限元分析:理论》中常用洛德(Lode)角来表示中主应力的相对大小,即 $\theta = \arctan[(2b-1)/\sqrt{3}]$,可得三轴压缩时 $b = 0$ 和 $\theta = -30°$,三轴伸长时 $b = 1$ 和 $\theta = 30°$。

　　三轴排水剪切和不排水剪切的试验结果可以绘制在应力-应变图(q-ε_a)中和应力路径图(q-p'或t-s',其中,$t=(\sigma_a'-\sigma_r')/2$,$s'=(\sigma_a'+\sigma_r')/2$)中,如图 1.6 所示。此外,对于不排水剪切可以得到孔隙水压力 p_f-ε_a 关系曲线,对于排水剪切可以得到体积应变 ε_{vol}-ε_a 关系曲线。在三轴试验中,砂土和黏土都有可能达到峰值偏应力,然后随着剪切变形的发展,偏应力逐渐减小,最终趋于一恒定值。峰值偏应力对应的状态常称为某材料的临界状态。在建模和设计中,重要参数有内摩擦角峰值φ_p',临界状态摩擦角 φ_{cs}',并且它们在三轴压缩和三轴伸长试验中是不同的,可通过峰值应力状态和临界状态计算得到,即

$$\varphi' = \arcsin\left(\frac{\sigma_1'-\sigma_3'}{\sigma_1'+\sigma_3'}\right) \tag{1.8}$$

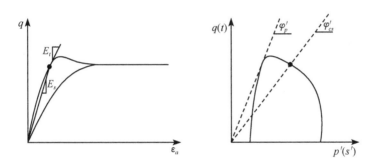

图 1.6　三轴试验应力-路径及应力-应变曲线

　　在岩土工程实践中,另一个重要参数是土体的刚度。从三轴压缩和伸长试验都可以得到排水杨氏模量 E' 和不排水杨氏模量 E_u。这些参数都可以由应力-应变关系曲线上的割线或切线形式给出,如图 1.6 所示。

$$E' = \frac{\Delta\sigma_a'}{\Delta\varepsilon_a}, \quad E_u = \frac{\Delta\sigma_a}{\Delta\varepsilon_a} \tag{1.9}$$

　　三轴试验给出了完整的土体刚度随应变发展而降低的变化过程,如图 1.7 所示。如果应变量测得的精度足够高,就可以发现材料的初始弹性力学行为,即土体刚度曲线初始段为水平线,且此时刚度取最大值。如果分析中重点关注变形的发展,建立本构模型需考虑的一个基本方面是小应变的力学性状,这是因为土

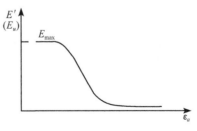

图 1.7　土体刚度曲线

体刚度在变形的早期阶段要比变形发展后期大得多。忽略这个方面会导致变形预测与现场监测有很大的不同,详见第 2、3 章。

　　如果确定了小应变杨氏模量 E'_{max},另一个弹性参数泊松比 μ'_{ar} 可以由排水三轴

压缩试验得到,它表征轴向应力引起的径向应变变化情况,计算公式如下:

$$\mu'_{ar} = -\frac{\Delta\varepsilon_r}{\Delta\varepsilon_a} \tag{1.10}$$

能够获得泊松比 μ'_{ar} 的一个基本前提是径向应变量测应具有较高的精度。

此外,表征土体弹性性质也可以用剪切模量 G 和体积模量 K 来代替 E' 和 μ,详见《岩土工程有限元分析:理论》5.5 节。这两个参数可以通过三轴压缩和伸长试验得到,并且 K 的获得还要满足排水剪切条件。

$$G = \frac{\Delta J}{\Delta E_d} \tag{1.11}$$

式中,ΔJ 为偏应力不变量增量;ΔE_d 为偏应变不变量增量。

$$\Delta J = \frac{1}{\sqrt{6}}\sqrt{(\sigma'_1-\sigma'_2)^2+(\sigma'_2-\sigma'_3)^2+(\sigma'_3-\sigma'_1)^2} = \frac{1}{\sqrt{3}}(\sigma'_a-\sigma'_r) = \frac{q}{\sqrt{3}}$$

$$\Delta E_d = \frac{2}{\sqrt{6}}\sqrt{(\varepsilon_1-\varepsilon_2)^2+(\varepsilon_2-\varepsilon_3)^2+(\varepsilon_1-\varepsilon_3)^2} = \frac{2}{\sqrt{3}}(\varepsilon_a-\varepsilon_r)$$

和

$$K = \frac{\Delta p'}{\Delta\varepsilon_v} \tag{1.12}$$

式中,$\Delta p'$ 为平均有效应力增量;$\Delta\varepsilon_v$ 为体积应变增量。

$$\Delta p' = \frac{\Delta\sigma'_1+2\Delta\sigma'_3}{3} = \frac{\Delta\sigma'_a+2\Delta\sigma'_r}{3}$$

$$\Delta\varepsilon_v = \Delta\varepsilon_1 + 2\Delta\varepsilon_3 = \Delta\varepsilon_a + 2\Delta\varepsilon_r$$

同样,从三轴试验可以得到剪切模量和体积模量随应变从小到大发展而逐渐减小。

值得注意的是,三轴试验无法得到更多的各向异性刚度参数。例如,对于线性横观各向同性模型,常规三轴试验只能得到轴向杨氏模量 $E_a = \Delta\sigma'_a/\Delta\varepsilon_a$ 和泊松比 $\mu_{ar} = \Delta\varepsilon_r/\Delta\varepsilon_a$,详见《岩土工程有限元分析:理论》5.6 节。如果在试样的侧面和端部设置了动力传感器(如弯曲元,见 1.3.10 小节),则可以得到另外两个参数,但是仍然不能得到第 5 个参数。

内摩擦角和刚度参数对当前几乎所有本构模型都是必需的。

尽管应用不广泛,三轴试验还可以用来确定黏性土的原位 K_0。通常,土试样从现场取出后需迅速密封以保证试样含水量不变。如果试样从现场取出后到制成满足试验尺寸要求的试样,然后安装到三轴仪上这一过程中始终保持不排水状态,则试样将保持原先的平均有效应力 p'_k。在加荷前,压力室内的土样的平均总应力为零,这样初始孔隙吸力就是 p'_k。然后施加围压直到出现正孔隙水压力(需要注意的是,三轴试验中应用的大多数孔隙水压力传感器尚不能量测吸力),通过施加的围压和量测到的孔隙水压力之间的差值可以得到 p_k'。然后得到现场 K_0（Burland et al.，1982）

$$K_0 = \frac{\dfrac{p_k'}{\sigma_v'} - A_s}{1 - A_s} \tag{1.13}$$

式中，A_s 为取样时偏应力减小而引起的孔隙水压力变化程度，对于各向同性弹性材料，$A_s = 1/3$，对于硬黏土（如伦敦黏土），A_s 可取 1/2 左右；σ_v' 为试样原位的竖向有效应力，可由试样埋深、上覆土饱和重度和孔隙水压力计算得到。

　　用这种方法精确确定 K_0 需要始终保持试样处于不排水状态。在安装试样到三轴仪上时需特别注意试样不能接触到水。通常在试样上、下设置透水石，这样安装过程中试样与水就会接触，因此，需要特殊的试验技术，详见 Burland 等（1982）。这种方法还忽略了试样装入装样盒中及取出时所引起的孔隙水压力变化。

　　三轴试验还可以用来确定渗透系数。对一试样施加围压 σ_r，然后在试样上、下端施加不同的水压力，这样会促使水在试样中流动。通过测定一定水压力差稳流状态下一定时间内流过试样的水量，就可以用达西定律给出渗透系数值。在不同围压下做这样一种渗透试验，可以得到渗透系数和孔隙比（或平均有效应力）之间的关系。由于渗透试验所需时间取决于渗径的长度，即试样的高度，因此往往采用短柱状试样。

　　对于低渗透性的土体（如 $k_0 < 10^{-7}$ m/s），可以通过三轴孔压消散试验来确定渗透系数 k。其具体方法为：迅速施加一围压增量，然后排水固结，量测随时间逐渐消散的孔隙水压力大小，最后运用一维固结理论就可以得到渗透系数 k。

1.3.4　真三轴试验

　　与常规三轴试验不同，真三轴试验采用正方体试样。这两种试验的区别在于：真三轴试验中可以独立施加和控制三个主应力 σ_1、σ_2 和 σ_3，如图 1.8 所示，而常规三轴试验中两个主应力是相等的（如 $\sigma_r = \sigma_\theta$）。

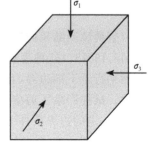

　　真三轴试验的优点是可以在 b 的全域内（0～1）得到内摩擦角 φ'，而常规三轴试验只能得到 $b=0$（三轴压缩）和 $b=1$（三轴伸长）时的 φ'。对于实际非三轴的应力状态（如平面应变条件，$0.2 < b < 0.4$，具体取值取决于土的类别），可以用真三轴试验来确定 φ'。

图 1.8　真三轴仪应力控制

　　同样，可以得到三个方向的土体刚度。例如，在线性横观各向同性模型中，可以确定所需 5 个参数中的 4 个参数。如果试样上设置了动力传感器（如弯曲元），这样第 5 个参数就可以确定了。

尽管真三轴具有常规三轴无法比拟的优点,但是由于取样和装样等操作的困难影响了真三轴的广泛应用,因此,真三轴很少用于商业测试中,其数量也非常有限,并且几乎都在高校里。

1.3.5　直剪试验

直剪试验是在剪切盒中进行的,剪切盒如图 1.9 所示。试样截面一般为 60mm×60mm,高 25mm。试样放置在方形盒子中,上、下分别设置刚性、粗糙的顶盖和底板,沿着水平方向剪切。竖向荷载通过顶盖施加到试样上,并在剪切过程中保持恒定。水平荷载施加在盒的上半部分,并使下半部分固定,这样就使上、下盒之间发生相互水平运动。粗糙的顶盖和底板把剪应力传递给土体。直剪试验的主要目的是确定土体的抗剪强度。直剪试验不适合用来测定土体刚度,因为荷载施加过程中剪应力分布是不均匀的。

试样上的已知应力为平均竖向应力和平均剪应力,如图 1.10 所示。剪应力的作用使得最大主应力 σ_1 的方向发生旋转而偏离了垂直方向,但是试验中并不量测这种旋转变化。由于试样安置在剪切盒中,这样在剪切过程中应力、应变分布是不均匀的。

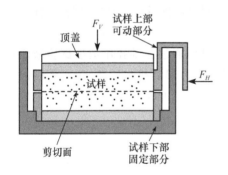

图 1.9　直剪盒示意图

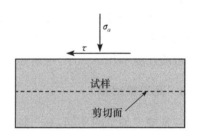

图 1.10　直剪试验中试样的应力状态

直剪试验结果的解释通常假定试样的变形遵循理想单剪条件,见文献(Potts et al.,1987)。这种理想化的条件如图 1.11 所示,假定土层上部边界发生位移后仍然平行于下部边界,且为平面应变状态。图 1.11 中给出了典型单元的受力变形特性。试样产生了剪应变 γ_{xy},由于约束作用,x 方向的正应变为零($\varepsilon_x=0$)。因此,在一定的边界条件下,土体受到剪应力 τ_{xy} 及 x 方向正应力增量($\Delta\sigma_x\neq0$),产生了 y 方向正应变 ε_y。由于剪切面始终保持水平,并且不可伸长($\varepsilon_x=0$),因此最终塑性破坏时剪切面呈现塑性流动状态(Davis,1968)。这些破坏面与最大主应变增量方向间的夹角为 $\pm(45°-\nu/2)$。对于各向同性弹塑性材料,最大主应力方向与最大主应变增量方向是一致的。因此,在破坏时,假设所有变形都是塑性变形,这样所有水平面都呈塑性流动状态,且与最大主应力 σ_1 方向间的夹角为 $\pm(45°-\nu/2)$,也就是与 σ_1 作用面间的夹角为 $\pm(45°+\nu/2)$。该状态下的应力莫尔圆如图 1.12 所示,H 点表示破坏时水平面上的应力状态 $(\sigma_y',(\tau_{xy})_f)$。从莫尔圆几何关系可以得到

$$\left(\frac{\tau_{xy}}{\sigma_y'}\right)_f = \frac{\sin\varphi'\cos\nu}{1-\sin\varphi'\sin\nu} \tag{1.14}$$

当 $\nu=0$ 时,式(1.14)便退化为 $(\tau_{xy}/\sigma_y')_f = \sin\varphi'$;当 $\nu=\varphi'$ 时,式(1.14)退化为 $(\tau_{xy}/\sigma_y')_f = \tan\varphi'$ 。前者由 Hill(1950)提出,而后者更普遍。在实际中,由于直剪试验产生的应力不均匀性,试样内部不可能全部满足理想化单剪条件。

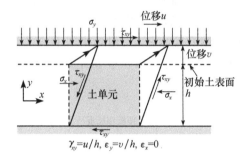

图 1.11　单剪下应力变形状态

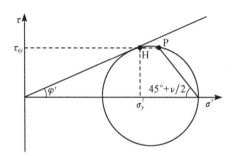

图 1.12　最终状态下莫尔应力圆

　　通常,直剪试验结果绘制在剪应力-水平位移(即 τ-d)图中,如图 1.13 所示。在水平位移发展初期,剪应力一般就能达到峰值,然后随着位移进一步发展逐渐降低直至趋于残余强度值。通过直剪试验可以得到峰值内摩擦角和残余内摩擦角,对于残余内摩擦角的获得可能需要几次加卸载过程。残余强度对高塑性黏土中的某些边值问题尤为重要,详见第 4 章,这是因为黏土颗粒在原结构中定向排列,在剪应力作用下逐渐趋于剪应力方向。例如,在边坡问题中经常会

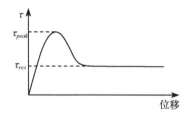

图 1.13　直剪试验典型剪
应力-位移关系曲线

出现这种情况。低塑性黏性土和粗粒状材料从临界状态到残余状态强度降低较小。

　　直剪试验还可用于接触面剪切试验。在土与其他材料(如混凝土、钢材等)接触处剪切,可以得到接触摩擦角 δ。例如,这个参数经常会用于桩或挡土墙分析中,这时就需要知道桩土或墙土间的最大摩擦角(Jardine et al.,1996;Day et al.,1998)。在这种试验中,土与其他材料分别置于上、下盒中,两者间的接触面作为直剪试验的剪切面。

1.3.6　单剪试验

单剪试验与直剪试验类似，都是顶盖相对于底板发生水平位移。不同的是，单剪试验能够使试样均匀变形。目前有两种类型的单剪仪：一类是由剑桥大学研发，另一类由挪威岩土工程研究所(NGI)研发。其中 NGI 单剪仪被世界上许多实验室采用，包括学术和商业活动。

NGI 单剪仪如图 1.14(a)所示，试验采用直径 80mm、厚 10mm 的圆饼状试样，试验时将试样置于经金属丝增强的橡皮膜内。这种橡皮膜将试样与外部环境相隔离，同时保证试样能够均匀地发生竖向变形和垂直面旋转。试样放置在顶板和底板之间，轴向力和剪切力通过顶板施加。通常轴向力在试验中保持稳定，剪切力不断增加，这类似于直剪情况。通过观测顶板的水平向和竖向位移可以得到试样的竖向应变和剪应变。试验中可以量测孔隙水压力，但是由于总应力和总应变状态未知，因此对于试验结果的解释仍然采用 1.3.5 小节所假定的理想单剪条件。

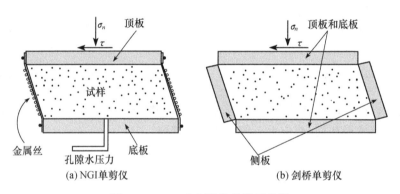

(a) NGI 单剪仪　　　　　　　　　(b) 剑桥单剪仪

图 1.14　NGI 和剑桥单剪仪示意图

剑桥单剪仪如图 1.14(b)所示，采用平面 100mm×100mm、厚 20mm 的柱形试样，试样安放在侧板及刚性粗糙的顶板、底板之间，这样使试样在试验中可以竖向变形和旋转。通过量测外部变形可以得到试样的平均应变。光滑的侧板允许试样竖向变形，这样在试样的竖向边界上不存在剪应力作用。因此，试样内的应力、应变状态也就不再均匀。通常在顶板、底板上设置正应力和剪应力量测传感器，但实际需要量测的是位于试样中部三分之一处的应力值，这往往很难做到，因此这种单剪仪目前很少使用。

这两种类型的单剪仪都可用来确定土体强度(如不排水强度或内摩擦角)。由于剑桥单剪仪试验过程中试样的应力状态相对较均匀，因此可以用来确定试样破坏前的应力、应变值。

1.3.7　环剪试验

　　环剪仪是另外一种只能得到土体强度的试验仪器。环剪仪的操作原理类似于
直剪仪,只是采用空心圆柱状试样,剪切时使上半部
分相对于下半部分发生旋转变形。试样外径
100mm、高 20mm、厚 15mm,如图 1.15 所示,被安置
在粗糙的顶板和底板之间,试样侧面为金属环,剪切
变形发生在水平方向。恒定竖向荷载通过顶板施加
给试样,金属环的下半部相对于上半部旋转以产生
水平方向的剪应力和剪切面。在标准剪剪仪中还无
法量测其他应力或应变,因此对试验结果的解释就
比较困难。

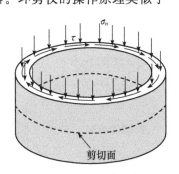

图 1.15　环剪仪示意图

　　环剪试验结果通常绘制在剪应力-位移(即 τ-d)图中,这与直剪试验类似,可
参见图 1.13。剪应力能达到峰值(即 φ'_p),然后逐渐降低,最后趋于残余强度值(即
φ'_{res})。强度参数的确定依旧假定剪切变形行为近似于理想单剪下的变形性状。环
剪试验与直剪试验不同之处在于,环剪试验能达到大得多的剪切变形,因而比较有
利于对残余强度的确定。环剪试验的另一个优点是可以研究剪切速率对残余强度
的影响,如地震荷载作用下的土体力学行为的研究。

　　同样,环剪仪也可以用来进行接触面剪切试验。

1.3.8　空心圆柱试验

　　从前面讨论中可以看出,固结试验、三轴试验和真三轴试验中的主应力和主应
变方向都平行于试样边界,也就是主应力或主应变只是相对大小的改变,而方向是
始终不变的。与此相反,直剪试验、单剪试验和环剪试验允许主应力和主应变方向
的改变,但是由于无法对所有应力分量进行量测,也就无法确定主应力的大小,或
者更为重要的是无法控制主应力方向。唯一例外的是,剑桥单剪仪如果配备了足
够的应力量测仪器,然后用量测得到的应力分量确定有效主应力的大小和方向,但
是这样仍然无法控制和改变主应力方向,因为这些都是由试验过程中内在行为控
制的。

　　空心圆柱试验可以克服这些缺点,它可以控制主应力的大小和方向变化。因
此,空心圆柱试验尤其适用于研究土体的各向异性。试验中采用的试样为空心圆
柱,它有多种尺寸可供选择。例如,在帝国理工学院实验室内有两种不同的试样尺
寸:较大的高 25cm、外径 25cm、厚 2.5cm,较小的高 19cm、外径 10cm、厚 1.5cm。

　　4 个独立加载系统可以对空心圆柱试样施加外荷载,如图 1.16 所示,而在其

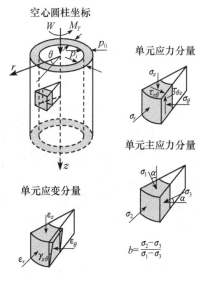

图 1.16　空心圆柱试验中的应力、
应变状态

他试验仪器中只有一套、二套或三套加载系统。这些独立荷载包括内压 p_i、外压 p_0、竖向荷载 W 和扭矩 M_T，控制着应力的 4 个分量，即正应力 σ_z、σ_r、σ_θ 和扭剪应力 $\tau_{z\theta}$（需要注意的是，其余两个剪应力 τ_{rz} 和 $\tau_{r\theta}$ 为零），这些就可以控制主应力的大小和方向 α。由于 3 个主应力分量都能够被控制，也就能够独立控制参数 b。可以设计这样的空心圆柱试验：b 不变而 α 改变或者 α 不变而 b 改变。这样就可以独立研究这两个参数对土体强度、刚度、屈服特性等的影响。

空心圆柱试验可以量测应变的所有分量：3 个正应变 ε_z、ε_r、ε_θ 和扭剪应变 $\gamma_{z\theta}$（注意，$\gamma_{rz} = \gamma_{r\theta} = 0$）。这样试样中的应变状态就完全可知了。

由于空心圆柱试验仪器的灵活性，它还可以用来做多种应力路径试验。然而，它最主要的用处是研究土体初始各向异性。在这种试验中，首先试样 K_0 固结至某一应力状态，以模拟现场土体经历沉积、侵蚀过程后的初始格林（Green）场条件，然后在不同的主应力方向下剪切，即一组试样在不同的 α（从 $0° \sim 90°$）下进行空心圆柱扭剪试验。试验结果通常绘制在应力路径（J-p'）图、应力-应变（J-E_d）图以及三维空间 J-p'-α 中，图 1.17 给出了粗粒土典型的空心圆柱试验结果（Zdravković et al.，2000）。特别地，试验结果揭示了峰值偏应力随着 α 的增加而降低的性质。试验结果同样给出了排水条件下的 φ_p' 和不排水条件下的 S_u 随 α 的变化情况，详见图 1.18。这些结果揭示了土体各向异性程度。

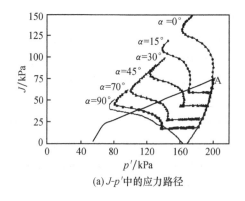

(a) J-p' 中的应力路径

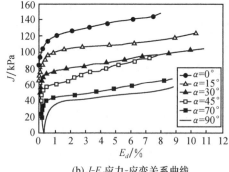

(b) J-E_d 应力-应变关系曲线

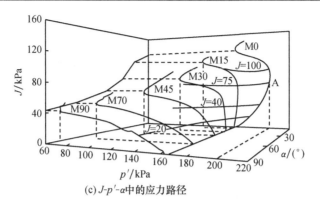

(c) J-p'-α中的应力路径

图 1.17　空心圆柱试验典型结果

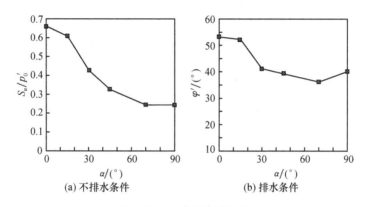

(a) 不排水条件　　　　　　　　(b) 排水条件

图 1.18　强度的各向异性

　　空心圆柱试验除了可以得到土体强度,还可以得到各个方向的土体刚度,即刚度的各向异性。例如,图 1.19 中,试样在排水条件下,当只有竖向有效应力改变时,可得竖向刚度 $E_v' = E_z' = \Delta\sigma_z'/\Delta\varepsilon_z'$ 的变化曲线;当只有水平有效应力改变时,可得水平向刚度 $E_h' = E_\theta' = \Delta\sigma_\theta'/\Delta\varepsilon_\theta'$ 的变化曲线;当只有扭剪应力改变时,可得剪切刚度 $G_{vh}' = G_{z\theta}' = \Delta\tau_{z\theta}/\Delta\gamma_{z\theta}$ 的变化曲线。详见(Zdravković et al.,1997)。

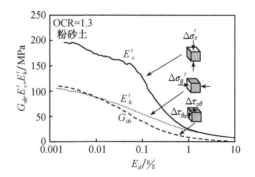

图 1.19　空心圆柱试验刚度的各向异性

　　排水定向剪切可以用来确定泊松比。当只有竖向有效应力发生改变时,泊松比 μ_{vh}'(竖向应力引起的水平应变变化)可以由式(1.15)得到

$$\mu'_{vh} = \mu'_{zr} = -\frac{\varepsilon_r}{\varepsilon_z} \quad \text{或} \quad \mu'_{vh} = \mu'_{z\theta} = -\frac{\varepsilon_r}{\varepsilon_z} \tag{1.15}$$

当只有水平有效应力改变时,泊松比 μ'_{hv}(水平应力引起的竖向应变变化)和 μ'_{hh}(水平应力引起的水平应变变化)为

$$\begin{cases} \mu'_{hv} = \mu'_{\theta z} = -\dfrac{\varepsilon_z}{\varepsilon_\theta} \\[2mm] \mu'_{hh} = \mu'_{\theta r} = -\dfrac{\varepsilon_r}{\varepsilon_\theta} \end{cases} \tag{1.16}$$

从上述结果可得到各向异性柔度矩阵

$$\begin{Bmatrix} \Delta\varepsilon_z \\ \Delta\varepsilon_r \\ \Delta\varepsilon_\theta \\ \Delta\gamma_{z\theta} \end{Bmatrix} = \begin{bmatrix} \dfrac{1}{E'_z} & -\dfrac{\mu'_{\theta z}}{E'_\theta} & -\dfrac{\mu'_{\theta z}}{E'_\theta} & 0 \\[3mm] -\dfrac{\mu'_{z\theta}}{E'_z} & \dfrac{1}{E'_\theta} & -\dfrac{\mu'_{\theta r}}{E'_\theta} & 0 \\[3mm] -\dfrac{\mu'_{\theta z}}{E'_\theta} & -\dfrac{\mu'_{\theta r}}{E'_\theta} & \dfrac{1}{E'_\theta} & 0 \\[3mm] 0 & 0 & 0 & \dfrac{1}{G_{z\theta}} \end{bmatrix} \begin{Bmatrix} \Delta\sigma_z \\ \Delta\sigma_r \\ \Delta\sigma_\theta \\ \Delta\tau_{z\theta} \end{Bmatrix} \tag{1.17}$$

对线弹性材料,柔度矩阵是对称矩阵,则

$$\frac{\mu'_{z\theta}}{E'_z} = \frac{\mu'_{\theta z}}{E'_\theta} \tag{1.18}$$

然而,对于更大的应变,且仍处于小应变范围,由非线性参数形成的柔度矩阵不再是对称矩阵(Zdravković et al.,1997)。

对于 MIT-E3 这样模拟土体各向异性性状的模型,空心圆柱试验是必不可少的。

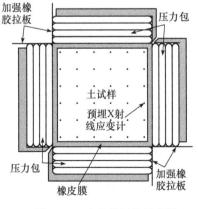

图 1.20　定向剪切仪示意图

（图中标注：加强橡胶拉板；压力包；土试样；预埋X射线应变计；压力包；加强橡胶拉板；橡皮膜）

1.3.9　定向剪切试验

定向剪切仪(DSC)是专门用于研究土体各向异性的,是由伦敦大学学院(UCL)的 Arthur 等(1972)在土体平面应变试验中研制的。通过端板在正方体试样的两个相对侧面之间模拟平面应变条件。在其余 4 个面上通过柔性橡皮膜和压力包施加正应力和剪应力,如图 1.20 所示,这样能够自主控制最大主应力方向的旋转变化。UCL 型的定向剪切仪只能用于干土的剪切试验,而 MIT 型

(Germaine,1982)的定向剪切仪也可以进行不排水剪切试验。

应变是通过光度测定法或 X 射线测定法来量测的,这是比较费力的工作,但是可以避免使用伺服控制系统。由于定向剪切仪只局限在土样的平面应变试验,它没有空心圆柱试验仪器应用广泛。空心圆柱试验可以同时得到土体的刚度各向异性和强度各向异性参数。

1.3.10　地球物理技术

目前弯曲元技术在实验室内可以量测应变很小时(如弹性应变)的土体剪切刚度。弯曲元是这样一种金属板:它由压电材料构成,可以把电压转化为力学运动或者把力学运动转化为电压。弯曲元分别布设在试样的两个相对侧面上,其中一个作为剪切波的发射器,然后剪切波在试样内传播直至到达另一个弯曲元,此即作为剪切波的接收器。从剪切波在试样中的传播时间和两个弯曲元间的距离可以得到剪切波速,进而得出弹性剪切模量 $G_{\max}=\rho V^{2}$,其中 ρ 为土体密度。

Schultheiss(1981)首先在三轴试样和固结试样上安置弯曲元,然后 Lo Prestige 等(1993)、Jamiolkowski 等(1994)、Viggiani(1992)、Porovic(1995)、Jovičić等(1998)及 Kuwano(1999)分别运用到各自的试验研究中。常规三轴试验中运用弯曲元可以得到 3 个不同的剪切模量。当在三轴试验上、下端水平布置弯曲元时,剪切波沿竖向传播,沿水平方向振动,这样可以得到剪切模量 G_{vh},如图 1.21(a)所示。

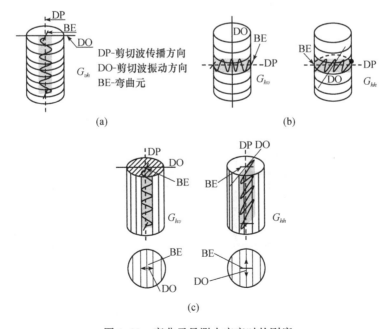

图 1.21　弯曲元量测小应变时的刚度

另两个剪切模量 G_{hv} 和 G_{hh} 的确定可以通过在侧面相对位置设置另两对弯曲元来得到,如图 1.21(b)所示,或者修整试样使其竖向为弯曲面,然后在两个位置设置弯曲元,如图 1.21(c)所示。

1.3.11　渗透试验

实验室内渗透系数的确定最常用的是渗透仪。然而不同土体的渗透系数差异较大,尚没有一种试验仪器能适用于所有情况。渗透试验主要有以下两种:

(1) 常水头渗透试验,适用于渗透系数 k 大于 10^{-4} m/s 的材料。

(2) 降水头渗透试验,适用于渗透系数 k 在 $10^{-7} \sim 10^{-4}$ m/s 的材料。

渗透系数小于 10^{-7} m/s 的材料,其渗透系数的确定可以由固结试验或者三轴孔压消散试验来确定。

1) 常水头渗透试验

常水头渗透仪如图 1.22 所示。试验中保持水头不变,达到稳定状态后,测定单位时间内的渗流量。结合水力梯度 $\Delta h / l$,通过达西定律就可以确定 k。

2) 降水头渗透试验

降水头渗透试验用于渗流量很小以至于常水头试验无法测得的情况,降水头渗透仪如图 1.23 所示。试验中,水从直立管中流经试样,这样任何时候的水头差(直立管中水面与试样周围水面之间的高差)都是不同的。测定直立管中水面下降率,结合达西定律确定渗透系数 k。

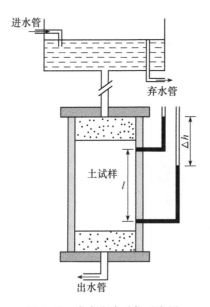

图 1.22　常水头渗透仪示意图

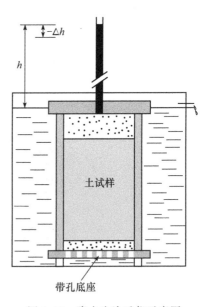

图 1.23　降水头渗透仪示意图

1.4　原位试验

1.4.1　简介

原位试验可以反映现场实际所处状态(如压力水平、强度随深度的变化、土体类型等),这一点可以弥补室内试验的不足。其最大优点是可在原位条件下了解土体性质,避免了取样过程中对土体的扰动影响。此外,原位试验具有较好的经济性,并且在某些情况下,通过高密度的数据采集,原位试验可以得到更具代表性的结果。

然而,原位试验的缺点是大多数参数(如强度、刚度等)依赖于经验,而不是直接量测结果。并且,原位试验中的加载方式与室内试验完全不同。由于土体具有非线性、各向异性和率相关性,从而导致相同位置处相同试验得到的结果离散较大。因此,原位试验的前期准备工作尤为重要。

在许多实际情况下,由原位试验得到的结果通常只适用于某些特定的场合。这就使得在有限元分析中往往只能采用简单的本构模型。

本节详细给出了几种最常用的原位试验方法及其试验仪器,并介绍模型参数的确定方法。

1.4.2　标准贯入试验

标准贯入试验(SPT)是在钻孔待测处,用 63.5kg 的标贯锤将标准贯入器打入一定深度(如 450mm)。标贯锤从高 760mm 处自由下落锤击铁砧,与铁砧相连的钻杆把锤击力传递给贯入器,当标准贯入器贯入 450mm 深时,记录此时的锤击数。钻孔直径一般默认在 65~115mm,因为钻孔直径越大,锤击数越低。

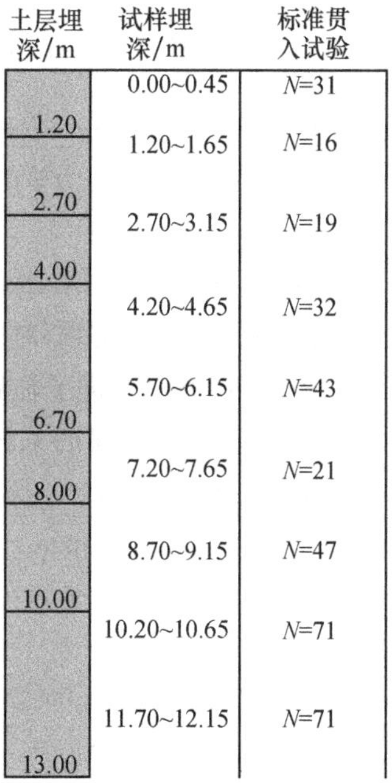

标准贯入器首先贯入的 150mm 深的锤击数不计,因为此深度范围内的土体已受到钻孔扰动。接下贯入 300mm 的锤击数作为最终锤击数 N。连续进行标准贯入试验并记录锤击数,直到达到钻孔预定深度,钻孔图如图 1.24 所示。

标准贯入试验常用于粗粒土中,因为室内试验所需的粗粒土未扰动样较难得到。当然,标准贯入试验也可以用于黏性土中。这是比较简单和廉价的试验,但是对试验及其结果较难解释,原因是标准贯入器、铁砧、标贯锤以及下落方式的不同会影

土层埋深/m	试样埋深/m	标准贯入试验
	0.00~0.45	$N=31$
1.20	1.20~1.65	$N=16$
2.70	2.70~3.15	$N=19$
4.00	4.20~4.65	$N=32$
	5.70~6.15	$N=43$
6.70	7.20~7.65	$N=21$
8.00	8.70~9.15	$N=47$
10.00	10.20~10.65	$N=71$
	11.70~12.15	$N=71$
13.00		

图 1.24　典型标准贯入试验图

响锤击能量的传递,进而影响最终锤击数。Skempton(1986)建议对某种特定方法得到的 N 进行归一化处理。传递给钻杆的锤击能 E_r 可以由自由下落能 E_x 得到

$$E_r = (ER_r)E_x \qquad (1.19)$$

式中,ER_r 为"钻杆能量传递率",如果标准 ER_r 采用 60%,这样由已知或待定的 ER_r 确定的实际 N 可以用式(1.20)归一化

$$N_{60} = N\frac{ER_r}{60} \qquad (1.20)$$

式中,N_{60} 为标准锤击数。

Stroud(1989)总结了适用于黏性土和砂土的土体密度、强度及刚度与 N_{60} 的关系,这将在下文详细给出。

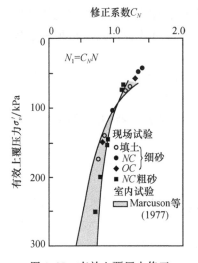

图 1.25　有效上覆压力修正
(Skempton,1986)

接着他推导了相对密实度 D_r 和标准贯入试验值 $(N_1)_{60}$ 间的关系,对于砂土如图 1.26 所示。Bolton(1986)引进了临界状态内摩擦角 φ'_{cs},在不同砂土试验数据的基础上,提出了另一种修正关系。Stroud(1989)利用大量试验数据重绘了在不同 OCR 和 φ'_{cs} 下的 φ'-$(N_1)_{60}$ 和 $(N_1)_{60}$-D_r 关系曲线,如图 1.27 所示。

2. 砂土-刚度

土体刚度取决于应变发展情况,一般随应变的增大而降低。为准确判断土体内结构(如

1. 砂土-强度

Skempton(1986)建议对 Terzaghi 等(1948)提出的锤击数 N 和相对密度 D_r 关系式按上述归一化方法进行修正,如下:

$$\frac{N_{60}}{D_r^2} = a + b\sigma'_v \qquad (1.21)$$

式中,a、b 为材料常数;σ'_v 为有效上覆压力。他进一步提出对式(1.21)在标准有效上覆压力 100kPa 下进行归一化,即

$$\frac{(N_1)_{60}}{D_r^2} = a + b \qquad (1.22)$$

式中,$(N_1)_{60} = C_N N_{60}$,其中,C_N 为上覆压力修正系数,由图 1.25 给定。

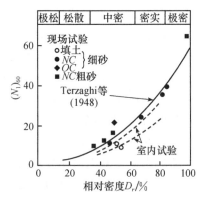

图 1.26　相对密实度的影响
(Skempton,1986)

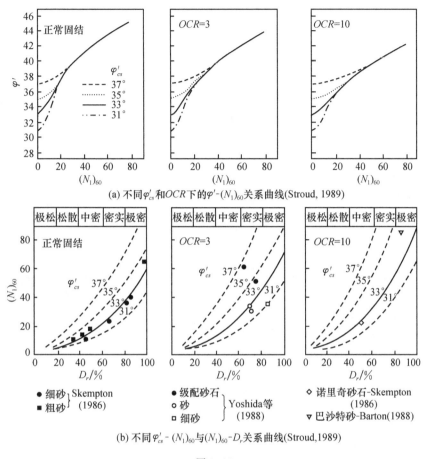

(a) 不同 φ'_{cs} 和 OCR 下的 φ'-$(N_1)_{60}$ 关系曲线(Stroud, 1989)

(b) 不同 φ'_{cs} - $(N_1)_{60}$ 与 $(N_1)_{60}$-D_r 关系曲线(Stroud,1989)

图 1.27

条形基础、挡土墙、隧道等)的运动变形情况,获得土体刚度的变化特性是有必要的。

Vesic(1973)对砂土地基上固定宽度基础进行了各种砂土密度下的加载试验,得出了沉降 ρ 与加载度 q/q_{ult} 之间具有唯一性关系,其中,q 为设计荷载,q_{ult} 为极限荷载。这表明 q/q_{ult} 能作为剪应变的间接量测值,并最终得到平均刚度 E'(以杨氏模量形式表示)。

为此,Stroud(1989)收集了大量的正常固结和超固结砂土上条形基础、筏型基础的试验数据及砂土平板载荷试验数据。这些数据结合标准贯入试验试验结果,图 1.28 给出了 E'/N_{60} 和 q/q_{ult} 之间的关系曲线。在设计荷载和地基极限承载力已知的情况下,利用标准贯入试验试验结果由图 1.28 就可以得到地基平均刚度。

3. 黏土-强度

Stroud(1974)提出,超固结黏土的不排水强度 S_u 与标准贯入试验锤击数有如下简单关系:

$$S_u = f_1 N_{60} \qquad (1.23)$$

式中, f_1 与塑性指数的关系如图 1.29 所示。

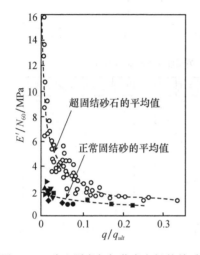

图 1.28 砂土刚度与加载度之间的关系
(Stroud,1989)

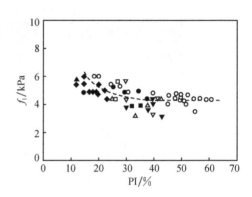

图 1.29 f_1 与塑性指数的关系
(Stroud,1989)

4. 黏土-刚度

超固结黏土在竖向加载下的排水刚度 E'(仍以杨氏模量形式表达)的确定与前述砂土的确定方法相同。图 1.30 为黏土 E'/N_{60} 和 q/q_{ult} 之间的关系曲线,再次验证了刚度随加载度的增加(即应变的增大)而降低。

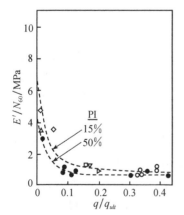

图 1.30 黏土刚度与加载度
直剪的关系(Stroud,1989)

1.4.3 圆锥贯入试验

圆锥贯入试验(CPT)是将带有锥头的圆柱形贯入器插入土体中。贯入过程中,记录不同深度处的锥尖阻力 q_c 和锥侧摩阻力 f_s。典型圆锥贯入试验结果如图 1.31 所示,比值 f_s/q_c 称为摩阻比。

砂土的内摩擦角和相对密实度及黏土的不排水强度与这些测得的值可以建立经验关系。需要注意的是,这些关系可能只适用于某些特定的情况,如贯入仪尺寸大小、贯入速率及岩土类别等。

1. 砂土

目前已得到锥尖阻力与 φ'、E 和 G 之间的关系。

Robertson 等(1983)给出了对正常固结石英砂的 q_c 与在竖向有效应力增加下得到的峰值摩擦角 φ' 间的关系,如图 1.32 所示。内摩擦角是通过三轴试验得到的,在三轴试验中,使围压近似等于圆锥贯入时所在处的水平有效应力。对于超固结砂土,图 1.32 得到的 φ' 会稍偏大。

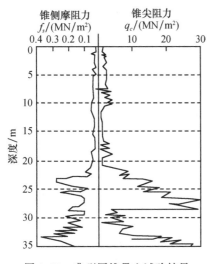

图 1.31　典型圆锥贯入试验结果

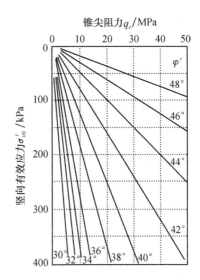

图 1.32　砂土的锥尖阻力与摩擦
角峰值间的关系(Robertson et al. ,1983)

Robertson 等(1983)也给出了在竖向有效应力增量下锥尖阻力与杨氏模量和剪切模量间的关系,如图 1.33 所示。

2. 黏土

用圆锥贯入试验测定黏土特性高度依赖于圆锥贯入率,这是由于受到试验过程中超静孔隙水压力的影响。圆锥贯入试验主要用来确定黏土的不排水强度 S_u,其与 q_c 的关系可表示为

$$q_c = N_k S_u + \sigma_{v0} \tag{1.24}$$

式中,σ_{v0} 为上覆总应力;N_k 为圆锥系数,类似于承载力系数 N_c,详见本书第 6 章。

通过其他方法测定剪切强度,可与 N_k 建立经验关系。Lunne 等(1981)发现对于正常固结黏土 N_k 与塑性指数无关,主要取值范围为 11~19,并建议取平均值 15。

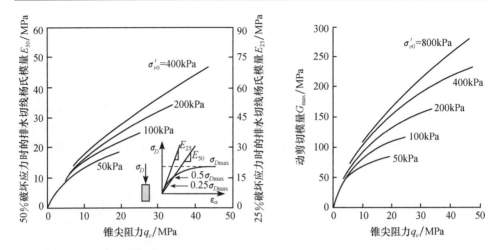

图 1.33　砂土的锥尖阻力与杨氏模量和剪切模量间的关系(Robertson et al.,1983)

　　对于超固结黏土,Marsland 等(1982)给出了基于平板载荷试验不排水强度得到的 N_k,对于含裂缝的海相硬黏土其值高达 30,平均值为 27。

1.4.4　旁压试验

　　旁压试验是对钻孔侧壁施加均布压力,量测侧壁应力变形,并以此探究土体力学特性。目前有三种形式的旁压仪:Menard 型旁压仪(MPM)、自钻进型旁压仪(SBP)和圆锥型旁压仪(CPM)。它们都含有一个可变形、圆柱状的橡皮压力包,经充气膨胀后对钻孔侧壁施加压力并使其变形,如图 1.34 所示。

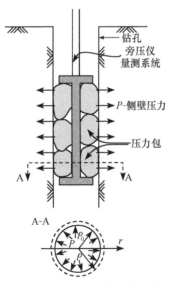

图 1.34　Menard 型旁压仪示意图

　　旁压试验结果的解释是基于圆孔扩张理论。它包括:①弹性理论,假设土体变形为各向同性弹性的;②塑性理论,假设土体受力性状为完全塑性的。由弹性理论可得剪切模量,而由塑性理论可得土体强度。

　　1. 弹性膨胀

　　图 1.34 给出了压力包膨胀的主要参数和变量。当施加的侧壁压力 P 等于土体中初始水平应力 σ_{h0} 时,此时钻孔半径记为 ρ_0。当 $P > \sigma_{h0}$ 时,钻孔发生变形,记此时的半径为 ρ。这样可得侧壁应变 ε_c 为

$$\varepsilon_c = \frac{\rho - \rho_0}{\rho_0} \qquad (1.25)$$

旁压试验切线剪切模量可表达为

$$G_p = \frac{1}{2}\left(\frac{\rho}{\rho_0}\right)\left(\frac{\Delta P}{\Delta \varepsilon_c}\right) \tag{1.26}$$

对实际中大多数情况,$\rho/\rho_0 \approx 1$,这样可对式(1.26)进行简化。

然而,G_p 不是土体割线模量 G_s,后者在岩土工程分析中广泛使用。为此,可以用式(1.27)建立两者间的关系,即

$$G_s = G_p + \varepsilon_c \frac{\Delta G_p}{\Delta \varepsilon_c} \tag{1.27}$$

G_s 或其平均值可以通过旁压试验 P-ε_c 曲线的初始段或卸载-再加载循环确定。

Jardine(1992)对比了三轴试验 G_s-ε_s 曲线和旁压试验 G_p-ε_c 曲线,其中 $\varepsilon_s(=2/3(\varepsilon_a - \varepsilon_r))$ 为三轴剪应变。通过比较相同剪切模量水平下的应变值 ε_s 和 ε_c,得到如下经验关系式:

$$\frac{\varepsilon_s}{\varepsilon_c} = 1.2 + 0.8 \lg\left(\frac{\varepsilon_c}{10^{-5}}\right) \tag{1.28}$$

利用式(1.27)和式(1.28),可以把旁压试验 G_p-ε_c 曲线转化为工程上常用的三轴试验 G_s-ε_s 曲线。例如,《岩土工程有限元分析:理论》中小应变本构模型参数可以由此得到。

当旁压试验用于砂土时,需要注意的是剪切模量是应力型的。当砂土中应力水平随着与旁压仪距离的增大而降低时,此时得到的剪切模量为平均值。

此外,旁压试验无法得到体积模量 K 或者泊松比 μ。

2. 塑性膨胀

如果土体近似为 Tresca 材料,当侧壁剪应力达到土体不排水强度时,此时土体发生屈服。

$$P = \sigma_{h0} + S_u \tag{1.29}$$

当侧壁压力超过了屈服应力时,在钻孔周围将形成一个塑性环面,而在环面以外土体仍处于弹性状态。这样侧壁压力可表达为

$$P = \sigma_{h0} + S_u\left[1 + \ln\left(\frac{G}{S_u}\right)\right] + S_u\left[\ln\left(\frac{\Delta V}{V}\right)\right] \tag{1.30}$$

式中,V 为压力包充气后的体积。

进一步加载则会达到极限状态,即侧壁膨胀而压力不再变化,此时 $\Delta V/V \approx 1$,极限侧壁压力为

$$P_L = \sigma_{h0} + S_u\left[1 + \ln\left(\frac{G}{S_u}\right)\right] \tag{1.31}$$

当前侧壁压力可进一步表示为

$$P = P_L + S_u \ln\left(\frac{\Delta V}{V}\right) \tag{1.32}$$

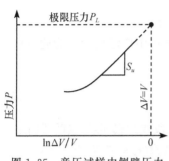

图 1.35　旁压试样中侧壁压力
与体积变化间的关系

绘制侧壁压力 P 与 $\ln(\Delta V/V)$ 的关系曲线,如图 1.35 所示,在试验的后期阶段,它是一斜率为不排水强度 S_u 的直线。旁压试验得到的不排水强度要比其他方法得到的强度大得多,因此使用中需特别注意。

理论上旁压试验可以得到砂土的内摩擦角 φ' 和剪胀角 ν,但是在实际中由于安装仪器过程中对土体的扰动,这样就很难得到这些参数,见 Mair 等(1987)。

3. 静止土压力系数

如上所述,理想条件下,只有当侧壁压力 P 大于原位水平应力 σ_{h0} 时,侧壁才开始产生径向变形。如果这个压力与原位孔隙水压力相等,这样就可得到静止土压力系数 K_0。实际上通常只有自钻进型旁压仪可以得到 K_0。

1.4.5　平板载荷试验

平板载荷试验可以直接量测土体压缩性和承载力。通过反力系统将荷载施加到直径为 $0.3 \sim 1.0m$ 的平板上,如图 1.36 所示,这样试验有两种方法可供选择。

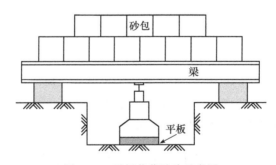

图 1.36　平板载荷试验示意图

(1) 维持荷载法。施加荷载增量(如设计荷载的 1/5),并维持不变直至 1h 内的沉降率低于 0.004mm/min。然后以相同的方法施加下级荷载,直至土体剪切破坏或者承载力达到设计荷载的 2~3 倍。试验结果通常绘制在时间-沉降和荷载-沉降图中,如图 1.37 所示。

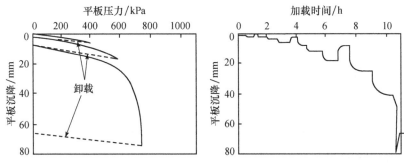

图 1.37　平板载荷试验典型结果曲线

(2) 常沉降率法。连续施加荷载以使载荷板发生 2.5mm/min 的沉降。当沉降量达载荷板直径的 15% 时,此时所需的荷载称为极限荷载。这种试验方法比较少见。

对试验变形特性的解释常常运用各向同性弹性理论或者经验关系。

1. 砂土试验

杨氏模量为 E、泊松比为 μ 的半无限各向同性砂土上直径为 B 的刚性载荷板在均布压力 q 作用下的沉降可表示为

$$\rho = \frac{\pi q B}{4E}(1-\mu^2) \qquad (1.33)$$

Terzaghi 等(1948)研究发现弹性理论会高估这个沉降值,并建议宽度为 B 的条形基础的沉降 ρ_B 为

$$\rho_B = \rho_1 \left(\frac{2B}{B+1} \right)^2 \qquad (1.34)$$

式中,ρ_1 为按式(1.33)得到的条形载荷板的弹性沉降量(可取等价直径 $B=0.3$)。

2. 黏土试验——沉降

Marsland 等(1973)得到这样一个结论:黏土上载荷板沉降量与各向同性弹性理论得到的沉降量间的偏差要比相同条件下砂土的偏差大。

试验可以在黏土表面或者钻孔内进行。图 1.38 给出了钻孔内试验,其中 D 为钻孔直径。弹性理论得出完全掩埋刚性载荷板的沉降量只有位于表面的载荷板沉降量的一半。然而,在钻孔中载荷板并没有被完全掩埋,Burland(1969)建议了一个修正系数 0.7。当 $B/D<0.6$ 时,其中 B 为载荷板直径,

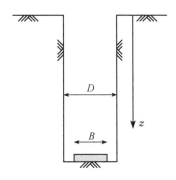

图 1.38　钻孔内平板载荷试验

宜采用载荷板位于表面处的分析结果。

3. 黏土试验——不排水强度

黏土的不排水强度可由承载力理论得到

$$q_f = N_c S_u + p_0 \tag{1.35}$$

式中，q_f 为破坏荷载，由试验测得；p_0 为上覆压力；N_c 为承载力系数，详见第 6 章。

1.4.6 抽水试验

由于室内试验试样的尺寸有限，这样得到的渗透系数无法代表原位渗透系数。例如，试样可能不会含有原位广泛存在的微裂隙。此外，粗粒土试样一般都是扰动土。基于这些原因，渗透系数原位试验结果与室内试验相比更具可靠性。但是，这种原位试验一般经济性较差。

原位土层的渗透性一般通过量测抽水井的排水量来确定。抽水井（钻孔）深入待测土层，试验中以恒定速率抽水。抽水过程降低了抽水井附近的水压，从而产生水力梯度使水流向抽水井。在离抽水井一定距离处设置观测井，当每个井内的水位达到稳定值时，记录此时的水位值，以此确定水压力场。根据这些结果，并利用达西定律就可以估计平均渗透系数。

然而，这种抽水试验只适用于透水性相对较高的土体，对一些黏土是不适用的。这种情况下，可将钻孔深入到黏土层，并对上覆土层作不透水处理，使水只从黏土层中渗流到钻孔中。量测钻孔内水位的增加率，再次利用达西定律，就可以确定渗透系数；或者，钻孔中可以注满水，通过量测水位的下降率，同样可以得到渗透系数。

1.5 小　　结

（1）土体参数可以通过室内试验和原位试验得到，它们各有优缺点，因此宜结合两种试验综合给出土体参数。

（2）室内试验的主要目的是尽可能精确和可控制地模拟土体对应力、应变或孔隙水压力变化的力学响应。

（3）固结试验可用来确定超固结比 OCR、压缩指数 C_c 和回弹指数 C_s。当对 K_0 给出一个合理的假定值时，也可以确定 $v\text{-}\ln p'$ 空间中的原始压缩曲线斜率 λ 和回弹曲线斜率 κ。另外，侧限系数 E_c 和渗透系数 k 也可得到。

（4）常规三轴试验可以确定 K_0、强度参数（c'、φ' 或 S_u）、刚度参数（E 和 μ，或者 K 和 G），以及渗透系数。然而，三轴试验只能限制在三轴压缩试验（$b=0$）和三轴伸长试验($b=1$),而不能反映 b 值变化的影响以及研究土的各向异性性状。

（5）真三轴试验是对常规三轴试验的改进,能够在不同 b 值下独立确定三个方向的刚度及强度。然而,它无法控制试验中主应力方向的改变。此外,试验操作复杂以至于应用较少。

（6）直剪试验可确定强度。由于试样内应力分布的不均匀性,一般不用来确定刚度参数。

（7）单剪试验是由直剪试验发展而来的,同样试样内部产生了不均匀应力,一般只用来确定强度参数。

（8）环剪试验克服了直剪试验和单剪试验的缺陷,可以在大位移下进行剪切试验,通常用来确定残余强度。

（9）空心圆柱试验克服了上述所有仪器的大部分缺陷,允许控制和改变主应力的大小和方向,可以确定刚度参数和强度参数。在理想条件下,其可用来研究土体的各向异性行为。

（10）定向剪切试验也能用来研究土体的各向异性行为。然而,试验局限在平面应变条件下。因此,这种试验不常见。

（11）上述试验中结合弯曲元等地球物理方法,可以确定土体刚度参数。这些弯曲元的使用可作为常规试验的重要补充。

（12）常水头和降水头渗透试验都可以用来测定土体渗透系数。对于渗透性极低的材料(如 $k < 10^{-7}\,\mathrm{m/s}$),可以使用间接方法(如固结试验和孔压消散试验)来确定 k。

（13）原位试验有多种形式,一般都是在非均匀场下的试验,且可以归结为边界值问题。此外,许多岩土参数都通过经验关系得到,需要与实验室结果进行校核。

（14）标准贯入试验是最常见的原位试验。它简单易行,但是所有参数都依赖于经验关系。这些经验关系包括:标准贯入试验锤击数与强度参数 c'、φ'、S_u 和杨氏模量 E 之间的关系。

（15）圆锥贯入试验由标准贯入试验改进而来,参数的获得仍然依赖于经验公式。它可以确定 S_u、φ' 和 E。这些试验也可作为土体分层的重要依据。

（16）旁压试验可确定强度参数 S_u 和 φ'、静止土压力系数 K_0 和弹性剪切刚度 G。试验的解释是基于无限长圆柱孔扩张理论。所得参数对仪器安装过程中土体的扰动非常敏感,这一点对砂土尤其显著。

（17）平板载荷试验能够提供土体刚度和强度。对刚度参数的解释是基于土体是各向同性线弹性材料的假定,而对于强度参数则假定土体为理想弹塑性材料。

（18）抽水试验可用来确定原位平均渗透系数。

第 2 章 隧　　道

2.1　引　　言

本章介绍了数值方法在隧道特别是软土地基隧道施工分析中的应用。首先，讲述了不同的隧道开挖方法，其中的一些方法已经应用在岩质和土质隧道中。其次，讨论了开挖过程的模拟，主要针对平面应变分析，包括隧道砌衬模拟的方法。再次，重点介绍了与时间相关性状的模拟和适合软土地基隧道开挖分析的本构模型。最后，介绍了硬黏土中隧道挖掘的一些实例，包括案例分析和参数研究，这些案例涉及郊外地区、建筑物下方以及邻近既有隧道的隧道挖掘。

2.2　概　　述

在本章中，《岩土工程有限元分析：理论》提到的数值方法将应用到隧道施工分析中，注意，这里指的是钻挖隧道，明挖和盖挖施工技术形成的隧道将在第 3 章中论述。作者的经验和专长是在被视为连续介质的土质和软岩中的隧道挖掘领域，这些条件下地基的结构特征（如断层和节理）不具代表性。因此，本章节讨论的是软土地基中的隧道挖掘。

每个提倡在隧道开挖中应用数值方法的人要被问到的第一个问题就是：为什么要在隧道开挖问题中应用数值分析方法？用非数值的分析方法就可以得到隧道挖掘可能引起的地基反应和隧道衬砌中的荷载等预测结果。这些常规设计方法在应用中已被证明更经济、更快捷。但是这些方法在本质上是非耦合的。例如，荷载是通过一种方法确定的（通常是弹性解），但是位移又采用另一种方法确定（通常是经验方法），这两种方法是不相关联的。而且，通过常规方法得到的结果通常是有条件限制的。例如，经验预测仅仅适用于郊外未开发地区隧道挖掘情况，在这种情况下，没有已经存在的地表或者地下浅层的结构来影响地基位移的大小和方向。然而，一个真实的隧道工程中，各方面显然是相互关联的，而且问题是复杂的，涉及孔隙水压力的变化、塑性、衬砌变形以及既有结构。一些数值分析程序，如有限单元法，适合于这些复杂问题的分析。有限单元法可以实现以下几点：

（1）模拟施工的顺序。

（2）处理复杂的地质条件。

（3）模拟实际土体的性质。

（4）处理复杂的水力学条件。

（5）模拟地基处理问题（如补偿灌浆）。

（6）考虑邻近设施和建筑物的影响。

（7）模拟瞬间和长期条件。

（8）考虑多个隧道的情况。

这为采用数值方法提供了强有力的支撑，同时对于那些可能考虑采用数值方法的人也可以专注于拟解决问题的类型。本章将探讨上述所有方面：隧道施工顺序以及过程模拟（开挖和衬砌）、合理的土体模型的选择（应力-应变-强度和渗透）、水力边界的模拟以及在建筑物下方和沿着既有隧道侧面开挖隧道的实例分析。

2.3　隧道施工

2.3.1　简介

早先的软土地基隧道的开挖都是人工完成的，用铲来铲起黏土，用铁锹将粗粒土和软岩凿碎。开凿出来的地下空间由木材桁架支护，后来逐渐改用砖砌衬砌进行支护。在 1825～1843 年这段时间内修建的 Brunel's Thames 隧道第一次使用了隧道盾构（Skempton et al.，1994），挖掘隧道表层土方的人在一个大的护罩下工作而避免被开挖过程中的坠落物所伤害，风动铲和风镐则大大提高了人工掘进的速度。目前，在一些短距离的隧道掘进或者是机械方法受到限制而不能使用的地方，人工掘进法仍然在使用。

21 世纪的土木工程建设带来了开发地下空间的许多机械施工方法。工程师可以设计出规模上可比拟大教堂而且形状非常复杂的超常隧道基坑。究竟采用哪一种挖掘方法取决于已知的地质条件和地下空间的大小和形状。本节将简要介绍三种最常用的隧道开挖方法，同时提及与数值模拟有关的一些要点。

目前隧道临时支护由一系列措施组成，包括盾构支撑、压缩空气、喷浆机、土压平衡机或者喷射混凝土。永久性支护也需要很多措施，包括预制混凝土楔形块以及铸铁、螺栓连接的铸铁衬砌，喷射钢筋混凝土或者现浇钢筋混凝土。本章的2.4.5 小节将讨论隧道衬砌的模拟。

2.3.2　敞开式盾构

设置隧道盾构是为了防止地层坍塌，如图 2.1 所示。这种盾构并不提供永久性的支护，并且衬砌往往就在盾构装置里面或者紧跟在盾构后面施工。盾构本身可以借助已经完成的衬砌的反作用力向前推进。开放式盾构的工作面是没有支护

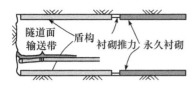

图2.1　隧道掘进过程盾构示意图

的,但是可以通过工作面千斤顶、掘进机的面板和压缩空气作用而部分支护。压缩空气可以用来防止软黏土的挤出、水的流动及砂性土中细颗粒的损失。施工间歇期工作面可以用木桁架或喷射混凝土进行全面支护。

盾构内部的敞开面的开挖方法有很多种。人工挖掘的方法前面已经有所提及,机械式的有液压挖掘机或者是安放在盾构里面的巷道掘进机。

2.3.3　隧道掘进机(包括泥水盾构和土压平衡(EPB)掘进)

隧道掘进机(TBM)是工作面封闭的系统,通过切削头的旋转,并通过已施工衬砌的推力,从而在地层中掘进,如图2.2所示(在岩石中应用时,隧道掘进机通过岩石的反作用力向前推进)。这种隧道挖掘方法一般局限于单孔圆形截面的隧道。近年来随着技术的发展,日本已经研制出多重掘进面的隧道掘进机(Kuzuno et al.,1996)。工作面的支护则是通过控制施加的推进力和挖出渣土的传输速度来实现的。

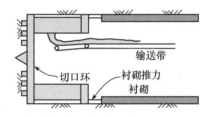

图2.2　隧道掘进机示意图

隧道前端可以通过泥水或者土压平衡机而得到额外的支护,这些隧道掘进机给工作面增大压力。泥水盾构采用膨润土泥浆在掘进头壁舱内增压,土压平衡机则控制着掘进头壁舱内挖出渣土本身对工作面的压力,以此平衡地基中的土压力。

2.3.4　喷射混凝土衬砌法

喷射混凝土衬砌(SCL)法是新奥隧道挖掘法在软土地基中的应用,如图2.3所示。除了挖掘标准的圆形断面外,在地基条件允许时,SCL法也能用于挖掘大的非圆形断面隧道。这种方法通常是由拥有独立的轨道或附有滚轮的液压掘进

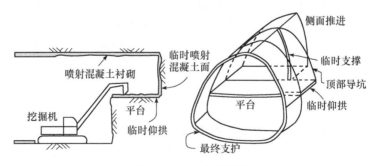

图2.3　SCL法示意图

机来完成的。通过采用喷射混凝土,支护可以尽快地完成。这种支护常常在喷射混凝土前采用铺设钢筋网、钢筋箍或拱而加强。永久性的钢筋混凝土衬砌通常既可以通过继续喷射混凝土也可以采用现浇混凝土经过一段时间养护后形成。但是目前的发展趋势是采用一次足量配筋的喷射混凝土衬砌。

对于大尺寸断面隧道采用 SCL 法时,通常会出现这种情形,即隧道是由前置导坑的方法形成。这种方法首先开挖拱顶,同时设置临时仰拱,或者采用左侧和右侧的推进,或者依据地层的状况和洞室的大小综合采用上述几种方法。在各种方法中,在掘进继续开始之前,前置导坑应采用完整的喷射混凝土衬砌。

2.3.5　地基对隧道开挖的响应

地基开挖导致应力释放,这会造成土体向着已开挖洞室位移,如果土体没有向洞室内部闭合,开挖土体的体积将正好等于形成隧道的体积。但是,由于土体必然会向洞室内闭合,比最终所形成隧道体积更多的土体必须被挖除,这部分多挖的土体称为地层损失,而且通常被定义为理论隧道体积的百分比,即体积损失百分比。在隧道推进的过程中,有多种不同的原因会造成地层损失。作为一个例子,图 2.4 给出了一台常规的隧道盾构掘进机的几何形状并重点突出了这里所讨论的短期地层损失的来源。

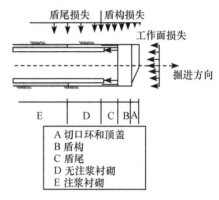

图 2.4　体积损失的来源
（以隧道掘进机为例）

工作面损失:地层损失首先发生在掘进的工作面上,引起隧道掘进面前方的地表产生沉降。通过采用封闭工作面的隧道掘进机、压缩空气、泥浆护壁盾构以及土压平衡机可以减少这种地层损失。

盾构损失:当切口环经过后,土体将会朝着盾构发生径向松弛,如果变形足够大,将会填满切口环宽度范围内的空隙,任何超挖都会增加这种径向土层损失。完成最后一片将要安装的衬砌,盾构机将自身向前推进。如果土体变形足够大而填满切口环空隙,盾构的尾部将给切削周围的土体提供支承。如果盾构向前推进的轴线没有与隧道的轴线相吻合,就会造成盾构土层损失的另外一种情况,如图 2.5 所示,此时挖掘的洞室尺寸比最终衬砌尺寸大。这种情况常被称作俯仰,是由于操作技术不好或者是由于沿着曲线掘进而造成的。

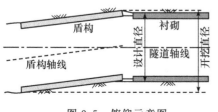

图 2.5　俯仰示意图

盾尾损失：如果衬砌安装滞后，甚至不是在盾构里面安装，那么在盾构尾部和已经安装的衬砌之间就存在一段没有被支护的土体，导致径向变形的发生。一旦衬砌完成，无论是在盾构内还是在盾尾后面施工，只要衬砌后方仍然有空隙存在，土体会继续被挤压进开挖区域。因此，实践中常采用注浆法灌满衬砌和暴露土体之间的所有空隙，理论上膨胀混凝土衬砌可以挤压土体使之不留任何空隙。

这三个方面构成了短期地层损失的主要部分。如果隧道的挖掘是在低渗透性的黏土中进行，那么快速施工将不会造成土层的损失，这就是不排水的地层响应。因此，隧道内的地层损失可以在地表的沉降槽断面中精确地反映出来。如果没有其他使土体向新开挖空间（如敞开式基坑）移动的边界条件，上述的观点是严格正确的。在黏土中，当隧道挖掘完毕并且衬砌已经完成后，地表处的位移仍然在继续，隧道的存在表明，这是因为随着孔隙水压力达到新的平衡状态，黏土发生了固结变形。由于土压力作用在隧道衬砌上，衬砌也可能会变形，从而引起地基位移。

2.4　隧道施工过程的模拟

2.4.1　简介

隧道开挖是一个三维的施工过程，在工作中，尽管人们已经认识到三维模拟实际工程正在成为可能，但二维模拟仍然占据着主导地位。这是因为包括经费和计算机资源等实际因素的限制，要想分析足够精确，能够处理 2.2 节中所列举的各种复杂因素，这些限制就促使我们采用二维模拟。如果要分析多个浅埋隧道或者分析的重点是地表反应，则需要对横断面作平面应变假定（如研究对图 2.6 所示建筑物结构的影响）。如果研究一个单一的深埋隧道，并且对地表的影响不是主要问题，那么采用轴对称的近似假定是合适的，而且可以研究盾构端头推进问题，各种情况都为简化的应力状态（图 2.7）。

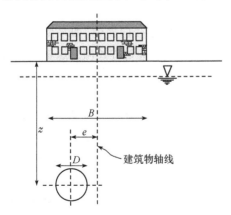

图 2.6　平面应变几何形状

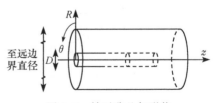

图 2.7　轴对称几何形状

最近人们已经开始采用基于傅里叶级数的有限元法(FSAFEM)进行三维分析,用于分析几何轴对称情况下单一隧道挖掘过程(Shin,2000)。傅里叶级数有限元法在《岩土工程有限元分析:理论》中有详细的讲述。这种方法考虑到了材料的性质、初始应力、边界条件随着角度 θ 的变化(图 2.8),在对有限单元网格保持二维简化模型的同时,可以分析对地表的影响。这仍然会需要大量的计算时间,并且仅仅局限于单一隧道的分析,但对于研究隧道掘进性状,仍然是一个巨大的进步。

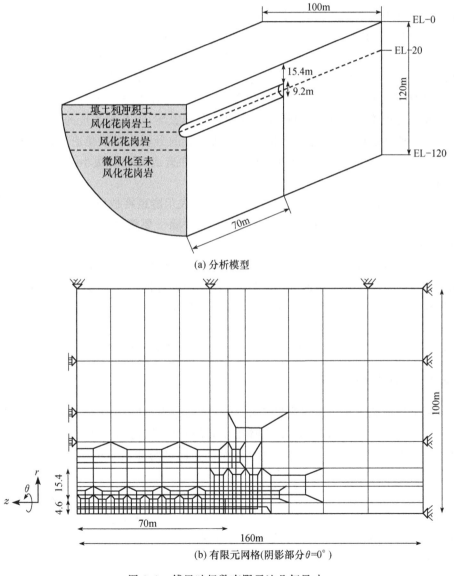

(a) 分析模型

(b) 有限元网格(阴影部分 $\theta = 0°$)

图 2.8　傅里叶级数有限元法几何尺寸

　　当采用平面应变模拟时，至少要作一个假设，如某种因素是确定的，而不是预测。在本章的 2.4.4 小节中，列举了各种可接受的假定。读者也可以发现 Clough 等(1989)对当时利用有限元法分析软土地基隧道的出色总结是很有用的。

2.4.2　初始条件的设定

　　合理的有限单元网格生成后，在分析隧道开挖的影响之前，必须建立地基中的初始应力条件。如果了解工程场地的地质历史，则可以通过模拟完整的地质历史来建立地基中的初始条件；如果不了解，那么初始条件可以通过两个步骤来完成。第一步，把适合于郊外未开发区的条件输入到分析程序中。通常情况下，在施工开始前，工程师就直接确定了地层中水平和竖直向有效应力的分布(根据土的重度、孔隙水压力的分布以及静止土压力系数 K_0)。根据选用的本构模型，确定初始孔隙比以及模拟土体特性所需要的硬化参数或许也是必要的。第二步则涉及工程场地先前的各种施工活动，这包括建筑物的建设和毁坏，深基础基坑的开挖，各种设施以及其他隧道的施工，这通常包括几个增量步的分析。对于建造于郊外未开发区的隧道，或者先前的施工活动对原位土体条件造成的扰动很小，则第二步可以忽略。

　　值得注意的是，如果将第二步考虑在内，则表示隧道将被挖除土体的单元也必须包括在网格之中，而且在相应的施工阶段被去除。要模拟分阶段的多个隧道分析，也是如此。

　　初始条件已经建立后，将要转到模拟隧道开挖分析，对于该步骤的模拟已经有几种公认的方法。在分析时处理开挖问题，一种推荐的方法是在相应的施工阶段开始前就除去将要开挖的所有单元，这样需重新设置挖除单元后的网格边界条件，故要详细确定必要的边界条件(荷载/位移、孔压/流动条件)。除此之外，计算机要保存有关信息，因为当一个单元被开挖后，其对整体刚度矩阵没有贡献。

2.4.3　重要的边界条件

　　模拟隧道施工需要很多边界条件，包括位移边界条件，用来代表远场的条件或者问题的任何对称性、各种面力、实体土单元的开挖、结构壳体单元的构建、远场边界的水力条件、土层分界面(如果这个界面是在固结与非固结单元之间)以及隧道本身的衬砌。

　　载荷和流量边界条件影响整体平衡方程的右边部分，位移和孔压边界条件则影响着这些方程左边节点的位移和孔压矢量。为了保持任意刚体模式，如整体网格的转动或者平移，必须要设定足够的位移条件。

　　排水的粒状土中的隧道开挖分析必须要充分考虑水力边界条件，无论是在开挖过程中还是在开挖之后。相比之下，黏土中的隧道开挖通常时间很短，可视为不排水过程,故直到开挖完成之前隧道边界都是不透水的。2.5.3 小节给出了更加详细的水力边界条件。

2.4.4　隧道开挖的模拟

1. 间隙法

本方法是由 Rowe 等(1983)提出的。预先定义的空隙被引入到有限单元网格,这种空隙代表了预期的总地层损失。这样平面外和平面内的土层损失与其他多种额外地层损失相联系,可考虑衬砌的错位、施工技术质量以及土体重塑造成的体积变化等因素。因此,通过变化不同的空隙大小就可以考虑上述不同的隧道施工方法。

例如,如果模拟一台土压平衡盾构,总的地层损失中平面外的部分可以被降低。空隙被设置于最终的隧道位置的周围,因此在隧道开挖之前确定了土体边界(图2.9),可以通过把隧道仰拱设置在下方的土体之上以及定义拱顶的间隙参数来实现。间隙参数就是指隧道的拱顶和隧道挖掘之前的初始位置之间的垂直距离。通过去除洞室周围的边界引力并考察因此而产生的节点位移来进行分析。当节点的位移表明空隙已经闭合,并且土

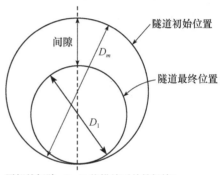

冠部的间隙=D_m-D_l,仰拱处则总是保持0

图 2.9　间隙法模拟隧道开挖

体已经和初始预定的衬砌位置接触时,衬砌和土层之间的相互作用就施加在此节点上。实际上土体和衬砌被看作相互独立的部分,它们仅通过节点力产生关联(Rowe et al.,1978)。

2. 收敛限制法

另外一种模拟隧道开挖的方法是 λ 法,或者说是收敛限制法(Panet et al.,1982),这种方法在衬砌施工开始之前先规定卸载的比例,所以体积损失是一个预测值。内力矢量$(1-\lambda)\{\boldsymbol{F}_0\}$被施加在隧道边界的节点上($\{\boldsymbol{F}_0\}$的大小等于土中初始应力$\{\boldsymbol{\sigma}_0\}$)。λ 初始值为 0,然后逐渐增大到 1 以模拟开挖的过程。在设定的λ_d值时安装衬砌,则在边界上某点的应力减少量是$\lambda_d\{\boldsymbol{\sigma}_0\}$。应力减少的剩余部分产生衬砌应力,则该处随着衬砌的就位应力减少量就是$(1-\lambda_d)\{\boldsymbol{\sigma}_0\}$,如图 2.10 所示。

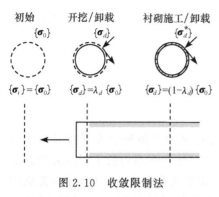

图 2.10　收敛限制法

3. 逐渐软化法

为了模拟隧道开挖过程中的新奥法(或者喷射混凝土支护)隧道挖掘,Swoboda(1979)提出了一种被称作"逐渐软化"的方法。通过对土体刚度乘上折减系数 β,掘进头内的土体被软化。当开挖力被施加于将来隧道的边界上时,这种软化效果是非常明显的。如同采用收敛限制法一样,在模拟的开挖完成之前,衬砌就被安装好,如图 2.11 所示。如果隧道施工设有台阶和导坑,则上述的步骤可以连续地应用于每个台阶和导坑。该方法也同样可以应用于侧面的推进分析。

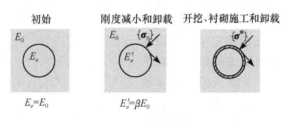

图 2.11　逐渐软化法

4. 体积损失控制法

这种方法类似于收敛限制法,但是本方法没有在衬砌施工前规定卸载的比例,分析者却规定了在开挖完成时将要发生的体积损失,如图 2.12 所示。因而,该方法适合于在这类土中开挖的预测分析,对于给定的隧道开挖方法,可以有把握(和保守)地确定预期的体积损失。对于根据体积损失实测进行开挖反分析,这也是非常宝贵的。

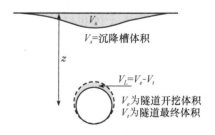

图 2.12　体积损失法

采用 λ 法,作用在隧道准边界上的支撑向外的压力逐渐减小。另一种方法是为了计算 $\{F_0\}$ 的程序,$\{F_0\}$ 表示作用在由土方开挖形成的隧道边界上压力的等效节点力,其被等分成 n 个增量步,超过 n 就要开挖,即可得 $\{\Delta F\} = \{F_0\}/n$。然后在各 n 增量步中,将数值相等、方向相反的反作用力向量 $\{-\Delta F\}$ 施加于开挖边界上(图 2.13)。每个边界荷载增量所引起的土层损失可以被观测到(通过隧道周长的法线方向位移得到,或者通过不排水基坑的地表沉降剖面得到),并且隧道衬砌在预想的体积损失产生的增量步下施工。在衬砌完成后,荷载边界条件{$-\Delta F$}仍施加在 n 增量步剩余部分的开挖面上,这样就在衬砌中产生了初始应力。在以后的过程中,由于衬砌的刚度有限,进一步的土层损失还可能会产生。因

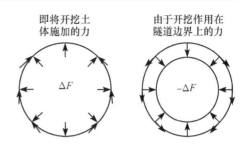

图 2.13　开挖和实体单元模拟

此,有必要在产生的体积损失比预想的土层损失更小的增量步下安装衬砌。这样,当隧道开挖全部完成后,可以达到所预期的土层损失。

5. 与软黏土有关的问题

当模拟软土中的隧道开挖时,可能会出现很多问题,当衬砌是在开挖过程中施工时,同时衬砌内的卸载会使整个隧道有向上移动的趋势,相应的地表沉降量减少。在软土中,这种向上的移动很明显,以至于可以抵消在衬砌施工前地表所有的沉降,故软土中的隧道开挖分析需要在开挖的过程中在隧道内部施加支撑力。帝国理工学院对新加坡的隧道开挖进行了分析(Ong,1996;Ong,1997),采用修正剑桥模型模拟超软海相黏土。节点力增量{$-\Delta F$}被施加到隧道边界上,同时与开挖边界力反向的各向同性径向支撑力(类似于压缩空气工作压力)被确定并施加于各个节点上,调整这些支撑力以补偿开挖完成时预期的体积损失。开挖完成以前不能施工衬砌。在开挖过程中的增量支撑力累计总和就是最终支撑力的大小。卸除这些支撑力需要在边界各节点上施加大小相等、方向相反的径向力,这就引起了衬砌内的初始应力。

在隧道边界上施加一个各向同性的向外的压力,可以用来模拟压缩空气条件下的工作情况。最近类似的方法也被用于联合使用 λ 法中(Bernat,1996),Bernat 在衬砌后面重现了注浆的效果。

2.4.5　隧道衬砌的模拟

前面的章节已表明,插入衬砌是为了控制变形。在不排水强度足够大的土中,没有衬砌支护的前提下进行平面应变隧道的开挖也是可能的。但是,预测的地基位移将很大,这是由于平面应变分析无法反映工作面后已施工衬砌的支撑作用,在衬砌里面它具有应力拱效应。

通常只有当一个单元存在于初始的网格中时才可以构建这个单元,故在分析过程中某些点处将要构建的单元(如隧道衬砌)必须在初始网格内就生成。有

一些软件包有特殊的功能,在任何分析开始时,允许在没有施加荷载的情况下对这些单元进行初始的开挖。构建衬砌可以通过单一增量也可以通过多增量完成,采用体积损失法和收敛限制法来模拟隧道开挖时,衬砌是在指定的单一增量下构建的。

1) 实体单元的使用

采用实体单元来模拟隧道衬砌可以让分析者在很大的范围内选择本构模型。一个明显不利的方面就是需要保持一个可以接受的单元形状(根据长度与宽度的比值确定)。与隧道的直径以及边界长度相比,衬砌看起来是非常薄的。保持一个可以接受的纵横比的结果就是需要很多的单元。

2) 壳体单元的使用

采用厚度为零的弯曲壳体单元模拟隧道衬砌可以消除上述对于控制纵横比带来的问题(在平面应变和轴对称条件下应用的明德林梁单元就是一种有效的壳体单元,而这些单元已在《岩土工程有限元分析:理论》第3章中有所讲述)。壳体单元的采用使得单元网格的定义更加灵活自由,但是这些单元确实带来一些数值问题,通过运用选择性的简化积分可以克服该问题。这个方法的另外一个好处是,壳体单元的解答具有结构属性,如剪力、环向力和弯矩。为了模拟壳体单元的开裂和破碎,特殊的本构模型可以通过编程实现。

3) 衬砌管片之间连接的模拟

很多隧道衬砌之间是连接的,这就需要对这种连接进行专门的模拟。或许模拟衬砌最简单的方法就是采用壳体单元,并且在衬砌管片之间连接的位置处留有一定的间隙,如图2.14(a)所示。在《岩土工程有限元分析:理论》3.7.4小节中展示的约束自由边界条件,就可以应用在两个代表相邻管片末端的节点之间(如图2.14(a)中的节点A和节点B)。这两个节点可以被绑在一块,因此它们的位移是相同的,但是它们的旋转不被限制。这就会产生一个可以自由旋转的节点(不可以承担力矩),但是可以传递轴向力和剪切力。显然,这是一个简化,因为大多数的衬砌管片可以通过它们的连接点传递一定的力矩。

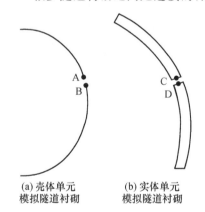

(a) 壳体单元　　　 (b) 实体单元
模拟隧道衬砌　　 模拟隧道衬砌

图2.14　自由旋转节点模拟管片连接

如果采用实体单元模拟隧道衬砌管片,其过程类似,如图2.14(b)所示。在这种情况下,中间节点C和D的位移将被约束。

这种方法的缺点是,模拟节点附近土体单元的问题更明显。例如,考虑如图2.15所示用壳体单元来模拟隧道衬砌管片的情况,虽然衬砌在这个节点上是不连续的,土体却是连续的,结果造成至少要有一个土体单元跨越这个节点区域。在图 2.15 中网格生成导致产生两个跨越节点的单元,并且节点 E、F 和 G 不受衬砌支护。如果模拟的是有限强度的土体(如非线弹性的),那么在分析的过程中,邻近节点的两个土体单元由于缺少径向支撑可能会遭到破坏,并且土体将会从衬砌单元之间的间隙之中被挤出。至少,这很可能会出现数值的不稳定性,但这也可以模拟一种合理的破坏机理,虽然真实的情况并非如此。如果用实体单元来模拟衬砌也会出现这种问题。

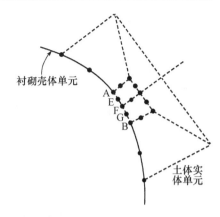

图 2.15 自由旋转节点相关问题

为了克服这个问题,一种方法就是把节点 E、F、G 的位移与节点 A、B 的位移约束在一起。然而,经验表明,这种方法会造成数值上的不稳定,因为连接点附近的土单元体处有很大的应力、应变梯度。另外一种能解决但不推荐的方法,就是把交接点处的土体单元视为线弹性的。

图 2.16 用微小壳体单元模拟管片连接

模拟衬砌管片之间接头的另外一种方法就是在这些模拟的管片之间设置微小的壳体单元(图 2.16)。一个特殊的模拟隧道衬砌管片之间接头的旋转的本构模型可以用于这些壳体单元。这样在发生大变形的情况下,可以更加准确地预测弯矩的分布。该模型需要确定连接点附近允许的最大压应力 σ_f 以及衬砌断面的中性轴位置(图 2.17(a))。两个衬砌管片之间连接点处产生的弯矩 M、环向力 N 可以用有一定偏心距 e 的法向力 N 来表示,即 $eN=M$(图 2.17(b))。随着衬砌变形过程中产生的弯矩不断增加,法向力通过接头得到传递,如图 2.17(c)所示。当大于两个极限弯矩值 M_e 和 M_i 时,接头在内弧面或外弧面将会张开,M_e 和 M_i 按式(2.1)由定义的中性轴位置和最大压应力来确定:

$$\begin{cases} M_e = N\left(y_e - \dfrac{N}{2\sigma_f}\right) \\ M_i = N\left(y_i - \dfrac{N}{2\sigma_f}\right) \end{cases} \tag{2.1}$$

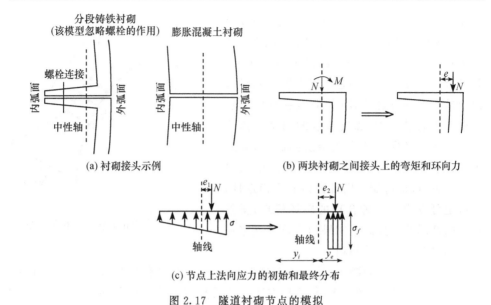

(a) 衬砌接头示例　　　　　　　(b) 两块衬砌之间接头上的弯矩和环向力

(c) 节点上法向应力的初始和最终分布

图 2.17　隧道衬砌节点的模拟

　　对于任何接头,如果 M_e 或 M_i 超过了极限值,那么这个接头就会旋转、张开,超出的应力沿衬砌重新分布,使该接头处保持极限弯矩值。两种极端情况是,如果 N 是拉力,则接头就会张开;如果 N 是压力并且最大压应力贯穿整个接头,则会发生压碎破坏。

　　在某些情况下,对可能发展的剪切力进行限制也是必要的。例如,一个简单、合理的假设是,最大的剪切力 S_{max} 与法向力 N 和衬砌管片摩擦角 δ 之间的关系为 $S_{max} = N\tan\delta$。

　　在分析中采用这个模型时,必须构建一个用一系列连续的壳体单元模拟衬砌的有限单元网格。在接头位置的微小单元被赋予上述特殊的本构模型,而那些模拟隧道衬砌管片的单元则被赋予合理的结构属性。

　　在平面应变分析中,图 2.16 中的理想化模型可代表展开衬砌的隧道,如图 2.18(a)所示;如果在实际中,衬砌管片段是卷状的,如图 2.18(b)所示,则上述的模型就不再适合。

　　4) 喷射混凝土衬砌的模拟

　　前面章节所展示的衬砌模型也适用于喷射混凝土衬砌的模拟。在这种衬砌中,没有管片段和接头,但是整个衬砌采用该特殊的模型,所以衬砌周围的任何位置都允许发生开裂。如果采用实体单元模拟喷射混凝土衬砌,那么极限抗拉屈服准则应采用一个合理的塑性模型,以便与压碎模型一致。《岩土工程有限元分析:理论》中的 8.3 节已经描述了一个合适的双屈服界面模型。

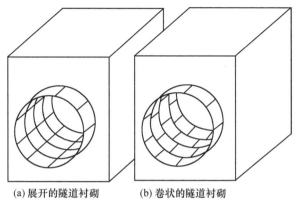

(a) 展开的隧道衬砌　　　(b) 卷状的隧道衬砌

图 2.18　隧道衬砌

新喷射的混凝土的特性是随时间变化的,在施工期它的强度和刚度都会快速增长,这种特性在任何分析中都应该考虑。这个问题最近已经由 Shin(2000)及 Shin 等(2001)进行了深入探讨。

2.5　时间相关特性的模拟

2.5.1　简介

在隧道开挖期间以及开挖之后,模拟土体的固结性状往往是很重要的。为了能够可靠地研究地基和隧道随时间而变化的特性,必须进行耦合的固结分析。对于耦合固结分析,水力边界条件必须能够清晰正确并且能代表场地的情况,同时必须满足渗流的连续性条件。新建成隧道周围水体流动的控制是一个至关重要的水力边界条件,但经常被错误地考虑。本节主要讨论这些问题。

2.5.2　设置初始边界条件

当模拟时间相关性状时,采用可以在同一个网格中灵活处理固结和非固结单元的软件是很有用的。一个固结单元同时具有位移和孔压节点自由度。在《岩土工程有限元分析:理论》10.4 节可以找到有关这些单元以及选择越过一个单元定义孔隙水压力变量的函数的内容。显然,在一个网格内的每个节点上都有位移和孔压自由度,这将会大大增加计算机资源和分析需要的计算时间。因此,在混合的情况下,工程师如果能够把粒状土层处理成自由排水而仅仅考虑粉土层和黏土层的固结性状,则将大有好处。

任何固结单元都需要定义一个渗透性模型(见 2.5.4 小节)。设定与现场实测值一致的初始孔压分布是非常重要的。得到可靠的渗透性测试数据的可能性比较小,但是当定义渗透性剖面时,还是应当采用合理的判断。在分析开始的时候,描述孔压剖面的初始应力必须与材料的渗透性分布一致。一个简单情况,即初始孔压沿深度呈线性分布并且渗透性也均匀时,是没有问题的(这些通常是一致的)。当模拟初始孔压分布为非线性分布,且采用更实际的非均匀渗透性模型时,需要更加注意。伦敦就存在这种情况,下面的例子将作为类似情况的有用参考,可参见第 9 章。

伦敦历史上曾从地下很深的蓄水层中抽水。虽然现在已经停止了,但是造成

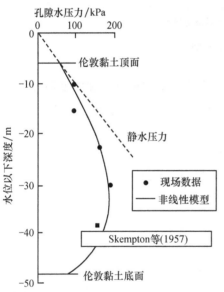

图 2.19 伦敦滑铁卢(Waterloo)的下排水
孔隙水压力分布

了透过低渗透性的伦敦黏土的下排水孔压分布。最近在 Waterloo(Hight et al.,1992)的测试结果中清楚地表明了孔隙水压力如图 2.19 所示准静水压力的剖面分布;同时,该图也给出了 Skempton 等(1957)的数据。这个稳定状态的剖面分布在数值上可以通过这样的模型来实现,即在这个模型里渗透性随着深度的增加而减小,或者渗透性随着平均有效应力的增加而减小(如下面的 2.5.4 小节)。图 2.19 中所示的孔压分布数值预测结果就是采用后一个模型得到的。

在这种情况下,要使静水压力和渗透性相一致,一种有效的方法就是采用单位宽度的柱体固结单元。利用适合一维分析的位移边界条件,初始静水孔压剖面分布也得到确定。图 2.20 给出了柱状体与所要分析的实际边界值问题的对比。柱内的单元体被赋予应力-应变以及渗透的本构模型,这种模型将被用于全面的分析中,人们期望的位于柱顶和柱底的稳定状态孔压则被指定为边界条件。进行长期分析(通过足够的时间步增量)可以给出稳定孔压分布的预测。这种预测可以和实际的数据进行对比,如果对比结果不令人满意,那么就可以调整渗透模型中的参数重新进行分析。在实践中,对于边界值问题采用单位宽度的柱体而不是整个网格,计算速度更快。一旦得到想要的孔压分布,在已知它和土的渗透性一致的情况下,就可以纳入在初始应力下的全面分析。

通过与静水压力分布模式进行对比,2.5.5 小节的算例分析证明了下排水的孔压分布对地层长期移动预测的影响。

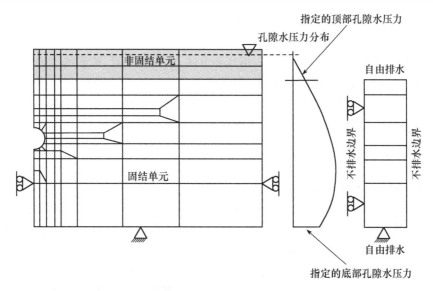

图 2.20　预测稳定状态孔隙水压力分布的柱体方法

2.5.3　水力边界条件

接下来的分析过程中,在固结土层的边界上,必须明确代表性的排水边界条件和孔压边界条件,无论是网格边界还是材料界面上。对于隧道分析而言,自由排水边界和不排水边界是很必要的:自由排水边界意味着初始孔隙水压力条件保持不变,而代表对称轴线的网格边界是不排水边界,必须允许孔隙水压力相应变化。隧道本身的边界就带来了很多问题,在隧道开挖开始时,隧道的周界就是一个网格边界。在低渗透性的黏土中进行快速开挖的过程中,隧道的边界可以认为是不透水边界;但是在固结过程中,隧道衬砌可以看作是自由排水边界或者是不透水边界。究竟决定选择哪一种边界取决于已经完成和完全衬砌好的隧道是否能够发挥排水的作用。2.5.5 小节的实例分析说明了边界条件的选择对于地层移动预测的巨大影响。

如果确定隧道可以排水,则施加在隧道边界上的孔压条件自然是零(或者等于任何向外的正压力,如用于模拟压缩空气工作等)。在开挖过程中,靠近隧道开挖面附近的土体可能产生拉伸孔压(吸力),如果由于卸载造成的孔隙水压力的减少量大于隧道周围初始的孔隙水压力,将会出现这种情况。在该情况下,如果给出的孔压边界条件是零(或正值),则土体将会通过隧道边界吸水。这显然不能反映实际情况,因为新的隧道不是水源。所以,需要一个更为复杂精细的边界条件。

《岩土工程有限元分析:理论》10.6.6 小节给出了针对隧道衬砌的降水边界条件的应用例子。当采用这种条件时,程序跟踪边界节点上的孔隙水压力,如果在边界上任意时刻、任意节点的土体孔隙水压力是拉力,那么在这个节点上就应当保持不排水条件以阻止隧道内部的水流入土体中;而如果孔压是正值,那么给出边界压力并且允许该边界节点自由排水。用这种方法,就短期来看,膨胀的土被迫从周围的土体中而不是透过隧道边界吸水,但是长期稳定状态是渗流稳定地朝新挖隧道发生。由于边界条件是逐个节点施加,在分析的某些阶段就会有可能在一些地方水由隧道边界流进隧道内,而在其他地方则仍保持不排水条件。

2.5.4　渗透模型

　　耦合固结分析需要定义材料的渗透系数 k,大多数的软件可以给出简单、线性、各向同性的渗透性,也可以定义各向异性的渗透性,两种情况下渗透系数 k 都可以随着空间而改变(非均匀性),还可以选择定义非线性的渗透性。采用非线性模型时,在分析的过程中渗透性发生变化,这种改变取决于孔隙比或者平均有效应力。《岩土工程有限元分析:理论》提出了很多可供选择的渗透模型。

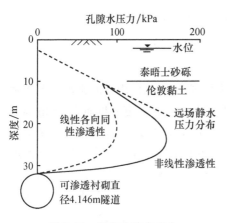

图 2.21　长期孔隙水压力

　　如上所述,如果初始孔隙水压力分布是非线性的,则必须选择非均质模型。常常也会出现这种情况,即在隧道完成后,不同的渗透模型将会导致不同的长期孔压条件。图 2.21 的数值分析算例通过介绍沿着某隧道中心线以上的长期孔压分布说明了这一点,该隧道深度为 34m,直径 4m,设置在伦敦黏土中,衬砌为排水。初始孔隙水压力是静水压力分布,采用了两种渗透模型并且进行长期分析。第一个模型中渗透系数是线性、各向同性、非均匀的(随着深度的增加而减小);第二个模型中渗透系数是非线性的,其渗透系数的表达式如式(2.2)所示,渗透系数随着平均有效应力而改变并且在分析过程中不断修正。长期水力边界条件为:在伦敦黏土的上方是静水压力(根据砂砾层的水位线定义),而在透水的隧道边界处孔隙水压力为零。图 2.21 表明非线性渗透模型预测在地表下 10m 范围内孔压近似呈静水压力分布,10m 以下孔压则明显下降。但是,线性渗透模型所预测的孔压分布则显著低于静水压力。如果进行反分析,压力计的读数表明,在隧道上方孔压近似为静水压力,尽管事实上隧道起了排水管的作用,显然非线性模型更为合适。

　　如果确定用非线性模型进行隧道分析,则值得注意的是,在标准的现场勘测过程中一些必要的数据不太可能获得,这些数据是建立模型所需参数的基础。因此,如 2.5.2 小节所指出的,需要获取可靠的相匹配的孔压量测值。还值得重视的是

模型中的 k 取决于平均有效应力,模型也间接假定了土体的体积变化性质。填土和原位土中的渗流压力的观测已经表明量测到的孔隙水压力与传统方法所预测的结果有很大不同,所以发展了更为成熟的模型(Vaughan,1989)。渗透性通常是随着孔隙比而变化的,对于给定的土体,在可能的孔隙比的范围内,渗透系数要跨越好几个数量级。孔隙比本身是随着有效应力而变化的,而有效应力取决于孔隙水压力,所以该问题是非线性的。对于伦敦黏土模型,可认为渗透性和有效应力为对数线性关系。

$$k = k_0 e^{-ap'} \tag{2.2}$$

式中,k_0 为有效应力等于零时的渗透系数;a 为与有效应力为零时的初始孔隙比和土的体积压缩系数 m_v 相关的常数;p' 为土体平均有效应力。推导该对数公式需要假定 m_v 是常数。对于很多类型的土体而言这都是一个有用的假定,也包括伦敦黏土在内(Vaughan,1989)。对于湿黏土的一维正常固结,一个改进的模型假设土体的压缩指数 C_c 是常数,并且渗透系数和平均有效应力之间呈幂函数关系。在分析的过程中,如果土体屈服,那么很明显 m_v 和 C_c 为常数这一假设的合理性就成了问题。除此之外,如果采用的塑性模型允许土体屈服膨胀,那么平均有效应力就会很明显地增加,进而减小屈服土体的渗透性直至不合理的低值。

2.5.5　透水与不透水隧道衬砌影响的参数研究

这里所给出的分析,是由岩土咨询集团(GCG)(1993)完成的,考虑了许多影响隧道地基短期和长期性状的因素,都采用耦合固结方法分析在伦敦黏土中开挖铁路隧道其上的固结沉降随时间的变化。研究考虑了如图 2.22 中剖面所示的三个不同的隧道。在每次分析中,仅仅模拟其中一个隧道。分析了两个直径为 6.5m 正在运行的隧道,其中心轴线在地表下深度分别为 $z=15m$ 和 $z=25m$,还分析了一个深度在 $z=25m$、直径为 12m 的车站隧道,水位保持在伦敦黏土上部($z=5m$),但是选择性地考虑了下排水(U)和静水压力(H)两种不同的初始孔隙水压力分布,如图 2.22 中所示。初始孔隙水压力分布与特定空间变化的线性各向异性渗透性相一致。最终远场处的极限平衡孔隙水压力分布和初始设定的水压力分布相同,也就是下排水或者静水压力分布。孔隙水压力在泰晤士(Thames)河砂砾(一种非固结的材料)层中保持为零。在远处的垂直边界上,距离隧道的中心线一定距离,并且在朗伯斯区(Lambeth group)黏土和砂层的交界面处,假设有水源补充使孔隙水压力在整个分析过程中保持与初始值相同。在对称线的任何边界上,施加不透水边界条件。近场处的长期孔压分布则受固结过程中在开挖隧道的边界上所施加的边界条件控制,两个研究的可选择的边界条件为:完全透水衬砌(P),应用2.5.3 小节所介绍的特殊控制边界条件;或者是完全不透水衬砌(I),模拟为不透水的边界条件。

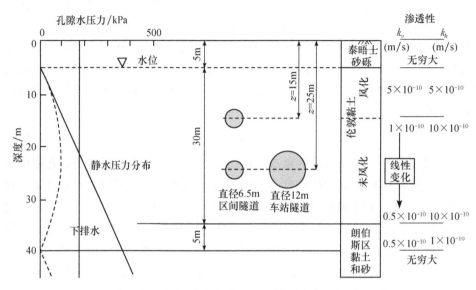

图 2.22　土层分布和 GCG 参数研究得到的孔隙水压力结果

　　控制土层损失的方法应把土层损失控制在目标值 1.7%～2.0%（见 2.4.4 小节）。土体采用屈服前小应变刚度模型（见《岩土工程有限元分析：理论》5.7.5 小节）和莫尔-库仑塑性模型（见《岩土工程有限元分析：理论》7.5 节）的组合模型模拟，有关渗透性的数据则是基于 Burland 等（1977）报道的在伦敦威斯敏斯特地区的现场实测数据。在整个分析中，泰晤士砂砾和朗伯斯区砂层作为完全透水层来模拟，渗透性（随着深度的增加而减小）在黏土中的分布如图 2.22 所示。

　　图 2.23 给出了隧道直径（区间隧道（R）或车站隧道（S））对一个埋深 25m、采用透水衬砌的隧道上方与时间相关的地面沉降的影响，底面排水（U）和静水压力（H）两种排水条件的分析结果都示于图中。隧道直径对静水压力的分析结果影响较小，RH 分析和 SH 分析表明在 5～10 年的时间内最大沉降 S_{max} 的增加值趋于 30～35mm，显然短期沉降占的比例 RH 分析要大于 SH 分析。对于底面排水边界条件的孔压分布，这个趋势相反，因为在 5～10 年间 S_{max} 看起来将减小，RU 情况下 S_{max} 的减少量仅为 3mm，而 SU 情况下的减少量为 20mm。

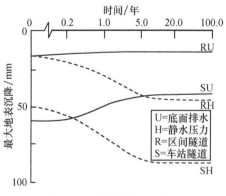

图 2.23　隧道直径的影响

图 2.24 单独给出了隧道深度(15m
或 25m)对采用透水衬砌的区间隧道上方
与时间相关的地面沉降的影响。在固结
过程中,15H 情况时(隧道深 15m、静水
压力的孔压分布)S_{max} 将增加 18mm,25H
情况时 S_{max} 将增加 30mm。对 15U 的情
况 S_{max} 类似地增加了 18mm,与此相反的
是对 25U 的情况 S_{max} 则减小了 3mm,

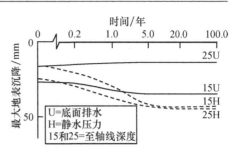

图 2.24　隧道深度的影响

15U 和 25U 出现两种情况相反的变化趋势是由于在该深度孔隙水压力与静水压
力的比值不同。从图 2.22 可以注意到,一个 15m 深的隧道所处位置,向下排水孔
隙水压力与静水压力相近,因此瞬时地面反应与静水压力分析结果相同,所有的位
移在 10 年内停止。

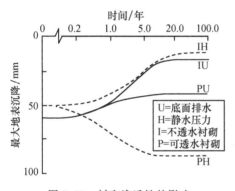

图 2.25　衬砌渗透性的影响

图 2.25 给出了衬砌透水性(P 或 I)
对一个埋深 25m 的大直径车站隧道上方
与时间相关地面沉降的影响。PH 情况时
S_{max} 将增加 35mm,但是 PU 情况时则减
小 20mm,位移在 5～10 年完成。对 IU
不透水衬砌情况时表面隆起 45mm,IH
情况时则隆起 40mm。如果衬砌不透水,
在固结黏土中的排水路径更长,这可以在
从 10 年到 20 年期间位移停止所需时间
增加得到反映。

在施工(瞬时)完成以后的固结期间,预计的地表位移与很多因素有关:稳定的
孔压分布、隧道深度、衬砌排水状况以及隧道直径。

2.6　土体模型的选择

2.6.1　简介

选择合适的土体模型进行隧道开挖分析的任务是明确的,而非普遍适用。这
一节的主要目的就是通过实例来说明在隧道的模拟中土体模型选择的重要性。最
近在伦敦帝国理工学院完成的一些研究,通过与现场实测隧道开挖引起的地表和
地表以下沉降的比较,验证了一些屈服前本构模型相互之间的区别(Addenbro-
oke,1996;Addenbrooke et al.,1997),这些研究的结果将在 2.6.2 小节中讲述。
在模拟超固结黏土中的隧道开挖时,如果采用平面应变分析,采用有效的土体模型
并不一定能对土层的运动给出好的预测,2.6.3 小节探讨了一系列提高土层运动

预测精度的方法。

2.6.2　参数研究的结果

本节给出了摄政公园以下 34m、格林公园以下 29m 和圣詹姆斯公园以下 30m 处的隧道开挖分析结果,这些隧道都处于伦敦黏土层中,其上是泰晤士砂砾层和填土层。这三个场地都在 Jubilee 地铁线上,前二者是该地铁线一期(20 世纪 70 年代建成),最后者为二期(Jubilee 地铁线延伸段 1999 年开通)。由于地处公园内,这几处地层的位移都不受地表结构物的影响,并且第一个隧道在每种开挖情况下都要分析,所以没有各土层相互作用影响的问题(在 2.7.3 小节论述)。每个场地都采用平面应变分析,土体为理想弹塑性体,开挖过程是假定为不排水。作为算例,圣詹姆斯公园的网格在图 2.26 中给出(这里仅考虑更深的隧道),使用了控制土层损失的开挖方法,摄政公园和格林公园的控制目标值为 1.3%~1.5%,圣詹姆斯公园为 3.3%(基于现场实测数据)。每个场地给出的初始孔隙水压力均有代表性,在伦敦黏土中采用的初始应力比 K_0 均为 1.5。在每种情况中分别采用线性各向同性、线性各向异性以及非线弹性本构模型来反映土体的屈服前行为。这三种情况土的刚度都是随着深度的增加而增大,采用不相关联的莫尔-库仑模型模拟塑性性质。

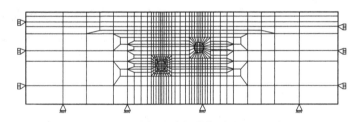

图 2.26　圣詹姆斯公园分析的有限元网格

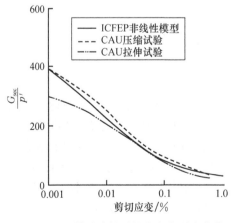

图 2.27　三轴试验得到的小应变刚度曲线

线性各向同性、线性各向异性和非线性弹性本构模型已经在《岩土工程有限元分析:理论》中介绍。采用非线性屈服前模型承认了在弹性范围内真实土体行为的非线性本质。其中一个重现在小应变条件下非线性行为的模型在《岩土工程有限元分析:理论》中进行了论述。图 2.27 表明剪切模量(通过平均有效应力 p' 归一化)随着剪应变的增加而衰减,通过该模型采用合理的适合伦敦黏土的参数预测得到,并与室内不排水三轴压缩和拉伸试验的结果(土样各向异性固结)进行对比。

图 2.28(a)给出的地表沉降结果揭示了很多令人感兴趣的问题。第一,值得注意的是,在 20 世纪 90 年代预测的沉降(图 2.28(c))与 70 年代(图 2.28(a)和图 2.28(b))相比准确了很多。最近工程中使用的最新仪器以及所获得的数据见 Nyren(1998)的全面叙述。第二,线弹性模型,无论是各向同性还是各向异性,全部无效。在这三种情况下,与现场的数据相比,沉降槽要么太浅要么太宽,并且各向同性分析所预测的分布图是错误的。第三,引入更富有代表性的非线弹性模型大大提高了预测的水平,这也可见文献(Addenbrook et al. ,1997)。采用非线弹性模型对于预测水平的提高同样也可以用地下土层的位移来证明。

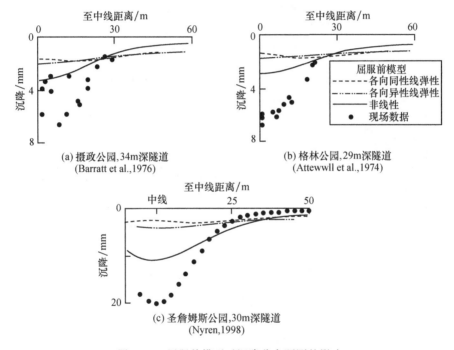

(a) 摄政公园,34m 深隧道
(Barratt et al.,1976)

(b) 格林公园,29m 深隧道
(Attewwll et al.,1974)

屈服前模型
- - - - 各向同性线弹性
- · - · 各向异性线弹性
—— 非线性
● 现场数据

(c) 圣詹姆斯公园,30m 深隧道
(Nyren,1998)

图 2.28　屈服前模型对沉降分布预测的影响

2.6.3　提高地表沉降预测水平的方法

2.6.2 小节中的分析是平面应变分析,在隧道开挖前给定的初始应力是静止土压力(基于 $K_0 > 1$)。轴对称和三维分析已经表明,当隧道掘进面到达或通过空间的一个平面时,隧道侧面的有效应力比降低,而隧道顶部和底部则增加。这种在平面应变开挖之前引入应力描述,可以被看作是取代隧道工作面之前应力变化的一个合理假设。在本节中给出了在伦敦黏土中局部区域采用减小的 K_0(等于0.5),而整个土层采用较高 K_0(取 1.5)的分析结果。这个区域在垂直方向跨越了从隧道顶部到隧道底部这段距离,而在水平方向则跨越了一段距离 a,大约为开挖半径的 3 倍(图 2.29)。Jubilee 地铁线采用降低 K_0 重新分析,图 2.30(a)～(c)给出了改进的地表沉降预测分布图。

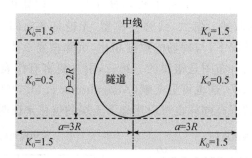

图 2.29　K_0 减小的局部区域

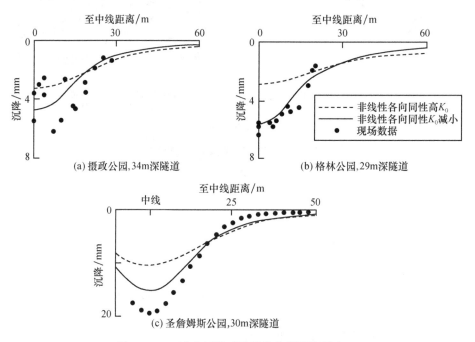

图 2.30　K_0 减小区域对沉降分布预测的影响

　　另外一种获得更为精确的地表沉降分布的策略就是采用各向异性非线性屈服前土体模型。如果土体是正交各向异性,则需要定义 5 个参数:竖直方向的杨氏模量 E_v',水平方向的杨氏模量 E_h',竖直方向有效应力的增加对水平方向应变的影响泊松比 μ_{vh}',水平方向有效应力的增加对与该方向垂直的水平方向上应变的影响泊松比 μ_{hh}',以及竖直平面内的剪切模量 G_{vh}(独立的剪切模量)。在线性各向异性模型中,这些参数会直接定义。作者改写非线性模型来研究非线性与各向异性相结合的优越性。这个模型定义了剪切模量 G 和体积模量 K 的变化,据此可以计算杨氏模量 E' 和泊松比 μ',从而定义了各向同性弹性刚度矩阵。在改进的模型中,通过用户自己定义的常数 μ'_{vh}/μ'、μ'_{hh}/μ'、E'_h/E、$n'(=E'_v / E'_h)$ 以及 $m'(=G_{vh} / E'_v)$,可以得到各向异性的弹性刚度矩阵,在这些比值中最有影响的是 m'。这里提供了两种分析,两种情况下 $n'=0.625$。第一种分析中,$m'=0.444$(Burland et al.,1986)。基于伦敦黏土室内和现场测试数据,Simpson 等(1996)确定了初始的 G_{vh0} 为 $0.65G_{hh0}$(其中 G_{hh} 是水平面内的剪切模量,取决于 E'_h)。当 $\mu'=0.2$ 且 $n'=0.625$ 时,$m'=0.433$,它与这里采用的 $m'=0.444$ 非常接近。由于还不了解 G_{vh} 是如何随着应变而衰减的,故假设 G_{vh} 的变化是与 E' 的变化规律相同的。对于第二种分析,由 $m'=0.2$ 定义了一个独立的、非常软的剪切模量。在伦敦黏土中,初始应力保持 $K_0>1$。图 2.31 给出了预测的圣詹姆斯公园隧道上部地表沉降与现场实测数据的对比。基于室内和现场观测数据的独立剪切模量的引入,对于各向同性的模型而言没有多大的改观,然而应用非常软的独立剪切模量却实现了非常理想的改进。

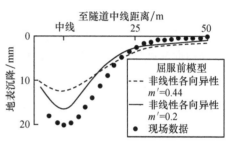

图 2.31　软化剪切模量的影响

　　之所以采用名词"策略"来描述这些为改进地表沉降有限元分析结果所作的调整,是因为目前它们还不能反映现场条件。采用折减的 K_0 是基于在隧道的前方应力已经发生改变的前提,这与假定隧道前方没有应变产生的非线性小应变刚度是矛盾的。折减 K_0 对于隧道两侧的效果为:在隧道开挖继续进行的过程中,引起在这些范围塑性区较早地发展。这与 K_0 数值较高时的分析形成了对比,在这种情况下,塑性区在隧道的顶部和底部发展。

　　在非线性模型中软化各向异性剪切模量的效果是修正接近隧道的地基的运动形式,它增大了整个有限元网格水平方向的位移。对伦敦黏土还没有来自实验室或现场的软化初始剪切模量 G_{vh0} 的证据,这种土体软化方式可能代表了在隧道工作面前方应变导致的土体软化。非线性各向异性模型主要缺点是尚不能了解 G_{vh} 如何随着应变水平变化。

　　采用这两种"策略",由 2.6.2 小节的分析可知,控制土层体积损失的卸载百分比降低了,这会对后面的土体和衬砌的性状产生影响。如果在分析中衬砌施工较早完成,则可阻止土体中任何可能发展成塑性区的区域的扩大,在膨胀土中,这会减少隧道周围孔隙水压力的降低程度。同时,隧道衬砌越早施工,在隧道开挖完成时传递给衬砌的荷载就越大。

2.7　相互作用分析

2.7.1　建筑物刚度对隧道开挖引起的地基位移的影响

如 2.2 节所述,确定隧道开挖引起的沉降预测经验方法是建立在郊外未开发地区场地观测的基础上,对于市中心隧道要在既有建筑物下方穿过的情形是不合适的。Potts 等(1997)将有限元方法用于这种土与建筑物相互作用问题的分析,他们给出了在既有建筑物下坚硬黏土中的 100 多个隧道的有限元分析结果。图 2.6 给出了他们分析描述的几何图形,D、z、B 及偏心距 e 都是变化的,建筑物的抗弯刚度(EI)和轴向刚度(EA)也在变化,土体被模拟成理想的非线性弹塑性体,建筑物被视为壳体单元(在平面应变中为明德林梁单元)。研究结果汇总成简单的建筑物形变评估表,这些新表格允许工程师在评估市区环境下隧道开挖可能引起的建筑物扭曲和破坏时考虑刚度的影响。定义了两个新的土与建筑物的相对刚度参数,即相对弯曲刚度 ρ^*(单位:m^{-1})和相对轴向刚度 α^*

$$\begin{cases} \rho^* = \dfrac{EI}{(E_s H^4)} \\ \alpha^* = \dfrac{EA}{(E_s H)} \end{cases} \qquad (2.3)$$

式中,E_s 为典型的土体刚度,是从 $z/2$ 深度处取出的土样在三轴压缩试验中轴向应变为 0.1% 时的切向模量;H 为建筑物宽度的一半,即 $B/2$。

每一个分析都给出了建筑物的沉降和水平位移分布,对于基础宽度 60m,建筑物偏心距为 0,隧道埋深 20m 的算例,如图 2.32 和图 2.33 所示。采用如下的建筑物形变参数来描述:建筑物沉降弯曲比(DR_{sag})结合水平向的压缩应变(ε_{hc}),建筑物隆起弯曲比(DR_{hog})结合水平向的拉应变(ε_{ht})。这些参数常常与建筑物中极限拉应变相关,以预测由于这样的形变组合造成的破坏(Burland et al.,1974)。

为了便于比较,对与这些分析相关的郊外地区隧道开挖情况也进行了分析。郊外地区的沉降及水平位移常常被用于破坏评估,并且相对经济、简单地通过经验得到预测结果。对于每个建筑物尺寸和位置(对应 B 和 e),郊外地区的地表位移被用来获得郊外地区地基的弯曲比和水平应变值。对于一个完全柔性的建筑物而言,这些就代表了形变参数。因此,Potts 等(1997)研究了具有不同相对刚度(ρ^*、α^*)和相对位置(e/B)的建筑物相对于郊外地区地基形变值的修正程度。对于给定的建筑物定义修正因素 M,即给出修正程度的定量度量值。针对建筑物的分析中,其沉降弯曲比根据郊外地区分析得到的等效形变参数除以给定的修正因素 M_{sag}^{DR} 确定;同理,在针对建筑物的分析中,水平压缩应变根据郊外分析中获得的等效形变参数除以给定的修正因素 M_{hc}^ε 确定。对于那些部分或全部位于隆起区的建筑物,用相同的方法可以获得隆起弯曲比修正因素 M_{hog}^{DR} 以及水平拉应变 M_{ht}^ε。

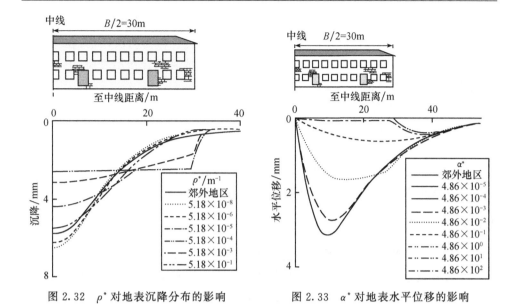

图 2.32 ρ^* 对地表沉降分布的影响   图 2.33 α^* 对地表水平位移的影响

在实际建筑物刚度可能的变化范围内,相对弯曲刚度控制着弯曲比(如竖向沉降分布)的修正程度,而轴向相对刚度则控制着水平向应变(如水平位移)的修正程度。针对每一个 e/B,Potts 等(1997)绘制了在沉降和隆起模式下的弯曲比修正因素值 $M_{\text{sag}}^{\text{DR}}$ 和 $M_{\text{hog}}^{\text{DR}}$ 随 ρ^* 的变化曲线,以及在水平方向压缩和拉伸的情况下,水平应变的修正因素 $M_{\text{hc}}^{\varepsilon}$ 和 $M_{\text{ht}}^{\varepsilon}$ 随 α^* 的变化。通过这些数据拟合的经验设计曲线如图 2.34 所示。

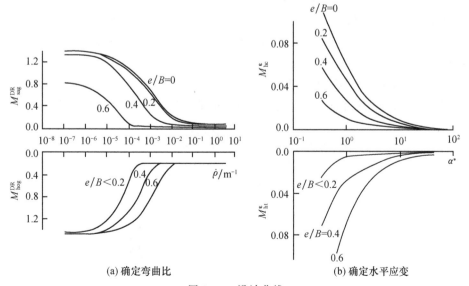

(a) 确定弯曲比   (b) 确定水平应变

图 2.34 设计曲线

因此,对于一个给定的建筑物,改进后破坏评估新的经验方法如下:

(1)问题中的建筑物的相对弯曲刚度和轴向刚度。作为初次评估,在考虑楼板、梁、柱以及承载墙对弯曲刚度和轴向刚度的独立或者耦合作用之前,工程师可能只考虑基础对刚度的贡献。

(2)从图 2.34 的设计图中所获得的修正因素。显然这些因素取决于建筑物的相对刚度和偏心比。

(3)郊外地区基础平面处地基的形变参数,假定没有建筑物存在。

(4)郊外地区情况的参数乘以相关的修正因素。

这些修正因素考虑建筑物刚度,给出了对建筑物可能造成的形变。

2.7.2 财政部大楼——实例研究

在 2.7.1 小节给出的参数研究适合于典型隧道上方的任意建筑物。本节给出了一个极其敏感的、受伦敦 Jubilee 延伸线施工影响的建筑——位于威斯敏斯特的财政部大楼的有限元分析结果,该大楼在施工过程中一直受到监控。有限元分析主要是为了模拟大楼由于隧道施工引起的反应。为了减轻隧道施工的影响,另外在现场采用了补偿性灌浆技术,在分析时也考虑了其作用。这里仅仅概要地描述分析的过程和分析结果,详细内容参见 Standing 等(1998)。

财政部大楼是一个巨大的外部镶石的砖石建筑,长约 210m,宽约 100m,地上有四层,地下有两层地下室。该大楼的基础是由条形、独立基础及无筋混凝土板组成,位于 Terrace 砂砾层中,该层下面是伦敦黏土层,基础顶面距离地表大约 6m。作为 Jubilee 隧道延伸工程的一部分,在该建筑物的一角上,开挖了两条运行隧道(如图 2.35 所示的平面)。首先开挖西行隧道,然后,在补偿性灌浆施工和东行隧道开挖之前有一段间歇期。在西行隧道运行后和东行隧道施工过程中,进行补偿性灌浆施工。该工程的 TAMs(马歇管下水道)标高大约位于地表以下 16m,如图 2.36 所示,在地下室下方介于隧道和基础底板之间。分析按照隧道施工过程和记录的相关工程工期进行。两个隧道的直径都是 4.95m,西行隧道在地表下 34m,东

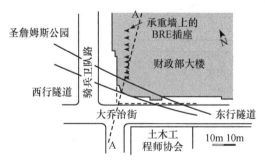

图 2.35　财政部大楼场地平面图

行隧道在地表下 24m,并且都位于伦敦黏土层中。混凝土管片形成衬砌,紧跟在盾构后面设置和扩展。

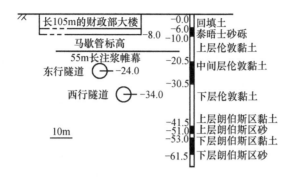

图 2.36　A-A 断面图

　　假定平面应变条件,分析了如图 2.35 和图 2.36 所示的横截面,有限单元网格的剖面如图 2.37 所示。为了清晰起见,图中只给出了隧道附近的细分网格。通过现场勘察获得了土层的分布,将不同土层都模拟成理想非线弹塑性体。《岩土工程有限元分析:理论》中的 5.7.5 小节描述的小应变刚度模型用来模拟屈服前性质,莫尔-库仑屈服准则和潜塑性模型则用来模拟土体的塑性性

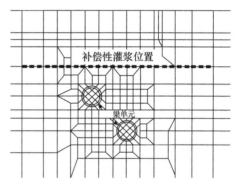

图 2.37　有限元网格局部

质,渗透性假定为线性非均质各向异性,以便模拟现场的底面排水孔隙水压力分布。表 2.1 总结了小应变刚度模型的参数。

表 2.1　弹性剪切模量参数

土　层	A	B	$C \times 10^{-4}$ /%	α	γ	$E_{dmin} \times 10^{-4}$ /%	E_{dmax} /%	G_{min} /kPa
回填土	各向同性线弹性 $G=2083$ kPa							
泰晤士砂砾	1104	1035	5	0.974	0.940	8.8335	0.3464	2000
上层伦敦黏土	1120	1016	1	1.335	0.617	8.6602	0.6928	2333
中间层伦敦黏土	1400	1270	1	1.335	0.617	8.6602	0.6928	2667
下层伦敦黏土	1400	1270	1	1.335	0.617	8.6602	0.6928	2667
上层朗伯斯区黏土	1000	1045	5	1.344	0.591	13.856	0.3810	2667
上层朗伯斯区砂	1300	1380	1	1.220	0.649	1.9053	0.1300	1000
下层朗伯斯区黏土	1000	1045	5	1.344	0.591	13.856	0.3810	2667
下层朗伯斯区砂	1300	1380	1	1.220	0.649	1.9053	0.1300	1000

续表

土　层	R	S	$T\times10^{-3}$ /%	δ	η	$\varepsilon_{vmin}\times$ 10^{-3}/%	ε_{vmax}/%	K_{min}/kPa
回填土	各向同性线弹性 $K=2778$kPa							
泰晤士砂砾	275	225	2	0.9798	1.044	2.1	0.20	5000
上层伦敦黏土	514	475	1	2.069	0.420	5.0	0.15	4000
中间层伦敦黏土	686	633	1	2.069	0.420	5.0	0.15	5000
下层伦敦黏土	686	633	1	2.069	0.420	5.0	0.15	5000
上层朗伯斯区黏土	530	460	0.5	1.492	0.678	1.5	0.16	5000
上层朗伯斯区砂	275	235	1	1.658	0.535	5.1	0.30	3000
下层朗伯斯区黏土	530	460	0.5	1.492	0.678	1.5	0.16	5000
下层朗伯斯区砂	275	235	1	1.658	0.535	5.1	0.30	3000

土　层	γ /(kN/m³)	K_0	c'	φ'	ν	k_x/(m/s)	k_y/(m/s)
回填土	19	0.5	0.0	25	0	—	—
泰晤士砂砾	19/20	0.5	0.0	35	17.5	—	—
上层伦敦黏土	20	1.4	5.0	23	12.5	0.5×10^{-9}	0.25×10^{-9}
中间层伦敦黏土	20	1.4-1.1	5.0	23	12.5	$0.5\times10^{-8}\sim$ 0.5×10^{-10}	$0.5\times10^{-9}\sim$ 0.25×10^{-10}
下层伦敦黏土	20	1.1	5.0	23	12.5	0.5×10^{-10}	0.25×10^{-10}
上层朗伯斯区黏土	20	1.1	0.0	27	13.5	1.0×10^{-11}	0.5×10^{-11}
上层朗伯斯区砂	20	1.1	0.0	34	17.0	0.5×10^{-6}	0.5×10^{-6}
下层朗伯斯区黏土	20	1.1	0.0	27	13.5	1.0×10^{-11}	0.5×10^{-11}
下层朗伯斯区砂	20	1	0.0	34	0	0.5×10^{-6}	0.5×10^{-6}

采用一个等效厚度为 3m 的弹性板来模拟财政部大楼的基础(杨氏模量 $E=28\times10^6$kPa,泊松比 $\mu=0.15$),隧道的衬砌用弹性壳体单元来模拟(平面应变的明德林梁单元),杨氏模量 $E=15\times10^6$kPa,泊松比 $\mu=0.15$,厚度为 0.2m²/m,截面惯性距为 6.67×10^{-4}m⁴/m。

补偿性灌浆通过在有限单元网格中马歇管下水道位置的水平缝隙内施加压力来模拟,如图 2.37 和图 2.38 所示。在网格生成过程中先把接触面单元包括在内,在分析开始之前把接触面单元挖掉,这样,缝隙就形成了。当在分析过程中没有补

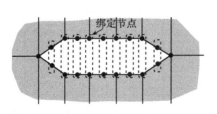
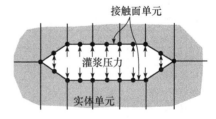

(a) 当不采用补偿注浆时,对面节点的位移被绑定　　(b) 在补偿灌浆时施加注浆压力

图 2.38　补偿性灌浆的模拟

偿性灌浆发生时,缝隙对面一侧附近节点的位移(包括竖直方向和水平方向)会受到限制,如图 2.38(a)所示。在模拟补偿性灌浆分析的增量步时,这种限制则被移除且在缝隙的边界上施加压力,如图 2.38(b)所示。对于任何增量而言,缝隙对面一侧附近节点的孔隙水压力的自由度都要受到限制。

在隧道开挖的过程中使用了控制土体损失的方法,目标体积损失是基于郊外地区圣詹姆斯公园车站的现场监控测量结果。

这里给出的结果主要集中在西行隧道施工之后、补偿性灌浆工程以及东行隧道施工完成 18 周后的变形。图 2.39 给出了西行隧道(也就是施工的第一条隧道)开挖之后的地表沉降槽,在圣詹姆斯公园的地表以及财政部大楼基础面上的实测数据也在图中给出。这两个现场观测结果的对比说明了建筑物的影响,它减小了最大沉降量,但是增加了沉降槽的宽度。财政部大楼下方的最大沉降位于它的角点下,略微偏离隧道中心线。图中也给出了有限元预测结果,预测结果和现场观测结果非常吻合。图 2.40 给出了在完成东行隧道施工 18 周后,财政部大楼基础平面上的沉降槽,同时也给出了实测值和有限元法预测结果,预测值和实测值之间也吻合良好。

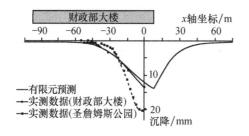

图 2.39　西行隧道开挖后沉降分布

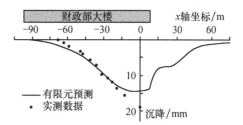

图 2.40　东行隧道施工 18 周后沉降分布

2.7.3　双隧道间的相互作用

在现代拥挤的城市环境里建造地下铁路常常要涉及开挖多条相互之间距离非常近的新隧道;除此之外,对现有运输网络改造时需要在既有隧道的附近建设新的隧道。对于一个给定的项目,在考虑两条以上隧道的开挖问题时,有限单元法是一种合适的分析工具。在隧道的设计阶段,了解隧道之间的相互作用以及对整个场地的影响是非常重要的。当前的设计方法是建立在忽略相互作用基础之上的经验方法,线性分析在这一方面很少有指导作用。

Addenbrooke 等(2001)采用平面应变有限单元法得到了在坚硬黏土中开挖两条隧道之间的相互作用图,以建立大致的相互影响度,他们还评估了在各种条件下地表沉降的影响以及地下隧道衬砌之间的相互作用。在各个阶段,任何可以获得的现场数据都用来验证有限单元法的预测结果。他们采用了耦合固结公式和理想非线性弹塑性土体模型，所采用的非线性屈服前模型由 Puzrin 等(1998)提出，这个模型局限于常规的三向应力空间。Addenbrooke(1997)把这个模型加以扩展并成功地应用于一般应力空间。扩展公式详见《岩土工程有限元分析：理论》的5.7.6 小节，除了再现随着应变水平的提高而预计的土体刚度衰减外，这个模型也再现了应力路径方向改变相应的土体性状的运动本质，采用不相关联的莫尔-库仑模型来描述土体的屈服后行为。隧道采用弹性壳体单元(在平面应变下为明德林梁单元)模拟衬砌。在此进行以下两种分析：第一种模拟两条隧道平行并排；另一种则是一条隧道在另一条隧道的正上方(背负式)，如图 2.41 所示。两条隧道间的距离是变化的，以此确定影响范围；两条隧道施工的时间间隔也是变化的，以此来确定土体的长期固结和膨胀所造成的影响。

先考虑第一种情况，即两条隧道并排施工，第一条隧道比第二条隧道早完工 3周。图 2.42 给出了第二条隧道开挖对第一条隧道衬砌的影响，已经存在的衬砌向新开挖的隧道方向牵引，由此产生了"下蹲式"的变形。该图表明了水平直径的伸长和竖向直径的缩短(与设计直径的百分比)以及变形如何随着支墩宽度(隧道拱背到拱背的间距除以直径)的增加而减少。现场实测数据也在图中标出以便对比，这些数据包括：伦敦维多利亚线上三对近距离双隧道的平均变形(Ward，1969)，伦敦 Jubilee 延伸隧道上三个现场的最新数据(Kimmance et al.，1996)。数值分析结果和这些数据吻合较好。分析结果表明，当支墩宽度大于 7 倍的直径时，隧道之间的相互作用可以忽略。

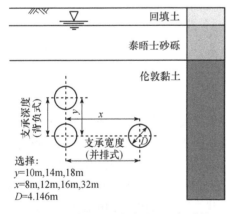

图 2.41　并排和背负式施工几何形状

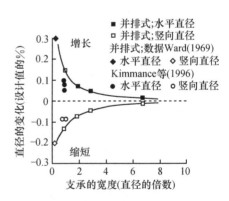

图 2.42　并排式第二条隧道开挖时
第一条隧道的变形

当考虑背负式隧道时，有两种施工顺序可供选择——先施工上方隧道和先施工下方隧道。图 2.43 给出了两种施工顺序下二次开挖对既有衬砌产生的变形，反映直径变化(与设计直径的百分比)与支墩深度(拱背到拱背的距离除以直径)的关系。既有衬砌向新开挖的隧道方向牵引,导致竖直直径的伸长和水平直径的缩短。显然,两条隧道间的距离越近,产生的变形就会越大。对于所有的分析而言,竖直方向直径的伸长量比相应的水平方向直径的缩短量更大,而产生的变形在隧道间支墩尺寸相同的情况下不会像并排隧道那样大(并排隧道的变形曲线根据图 2.42 再次示出)。数值分析时下部隧道引起上部隧道变形结果的推测与 Kimmance 等(1996)的现场实测数据相当吻合。这种施工顺序所引起的变形

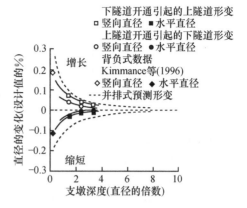

图 2.43　背负式第二条隧道开挖时第一条隧道的变形

要比另一种在既有隧道上方先施工第二条隧道的顺序产生的变形大。事实上,显然当第二条隧道从既有隧道上方穿过时影响很小,当隧道之间支墩深度大于 3 倍的直径时其影响为零。

　　这里所给出的结果证明了相对位置(上部、下部或者侧部)以及隧道之间实际的距离对于隧道衬砌的反应有着重大的影响。给出的结果量化了当邻近隧道开挖时在既有隧道衬砌内所引起的变形。Addenbrooke 等(2001)关于预计的双隧道工程上部的地表沉降分布,以及两个隧道之间施工间隔期所带来的影响给出了进一步的结论。

2.8　小　　结

　　(1) 隧道施工是一个三维的过程。如果局限于二维的分析,那么就必须考虑平面应变或是轴对称问题,这取决于分析想要达到的目的。

　　(2) 平面应变中模拟隧道施工的方法需要至少一个以下假设:所预计的土层损失,在衬砌施工前的卸载百分比,或者隧道边界的实际位移。

　　(3) 如果预计隧道衬砌要产生剧烈变形(即近距离穿过邻近隧道的反应),则可以应用这样的模型,即该模型允许管片衬砌在它们的连接点处张开或者旋转,或者允许喷射混凝土衬砌开裂。

　　(4) 非线性渗透性模型是基于渗透性与应力水平相关性的认识。对于相同水力边界条件,用这样的模型来代替线性模型可以改变长期孔隙水压力形式,在固结和膨胀的过程中将改变地基的反应。

　　(5) 瞬间和长期的性状受很多因素控制。特别是,隧道是作为排水管路还是不透水的,初始孔隙水压力分布是否为静水压力分布。了解各种相关关系是很重

要的,用批评的眼光来看瞬间和长期的土体性状也很重要。

(6) 选择能够重现土体现场性状的本构模型是非常重要的。例如,在屈服前应力性状主导地层反应的情况下,模拟小应变下的非线性弹性是必需的。

(7) 可以发展多种改善预测地表沉降的方法。这些问题必须要提出:这种调整对于土体的性状有什么影响,这种影响的连带效应的效果是什么? 例如,如果采用了一种方法来调整地表沉降分布,那么这种方法是如何改变地下位移、孔压反应或者是衬砌的应力和变形的预测结果。

(8) 有限单元法可以用来快速评价隧道施工引起地基位移的不同影响效果。分析结果可制成设计图表和相互作用图表,对参数研究是非常有用的。

(9) 数值分析方法对于隧道工程师而言,最大的好处之一就是分析可以把相似的影响合并起来。例如,既有的地表结构,或者是既有隧道。重现在隧道施工的过程中为保护地表结构物而采取的补偿灌浆的效果也是可行的。本章已经证明有限单元法在这方面的巨大作用。

第3章 挡土结构

3.1 引　言

本章讨论分析不同形式的支挡结构,重点介绍分析实际结构时必须考虑的问题。在对当前使用的主要挡土墙形式作简要的描述后,讨论了诸如本构模型的选择、施工方法、地下水的控制和支承系统等常识性问题,最后对重力式、嵌入式和加筋/锚固式3种主要挡土墙形式作重点分析。

3.2 概　述

一般而言,支挡结构的作用是抵抗由(挡土墙后)垂直或接近垂直的天然土体或回填土所施加的水平力。结构体系一般包括墙体,其通常支承在支挡结构的其他部件上,如支撑、楼板、地锚或钢筋带等。另外,墙体也可以靠其基础或嵌入土中的地基由土体直接支承。在多数情况下,土体同时产生主动土压力和抗力,墙体及其支承结构提供一种转换机制。

设计工程师必须评估施加在墙体和其他部件上的力,以及结构和支挡材料(墙后填土)可能发生的位移。通常这些必须在工作和临界荷载状态下来确定,参见《岩土工程有限元分析:理论》第1章。除此之外需要估计由结构施工引起潜在的地基位移大小和范围,包括当地基内发生排水时引发的短期和长期效应。这可能是由于施工对邻近既有或待建的配套设施或结构物(建筑物、隧道、基础等)产生影响。必须估计可能发生的潜在损害,并且考虑恰当的施工方法来使这些影响最小化。

挡土墙的设计传统上采用简化分析法(如极限平衡法、应力场法)或经验方法。简化分析法主要用于分析自立式重力挡土墙、悬臂嵌入式挡土墙、单道支撑或锚杆嵌入式挡土墙,在 BS 8002(1994)和 Padfield 等(1984)的研究中有过一些介绍。由于多道支撑(或锚杆)挡墙的超静定性质,一般采用诸如 Peck(1969)所建议的经验方法来分析。简化方法也适用于加筋或加锚土方的分析,可参见 BS 8006(1995)。

因为所有这些传统的设计方法都是基于简化分析或经验方法,所以不能也无法提供工程师期望的所有设计信息,特别是只能了解一些非常有限的土体位移的情况,关于与邻近建筑物的相互作用的信息则无法得到。

在过去的 10 年中,价格低廉但技术成熟的电脑硬件和数值分析软件的引入,使得支挡结构的设计和分析取得了巨大的进步,在模拟实际支挡结构的性状和研究土与结构相互作用的机理方面取得了很大进展。本章将回顾其中的一些进展,对挡土墙在进行数值分析时的一些重要问题进行讨论。首先介绍不同的支挡结构形式,以及在开始分析前必须注意的一般问题,然后再详尽地讨论三种主要的支挡结构,即重力式、嵌入式和加筋/加锚挡土墙。

3.3　挡土墙的形式

3.3.1　简介

设计与分析的复杂性和不确定性随土与结构相互作用的程度加大而增加,主要取决于所采用挡土墙的形式,因此按照在设计中出现的土与结构相互作用问题对挡土墙进行分类是比较合适的。图 3.1 按照土与结构相互作用复杂性增大的顺序列出了几种主要的挡土墙类型。

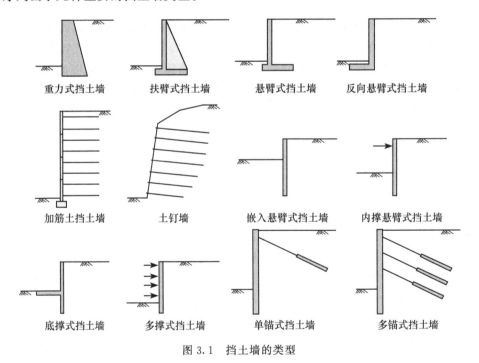

图 3.1　挡土墙的类型

3.3.2　重力式挡土墙

重力式、扶臂式、悬臂式挡土墙都属于刚性结构,土与结构的相互作用相对简单。从整体的稳定性角度看,作用在墙背土压力应与基础上的正应力和剪切应力相平衡。在很大程度上,抗力的大小由结构物的重量来控制,因此被称为重力式挡土墙。这种挡土墙一般可以由素混凝土、钢筋混凝土、框格墙或石笼等预制块构成。除非挡土墙建在深厚的可压缩性土层上,否则由墙底地基变形引起的位移可以忽略不计。

3.3.3　加筋/加锚挡土墙

加筋挡土墙和土钉墙从本质上讲属于重力式挡土墙。然而,其内部的稳定性取决于土体和加筋体(或土钉)之间复杂的相互作用关系。这些挡墙通常有一层非结构用途的面层,目的在于防止墙体的侵蚀或纯粹为了美观。设计的面层应能抵抗弯矩和土压力,但这不是首要的护土方法。抵抗土体位移通常由土钉、锚杆或其他各种形式的拉杆(除地锚外)或者钢筋条、土工织物等提供。

3.3.4　嵌入式挡土墙

当施工场地有限并且(或者)土体位移又不能过大时,可采用带(或不带)支撑或锚杆的嵌入悬臂式挡土墙。其典型形式有板桩墙、地下连续墙、连续钻孔桩墙以及咬合桩等。保持墙体稳定主要取决于开挖线以下的土体以及支撑或锚杆提供的抗力。不同嵌入式墙的柔度差异较大,这对土压力的分布有很大影响。墙体越柔则作用在结构单元中的弯矩越小,但这可能会导致较大的变形,特别是对于没有支撑或锚杆的嵌入悬臂式挡墙。由于土与结构相互作用的复杂程度随着支撑或(和)锚杆的数量的增加而增加,因此造成其结构是超静定的。

3.4　一 般 考 虑

3.4.1　简介

在开始数值分析前,掌握一些思路以确保所采用的土与结构模型最合理是很重要的。在分析时确定正确的边界条件(如位移、孔隙水压力、荷载等)也很重要。本节将简要介绍其中一些比较重要的问题,某些问题将在以后的章节中进行更加详尽的介绍。

3.4.2　对称性

在现实中所有涉及支挡结构的土工问题都属于三维问题,在理想情况下,应该采用三维分析,因为三维分析才可以充分地揭示结构的形状、荷载条件以及所在场地的地基条件的变化。在当前的计算机硬件水平下,除了一些很有限和极其简单的工程以外,三维分析还无法解决所有的实际问题。为了分析各种结构,有必要作一些简化的假设。大多数情况下采取二维平面应变或轴对称分析方法,参见《岩土工程有限元分析:理论》第 1 章。

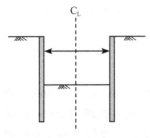

图 3.2　轴对称几何形状示例

对于二维轴对称结构,通常假定过基坑中心线有一条对称轴,因此只需分析"半截面"即可。三维分析时,通常假定有两个相互垂直的对称平面,因此只需考虑"1/4 截面"。例如,图 3.2 给出了在地表附近设置支撑、由两个相互平行的挡墙支护的平面应变基坑,如果有一条通过开挖面中心的垂直对称线,则只需取其一半来分析,既可以取对称面的右边也可以取左边。显然这样减轻了分析的工作量以及模拟实际结构所需要有限单元的数量。但是,为了使这种分析能够真正反映实际问题,基坑的中心线必须完全对称。这种对称包括结构几何外形、施工顺序、土体性质以及地面条件。实际上,上述的各种条件很少都满足对称,因此,"半截面"分析的结果通常意味着是近似的。

以图 3.3 所示的某道路加固方案中的公路隧道截面为例。该隧道由两组平行的咬合桩挡土墙、与外墙固定连接的顶板、与墙不相连的底板以及支承顶板的中隔墙组成,中心桩支承中隔墙,但不与底板相连。

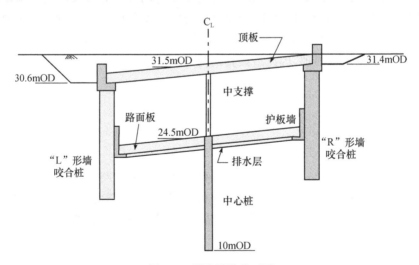

图 3.3　道路隧道截面图

由于道路在隧道位置处于弯道上,故其顶板和底板相对水平方向倾斜,但跨过结构的落差并不大,基坑宽 25～26m,而落差不到 1m。因此,可以尝试忽略跨过结构的落差以简化分析,并假定其相对中心线对称。在任何分析中,只需考虑"半截面"。

现在来检验这样近似是否合理。考虑隧道全断面的有限元分析,如图 3.3 所示,图 3.4 表示预测的两侧挡土墙位移放大尺寸后的形状曲线(实线分布,未变形墙体的有限元网格用虚线表示)。很明显,隧道结构有些摇摆,且基坑两侧的墙体位移并不相同,右侧隧道挡土墙的顶部被推入了墙后的土体中。

"半截面"分析不能预测这种非对称性状,只能预测两侧挡墙都朝基坑中心向内侧对称移位。因为每侧或是两侧的墙体位移曲线都不准确,所以也无法准确地预测墙体弯矩和内力。

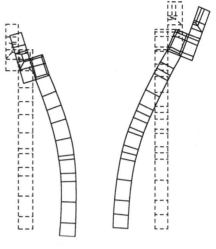

图 3.4　道路隧道支护墙的位移曲线

显然,没有一种分析可以详尽地模拟几何外形或每个施工行为,但这个例子阐释了对任何形状进行简化假定时必须要谨慎。

3.4.3　有限元模型的几何形状

当进行数值分析时,另一个要做的决定是选择有限元网格的深度和水平范围。例如,当考虑图 3.5 所示的简单开挖问题时,必须确定地表以下网格的深度和网格向右延伸的边界。因为在这种情况下,基坑是对称的,其网格左侧边界的位置是固定的。

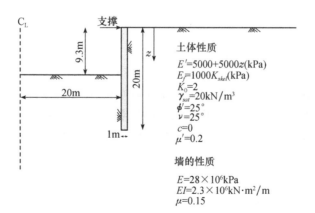

C_L　　支撑

9.3m

20m

20m

1m

z

土体性质

$E'=5000+5000z(kPa)$
$E_f=1000K_{skel}(kPa)$
$K_0=2$
$\gamma_{sat}=20kN/m^3$
$\phi'=25°$
$\nu=25°$
$c=0$
$\mu'=0.2$

墙的性质

$E=28×10^6kPa$
$EI=2.3×10^6kN\cdot m^2/m$
$\mu=0.15$

图 3.5　带撑挡墙

考虑网格底部边界时,土层中往往有一个明显的位置。例如,某深度一个坚硬和坚固层(如岩石层)的存在,为网格的底部边界提供了理想的位置。同时,由于土的刚度和强度沿深度增大,只要距离挡墙的底部不是特别近,底部边界的位置对于分析的结果并不敏感。确定远端竖直边界的位置(即右侧)较为麻烦,部分取决于所使用的模拟土体性质的本构模型。

　　为了解释这些观点,对图 3.5 所示的开挖问题进行分析。典型的网格如图 3.6 所示,施加在网格底部和竖直边界上的位移边界条件也示于图中。土体和挡墙都采用八节点等参元来模拟。通过增加右侧网格单元得到更宽的网格如图 3.6 所示,从网格底部删除单元得到更浅的网格,在基坑附近的网格则基本相同。

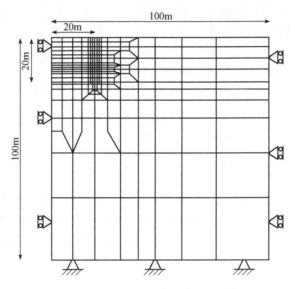

图 3.6　开挖问题的典型有限元网格

　　第一组分析中,土体用线弹性莫尔-库仑本构模型模拟,该模型中土体刚度随深度而增大。所使用的参数如图 3.5 所示。所有分析中计算步骤和边界条件都是相同的,只有网格的尺寸随边界条件的不同而变化,边界条件是由深度和距墙背的距离决定的。然后,在这组分析中采用相同强度参数重复模拟土体,但是用小应变刚度模型代替线弹性模型。表 3.1 给出了小应变刚度模型的参数。在两组分析中土体参数都采用典型的相同的硬黏土,因此彼此一致。所有分析都是模拟不排水开挖到 9.3m 深度,在墙的顶部有一刚性支撑。

　　分析范围水平方向为 100m(5 倍于半基坑宽度)、深度分别为 36m、52m 和 100m(即开挖深度的 1.8 倍、2.6 倍和 5 倍),得到的墙后地面沉降槽如图 3.7 所示。采用线弹性屈服前模型的分析结果如图 3.7(a)所示,结果表明网格分析的深度对预测结果有巨大的影响。相反,采用土体预屈服前小应变模型的分析表明,网格深度对预测结果影响小得多(图 3.7(b))。

表 3.1 小应变刚度模型的参数

参 数	$\dfrac{G}{p'} = A + B\cos\left[\alpha\left(\lg\left(\dfrac{E}{(\sqrt{3}C)}\right)\right)^{\gamma}\right]$	参 数	$\dfrac{K}{p'} = R + S\cos\left[\delta\left(\lg\left(\dfrac{|\varepsilon_v|}{T}\right)\right)^{\mu}\right]$
A	466.6	R	686.0
B	423.3	S	633.0
$C/\%$	1×10^{-4}	$T/\%$	1×10^{-3}
α	1.335	δ	2.069
γ	0.617	μ	0.420
$E_{min}/\%$	8.66025×10^{-4}	$\varepsilon_{v,min}/\%$	5×10^{3}
$E_{max}/\%$	0.69282	$\varepsilon_{v,max}/\%$	0.15
G_{min}	2666.7	K_{min}	5000.0

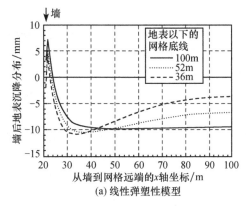

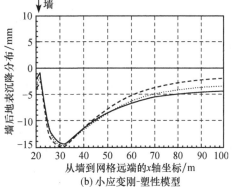

图 3.7 网格深度对地表沉降的影响

分析范围深度为 100m,水平方向分别为 100m、180m 和 340m(即半基坑宽度的 5 倍、9 倍和 17 倍),预测的墙后地面沉降槽如图 3.8 所示。这些预测值表明采用小应变刚度模型分析时,网格宽度为 180m 和 340m 时得到的墙后地面沉降槽预测值差别很小,如图 3.8(b)所示。然而,采用线弹性屈服前模型时,如图 3.8(a)所示,刚度随深度增大,三种分析预测的地表沉降槽各不相同。因此,这些结果表明,如果采用小应变刚度模型模拟弹性性质,网格水平范围达到 180m 便已足够,但如果是线弹性行为,则必须采用更宽的网格。

显然,对有限元网格纵向和横向的合理范围作出统一的规定是不可能的,这取决于所分析的问题、所采用的本构模型以及所要研究性状的具体方面。因此,在实际分析中,用不同尺寸的网格试验是敏感的,除非有过去分析过类似问题的经验。

在进行有限元分析时,另外要确定的是施加在网格边界上的边界条件的种类。在上面的分析中,零水平位移以及零竖直荷载施加在网格竖直边界上,虽然

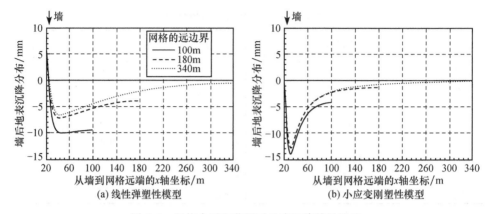

图 3.8　网格水平向范围对地表沉降槽的影响

为了模拟对称轴用左边竖直边界来代替是正确的边界条件，但是在右侧远场竖直边界上固定竖直或水平向位移为零的选择是等效的。同样，对于底部边界，不论是固定竖直位移为零还是竖直和水平位移都为零也是等效的。边界条件的选择是否会影响到结果取决于网格的水平向和竖直向的范围，特别是距基坑的远近。

为研究上述分析中施加在右侧边界上的边界条件的影响，采用宽 180m、深 100m 的网格，固定右侧网格远场竖直边界上水平和竖直位移增量都为零（即 $\Delta u = \Delta v = 0$），重复上述分析，预测的地表沉降槽如图 3.9 所示。为方便对比，只在右侧边界上固定水平位移增量为零（$\Delta u = 0$）的分析结果也在图中给出。可以发现，在基坑附近，地表沉降预测值不受边界条件选择的影响，只是在靠近右侧竖直边界处地表沉降槽受边界条件选择的影响。

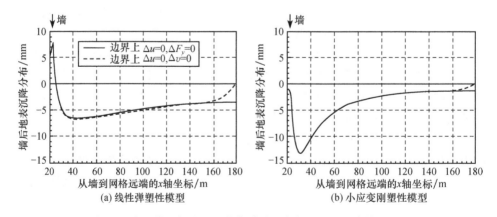

图 3.9　在网格远场边界上的位移边界条件对地面沉降槽的影响

3.4.4 支承系统

支承挡墙或其他任何挡土结构的方法也需要提及(各种支撑、拉杆、锚杆、护坡道等的详细信息),同时还要检查结构部件间任何连接的细节,以确保在分析中结构能够正确地被模拟。

这些不同支撑结构的方式和作用机理不同,因此对结构性状有显著的影响。支撑系统(支撑、板等)对位移提供被动抗力,这种对位移的抗力是内在的。相反,拉杆、锚杆、加筋土等依靠地基内被调动的应力来支挡结构,改变地基条件(如排水)可能会削弱支撑的效果。

当采用水平支撑来支承墙体时,如图3.10所示,通常在分析中可以假定支撑是刚性的,在支撑位置支挡墙体以免产生水平位移;或者用弹簧替代支撑,弹簧恰当地固定在离墙一定距离处(即固定在半空中),如图3.10所示。此假定意味着结构几何和荷载条件对称,并且存在同样的支挡结构镜面对称于所分析对象。实际上这种条件很少出现,因为土体和加载条件很可能变化,即使这种情况确实存在,施工过程也不可能对称地进行。例如,墙体本身可能按顺序施工,基坑一侧的墙可能先于另一侧进行,这样施加的非对称条件,可能会影响后续性状(Finno et al.,1991)。

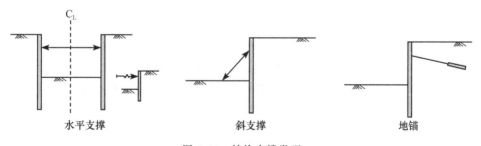

图3.10 结构支撑类型

如图3.10所示的斜支撑,也会增加土与结构相互作用的复杂性。部分来自墙后被支挡土体的荷载通过支撑传递到基底平面的土体,因此支撑轴力的大小取决于墙体与墙后及基底面土体之间的相互作用。根据斜支撑位置的不同,在墙前产生附加土压力,通过土体的特性抵抗位移。

图3.10所示的地锚涉及复杂的土相互作用,因为锚杆的内力和抗力均来自被支挡的土体,所以锚固墙的性状很可能有别于支撑式挡墙。

墙与支撑之间的连接形式也会影响支挡结构的性状,增加任何设计分析的难度。图3.11所示的是三种连接形式。当前许多的设计程序通常默认假定为"简单"连接,而实际上许多连接不是铰接就是固端连接,或介于二者之间。

这些细节可能对弯矩、力和位移产生巨大影响。任何支承系统都必须与结构一起产生位移,除非是独立锚固系统。大部分支撑系统都会阻止相对位移而不是绝对位移,能够认清这一点很重要。这可以通过 3.4.2 小节的例子来阐述,顶板影响了相邻墙体的相对位移,但并不能阻止结构的漂移。

　　模拟支撑连接的不同形式如图 3.11 所示,模拟支撑和地锚的方法将在第 9 章中讨论。

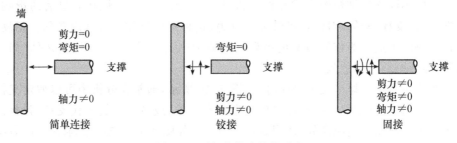

图 3.11　墙-支撑连接的形式

3.4.5　本构模型的选择

　　显然,在任何分析中,采用理想、合理的本构模型来模拟结构部件和土体的性状是很重要的。

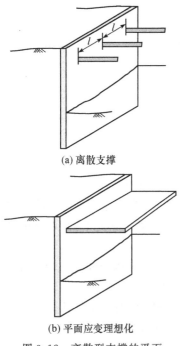

(a) 离散支撑

(b) 平面应变理想化

图 3.12　离散型支撑的平面
应变理想化

1. 结构部件

　　模拟结构部件时,经常要假定这些单元为线弹性,而且拉应力在容许范围之内。在很多情况下这种理想的假定是绝对足够的,结构一般被设计成能承受各种力。然而,在某些条件下,特别是对于(大体积)素混凝土结构,分析时可能必须考虑结构具有有限的抗拉和(或)抗压强度。同时,如果在实际中支撑结构没有足够的抗拉强度,则在模拟时就有必要限制其抗拉能力,在这种情况下必须采用具有有限抗拉和抗压强度的本构模型。

　　由于大多数支挡结构的分析都是假定为平面应变和轴对称条件(即二维理想化),结构部件也必须用相同的方式来模拟,即使其几何形状明显为三维。例如,一排离散支撑,每根支撑皆为圆形截面,在平面外方向必须模拟成常厚度的连续板,如图 3.12 所示。对于采用这种方式来模拟的结构单元,就必须采用等效抗弯、抗压或抗拉刚度。具体情况可见第 9 章。

2. 土

考虑到土的特性,采用理想的本构模型来模拟土的性状是很重要的。模拟土体性质的合适方法在《岩土工程有限元分析:理论》中的第 5~8 章中有详细讨论,如何获得相关土体参数在本书第 1 章中已经介绍过。

土体可分为两类,一类是用作填土材料,另一类为现场原位土体。后者在所有支挡结构问题中都将会遇到,而前者只用于有限的几类结构中。每类土体性状的重要性取决于挡土墙结构的类型。例如,填土对重力式挡土墙和加筋土挡墙有显著的影响,而原位土体对嵌入式挡墙和土钉墙基坑性状的影响巨大。

用于回填的土体通常取用可以自由排水的砂或砾石,但偶尔也采用黏土。这些填土通常采用弹性莫尔-库仑模型,或者 Lade 模型来模拟。如果采用前一种本构模型,这个模型的弹性阶段要比非弹性阶段模拟得更加恰当,其体积和剪切刚度取决于应力、应变水平(参见《岩土工程有限元分析:理论》第 5、7、8 章)。

对于原位土体应当采用现有的恰当的本构模型,可以通过现场资料的调查来验证。理想情况下,这种模型能同时包括小应变状态下的非线性以及土的塑性。前者要能够真实地预测位移,后者能够限制土的主动、被动土压力的大小。

一旦收集了相当多的关于支挡开挖面周围土体位移的数据以后,诸如在伦敦(Burland et al.,1986),就已经获得了关于土体刚度的经验公式。这些通常由反分析获得。然而,这些关系式是线弹性的,而且是基于在施工期间和工后短期内深层开挖周围土体位移观测基础上的。因此,这种关系式不必与其他地面条件、其他形式的挡土墙施工或长期条件等相关。

若长期效应是很重要的,或者是由于现场数据不充分而无法得到,诸如由 Burland 等(1986)推导出的经验关系式时,那么唯一的选择就是依靠实验室土样试验和现场原位测试来得到合适的参数,以此进行分析。在多数情况下这就是设计人员所面临的情形。例如,小应变模型所需的应力、应变极限和土体参数通常能从商业实验室中进行的高质量三轴试验中得到。然而,如果无法进行这种室内试验的话,也可从自钻进旁压试验中得到这些参数,参见第 1 章。

关于不同本构模型的相对性能,以下几点应考虑:

(1) 很明显,绝大多数情况下,对于简单线弹性分析,采用各向同性或各向异性的本构模型是不恰当的,容易产生误导。在这种分析中,对土体中可能产生的张拉力和主动土压力、被动土压力的大小没有限制。

考虑简单的嵌入悬臂式挡土墙前的开挖问题,墙顶端后部填土的膨胀易于使墙前倾,影响墙的纵向位移,在结构中产生弯矩和压力。同样其对墙前可能产生的被动土压力没有限制。

通过图 3.13 所示的嵌入悬臂式挡土墙,可以说明上述情况。为简化分析,假定地下水位远低于墙底,土体排水通畅。用图 3.6 所示的有限元网格进行了两种模型分析,其模型分别是(莫尔-库仑)弹塑性本构模型和纯弹性本构模型。两种分析模型的参数都在图 3.13 中给出,其弹性性质都是相同的。

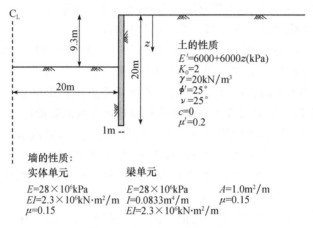

土的性质
$E'=6000+6000z$(kPa)
$K_0=2$
$\gamma=20$kN/m³
$\phi'=25°$
$\nu=25°$
$c=0$
$\mu'=0.2$

墙的性质:

实体单元	梁单元	
$E=28\times10^6$kPa	$E=28\times10^6$kPa	$A=1.0$m²/m
$EI=2.3\times10^6$kN·m²/m	$I=0.0833$m⁴/m	$\mu=0.15$
$\mu=0.15$	$EI=2.3\times10^6$kN·m²/m	

图 3.13   嵌入悬臂式挡土墙

开挖深度为 9.3m,墙的水平位移和弯矩预测结果分别如图 3.14(a)、(b)所示。显然,两种分析模型预测值有很大的差异,弹性模型分析预测值和实际情况差异较大。如图 3.15 所示,给出的墙前和墙后的土压力分布可以说明部分原因。弹

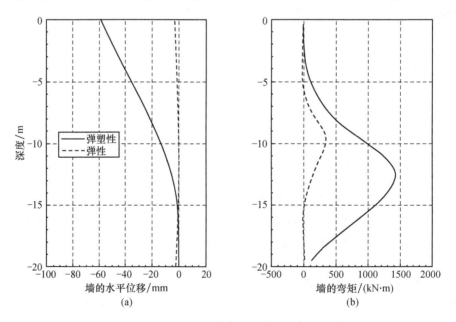

(a)   (b)

图 3.14   悬臂式挡土墙弹性和弹塑性分析的比较

性分析预测的墙后水平向拉伸压力和土
压力低于主动极限土压力；而在墙前，仅
在开挖面以下，预测的压力就已经远超出
极限被动土压力。如果弹性刚度是常量，
不随深度增加的话，弹性分析得出的结果
会更差。

（2）线弹性本构模型、完全塑性本构
模型限制了土体内的拉应力和产生的主动
和被动土压力。然而，对施工期间结构附近
的地面位移的范围和分布的预测很糟糕。

离挡土墙较远的地方，主动和被动土
压力可能会增大（土体开始呈现塑性），或
者荷载致使土体屈服，土体完全呈现弹
性，获得合理一致的位移。这已在图 3.7
（a）以及图 3.8（a）中阐述过，从中可以看
到采用了线弹性屈服前模型，尽管刚度随
深度增大，墙后地表沉降在很大范围内仍

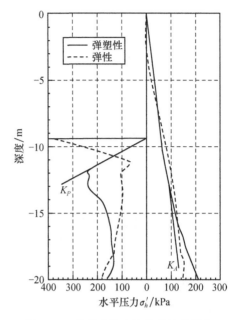

图 3.15　悬臂式挡土墙的弹性分析和
弹塑性分析的土压力预测值

然与实际情况不相符。正如在《岩土工程有限元分析：理论》第 4 章中所说，土体的
刚度一般随着应力和应变水平的改变而改变，但在这些模型中均未考虑这一点。

（3）采用非线性的理想弹塑性或应变硬化/软化塑性本构模型，对挡土墙周围
的位移，一般能给出比较好的预测。这些本构模型考虑了不同的应力和应变水平
导致的土体刚度的变化。

通常这些模型能比前面所介绍的其他模型给出更符合实际的挡土墙周围位移
分布，因为在这些模型中，位移的范围受到了限制。当要考虑诸如结构附近建筑物
施工对已有结构可能的破坏时，这是很重要的。正是纵向位移曲线的形状和位移
值的大小，决定了所讨论的结构内的应变。

上述两种本构模型的预测值，参见图 3.7(b)和图 3.8(b)。由图可见，与假定
线弹性屈服前的本构模型相比，这两种模型得出的沉降预测结果更符合实际。

3.4.6　初始土层条件

1. 概述

除了采用加筋挡土墙或重力式挡土墙支挡的路堤外，一般在挡土墙施工中都
有开挖。因为结构荷载的一部分取决于施工过程中的应力变化，正确合理地估计
这些应力是很重要的。

即便结构施工中没有开挖,初始土层条件也是很重要的。对于建在地面上的简单重力式挡土墙,基础的受力特点以及结构将受到这些应力的影响。

如果采用任何非线性的本构模型来模拟土体性状时,了解土层应力状态是相当重要的。

2."郊外地区"条件

"郊外地区"条件就是土层中没有扰动的初始应力状态,即土体内由于历史上遭受不同地质过程引起的应力。这些应力还没有因为施工或其他人为活动而改变。挡土墙也许就要抵抗这些全部或部分的应力(部分应力在结构物形成前已经解除)。

土体曾经遭受的地质过程将决定水平与垂直有效应力的比率(即 K_0 的值)。该比率对土体性质,以及修建在这种土中结构物的性状有巨大的影响。Potts 等(1986)对此曾有阐述。

考虑一个土体单元,垂直有效应力为 400kPa。图 3.16 中,点 A、B、C 分别表示 K_0 分别为 1.0、1.5、2.0 时有效应力空间的位置。图中所示的是在一维条件下的垂直有效应力减小的应力路径。

嵌入式挡土墙墙前开挖面以下可能有更大的范围,由于被动土压力解除,土体产生了破坏,因为若 K_0 较高,那么土体屈服时的应变低于 K_0 较小的时候(如图 3.16 所示,点 C 比点 A 更接近破坏包络图)。如果开挖速率较小而且排水速率较大,那么这就会对结构长期工作特性或者短期性状具有重要的意义。这些效应将在接下来的章节中讨论。

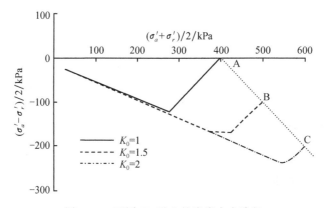

图 3.16　不同 K_0 黏土的膨胀应力路径

3. 初始土压力改变

挡土结构附近存在的构筑物(如隧道、深基础、地面支撑或桩基等)将不可避免地改变地基内应力状态,在各种分析中这些效应都要考虑。这种效应将影响支挡结构所需承担的荷载。在支挡结构形成之前,其他结构可能已给土体加载,对隧道而言则是给土体卸载。

下面以威斯敏斯特银禧线(Jubilee)延伸段地下车站(Higgins et al.,1996)为例来说明这一点。图 3.17 和图 3.18 分别为车站的平面图和截面图(A-A 截面)。车站开挖深度为 37m,由 1m 厚的地下连续墙支护,而连续墙由一系列的临时和永久支撑来支承。在开挖现场附近有两条隧道,以及一座具有重大历史意义的建筑物——大笨钟塔。

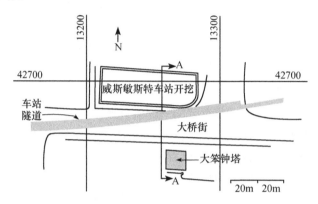

图 3.17 威斯敏斯特银禧线延伸段地下车站平面图

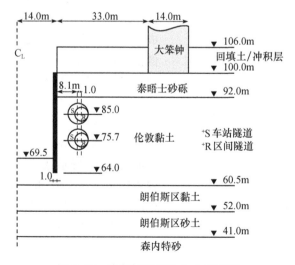

图 3.18 威斯敏斯特站 A-A 截面图

采用了一系列的分析方法来模拟隧道和车站箱体施工,而在另一些分析中仅单独模拟了车站箱体的施工。图 3.19 为隧道施工前后地基内的应力水平等值线。应力水平是一个无量纲的量,为某一特定平均有效应力下的剪切强度可以发挥的程度(定义详见附录 III. 1)。零应力水平对应的是 $\sigma_1 = \sigma_2 = \sigma_3$ 时的应力状态,破坏包络线上的应力状态对应的应力水平值是 1。在图 3.19 左上角有一处明显的小开挖,这是在隧道施工之前的临时开挖,并非车站箱体的主要开挖。

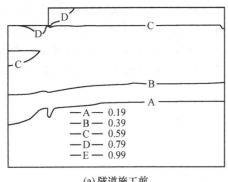

(a) 隧道施工前	(b) 隧道施工后

图 3.19　应力水平等值线

图 3.19 清楚地表明,隧道施工已经改变了将要施工的车站箱体支护墙位置附近地层的应力(在这个分析阶段,还没有模拟挡墙)。该处土体已被卸载,因此在墙体施工时,将影响作用在墙上的荷载。

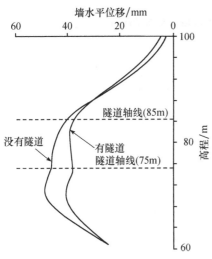

图 3.20　分析中有、无隧道两种情况下的车站箱体支护墙水平位移

作为对比分析,图 3.20 中两条位移曲线分别为有隧道和无隧道时的分析结果,这些结果对应的条件是车站箱体施工已完成。显然隧道的存在影响了墙体的位移。像伦敦这种人口密集、地下结构物众多的城市,这种情况并不罕见。这个例子说明了模拟全部先期施工历史的重要性。

邻近结构物的存在也可能会改变地下水条件。例如,不透水的地下室外墙周围可能有渗流,隧道或许是透水的,可以作为隧道周围土体的排水通道,甚至有来自某处的地下水供应等。这些效应同时也要考虑,特别是采用更加复杂的土体本构模型时。

3.4.7　施工方法和过程

1. 概述

在分析过程中,结构物(临时以及永久工程)如何施工,以及施工的历时等必须考虑。不同的施工顺序意味着土体经历不同的应力路径,土单元体可能在不同时期发生屈服或被完全压缩。结果,诸如膨胀压力等附加压力可能会作用在结构物上。继而,如果施工缓慢、地基内发生排水,可能减小长期效应。然而,如果发生显著的排水,可能对临时工程的设计有重要意义。

2. 施工方法

下面以图 3.3 中的道路隧道为例来阐述不同施工方法的影响。对隧道施工的两种方式进行了分析,即自上而下和自下而上,在两种施工方式中都是首先施工挡墙。在自上而下的施工中,开挖面正好到顶板下部以下,在继续开挖之前先施工顶板。在自下而上的施工中开挖到路面顶板以下,路面顶板模板由一些临时支撑支护,然后浇筑顶板,移除临时支撑。

不同的施工方式需要不同支承墙的方式。在自下而上施工法的分析中,开挖期间墙之间实际上是一些不连续的临时支撑(沿隧道长度方向布置的一系列的钢管),其名义刚度几乎是顶板的 $\frac{1}{10}$。

表 3.2 概述了当结构物已经完成但土体尚未发生排水阶段,两种施工方式引起的墙内的弯矩预测值。即便是像这种相对简单的问题,开挖深度是 8~10m,且墙采用简单的支撑,由于施工方式的不同引起的弯矩值之间的差异高达 20%,如果没有临时支撑,这种差异会更大。

表 3.2 不同施工方法墙的弯矩的小结

施工方法	墙	弯矩值/(kN·m/m)	
		最大值	最小值
自上而下	左侧	1226	−18
自下而上	左侧	1484	−14
自上而下	右侧	6	−1322
自下而上	右侧	6	−1452

另外一个很好的例子,即乔治格林明挖隧道(Potts et al.,1986)也说明施工方法会影响分析结果。图 3.21 为该隧道的一个截面。由于隧道外形近似轴对称,这正好与 3.4.2 小节中讨论的例子相同,非常可能用"半截面"来模拟它。这将会造成严重的错误。

虽然隧道外形是轴对称的,但施工方法却不对称。首先施工嵌入式挡墙。进行初步开挖,施工顶板,然后土体将从顶板以下挖出,先开挖其中一侧的土体至底板以下。在另一半隧道开挖之前浇筑已开挖一侧隧道的底板。该施工过程对中隔墙的影响如图 3.22 所示。"半截面"的分析一般要求中隔墙上没有弯矩和侧向位移。

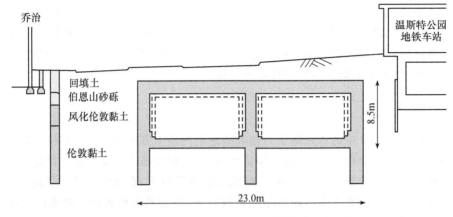

图 3.21　乔治格林隧道横截面

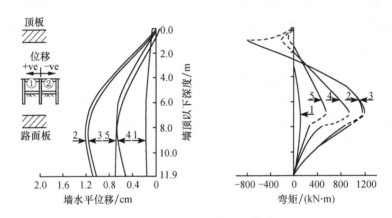

图 3.22　中隔墙的弯矩和位移

3. 与时间相关的位移

要评估与时间相关的位移,在分析中就必须要涉及时间,因此通常要求进行完全耦合固结分析。对于这种分析,有必要指定孔隙水压力,和(或)流量边界条件以及位移和(或)力边界条件。除此之外,还要知道土体的渗透性,以便对施工期间会发生多大的渗流作出合理的估计。但测量这个参数是相当困难的,明智的做法就是考虑一系列的值以及进行一个小参数研究。

不仅渗透系数的大小必须正确,其沿深度分布,特别是在不完全排水处的分布也要正确。渗透系数的分布必须与初始稳定状态孔隙水压力剖面相一致。否则,在分析过程中将发生排水,因为孔隙水压力试图与边界条件相平衡。这个问题将在第 9 章详尽地讨论。

4. 地下水的控制

在施工期间以及从长远角度看,用以控制地下水的方法也是重要的考虑因素,
开挖期间隔水是必要的。以图 3.23 中
所示为例,在开挖场地,黏土覆盖在砂土
层之上,而地下水位接近地表。除非开
挖范围砂土隔水,否则,在开挖期间,当
砂-黏土接触面上剩余黏土施加的总垂
直应力等于砂土中孔隙水压力时,将产
生基底隆起破坏。在各种分析中,这种
降水也必须模拟。

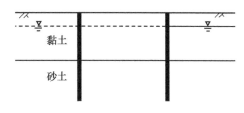

图 3.23 有必要隔水的例子

一旦施工完成,要采取措施把结构物下的长期隆起效应降到最小。可以在底
板下留出空隙以允许地基膨胀而不会对结构施加任何荷载。在这种情况下,水将
从这些空隙中排出。另外,也可安装抽水系统或排水系统,把孔隙水压力以及施加
在结构上的荷载降低到最低值。

另一个重要的考虑因素是开挖面上的边界条件。土内存在导致土体膨胀的水
源吗,开挖表面是不透水的吗? 在这种情况下,采用降水边界条件(见《岩土工程有
限元分析:理论》第 10.6.6 小节)可能比孔隙水压力或无渗流边界条件更合适。

3.5　重力式挡土墙

3.5.1　简介

当支挡结构高度不大,一般情况下小于 5m,土体的位移不十分重要,以及施工
场地不受限制时,一般采用重力式挡土墙。重力式挡土墙有多种不同的形式,其中
一些在图 3.1 中已有介绍。为保持稳定,这类墙依赖于墙(以及墙后土)的重量以
及墙基和下覆土之间的抗剪阻力来抵抗墙后填土产生的土压力。

在设计的时候,需要进行墙的整体稳定性、抗滑移、抗倾覆和承载力破坏验算,
如图 3.24 形式。因为在有邻近建筑物以及(或者)配套设施的地方,对于土体的位
移比较敏感,不常采用这类形式的挡土墙,故位移可以不必精确计算。在很多设计
规范中,通常默认为只要有足够的抵抗不稳定的安全储备,那么结构产生的位移是
可接受的。如果位移是考虑的重点,最好采用其他形式的挡土墙,诸如嵌入式挡土
墙,如图 3.1 所示。

因为有大量设计这类墙的经验,且位移并不是考虑的重点,因此对于标准重力
式挡土墙,几乎不用进行数值分析。但是,也可能会有考虑位移的情况,或者土体

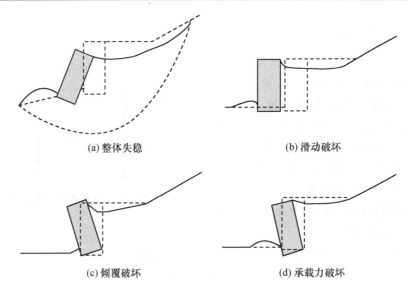

(a) 整体失稳   (b) 滑动破坏

(c) 倾覆破坏   (d) 承载力破坏

图 3.24 重力式挡土墙极限状态

状况不寻常,或者是结构尺寸超出了当前经验的范围,在这些情况下,就要采用数值分析。这种分析可以探明图 3.24 所示所有的潜在的不稳定性,以及估计结构的位移。

本节余下部分将讨论重力式挡土墙数值分析中的一些重要问题。虽然加筋挡土墙和土钉墙均属于重力式挡土墙,但它们涉及与内部稳定有关的其他复杂问题,所以此类型墙将在 3.6 节中单独讨论。

3.5.2 由压实产生的土压力

在很多情况下,重力式挡土墙修建在基础之上,墙后有填土。因此不仅有必要考虑结构和基础的性质(如图 3.24 中的承载力问题),还要考虑填土的性质。因为填料多数是分层压实的,故压实过程中产生的应力将施加在挡土墙上。然而,现在几乎没有测量这些应力的可靠方法,因此无法得到合适的应力值。

虽然已存在评估压实应力的数值程序(Duncan et al. ,1986),但这些程序一般都相当复杂,而且采用了高非线性土体模型,一般会很麻烦。由于缺乏可靠的现场数据,证实分析过程是否正确也很困难。在填筑过程分析中,可以简单地以垂直压力按一定比例确定填土层的水平压力。

在实践中,填土可能要分为很多层,因此在分析过程中一般将填土简化为若干层。选择层数以及选择水平应力比的问题,将在涉及路堤施工的 5.3.4 小节中讨论。

3.5.3 有限元分析

数值分析中的主要问题,除了为结构物、基础以及填料选择合适的本构模型外,还有就是施工过程以及土与结构接触面的正确模拟。

如前所述,重力式挡土墙的稳定性主要取决于沿基础产生的剪切应力。而这是基础上的垂直压力同基底与土体接触面上的摩擦角与黏聚力的函数。垂直压力来自于墙的重量(包括各种封闭土体)和墙后土体施加在墙背上的垂直剪切力。后者取决于墙背和墙后土体接触面上的黏聚力和内摩擦角。很明显,墙与土接触面的性质,包括墙与基础、墙与土的接触面,对其任何的分析都有显著的影响,因此要正确模拟。最合适的方法是采用包含接触面单元的网格,如图 3.25 所示。然而,采用这种单元有一些缺陷和局限性,这将在第 9 章中有所讨论。

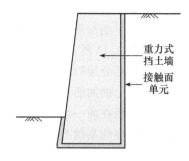

图 3.25 重力式挡土墙分析中接触面单元的位置

一旦确定了施工顺序,特别是墙后填土施工的层数,就可以进行有限元网格的划分。很明显,充填的每一层土应该包含几个有限单元(即每个单元不能跨越超过一个的施工层)。在分析期间,经常遇到已构建单元产生的不许可应力引起的问题,这通常是施工期间,单元"悬挂"在墙上导致了拉应力的结果。对于这个问题以及其解决方法将在第 9 章中讨论。

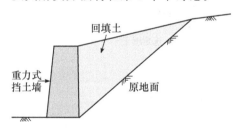

图 3.26 重力式挡土墙墙后挖方边坡

重力式挡土墙可能修建在边坡坡角处。当然现在一般采用更先进的结构(如地下连续墙),而在此之前,这是非常普遍的。在这种情况下,分析模拟时,必须考虑墙后边坡是完全回填还是部分回填,如图 3.26 所示。这取决于挖方边坡需要维持的时间,基础内可能会有排水并沿着坡底软化,这将对结构的后续性状产生影响。

偶尔,这些墙也采用桩基础来抵抗较大的倾覆力矩。例如,码头堤坝,设置桩以增大码头抵抗由船舶撞击和锚泊线产生的力的能力。出于各种原因,也可能采用其他诸如锚杆等增大抗倾覆能力的方法。同样,这些桩或其他支承方式必须合理模拟。

3.6 加筋土挡土墙

3.6.1 简介

自从 20 世纪 60 年代法国第一次采用了这种重力式挡土墙后,加筋土挡土墙得到了越来越广泛的应用。由于有效地利用了材料以及合理地分配了软基上的荷载,和其他形式相比,在许多场合下,加筋土挡土墙更加经济。由于加筋材料的抗拉能力,土的材料性质得到了加强,使土体能够保持自立稳定。

加筋土挡土墙通常都具有非结构性和相当柔性的面层,其目的是防止局部土体剥落。早期加筋土挡土墙一般采取分层回填施工,如图 3.27 所示。典型的施工程序如图 3.28 所示。在预先处理的基础之上安置第一块预制面板,临时支撑,然后在面板后分层回填土体,当土体回填到面板高度的中部时,在土体上设置一排连接在面板上的加筋条,继续回填,当回填到面板顶部时,移除临时支撑。然后放置第二块面板在前一块之上,继续前述操作,直到施工完成。在实际的操作中,在基本施工顺序的基础上,还会有很多的变化。

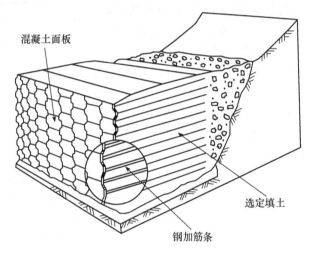

图 3.27　加筋土挡土墙的典型施工详情

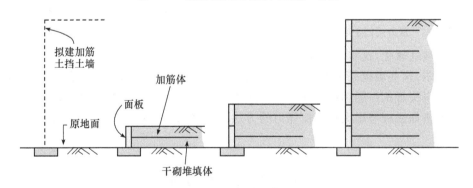

图 3.28　加筋土挡土墙的典型施工过程

以前,加筋体一般由薄铁片组成,其与面板相连并深入填土 5~10m。这些铁片一般在 100~400mm 宽,在出平面方向并不连续。其抗拔力取决于加筋体与土体接触面上的摩擦力。现在加筋体通常采用土工织物。这些土工织物在平面方向

上是连续的。同时土工布也可以用来做面板,如图 3.29 所示。一些土工织物具有
网状外形,其抗拔力是土与织物接触面上的摩擦力以及土工织物单体前方充填土
工织物空洞边缘土体的抗拉强度的函数,如图 3.30 所示。

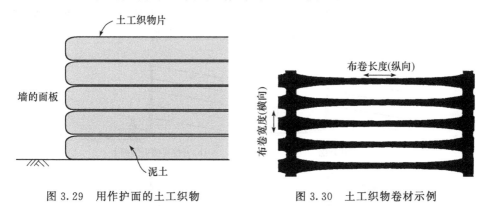

图 3.29　用作护面的土工织物　　　　　图 3.30　土工织物卷材示例

　　随着实践的进一步发展,离散的锚杆取代了加筋片和土工织物(Harris et al.,
1993),如图 3.31 所示。锚杆可以用弯曲的钢筋、混凝土块或者废旧的汽车或货车
轮胎制成。锚索可以是金属的,或某些形式的绳材料(如电缆)。其加固效应源自
锚固块的抗拔力。

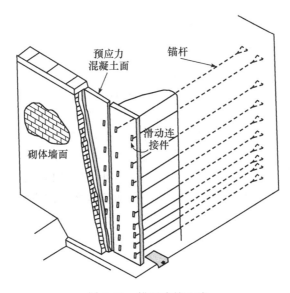

图 3.31　锚固式挡土墙

　　上述中,不管是加筋土挡土墙还是锚固式挡土墙,修建过程中都伴随着墙后土
体的充填。另一种通常采用的构成原位加筋土挡土墙的方法是使用土钉。先在墙
前开挖 1～2m,在开挖墙面上布置一排土钉和铺设一层钢筋网,然后喷注混凝土面

层。通过如图 3.32 所示的步骤,墙将自上而下构成。土钉的间距和所采用的形式取决于土体的性质以及结构的外形和尺寸。有不同形式的土钉可供选择:钻孔灌浆、喷射灌浆以及退火的弹性钢杆。在挡土墙施工中,灌浆土钉使用得最为广泛,因为与压入或者退火土钉相比,它们可以为调动土体的摩擦力创造出较大的表面积,并能插入土体更深。土钉通常微向下倾斜以便于灌浆。

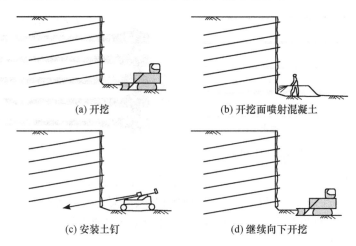

(a) 开挖　　　　　　　　　　　(b) 开挖面喷射混凝土

(c) 安装土钉　　　　　　　　　(d) 继续向下开挖

图 3.32　采用土钉的加筋土挡土墙的施工顺序

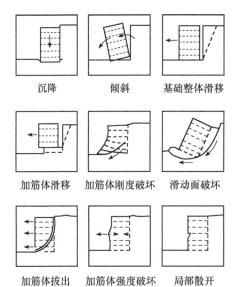

沉降　　　　倾斜　　　基础整体滑移

加筋体滑移　加筋体刚度破坏　滑动面破坏

加筋体拔出　加筋体强度破坏　局部散开

图 3.33　加筋土挡土墙可能的破坏机理

加筋土挡土墙可能有几种导致破坏的机理,如图 3.33 所示。假定加筋土体是充分加筋的,破坏一般是由于整体失稳产生的,在前面的重力式挡土墙中已有讨论。

除此之外,内部失稳也能导致结构破坏。例如,加筋体的断裂导致抗拉强度的丧失,并可能诱发加筋土挡土墙的整体破坏。另外,因为加固土体的完整性取决于土与加筋体之间的应力转移,接触面的破坏将导致加筋体的拔出,或者如果加筋是连续的话,土体沿着加筋加固的平面滑移出来。

加固土体内产生破坏的另外一种机理是由于加筋体刚度不够。在这种情况下,如果在加筋体的全部强度发挥之前土体内已经蓄积了足够的应变,将产生由位移引起的破坏。当要考虑土工织物加筋体的塑性蠕变长期效应时,这一点特别重要。加固路堤的这类破坏将在 5.5.6 小节中讨论。

3.6.2 有限元分析

由前面的讨论可以明显地看到,加筋土挡土墙有不同的形式,每一种形式都有其独特的模拟问题。在这一节我们不可能将所有问题一一讨论,这些问题非常复杂,每种问题都需要单独的章节来进行分析。因而,只详细讨论传统加筋土挡土墙的有限元分析,许多这类结构的模拟问题也适用于其他类型的挡土墙。然后再对其他形式挡土墙的一些更重要的问题进行讨论。在所有分析中均假定为平面应变问题。

图 3.34 所示的是用以分析最大高度达 13m 的加筋土挡土墙的部分有限元网格。该图详细示出了挡土墙附近的网格。完整网格是在此基础上沿横向和竖向延展。加筋体延伸入填土为 7m,垂直间距为 1m。结果在每个加筋水平之间仅有一排实体单元,虽然符合当前的分析,但在实际工程中最好采用一组以上的实体单元。

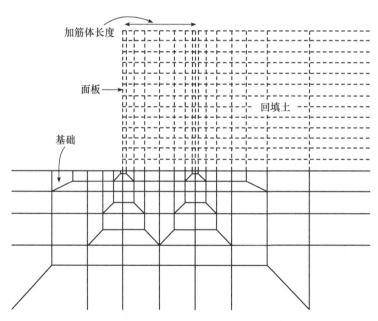

图 3.34 加筋土挡土墙有限元网格

加筋层采用膜单元来模拟,它仅能抵抗张拉力。面板采用非连续的明德林梁单元来模拟,同时面板和土、膜单元和土的接触面采用零厚度接触面单元来模拟,如图 3.35 所示。应当指出的是,代表面板的梁单元是离散而非连续的,本例中每个简单的单元代表一块面板。通常有必要采用梁单元代替膜单元来模拟面板,因为梁单元具有弯矩和剪切刚度,能抵抗紧挨面板的局部松散土体。

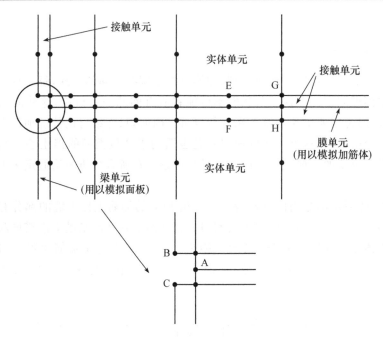

图 3.35　加筋层和面板的模拟详图

　　加筋土挡土墙的稳定性取决于加强后的单元体强度的发挥。仅当加强后的土体单元靠近面板并且沿着单元体长度方向有法向应力时，才会在承受拉应力的单元体处发生。结果，施工过程中会有一个阶段，上层土体未被支承，黏聚强度缺失，如果不采用临时支撑，局部土体就会破坏。

　　为了避免局部失稳，应当采用下面的施工顺序，如图 3.36 所示。

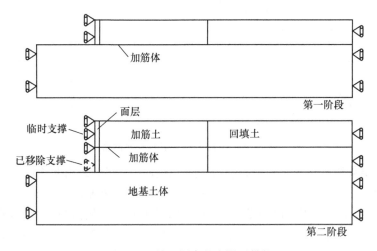

图 3.36　施工顺序的有限元模拟

（1）第一层土连同代表面板和第一层加筋体的梁单元、膜单元和接触面单元开始施工，见《岩土工程有限元分析：理论》3.7.9 小节。在此期间，代表面板起临时支撑作用的梁单元节点处要满足水平位移为零。为了模拟加筋体和面板的连接，膜单元上与面板相邻的节点（即点 A，如图 3.35 所示）要与面板上与膜单元相邻的节点（即点 B）相重合，同时，这两点的垂直位移也应相等。

（2）第二层填土连同代表第二层面板和第二层加筋体的梁单元、膜单元和接触面单元进行施工。设定代表新的板面单元的梁单元节点水平位移为零，以提供临时支撑。移除作用在第一个面单元体上的位移边界条件，这包括中止前阶段中这些节点上的位移边界条件以及取消节点上的反应。

（3）余下填土层重复上述过程。然而，必须强调的是，在加筋体和面板的连接模型中，点 A、B、C 的水平位移应当与每一加筋体的位移相一致（图 3.35）。相应的节点处，垂直位移也应一致。值得注意的还有，因为面单元并没有相互连接，其旋转角也并不一致，所以它们之间不能直接传递弯矩。很明显，根据施工过程的详细情况以及加筋体与面板之间的连接，连接边界条件可能相应地改变。

指定膜单元和接触面单元的材料性质同样是相当麻烦的。如果加筋体是土工织物，由于在出平面方向是连续的，因此与平面应变的假定相容。然而，正如前面所提到的，其抗拔力来自于土与加筋体接触面上的摩擦力和土工织物孔内土体的平面承载能力，如图 3.30 所示。通过把膜单元和接触面单元组合起来进行模拟时并没有考虑这些孔，所以一般采用一些近似的经验方法。有几个经验公式同时考虑到了上述两种因素。一种比较简便的方法是假定接触面单元上能产生的最大剪切应力为

$$\tau = \sigma'_n \mu \tan\varphi' \tag{3.1}$$

式中，φ' 为填土的抗剪切角度；μ 同时考虑承载力和摩擦效应，其值可以通过在加筋体上进行的剪切盒接触面剪切试验获得，一般比单独考虑某一因素得出的值要大。

如果加筋体是金属片，那么其抗拔力来自于与土接触面上产生的摩擦力。但由于这种加筋体在出平面方向上不是连续的，因此不符合平面应变假定，同样只能采用近似方法。

通过考虑相关区域的土与土之间的 μ 以及土与加筋体接触面上的 μ，我们可以确定接触面上的等效的摩擦强度，这样就可以模拟接触面单元，从而得到了一种解决上述问题的方法。但这种方法无法提供合理的结果。例如，如果金属片宽度增加，则土与加筋体接触面积增加（$\mu < 1$），相应的土粒接触面积减小（$\mu = 1$），并且有效接触强度也相应地减小。

除此之外，接触面单元的破坏将导致整个土块的滑移，这在图 3.33 中已经提

到。而这个方法却并没有准确地代表这种拉伸破坏,因为它没有考虑在水平出平面方向不连续的加筋体元件之间土体是连续的。

　　可能的解决方案是把加筋体邻近的土体单元节点连接起来。例如,图 3.35 中,将点 E、G 的垂直与水平位移分别与点 F、H 联系起来。这种方法的优点在于:模拟土体单元的连续性,同时允许土与加筋体接触面上的结构部分破坏。

　　解决这个问题更好的方法是进行三维分析,如图 3.37 所示。除了加筋体在出平面方向不连续之外,墙满足大部分的平面应变假定,那么可以利用对称性只需分析墙体的一块三维片段。

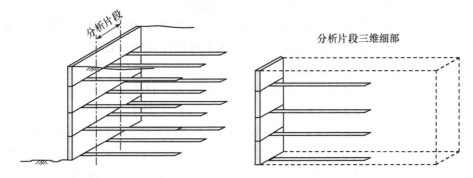

图 3.37　加筋土挡土墙的三维模拟分析

　　如果挡土墙是用锚杆加固的,如图 3.31 所示,平面应变条件就不是很精确,原则上就需要进行完全的三维分析。然而,在现有计算机硬件水平下这种分析还不现实,模拟锚杆需要进一步作假定。这个问题以及其可行的解决方法将在第 9 章讨论。

　　另外,还有土钉墙的问题。不仅仅土钉不满足平面应变假定,还有就是在分析之初,它们还没有被安装,这也会出现问题。如图 3.38 所示,刚开始分析时,网格

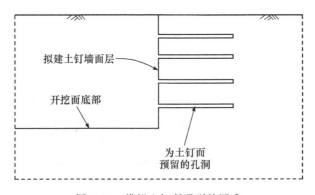

图 3.38　模拟土钉所遇到的困难

中并不存在膜（或梁）单元以及接触面单元。结果，网格中土钉所在位置是一些裂缝（孔洞）。很明显，当网格中存在孔洞时进行分析是不明智的。为解决这个问题，可把裂缝两侧相邻的节点连接起来，使其位移相一致。一旦锚杆开始施工，膜（或梁）单元以及接触面单元存在以后，这些连接就可以移除了。

3.7　嵌入式挡土墙

3.7.1　简介

混凝土嵌入式挡土墙（如地下连续墙、咬合桩墙和排桩墙等，如图 3.39 所示）最普遍的用途是用作深基坑开挖，以及不同施工方式隧道（明开挖法、自上而下法等）的支挡。而对于桥台和码头挡墙，虽然一般采用钢管桩，但有时也使用这类混凝土墙。

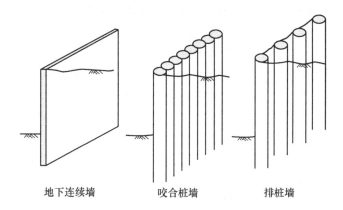

地下连续墙　　　　　咬合桩墙　　　　　排桩墙

图 3.39　嵌入式挡土墙的形式

在某些条件下，这类墙也可用在其他结构上，诸如路堤或边坡以限制土体的位移，或者控制地下水（地下连续墙用来阻止水渗入开挖基坑或边坡）。不过，本节接下来只针对第一种用途进行讨论。

3.7.2　安装效应

1. 概述

这是一个极其复杂的问题，在大多数数值分析中，通常都被忽略了。在大多数情况下，我们都认为墙"安装到位"。这个名词通常表明忽略安装效应，并且认为墙的设置不会造成应力的增减。

在实际工程中，混凝土桩墙是由一系列的单个钻孔桩构建而成的，地下连续墙是由一系列的单个槽壁组成的。在施工期间，浇筑桩或地下连续墙墙板的空间被（如膨润土泥浆）临时支承。很显然这是一个三维的过程，不能轻易用二维近似分析。因为在这些独立单元的周围,水平向和垂直向都有应力重新分布(Huder,1972;Davies et al.,1982)。

同时,钢板桩的设置将改变桩体附近周围土体的应力。

2. 现场测量

直觉上,我们就可以猜到,在墙的设置过程中将造成墙周土体中应力的改变,混凝土墙在该过程中应力的改变已经被测出(Symons et al.,1993)。尽管已有这些工作基础,但这些应力改变的大小很难量化。

在坚硬的超固结黏土中,钻孔桩附近的地层中,Symons 等(1993)得出总应力减小超过 10%,而对于地下连续墙更是高达 20%。在对贝尔共同隧道的测试中发现总应力减小高达 30%(Tedd et al.,1984),但由于这些特殊观测的可靠性问题,这个数据是值得怀疑的。

当前的一些数据表明,如果施工工艺合理,那么安装效应将相应减小。当然也不可避免的是,在某些场合,安装效应的范围可能还会扩大,特别是当沉桩和连续墙开挖时大量流体渗透到周围土体的情况下。

关于墙的设置引发土体巨大的位移,从而造成相应的应力改变,Davies 等(1982)曾经记载了一例。中国香港渣打站基坑开挖用地下连续墙支护。在墙安装期间,邻近墙的土体观测沉降值高达 78mm。到墙体安装完毕时,离墙 50m 远的地方都监测到位移(板长 37m)。从而得出结论如下:

相邻的单个槽壁的水平位移,是由于风化花岗岩的膨胀,在地下连续墙周围产生一个压缩区的结果。在附近的墙板施工过程中,因为土压力的产生,压缩区周围的土拱被破坏,在土中压力恢复的过程中,土体出现了再压缩。这引起地基产生水平位移,从地下连续墙向外延伸,并导致了大位移。

很明显这是一个相当复杂的机理,在各种分析中都很难模拟替代。如此大的位移在施工开始之前是没有预计的,为了使这些效应最小化,一般是缩短槽壁的长度,增加泥浆的压力。

几乎无法得到板桩设置所引起位移和应力改变的现场数据。

3. 分析

问题主要是在各种分析中安装效应是否要模拟以及是否假定在施工中应采取措施以减小这种影响。必须注意的是,在很多情况下,采用嵌入式挡土墙就是因为位移是重要的考虑因素,因此在设置期间应努力使位移降低到最低值。因为只有当土体存在位移时,应力才会改变,所以后者最小化了,前者也相应地受到了限制。

大量的研究者试图分析这些效应(Higgins,1983;Ng,1992;Gunn et al.,1993;de Moor,1994),但没有一种方法完全令人满意,因为他们都没有切实地考虑三维效应,见 St John 等(1995)。

最近有一些关于墙设置的三维分析结果,如 Schweiger 等(1994)以及 Gourvenec(1998),但是,这些分析一般都采用了比较简单的本构模型和相当粗糙的网格。简化是必要的,因为正如《岩土工程有限元分析:理论》第 11 章所提到的,完全三维分析需要大量的计算机资源。因此,墙设置中距离墙较远处位移预测的准确性是值得商榷的。因为努力模拟墙设置的目的通常为了评估远处位移,并且因为当考虑到设计结构时,土体中应力的释放并不是保守的,因此这些研究的价值就值得商榷了。为了对这个过程有更好的了解,就需要进行更加细致的模拟。

如图 3.40 所示的地下通道的斜道板和连续钻孔桩墙之间品字形连接设计。在这个例子中,上述的问题应该强调,墙和板之间的连接是采用带圆形不锈钢轴承的预制混凝土铰链。

设计者非常关注在长期条件下连接处水平和垂直推力的比值,并对这个推力比作了限制。假定墙是"理想安装",安装期间无应力消散。对于任何给定的考虑静止土压力系数 K_0 的假设,非常有必要审视板桩墙安装过程中水平应力可能较少的数值。这可能会影响推力比。

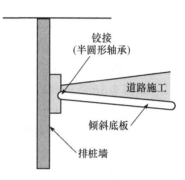

图 3.40　地下通道横截面

为了对这些影响作出评估,要采取一系列的平面应变有限元分析,模拟完整的施工程序和长期条件。这些分析首先都是以有限元模型代替正被开挖的墙,并同时采用相当于湿混凝土的流体压力替代。这期间允许土体内应力的部分消散,并且也可以估计"推力比",因为这些都是二维平面应变分析,其开挖面实际上是以无限长的槽代替的。因为人们发现这种方法可能会高估安装效应,所以一般采取保守的做法,对此问题提供约束。其他的约束来自于分析中的"理想安装"的桩。

4. 结论

要想合理地模拟墙的设置,需要采用完全三维法。即便那样,也需要知道桩或板设置的顺序,以便正确地估算诸如个别开挖(桩或板)周围的拱起效应等。

上述渣打站的例子表明,如果当时能够深入分析墙施工(即完全三维分析,利用有代表性的土体模型和合理的边界条件),那么后面出现的问题就可以提前预测。相对简单的程序,诸如那些现在所采用的,是不可能提供这些帮助的。

每种方法都要考虑其优点。如果必须要考虑安装效应,那么在任何分析中都要注意,以确保所得到的结果不是简单的应用边界条件的结果,如 St John 等(1995)所讨论的,分析中还应该注意这些效应不会被高估,因为这对结构设计具有重要的意义。所以需要比较谨慎的方法。

3.7.3　墙的模拟

1. 有限元形式

当模拟嵌入式挡土墙时，主要考虑因素是选择合适类型的有限元来代替墙体本身。如果是地下连续墙、咬合桩墙或排桩墙，如图 3.39 所示，由于相对较厚（通常厚度大于 0.8m），那么一般采用实体单元。但是，如果是钢板桩，那么最好采用梁（或壳）单元。如果介于二者之间，那么两种（实体单元或梁单元）单元体类型皆可采用。

梁（壳）单元一般能有效但近似地模拟结构元件。在某种意义上，这种近似是指其将结构单元的某一维降至零。例如，分析嵌入式挡土墙时，基本上墙厚度都是模拟为零。初看这种近似好像很合理，因此在实践中这种近似通常被忽视，然而，对于嵌入式挡土墙，这种近似对分析有重要的影响。

如图 3.13 所示的嵌入悬臂式挡土墙，墙厚 1m，高 20m，由混凝土浇筑而成。图 3.13 中给出了墙和土的性质。为简化分析，假定地下水位在墙基之下。

分析时，墙用单柱实体单元模拟，其有限元网格如图 3.6 所示。进行两组分析，其中一组 $K_0 = 2.0$，另一组 $K_0 = 0.5$。然后改用明德林梁单元，用相同的网格重复上述分析。当 $K_0 = 2.0$，开挖深度为 9.3m 时，墙的水平位移预测值和弯矩预测值如图 3.41 所示。当 $K_0 = 0.5$ 时，相应的预测值如图 3.42 所示。

在采用梁单元代表墙体取不同 K_0 的两组分析中可以看到，水平位移值和弯矩值都比较大。特别是当 $K_0 = 0.5$ 时，最大位移值和最大弯矩值分别比用实体单元分析值大 33% 和 20%。当 $K_0 = 2.0$ 时，二者的差异相对小一些。

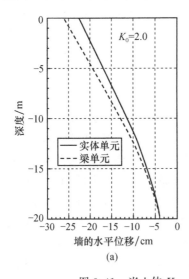
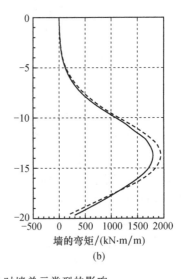

图 3.41　当土体 $K_0 = 2.0$ 时墙单元类型的影响

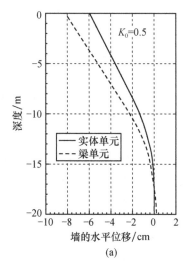
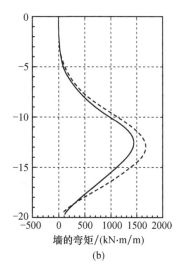

图 3.42 当土体 $K_0=0.5$ 时墙单元类型的影响

为什么采用实体单元和梁单元模拟墙体会存在差异？原因在于墙背作用的竖向剪切应力。在实体单元分析中,这些剪切应力方向向下,距中性轴 0.5m(墙厚的一半)。因此产生的顺时针弯矩,部分中和了由墙后水平应力产生的逆时针弯矩。而在采用梁单元的分析中,墙上产生的同样的剪切应力,由于墙没有厚度,因此没有力臂,也就无法产生顺时针弯矩。差异就在于此。

当采用梁单元模拟板桩墙时可能发生同样的错误。虽然钢板桩一般采用相对较薄的钢板,但墙的截面形状使墙具有一个等效厚度,如图 3.43 所示。

t-墙的厚度

图 3.43 板桩墙细部

很明显,采用梁(或壳)单元时必须谨慎。如前所述,影响的相对大小取决于 K_0,也取决于墙后土与墙接触面的性质,以及支撑或锚杆的数量。如果墙由支撑支承,影响可能会小一些。

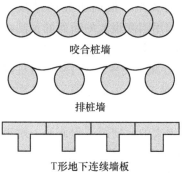

咬合桩墙

排桩墙

T 形地下连续墙板

图 3.44 挡墙的不同横截面形式

另外的近似来源于对于墙体的形状考虑。简单的地下连续墙通常厚度恒定,因此沿墙方向其性质不变。然而,板桩墙(图 3.43)、咬合桩、排桩以及 T 形地下连续墙(图 3.44)平面结构不是恒定的,这种几何性状不符合基本的平面应变假定条件,因此若要采用平面应变分析,则需要进一步近似。这个问题将在第 9 章中进一步讨论。

2. 墙的刚度

对于短期以及长期条件,墙的有效刚度明显是一个重要的考虑因素。对于混凝土墙,一般在长期条件下,由于蠕变以及裂缝等因素的影响,刚度会减小。一些结构工程师认为在这种情况下,刚度应减小 50%。在有限元分析中,这种情况可以在施工结束后并且在长期孔隙水压力平衡的模拟之前,通过改变混凝土的刚度来模拟。

Potts 等(1990)对墙的变刚度效应进行了详尽的研究。他们对三个项目进行了一系列的平面有限元分析:贝尔共同隧道、乔治格林隧道以及众议院停车场。图 3.45 是这三个项目的截面图。贝尔共同隧道只在顶层支承,乔治格林隧道在顶部和路面上都有支承,而众议院停车场由 7 层支撑支承。

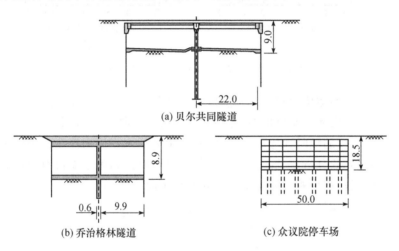

(a) 贝尔共同隧道

(b) 乔治格林隧道　　　　　　　　(c) 众议院停车场

图 3.45　采用不同支承方式的三种结构的横截面

每一个项目都采用变刚度的挡土墙进行分析。对于每个项目的每一面墙,他们观测了在近期和长期条件下,墙的最大水平位移和最大弯矩。因为每个项目的地面条件和支承的排列不同,他们无法确定唯一的关系。他们研究的结果如图 3.46 和图 3.47 所示,对于每个项目而言,其结果都用刚度最大的断面的预测结果进行归一化(1m 厚的混凝土墙),他们发现墙的弯矩主要取决于墙的刚度,如图 3.46 所示。当墙的刚度从 1m 宽的混凝土截面刚度减小到罗丁翰 1N 钢板桩刚度的时候,弯矩减小了 5 倍。在三个项目中都有这种情况发生,这在墙的设计中已清晰表明。

相反,当墙的刚度减小,其横向位移增大。位移增大的幅度因工程而异。对于贝尔共同隧道这种只有单支撑的情况,在长期条件下最大位移增大接近 3 倍;而当支撑数量增加时,位移的增加将减小。例如,众议院停车场,当墙的刚度减小时,墙的最大位移只有小幅的增大。

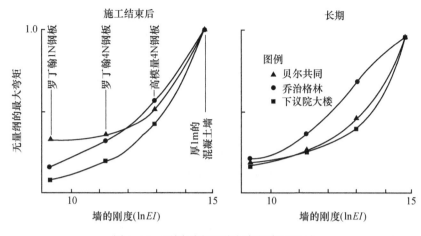

图 3.46　不同刚度三种方案的弯矩差异

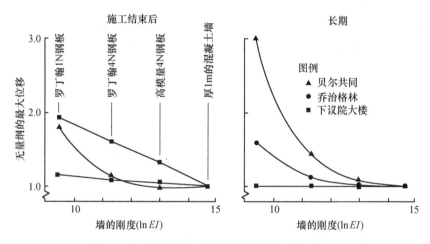

图 3.47　不同刚度三种方案的墙体水平位移差异

　　Hight 等(1994)对假定的工程作了一个相对简单的研究,它被认为是伦敦中部典型的深基坑开挖工程。对于墙体的刚度,他们只考虑短期影响。图 3.48 是他们所分析问题的横截面图,图 3.49 为分析结果。墙宽 1m,断面上标准杨氏模量为 28GPa。他们同时对另外两种情况作了分析,一种杨氏模量取 2.8GPa,另一种取 280GPa。结果表明,当墙的刚度缩小 100 倍时,墙的最大位移增大了 2 倍,墙的位移曲线也有重大的改变。垂直位移和墙后沉降槽的曲率也受到了影响,但是远场处的沉降影响较小。

3. 接触面性质

　　为了模拟土与墙接触面的性质,可围绕墙布置接触面单元。在这种情况下,

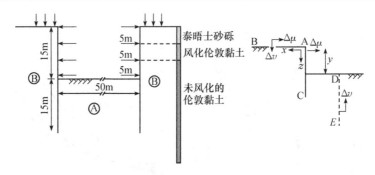

图 3.48　典型的开挖面的横截面和表示符号

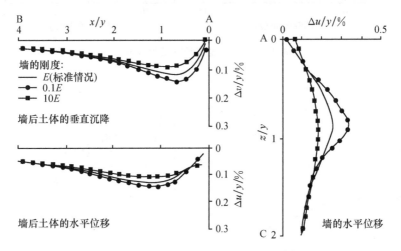

图 3.49　不同刚度的墙的位移预测值

Day 等(1998)的研究表明,采用零接触面单元(见《岩土工程有限元分析：理论》3.6节)比较符合实际情况。他们同时还发现,分析结果对于所采用的接触面单元的刚度不是很敏感。这是一个好消息,因为接触面单元的刚度是很难正确估算的。但他们也表示,接触面单元的膨胀角对土体的位移有重大的影响。

4. 墙的渗透性

墙相对于周边地基的渗透性是一个重要的问题,通常被人忽视。显然有些墙的渗透性比其他的要大,因此需要采取措施以减小透过墙的渗流。

在任何分析中,需要对墙体的效用作出评估,以及采用合适的边界条件。墙应被视作完全不透水的、完全透水的或者甚至部分透水的等几种情况。

如果采用实体单元代表墙体,这几种情况很容易被模拟。但是如果采用梁(或壳)单元时,则需要更加谨慎。如果采用零厚度的单元,墙两侧的节点之间没有差异,那么墙可视作透水的。而为了使墙不透水,则墙两侧的节点间必须存在差异。

这可以通过墙与土之间引入接触面单元实现。然而,如果墙部分透水时,则不能用梁单元模拟,这个问题将在第 9 章中详细讨论。

3.7.4 支承系统

1. 简介

在 3.4.4 小节中我们对支承系统作了简要的介绍。嵌入式挡土墙的支承方法有很多。在施工期间,采用不同的方法来支承墙,以满足固定条件。在施工期间可以采用永久支撑来支承墙,而其他支承系统,诸如护坡、锚杆、格栅、支柱等,当永久支撑安装到位之后,这些临时支撑就可以移除。一般而言,这些临时支撑通常是为了使工作空间更大,或者是为了使工作方法更灵活。

在设计阶段可能有以下几点不确定:
(1)支承系统的有效刚度。
(2)开挖和支撑安装之间的时间差。
(3)施加在支座或锚杆上的预应力的大小。
所有这些在各种分析中都需要考虑。

2. 支撑刚度

St John(1975)曾讨论过温度、蠕变、嵌入、混凝土收缩、顶板的开裂、支撑与墙之间的伸缩缝等因素会大幅降低支承系统的有效刚度。

在贝尔共同隧道中,如图 3.50 所示,顶板和墙之间设置"科克"伸缩缝以减小热效应。基于隧道的有限元分析,Higgins 等(1993)在对隧道进行有限元分析的基础上,得出了结论:在施工后期以及长期条件下,顶板对于墙将有一定的支承。这些分析所采用的刚度值由"科克"伸缩缝的制造商进行的试验测试提供。然而,现场监测发现,即便施工结束 4 年之后,顶板几乎还是没有提供任何支承。

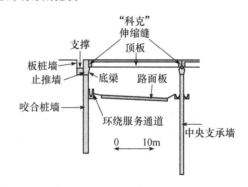

图 3.50 贝尔共同隧道横截面

这是由于现场伸缩缝较高的压缩性,大幅降低了墙支撑的有效刚度。这个例子说明了确定合适的支撑刚度的困难性。

Hight 等(1994)对一个典型深基坑进行了简单研究,如图 3.48 所示,考虑了施工期间墙上不同的支撑刚度和基础位移的影响。初始分析时,支柱刚度值取 $K=50MN/m/m$,这是混凝土板所提供的典型值。然后支撑刚度分别取 $0.2K$、

$5K$、$10K$，重复分析，结果如图 3.51 所示。显然可见，位移预测值和支撑刚度间存在非线性关系。因为墙的位移曲线作了修正，所以对墙内的弯矩也有相应的影响。

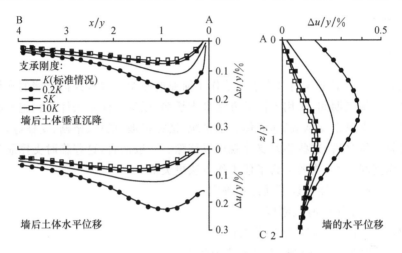

图 3.51　不同支承刚度下位移预测值

显然，支承系统的有效刚度对观测和预测的墙的性质有重要的影响。必须要谨慎，不要高估了支撑的有效刚度。然而，在有些情况下，为了最小化嵌入效应的影响，支杆预加了应力，从而使支撑的有效刚度最大化。这种预应力在各种分析中都要而且应该被模拟。

3. 连接细节

结构部件的连接方式会影响部件之间力和弯矩的传递方式，以及结构扭曲方式和地基性质的变化。三种可选的墙-支撑连接方法如图 3.11 所示。

但是，为了说明连接方式的重要性，以图 3.3 所示为例。图 3.52 所示为墙体和顶板两种不同的连接方式下，墙与顶板位移曲线。一种分析是墙体和顶板之间是固端连接，而另一种连接允许相对旋转（即铰连接）。

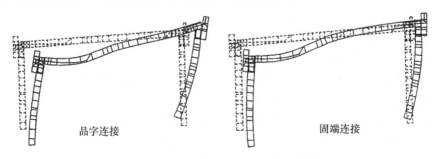

图 3.52　不同连接方式下墙的位移曲线

图 3.53 是左墙内的弯矩对比图。仅仅考虑不同的连接方式就会对结果产生重大的影响,俨然,在分析时,这些问题都应该仔细加以考虑。

墙与支撑的连接部件能够稳定容许抗拉能力也要考虑。如果支撑只是简单地倚靠在墙上,那么支撑中就没有拉力,所以分析中绝不可以容许这种情况发生。因此就要采用某些"截断"方式以防止产生拉应力。如果支撑用有限元模型替代

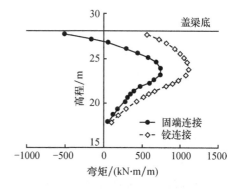

图 3.53 不同连接方式下左墙的弯矩

(如实体单元、杆单元或梁单元),那么这是可能的,如果用位移和弹簧边界条件替代就没有那么容易了。

4. 主动支承系统

为了控制基础的位移,有时需要安装主动支承系统。在施工期间,基础位移受到监测,一旦其超过"触发水平",安装的支承系统就增加支撑荷载,来阻止地基的进一步变形或者是将这种变形降低到最低的限度。可能支撑的荷载是具体的,也可能是不断地调整以阻止位移的产生。显然,如果考虑使用这样一个主动支承系统,那么在任何分析中都要模拟这些影响并且要弄清控制的细节(即触发水平)。

如果支承墙的具体方法是利用一根或一系列的支柱,保持恒定荷载(即荷载控制系统),那么在整个分析过程中,必须连续评估支撑所受的力,不断施加或移除附加力,以保持这个荷载不变。另外,在一个具体的实例中,如果规范要求限制墙的最大位移(位移控制系统),那么当位移达到限制极限时,需要施加位移边界条件来阻止进一步产生位移。然而,必须要正确地施加边界条件,并且必须考虑墙将会滑移的可能性的大小(此时位移低于规定的最大位移)。

最复杂的问题是施加在支柱上的荷载,其完全由远程点,诸如楼房的位移来控制。除了简单结构外,很明显施加在系统上的荷载有多种组合方式。

这样的系统很难进行分析,除非一个有限元(或有限差分)程序能自动地模拟这些系统。

5. 护堤

Potts 等(1993)曾描述利用护堤来临时支承挡土墙的情况,他们考虑了护堤几何形状的变化。护堤的体积与"位移效率"和"归一化弯矩"相联系。他们的研究考虑了护堤外形的影响和护堤的作用,得到了大量有意义的结论。其中一条

如下:

"由护堤产生的水平阻力对墙的性质有实质性的影响,因此采用等效附加荷载来模拟护堤的影响是不对的。如果采用这种方法,那么有可能低估护堤的作用。"

护堤模拟相对比较容易,虽然当施工过程中发生渗水时,可能要考虑其稳定性。还有一点,如果护堤独立用来临时支承一段时间,那么施加在表面孔隙水压力边界条件应如何正确地确定,参见 3.4.7 小节。

当移除护堤,安装永久支撑时,会引起一些问题。护堤可能分段移除,同时采用另一种支承方式代替,诸如在开挖地面上分段浇筑板。在二维平面分析中,这个过程很难模拟,因此需要考虑近似方法。这可能涉及其他形式的支撑安装之前部分护堤的开挖,或者考虑最坏的情况,那就是完全移除护堤但不再施加其他任何形式的支撑。

6. 地锚

地锚可能用不同的方式模拟,详尽的讨论见第 9 章。然而,为了模拟地锚,有必要弄清楚组成地锚的部件是如何工作的。

一般,锚杆分为固定段和自由段。在固定段上杆与土间会产生剪切应力,而自由段没有摩擦力。因此,当产生位移时,不要高估土与杆之间可能产生的摩擦力。

模拟锚杆最成功的方法是采用梁单元和接触面单元相结合来模拟固定段。限制沿接触面产生的摩擦力,以确保锚杆的影响不会被高估,并且用梁单元代表连接的弹性伸长。而模拟自由段,梁单元、杆单元或弹簧均可采用,但不要使其与土相连以确保没有摩擦力产生。

锚杆明显具有三维外形。用平面应变分析模拟涉及一系列的假定,参见第 9 章。

7. 卸荷板

卸荷板也可以用来支承墙,只要能代表土体的真实性质,其模拟是相当容易的。这些板可以设置在墙前,也可以设置在墙后。在某些条件下,可能在墙的前、后都要设置。

St John 等(1993)讨论了一前、后均设有卸荷板的悬臂钻孔桩墙的设计。图 3.54 为墙后的卸荷板对墙的弯矩和位移的影响图。墙后设置卸荷板的好处是在开挖前,墙上产生了一个复原力矩,降低了墙的峰值弯矩,将墙的顶部往回拉。其短期和长期稳定性都得到了加强。图 3.55 是墙前板对墙长期性质的影响图。因为墙前板只有在开挖完成后才能安装,故其只会对墙的长期性质产生影响,其好处同样是降低了墙的最大弯矩。

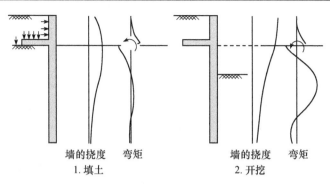

墙的挠度　弯矩　　　　　墙的挠度　弯矩
　　1. 填土　　　　　　　　　2. 开挖

图 3.54　墙后卸荷板的影响

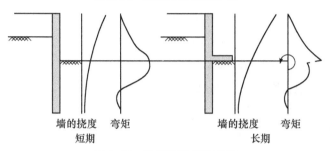

墙的挠度　弯矩　　　　　墙的挠度　弯矩
　　短期　　　　　　　　　　长期

图 3.55　墙前卸荷板的影响

　　St John 等(1993)的研究所采用的截面如图 3.56 所示,图 3.57 则反映了这些板对墙的水平位移的影响。第 5 轮是考虑悬臂墙没有卸荷板的情况,在第 2 轮中只考虑墙后有卸荷板,而第 7.1 轮考虑墙前有卸荷板。图 3.57 中已标出分析过程,字母的含义如下:

　　A——施工钻孔桩墙;

　　B——在墙后施工卸荷板;

　　C——墙后回填土;

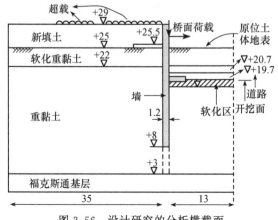

图 3.56　设计研究的分析横截面

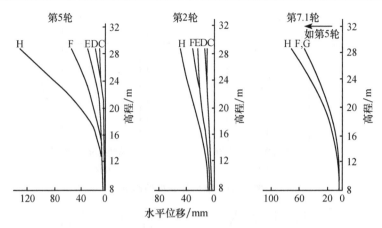

图 3.57　墙的水平位移

D——在墙上施加桥梁荷载；

E——开挖到标高为+19.7m 处；

F——墙前的基础排水；

G——施工墙前卸荷板；

H——长期消散。

显然卸荷板特别是墙后卸荷板,能有效减小墙的位移。这种形式的结构只有采用完全数值分析法才能分析。

3.7.5　长期性能和工后效应

对于坚硬的超固结黏土,诸如伦敦黏土,长期效应是很重要的,要经过很多年才能表现出来,对结构的性状起着决定性的影响。伦敦黏土是一种相对而言了解比较充分的黏土,但即便如此,很少有工程实录记录长期隆起的数据,针对这些实测数值,可以正确地评估本构模型的预测效果。

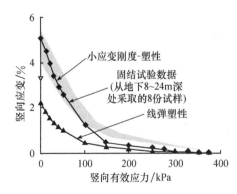

图 3.58　伦敦黏土膨胀效应预测值和观测值

在任何设计中,长期效应都要谨慎处理,要采取措施减小或解决这个问题。如果施工进度缓慢,施工期间发生排水,那么可以减少工后效应。

除了因为排水、超静孔隙水压力消散导致土压力的改变外,另外一项最重要的长期效应是深层开挖面以下黏土的膨胀。通过对伦敦黏土所做的压缩试验,图 3.58 展示了膨胀的测量值以及两组预测值。一种是基于线弹塑性本构模型得到的预测值,另一种是具有相同的塑性但其弹性基于小应变模型(见《岩土工程有限元分析:理论》5.7.5 小节)得到的预测值。由试验数据可以看出,当有效应力较小时,产生了大的体积应变和垂直位移。基于线弹塑性本构模型得到的预测值无法表述这一现象,只有采用小应变模型能得到比较合理的预测值。

为了最小化由大体积应变和孔隙水压力改变造成的影响,需要通过排水或其他方式来控制黏土潜在的膨胀。另外,可以在基底以下留一个缝,允许土体发生隆起,但不会施加任何应力在结构底板上。这个模拟是相当直接的,只是在分析之前必须要知道缝隙的高度。在整个分析阶段,采用沿着底板以下土体表面的节点来监控土体的隆起,直到土体隆起量与空隙的高度相等为止。因而,地表的节点的位移与底板上相应节点的位移是相联系的(这里没有零位移边界条件,见《岩土工程有限元分析:理论》3.7.4 小节),并且力通过土体传递给结构。但是由于不均匀应力条件,开挖基底面上应力的传递也是不均匀的。

另外一种方法是将底板和墙以及其他部件分离开,允许其随土体产生自由位移。在这种情况下,需要注意的是正确地模拟底板与墙的连接。如果所使用的网格是默认固端连接情况,底板无法随土体膨胀而产生自由位移,反而会阻止产生位移,并将力传递给结构其他部件,这种情况是比较简单的。

以图 3.3 所示的公路隧道为例,在结构基础下可能有桩。由于土体的膨胀,这将会抑制土体的垂直位移。然而,桩具有三维外形,因此采用平面应变分析模拟时,需要作一些假定,参见第 9 章。合理地估计土与桩之间的摩擦效应是很重要的,既不要过高也不能过低。

即便是排水性能良好的土体,工后效应也非常显著。可能有必要降低地基或地基中某一层土的水位,以便于开挖,参见 3.4.7 小节。当施工完成,排水系统关闭后,可能会使系统承受巨大的压力,这些压力必须经过调节才可以。Fernie 等 (1996)给出了对伊斯特本朗利点深基坑开挖进行的分析,图 3.59 是基坑的横截面。由于深桩的约束,底板的位移受到了限制。

开挖期间,安装排水系统以降低开挖区域内的孔隙水压力。当施工结束,排水系统关闭后,底板以下的土体隆起,将墙往后推(作者称之为"气球效应"),这种效应使得墙内的最大弯矩增加了 50%,并使板与墙之间的连接部件承受拉力。在这些分析中,对于墙与板之间的连接的模拟应经过特别谨慎的考虑。

3.7.6 邻近结构物

土与结构相互作用分析的主要目的之一,就是针对某个专门建筑的施工对邻近建筑物以及(或)配套设施的影响作出评估。正如在 3.4.6 小节所讨论的,已有结构会影响土层条件以及其相关的性质。

图 3.18 所示的是位于威斯敏斯特的新银禧线延伸站的横截面图,该工程已于

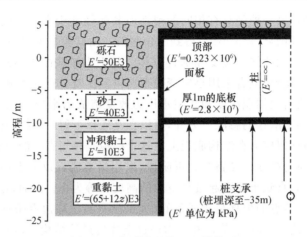

图 3.59　朗利点基坑工程横截面

2000 年完工。在车站基坑附近有两条地铁线和著名的大笨钟塔。虽然这个例子相当特殊，但在如伦敦这种人口密集的城市却并不罕见。

由于其他的建筑物和设施附近经常会发生变化，因此有必要对已有的建筑物和(或)配套设施潜在的破坏或变形作出评估。隧道的变形可能会妨碍地铁的运行，或者至少也会限制时速，因为地铁许可变形是相当小的，在有些情况下甚至不超过几毫米。除此之外，可能有些机械设备，如扶梯，对于变形非常敏感。当变形过大时，扶梯某些部件会发生脆断，并使其突然卡住，造成潜在的人身伤害。

对建筑物破坏的评估有多种方法(Boscardin et al.，1989；Burland，1995)，但是要作出评估，必须知道结构将如何变形。因此在任何分析中，只有那些能合理预测位移的大小和形式的土体模型可以采用。显然，这排除了包含线弹性在内的所有本构模型(包括线弹性纯塑性模型)，参见 3.4.5 小节。

为了对邻近结构的位移作出评估，本结构必须用合适的方式详尽地模拟。例如，如果分析的目的只是为了估计相邻节段隧道的潜在变形，那么把隧道模拟成钢环是没有意义的。同样地，如果隧道被看作是完全弹性的，那么预测变形可能会过大，不符合实际情况。为了能够作出合理的预测，可以采用一些特殊的方法，当超过限制条件后，允许衬砌管片间的接头旋转，参见 2.4.5 小节。这可能是应力限制或者其他标准的限制。

Hight 等(1993)以一个工程实例较好地说明了正确预测隧道变形的必要性。图 3.60 是伦敦滑铁卢国际码头的平面布置图。在基础以下是两条贝克鲁线地铁隧道，而在基坑的一侧是两条北线地铁隧道。同时在此开挖的一侧是伊丽莎白楼，而在基坑下面还有两条待建的银禧线延伸隧道(现已完工)，使得问题本身更加复杂，如图 3.61 所示。最初方案的基础埋深比实际施工方案深，使得开挖基础距其中一条隧道的顶部不到 2m。采用平面应变有限元分析以制定施工方法，限制隧道

的变形,并且确保对第三方不会有任何不利影响。如果变形过大,至少会限制隧道
内的列车运行。

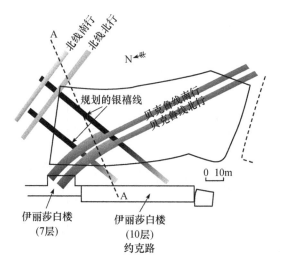

图 3.60　滑铁卢国际码头平面布置图

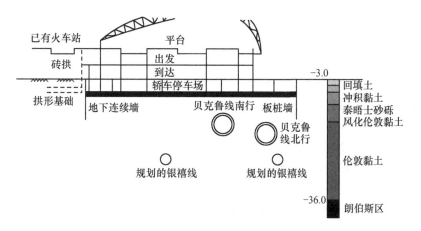

图 3.61　滑铁卢国际码头某横截面

以本次研究的结果作为例子,贝克鲁线车站隧道和区间隧道的预测变形如
图 3.62 所示。这些预测值是施工前的预测值,在施工期间对隧道的变形进行监
测,位移监测结果同样如图 3.62 所示。总体而言,预测值和监测值基本相符。

还有其他一些例子,其中大多数还没有发表,需要进行详尽的模拟,这些都是
真正的土与结构相互作用分析。

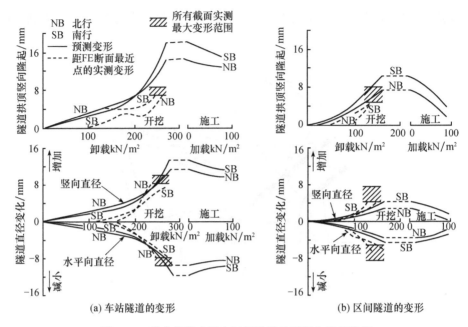

图 3.62 贝克鲁线车站和区间隧道的预测和测量挠度

3.8 小   结

（1）挡土墙的设计涉及对施加在墙和其他构件上的力，以及挡土墙和墙后土体可能的位移的预测。

（2）挡土墙的设计通常采用简化分析法（极限平衡法、应力场法）或经验方法。然而，这些方法不能也无法提供所有需要的设计信息。

（3）数值分析法是一种可行的方法，其优点是能不断地提供所有需要的设计信息。

（4）在实际中，所有涉及支挡结构的土工问题都是三维的。然而，由于现在的计算机硬件水平的原因，通常采用二维平面应变或轴对称等简化分析法。

（5）分析时，应注意假定为轴对称的平面问题，我们经常试图分析"半平面"即可，但必须注意的是，只有结构的几何外形、土体条件、施工顺序以及荷载条件等都对称才可以，而在实际工程中这几乎不可能。

（6）当有限元的范围不够大时，有限元网格横向和竖向范围将对预测值产生重大的影响。因此分析中，将边界放在足够大的范围外，使得这种范围的影响可以忽略，这是很重要的。然而，还是不可能对水平向和竖向网格的合理范围给出总体的建议，因为这取决于所分析的对象、土体所采用的本构模型以及所分析的具体问题等方面。实际工程中用不同尺寸网格进行多组试算是明智的,除非以前分析过类似的问题,并获得了相应的经验。明智的做法通常是在网格的边缘和底部增加一些大单元。这些大单元可以有效地扩大网格,但并不会显著增大分析量。

(7) 墙体支承的方法必须着重强调(如支柱、连接、锚杆、护坡等),因为它们对墙的性质有巨大的影响。特别是墙与支撑之间的连接方式(如简单的品字形连接或固端连接)对结构的位移和应力有显著的影响。

(8) 采用合理的本构模型来反映土的性质是很重要的。就这方面而言,采用能同时考虑非线性小应变和土的塑性的本构模型是非常重要的。

(9) 挡土墙施工前地基内的初始应力对墙的性质有重大的影响。现存的邻近结构物(如隧道、深基础等)不可避免地会改变地基内的应力状态,因此在任何分析中都要考虑这些因素。

(10) 必须要考虑挡土墙的施工顺序以及工期。不同的施工顺序会造成土体经历不同的应力路径,可能会导致在墙上施加附加应力。

(11) 采取何种措施来控制地下水是相当重要的,在任何分析中都要正确模拟。

(12) 如果施工场地邻近有其他建筑物和(或)配套设施,对地基的位移较为敏感的话,最好不要采用重力式挡土墙。因此,对于这种形式的挡土墙,可以不必准确地计算位移,采用简单的设计方法就足够了。但是,如果要考虑土体的位移,或场地土体条件比较特殊,或采用的形式超出了当前实际经验的话,用数值分析方法就是一个比较好的设计方法。

(13) 采用数值方法分析重力式挡土墙的关键是模拟土与结构的接触面。因此,在接触面上,应采用接触面单元并且要组合恰当的本构模型。

(14) 加筋挡土墙的性质相当复杂,采用数值计算方法是理想的分析工具。但这个分析并不简单,涉及复杂边界条件的应用。

(15) 嵌入式挡土墙形式多样,尺寸不一。其通常是用在土体位移控制相当严格的地方。很多时候墙上具有多排支撑或锚杆,采用简单的结构方法很难分析。因此。对于这种结构的性质的研究多采用数值分析方法。

(16) 嵌入式挡土墙可以采用实体单元或梁(或壳)单元代替。但是,如果采用后者,由于厚度为零,那么就意味着需要进一步地近似。例如,采用梁单元代替嵌入悬臂式挡土墙造成了较大的墙体水平向位移和较高的弯矩。

(17) 如果墙是不透水的或是部分透水的,并进行耦合分析的话,那么采用梁(或壳)单元模拟墙会相当困难,需要采取一些特殊措施。

(18) 锚杆具有三维外形,因此很难采用平面应变模拟分析。

附录 III. 1　应 力 水 平

应力水平 S 一般定义为(图 III. 1)

$$S = \frac{J}{J_f} \tag{III. 1}$$

式中,J 为当前偏应力值;J_f 是在破坏线上的 J,与当前的 p' 和 θ 有关。

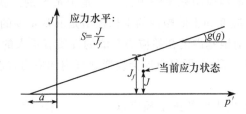

图 III. 1　应力水平 S 的定义

对于莫尔-库仑本构模型,见《岩土工程有限元分析:理论》7.5 节。

$$J_f = (a + p')g(\theta) = \left(\frac{c'}{\tan\varphi'} + p'\right)g(\theta) \tag{III. 2}$$

第4章 挖方边坡

4.1 引　　言

本章主要介绍有限元方法在人工挖方边坡分析中的应用(这里不考虑由于地质作用而形成的边坡)。为确保对挖方边坡进行有意义的有限元分析,有必要模拟土体开挖过程(参见《岩土工程有限元分析:理论》3.7.10 小节),在分析天然边坡中的岩土结构(隧道、堤坝、基础等)时也应如此。上述情况中,为确定初始应力,必须模拟开挖边坡的形成过程。

粒状土和黏性土中均可形成挖方边坡。由于粒状土具有较高的渗透性,边坡开挖时及开挖后均排水,因而较容易分析。但是当粒状土受地震荷载作用时,粒状土以不排水方式响应,这种情况较为特殊。与粒状土挖方边坡相关的主要问题是边坡表层稳定分析与(或)各种排水措施的模拟。黏土边坡相对较为复杂,因而本章大部分内容将用于探讨黏土挖方边坡的有限元分析。

4.2 概　　述

在低渗透性黏土中的开挖过程可视为不排水,但是在某些正常固结或微超固结软黏土中,整个开挖过程是排水的(Chandler,1984a)。软黏土一般具有一定厚度,虽然其渗透性相对较低,但黏土层中一般含有砂或粉砂夹层,可加速孔隙水压力消散。

一般情况下,开挖过程中土体卸载,开挖面以下及其附近的孔隙水压力降低。边坡开挖导致形成新的水力边界条件,土体随时间回弹,渗流区域内孔隙水压力消散达到稳定状态。随着土体体积膨胀及孔隙水压力消散,有效应力减小,达到破坏应力状态,边坡稳定性随时间减小。Bishop 等(1960)对此过程作了详细介绍。

边坡稳定极限平衡分析中主要区分短期条件与长期条件之间的差别,通常认为短期分析适用于不排水条件。考虑到边坡开挖刚完成时的孔隙水压力变化值不易计算,稳定分析中常采用总应力法($\varphi_u = 0°$),并在边坡形成前也采用土体不排水强度。长期分析中,开挖过程产生的超静孔隙水压力已经消散,并认为在新的水力边界条件下,孔隙水压力达到平衡状态,因此可采用有效应力法分析。

中期条件包括了短期和长期之间的条件。不过这一过渡时期的孔隙水压力分布不易计算,采用极限平衡法进行有效应力稳定分析较为困难。但是结合固结和回弹耦合,利用有限元能很好地计算孔隙水压力,这就是有限元法适合该类边界问题的原因之一。

分析黏土边坡时,对不同黏土中的挖方边坡进行区分是非常重要的。本构模型的选择主要取决于黏土种类。例如,硬塑黏土呈脆性,一般产生渐进破坏。渐进破坏的力学机制较为复杂,分析中需结合应变软化模型。另外,低塑性冰渍土通常不会发生较大程度软化,分析该种土质中的挖方边坡宜用简化的理想弹塑性本构模型。开挖过程中,正常固结或微超固结软黏土通常会产生较大塑性应变,因此需采用峰前具有塑性特征的本构模型。

本章列举了各种黏土中挖方边坡的有限元分析。为简便起见,首先介绍非软化黏土。软化分析需要大量计算,将在详细介绍渐进破坏力学机理后对其进行阐述。

4.3　非软化分析

4.3.1　简介

有限元方法最近才成为边坡稳定分析极限平衡方法的有力替代方法。Griffiths 等(1999)及 Naylor(1999)概括总结了边坡分析中的各种方法,并指出了基于莫尔-库仑理想弹塑性土体模型有限元方法的若干优点。

有限元分析有助于进一步理解边坡形成后其内部机制。4.5 节将说明,应变软化土体中形成的挖方边坡,其力学机制非常复杂。因此,非软化分析可对评价复杂边坡特征提供有用的参考。

4.3.2　非软化硬黏土中的挖方边坡

1. 简介

在非软化硬黏土中,假定一挖方边坡,对其进行有限元分析,以此检验 4.5 节中对硬塑应变软化黏土中挖方边坡分析方法的正确性。

2. 土体参数

分析中采用基于莫尔-库仑屈服准则的非线性理想弹塑性模型,屈服准则由黏聚力截距 c'、内摩擦角 φ',以及剪胀角 ν 给出。该模型需要确定参数包括杨氏模量 E、泊松比 μ 和峰值强度参数 φ'_p、c'_p,以及剪胀角 ν。本分析具有耦合性质,因此必须已知渗透系数 k。

材料属性的详细推导将在 4.5.4 小节“土体参数”中给出,模型参数取值参见表 4.1。

表 4.1　分析中设定的伦敦黏土属性

指　标	现场黏土	压实填土
饱和重度 γ/(kN/m³)	18.8	18.8
峰值强度(原状土)	$c'_p=14\text{kPa},\varphi'_p=20°$	$c'_p=12\text{kPa},\varphi'_p=20°$
断裂强度	$c'_s=0\text{kPa},\varphi'_s=20°$	无
体积峰值强度	$c'_p=7\text{kPa},\varphi'_p=20°$	同原状土
残余强度	$c'_r=2\text{kPa},\varphi'_r=13°$	$c'_r=2\text{kPa},\varphi'_r=13°$
峰值处塑性应变	$(E^p_d)_p=0\sim5\%$	与现场黏土一致
残余应变	$(E^p_d)_r=20\%$	$(E^p_d)_r=50\%$
泊松比 μ	0.20	0.30
杨氏模量 E/kPa (平均有效应力 p'/kPa)	$2500(p'+100)/100$ (最小 4000)	$1000(p'+100)/100$ (最小 2000)
剪胀角 ν/(°)	0(或 20)	0
渗透系数 k/(m/s)	变量(参见图 4.30)	1.5×10^{-10}
静止土压力系数 K_0	变量	无关

3. 有限元分析

对一高 10m、坡面斜率为 2:1 的边坡进行非软化分析。值得注意的是,对非软化土体中高 10m、坡面斜率分别为 3:1 和 2.5:1 的边坡进行分析时,无法得到破坏的结果。分析时划分的有限元网格与图 4.33 中坡面斜率为 3:1 边坡模型的网格相似。竖向边界不允许产生水平位移,底部边界在水平向及竖向均完全固定。初始孔隙水压力为静水压力,自由边界条件为 $p_{fb}=-10\text{kPa}$,该值为在英国现场试验中得出的平均值(Vaughan,1994)。

采用均匀速率移除单元层来模拟开挖过程。对于一个高 10m 的挖方边坡,开挖可在 3 个月的时间内完成,开挖过程中无明显回弹。

开挖后,允许回弹,开挖边坡及开挖前自由边界吸力均保持为 $p_{fb}=-10\text{kPa}$。建模中不考虑自由边界条件随季节变化。网格的竖向及底部边界假定为不透水。有限元分析中利用时间增量 Δt 来模拟回弹,不改变其他边界条件。开挖后的首个时间步长 $\Delta t=0.25$ 年,第二个时间步长 $\Delta t=0.5$ 年。后续步长均为 $\Delta t=0.1$ 年,直至边坡破坏,此时时间步长应大幅减小。

有两类分析方法:第一类方法,假定剪胀角 $\nu=0°$,初始应力通过静止土压力系数 $K_0=1.0$、1.5、2.0 来确定;第二类分析方法与第一类相似,但剪胀角 $\nu=\varphi'$。

4. 分析结果

第一类分析方法中,每次分析定义的滑动面形状相同,在此基础上计算出在回弹过程中产生的破坏。图 4.1(a)显示了滑动面孔隙水压力随时间的变化曲线,以

孔压比 $r_u^* = p_f/\sigma_v$ 表示,其中,p_f 为孔隙水压力,σ_v 为计算得出的滑动面竖向有效应力。该定义与传统的定义 $r_u = p_f/(\gamma h)$ 有细微差别,其中,γh 为超载,$\bar{r}_u^*$ 为沿滑动面的平均值。图中三个分析均设定破坏时 $\bar{r}_u^* = 0.235$,在未发生破坏时长期状态下,取平衡值 $\bar{r}_u^* = 0.3$,该值可通过长期稳定状态下的渗流分析单独计算得出。图 4.1(b) 给出了坡中心水平位移 δ_h 随时间的变化曲线,根据该图不难发现,破坏突然发生,且破坏发生时间与 K_0 有关。

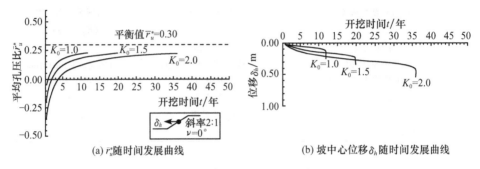

(a) $\bar{r}_u^*$ 随时间发展曲线 　　　(b) 坡中心位移 δ_h 随时间发展曲线

图 4.1　非软化黏土 $\nu = 0°$ 的情况

第二类分析方法的结果如图 4.2 所示。每次分析定义的滑动面形状也相同,但不同于 $\nu = 0°$ 时所对应的滑动面形状,此即为图 4.1(a) 与图 4.2(a) 中的稳定状态平衡值 $\bar{r}_u^*$ 有较小差别的原因。破坏时的平均孔隙水压力比终值均取 $\bar{r}_u^* = 0.25$,比第一类分析方法中的取值偏高。

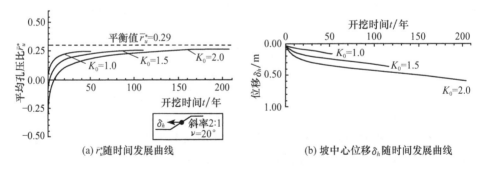

(a) $\bar{r}_u^*$ 随时间发展曲线 　　　(b) 坡中心位移 δ_h 随时间发展曲线

图 4.2　非软化黏土 $\nu = \varphi'$ 的情况

图 4.2(b) 表示坡中心水平位移随时间变化的关系,由图可见,随着破坏的发展,平均孔隙水压力趋于常值,位移不再加速发展,而随时间逐渐增加。这是由于存在两种互补效应:回弹过程中,孔隙水压力一般随时间增加;而在较薄的滑动面中,土体膨胀,孔隙水压力减小。破坏时滑动面孔压减小速率与由于土体回弹造成的孔隙水压力增加一致。负孔隙水压力的产生与黏土渗透性及滑动面厚度有关。这就解释了滑动面形成时由 $\nu = \varphi'$ 计算的位移会逐渐增加,边坡破坏时孔隙水

压力会较高的原因。为检验后者的正确性,将剪胀角 ν 减小至零,重新进行上述分析。当位移较大时很难获得收敛解,由于回弹所导致的孔隙水压力必将对后续破坏活动起阻止作用,这一效应具有较强的实际意义,有助于阻止应变软化黏土破坏后快速产生位移(Vaughan,1994)。

与计算分析相比,实际的回弹被限制在一个很薄的滑动面,滑动面大约为半个单元厚度(目前网格一般为 0.5m),现场的孔隙水压力更易消散。因此,与室内试验一样,如果假定峰值后仅在薄剪切面产生回弹(Sandroni,1977),除非过多的单元允许产生薄滑动面而使峰后出现不连续,那么 $\nu=0°$ 的分析结果可作为黏土中不排水情况的较佳代表。后续分析中将讲到,对于有关应变软化的分析,可采用剪胀角 $\nu=0°$。

剪胀角的大小会影响滑动面位置,并影响滑动面上应力的大小。计算的滑动面(速度特征)与大主应力作用平面夹角为 $\pm(45°+\nu/2)$。该滑动面上的剪应力可通过式(4.1)求出

$$\tau_f = \frac{c'\cos\varphi'\cos\nu + \sigma_n'\sin\varphi'\cos\nu}{1-\sin\varphi'\sin\nu} \tag{4.1}$$

当 $\nu=\varphi'$ 时,式(4.1)简化为 Coulomb 破坏准则,即

$$\tau_f = c' + \sigma_n'\tan\varphi' \tag{4.2}$$

如果 $\nu\neq\varphi'$,由式(4.1)得出的滑动面强度公式不能退化为 Coulomb 破坏准则。例如,如果 $\nu=0°$,式(4.1)简化为

$$\tau_f = c'\cos\varphi' + \sigma_n'\sin\varphi' \tag{4.3}$$

对于黏土,ν 是否等于 φ' 对结果影响较小,但是将有限元分析结果与采用库仑公式的极限平衡计算结果进行比较时,需考虑 ν 所造成的差别(Potts et al., 1990)。如果滑动面发展受限制,可能主要在滑动面的强度方面存在差异;如果滑动面发展不受限制,差异体现在滑动面本身的位置。

如前所述,按照非软化有限元方法分析滑动面,其结果取决于 ν。图 4.3 所示为由 $\nu=0°$ 和 $\nu=\varphi'$ 分别计算的两个滑动面。同时图中还绘出了由极限平衡法(LE)中Bishop 精确条分法计算的临界圆弧滑动面(Bishop,1955)。在挖方边坡问题中,滑动所在位置处,极少存在位移受限制的

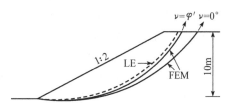

图 4.3 非软化分析预测的滑动面比较

问题,因此,经有限元计算的滑动面位置取决于 ν 也就不足为怪。必须注意的是,土体表面大主应力为竖向,滑动面与竖向夹角为 $(45°-\nu/2)$,如图 4.3 所示。

极限平衡分析中,破坏时滑动面的平均孔压比 $\bar{\gamma}_u^* = 0.233$,与有限元计算结果

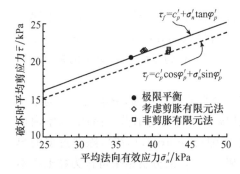

$$\tau_f = c'_p + \sigma'_n \tan \varphi'_p$$

$$\tau_f = c'_p \cos \varphi'_p + \sigma'_n \sin \varphi'_p$$

- ● 极限平衡
- ◇ 考虑剪胀有限元法
- □ 非剪胀有限元法

图 4.4　非软化有限元和极限平衡分析
预测的破坏时平均剪应力比较

相吻合（$\nu = 0°$ 时，$\bar{\gamma}^*_u \approx 0.235$；$\nu = \varphi'$ 时，$\bar{\gamma}^*_u \approx 0.25$）。由式（4.2）和式（4.3）得出破坏时滑动面上的平均剪应力及正应力值如图 4.4 所示。从图中不难发现，$\nu = 0°$ 情况下有限元分析结果与式（4.3）一致，而 $\nu = \varphi'$ 情况下的有限元计算结果和极限平衡分析与式（4.2）一致。

在下面讲到的软化分析中，将用到式（4.3）。由于滑动面上位移限制不明显，假定 $\nu = 0°$，这可能会造成计算的滑动面与实际滑动面之间存在微小偏差。

4.3.3　软黏土中的挖方边坡

1. 简介

尽管有限的几个例子证明在开挖过程中孔隙水压力降低，但是一般认为在低渗透性超固结硬黏土中的边坡开挖为不排水过程，而在正常固结或微超固结的软黏土中，情况还不太明确。如上所述，挖方边坡在开挖过程中或开挖结束后几个月孔隙水压力达到稳定状态。对于挖方边坡的设计而言，孔隙水压力达到平衡稳定状态所需要的时间比较重要。考虑到边坡的稳定性随时间而减弱，那么即使对于临时边坡，在边坡开挖过程中最好测量孔隙水压力变化，或者基于长期条件设计软黏土中的边坡。

长久以来，普遍认为部分排水在短期稳定分析问题中起着重要作用（Tavenas et al.，1980），这其中就包括软黏土路堤的稳定分析问题在内，早期相对快速加载阶段所测得的孔隙水压力低于不排水条件下的计算值。然而，Chandler（1984a）认为软黏土一般具有一定厚度，尽管黏土渗透性相对较低，但由于黏土中一般具有砂或粉砂夹层，可加速孔隙水压力消散，Tavenas 等（1980）认为这些现象可归结为"非线性固结"，也就是说，在现场条件下加载（或在开挖情况下卸载）时软黏土初始剪切刚度和体积刚度较高。尽管随着应变的增加，剪切刚度和体积刚度快速降低，但是在施工（或开挖）过程中，对于软黏土采用很大安全系数时（远远未达到屈服），计算所用的初始"线性"等效固结（回弹）系数往往很高。

对假想的软黏土边坡进行一系列有限元分析，以便了解小应变情况下高土体刚度对孔隙水压力消散所需时间的可能影响。

2. 土体参数

可用修正剑桥模型（见《岩土工程有限元分析：理论》第 7 章）来反映软黏土及其硬壳层特性，在偏应力平面中，其屈服面为莫尔-库仑六边形，塑性势面为圆形。

土体弹性特征用两种方法模拟,在第一种方法中,采用基本的临界状态方程,方程中体积与剪切模量均由回弹曲线斜率 κ 推导得到,并假定泊松比 μ 为常数。第二种方法中,采用 Jardine 等(1986)提出的非线弹性特征,因为该方法对于屈服面内的应力状态,能获得小应变情况下的高土体刚度,因而更接近实际情况。

图 4.5 所示为所分析的土层剖面及地下水情况。其具有四个明显的土层:①厚 4m 的硬壳层;②厚 10m 的软黏土层;③14~22m 深度的硬黏土层;④砂层(分析时未对此层建模)。

采用曼谷(Bangkok)软黏土一组完整的室内外试验所获得的数据作为软黏土模

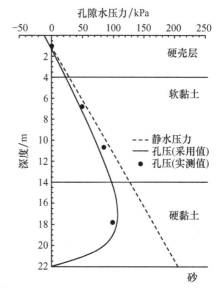

图 4.5 孔隙水压力实测值与计算中采用值

型参数(Shibuya,1999)。表 4.2 及表 4.3 分别列出了软黏土和硬黏土参数,表 4.4 和表 4.5 列出了推导出来的小应变刚度参数,相应的小应变刚度曲线如图 4.6 所示。

表 4.2 假定的软黏土属性(修正剑桥模型)

指 标	数 值	指 标	数 值
重度 γ^* /(kN/m³)	16.0	泊松比 μ^{**}	0.20
单位压力下的比容 υ_1	4.0	内摩擦角 φ'/(°)	30
原始压缩曲线斜率 λ	0.33	静止土压力系数 K_0	$K_0 = (1-\sin\varphi')OCR^{\sin\varphi'}$
回弹曲线的斜率 κ^{**}	0.066		

* ——硬壳层 $\gamma = 18$kN/m³;

* * ——表 4.4、表 4.5 中列出的小应变刚度参数。

表 4.3 假定的硬黏土属性(摩尔-库仑模型)

指 标	数 值	指 标	数 值
重度 γ/(kN/m³)	17.0	静止土压力系数 K_0	1.0
有效黏聚力 c'/(kN/m²)	5.0	杨氏模量 E/(MN/m²)	采用小应变刚度参数
内摩擦角 φ'/(°)	26	泊松比 μ	参见表 4.4、表 4.5
剪胀角 ν/(°)	13		

表 4.4 非线弹性割线剪切模量表达式的系数和限值

土 层	A	B	C/%	α	γ	$E_{d,\min}$/%	$E_{d,\max}$/%	$G_{\min}$/kPa
软黏土	575	575	5.0×10^{-4}	1.348	0.58	1.21×10^{-2}	0.866	1000
硬黏土	862	862	5.0×10^{-4}	1.348	0.58	1.21×10^{-2}	0.866	1000

表 4.5　非线弹性割线体积模量表达式的系数和限值

土 层	R	S	$T/\%$	δ	λ	$\varepsilon_{v,\min}/\%$	$\varepsilon_{v,\max}/\%$	$K_{\min}/\%$
软黏土	250	210	8.0×10^{-4}	1.462	0.77	4.0×10^{-3}	0.2	1000
硬黏土	375	315	8.0×10^{-4}	1.462	0.77	4.0×10^{-3}	0.2	1000

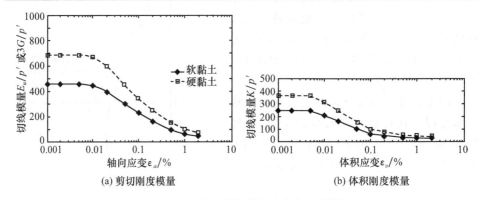

(a) 剪切刚度模量　　　　　　　(b) 体积刚度模量

图 4.6　采用的非线性弹性小应变切线模量

　　为确定曼谷软黏土的性状,采用单试样进行三轴压缩和伸长试验(图 4.7),以及加载和卸载固结试验(图 4.8)。对于后者,可采用标准临界状态公式模拟该模型的弹性部分(图 4.9)。对来自不同深度的三个试样进行室内固结试验,并将结果绘在竖向有效应力(σ_v')-体积应变(ε_v)坐标图中,有限元计算结果与其吻合较好。

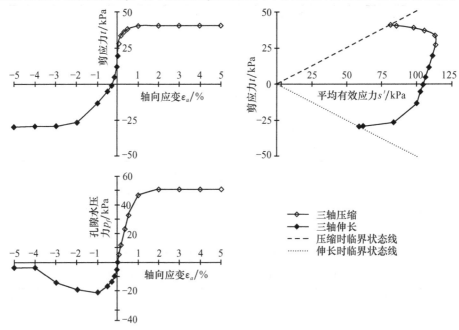

图 4.7　曼谷软黏土三轴压缩和伸长试验的预测(采用小应变刚度)

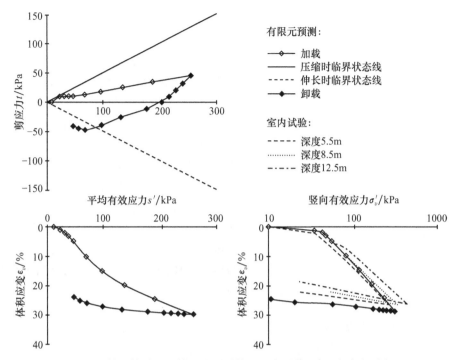

图4.8 曼谷软黏土固结试验预测结果和实测值（采用小应变刚度）

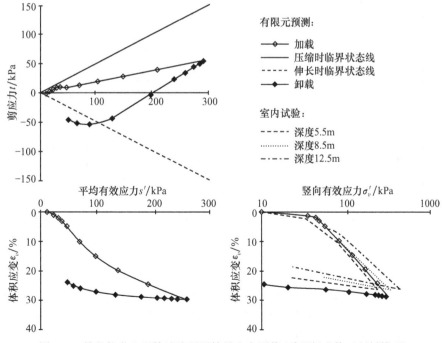

图4.9 曼谷软黏土固结试验预测结果和实测值（采用标准修正剑桥模型）

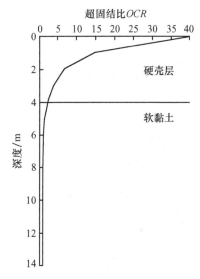

图 4.10　采用的软黏土中 OCR 分布图

在处理软黏土模型时，不排水剪切强度 S_u 的确定最为关键。对于修正剑桥模型，如果不排水剪切强度不是输入参数，可通过其他输入参数及初始应力条件计算得出。利用表 4.2、表 4.4 和表 4.5 列出的模型参数与图 4.10 中土层坡面的超固结比 OCR 及图 4.11 中的静止土压力系数 K_0 可得出不排水剪切强度分布图（图 4.12）。显然计算结果不仅取决于所模拟的试验类型（三轴压缩还是平面应变），还与分析中所用模型的弹性部分有关。当然从现场试验（十字板试验）与室内试验（三轴压缩试验）得到的不排水剪切强度随土体深度变化的趋势均可通过计算模拟。

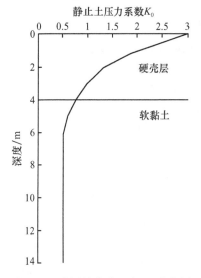

图 4.11　采用的软黏土中 K_0 分布图

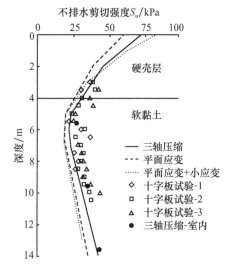

图 4.12　软黏土中实测和预测的 S_u 分布图

3. 有限元分析

　　采用固结回弹耦合有限元分析，必须弄清楚土体的渗透性。从图 4.5 中的孔隙水压力分布不难发现，地基下面排水。为模拟地基下面排水必须采用渗透模型，渗透性随深度递减（见第 9 章）。采用非线性渗透模型，将渗透系数 k 以平均有效

应力 p' 表示为

$$k = k_0 e^{(-ap')} \qquad (4.4)$$

式中，k_0 为 $p'=0$ 对应的渗透系数；a 为材料参数。为确保与实测的不排水孔隙水压力相对应，取 $a=0.0125\,\text{m}^2/\text{kPa}$（图 4.5）。图 4.13 列出了从现场三个不同深度测得的渗透系数值，图中还示出通过式(4.4)计算得到的土体渗透性分布图，计算过程中取 $k_0 = 1.2 \times 10^{-9}\,\text{m/s}$。计算结果与实测吻合得很好，但是无法模拟地基下面排水的渗透性分布图。值得注意的是，软黏土与硬黏土中均采用相同的非线性渗透模型参数 k_0 和 a。由于硬黏土中采用的 K_0 较高，当进入硬黏土层时，渗透性骤降。

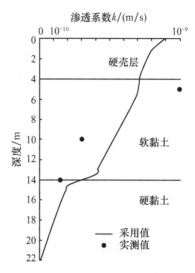

图 4.13　实测和采用的渗透系数分布图

对曼谷软黏土中坡面斜率为 1∶1 的边坡建模，有限元网格划分如图 4.14 所示，图中还示出了位移边界条件和孔隙水压力边界条件。通过每次移除 1m 厚水平土层来模拟开挖，采用较短的时间步长来实现土体不排水。当边坡中安全系数较大的时候，一般最初各层采用一个分析增量步。当接近破坏时，为求得不排水开挖的临界深度，宜采用较多增量步（一般每层为 10 个增量步）。

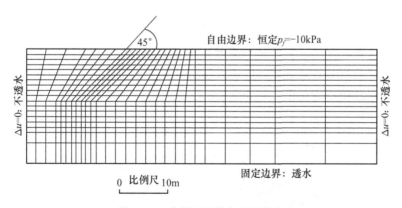

图 4.14　有限元网格与边界条件

软黏土边坡的不排水开挖可引起很大剪切，尤其是在边坡接近破坏的后期开挖阶段，因此小应变刚度对开挖时孔隙水压力消散所需时间的影响随开挖过程将会减少。为检验不排水开挖时小应变刚度对回弹时间的影响，需确保开挖对地面扰动较小，比如浅层开挖。在达到稳定渗流状态条件之前，可通过持续增加的时间增量来模拟回弹。在开挖边坡和原始地表面上，设自由面吸力为 $p_{fb} = -10\,\text{kPa}$，以此确定稳定渗流边界条件,整个分析中网格底部设为排水。

4. 分析结果

图 4.15(a)、(b)反映了开挖过程中坡顶水平位移和竖向位移的发展。采用小应变刚度模型计算得出临界深度为 7m。"标准"的修正剑桥模型中,小应变情况下不考虑弹性刚度影响,得出的临界深度较小($d_c = 6.7$m)。其原因可从图 4.12 中得出,修正剑桥模型小应变情况下引入较大刚度,导致土层上部 5m 范围内计算的不排水强度 S_u 偏大。同样比较有意思的是,由于刚度偏大,计算的坡顶水平位移偏小,尤其是在早期开挖阶段坡体未发生明显屈服时,不过坡顶竖向位移却几乎相同。

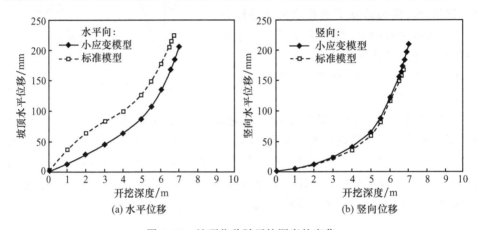

图 4.15 坡顶位移随开挖深度的变化

图 4.16 为有限元计算的临界滑动面的位置,分析中采用弹性小应变刚度模型,图中还绘出了开挖后破坏前位移矢量增量。矢量反映了开挖结束后边坡位移机制,而矢量的绝对大小不太重要。

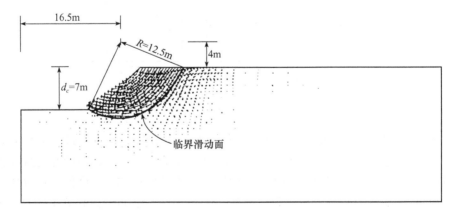

图 4.16 破坏前临界滑动面和位移矢量增量图

对于软黏土中一开挖 3m 之后便停
止开挖的边坡进行分析,图 4.17 给出了
开挖后平均孔压比 $\bar{\gamma}_u^*$ 沿滑动面(开挖
7m 深度后的临界滑动面)随时间的变化
曲线。图 4.18 为该分析阶段应力水平 S
的等值线。应力水平 S 可以作为现时强
度变化的一个度量,其倒数可作为局部安
全系数,参见附录 III.1,对于边坡仍采用
一个合理的整体安全系数。对于图 4.13

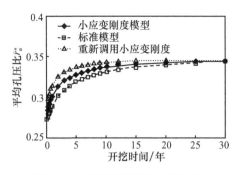

图 4.17　平均孔压比随时间变化

所示的土体渗透系数分布,开挖 3m 的边坡孔隙水压力完全消散达到平衡需二十
多年时间。图 4.17 为采用标准修正剑桥黏土弹性参数的相似分析结果,非常明
显,开挖后一段时间范围内小应变刚度模型加速了回弹过程,但是孔隙水压力完全
达到平衡所用时间却未受影响。

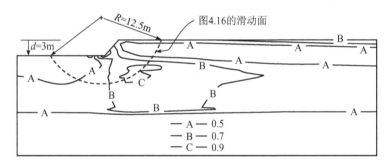

图 4.18　应力水平 S 等值线

为深入了解该问题,采用另一种方法进行分析,开挖后的计算继续采用小应变
情况下的高土体刚度(开挖刚结束时剪应变置零)。因为开挖过程中采用时间步长
较小可保证土体不排水,所以体积应变为零。回弹开始时(不排水开挖后)应力路
径(或应变路径)改变方向,至少对大部分网格是如此,这与土体刚度增加有关
(Jardine,1994)。为考虑土体刚度的增加,零应变假定可以作调整。同样在 Bang-
kok 软黏土中开挖一 3m 高边坡可引起较大应变(图 4.19),并局部消除小应变刚
度对回弹时间的影响。因此,根据开挖刚结束时应变置零的分析方法同样可得出,
开挖深度较浅,应变值较小(图 4.19),相应的土体刚度较大。

图 4.17 给出了上述分析的结果。在这种情况下,不排水开挖后任何时间段计
算所得孔隙水压力响应较快。而且在起始回弹阶段小应变仍在边坡中起作用,软
黏土中开挖短期内会产生部分排水。然而至少对于曼谷软黏土,开挖时不可能完
全排水,因为如果要完全排水,软黏土必须具有较高渗透性,且(或)具有砂或粉砂
夹层以加速孔隙水压力的消散。

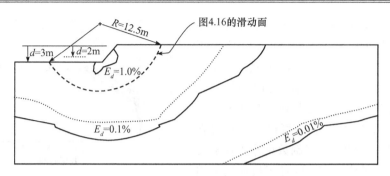

图 4.19　开挖 2m 和 3m 时偏应变 E_d 等值线

4.4　渐进破坏

对渐进破坏可以采用一个简单的例子作最佳解释:假定弹性梁在粗糙表面上滑

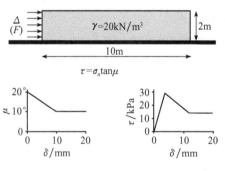

图 4.20　梁的渐进破坏

移,具有脆性剪应力位移特点(图 4.20)。由于梁的自重而作用在粗糙表面的法向应力为 σ_n,梁与粗糙表面的摩擦角为 μ,梁与粗糙表面的相对位移为 δ。

如图 4.20 所示,随着位移的进一步增大,摩擦角减小,减小到最小之后,残余值保持为常数。梁和摩擦面之间的剪应力 τ 与相对位移 δ 之间的关系如图 4.20 所示,初始剪应力随相对位移的增大而增大,直至达到峰值。位移继续增大,剪应力减小,并达到残余值,随后残余值保持为常数。这就是脆性特征。

在梁的左端施加力 F,引起的相关位移为 Δ。现在考虑两种情况:第一种情况假定梁为刚体,第二种情况梁具有有限刚度。

当梁为刚体时考虑第一种情况。在梁的左端加荷,其位移 Δ 逐渐增大。分析结果如图 4.21(a)~(f)所示。每个图针对荷载的不同阶段(即针对不同的 Δ)。各个图中又有若干计算简图,其中顶部计算简图所示为相对位移 δ 沿梁的分布,图中的点表示沿梁等间距位置的位移。底部的简图以相似的方式表示接触面上剪应力 τ 的分布。图中还标出了剪应力峰值 τ_p 和残余值 τ_r。τ_p 由 σ_n、μ_p 计算得出,τ_r 由 σ_n、μ_r 计算得出。σ_n 沿梁长度方向为常数。各图中间的三个计算简图用于表示梁/粗糙面交界处三个不同位置的剪应力-相对位移之间的关系。其中,中间的计算简图表示梁中点处,两边的计算简图代表梁两端点处。三个计算简图中细线表示加载后(即梁产生位移)的剪应力-相对位移曲线。

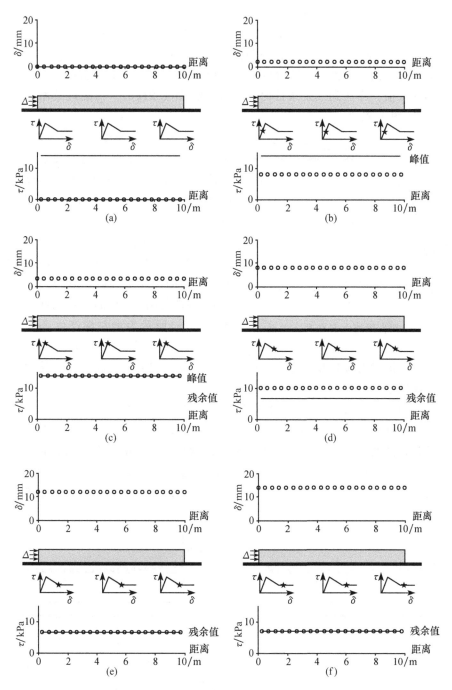

图 4.21　刚性梁的渐进破坏

开始时(图 4.21(a)),未对梁加载,相对位移和剪应力均为零。图 4.21(b)中所示为梁左端产生 2mm 位移时的情况。由于梁为刚体,梁各处特性一致。对梁继续加载(或增加位移),梁仍然存在这种恒值特征。图 4.21(c)所示为梁各处均达到剪应力峰值后的情况。随着位移进一步增加(图 4.21(d)),剪应力下降,由峰值指向残余值。当达到残余条件时,位移较大(图 4.21(e)),荷载继续增加,应力保持不变(图 4.21(f))。

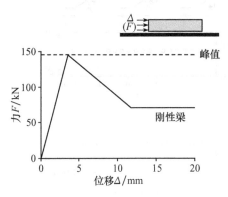

图 4.22　刚性梁的力 F-位移 Δ 关系

图 4.22 所示为梁端加载(如梁的左端)时力 F 与位移 Δ 之间的关系,反映了接触面处剪应力(τ)-相对位移(δ)特征。最大反力 F_{max} 等于剪应力峰值乘以接触面积。

如果在有限刚度梁上施加相同荷载,其结果如图 4.23(a)~(f)所示,这些图和前面讨论的图 4.21 具有相似形式。加荷之前,条件与图 4.21(a)所示刚性梁一致。图 4.23(a)所示为梁左端产生 2mm 位移时的情形,可与图 4.21(b)所示刚性梁结果相比较。沿梁的位移和剪应力不再为恒值。位移和剪应力在梁的左端均较大,沿梁逐渐减小。

外荷载继续增大,非均匀性继续发展(图 4.23(b))。图 4.23(c)所示为梁左端剪应力达到峰值,开始向残余值软化。如图 4.23(c)中最下面的计算简图所示,离梁左端最近的两点处在剪应力-相对位移曲线软化部分。第三点达到剪应力峰值,其余点仍处在剪应力-相对位移曲线的初始(硬化)部分。外荷载增大,梁左端反力减小,但梁其他部分的反力增加(图 4.23(d))。最后(图 4.23(e))梁-接触面均

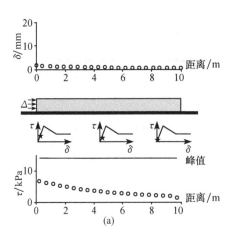

(a)

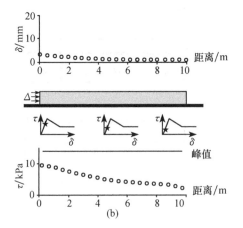

(b)

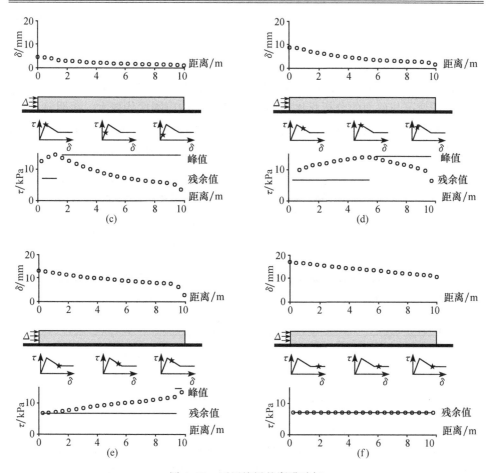

图 4.23 可压缩梁的渐进破坏

在剪应力-相对位移曲线的软化部分起作用。在发生大位移后,整个梁达到并维持在残余条件中(图 4.17(f))。

梁-接触面中至多一处达到剪应力峰值,因此被称为渐进破坏。与刚性梁相比,有限刚度梁总反力的最大值 F_{max} 小于峰值剪应力乘以接触面积。图 4.24 所示为梁左端总反力(F)-位移(Δ)关系图,图中同时还绘出了刚性梁的结果。和刚性梁相比可发现,有限刚度梁具有以下特征:①具有非线性特征;②最大反力 F_{max} 减小;③达到最大反力时对应的位移更大。

根据图 4.24 中的数据点,将力 F 除

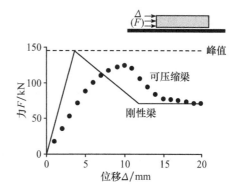

图 4.24 可压缩梁的力(F)-位移(Δ)关系

以梁-交界面的接触面积得到平均剪应力,在图 4.25 中示出平均剪应力-位移的关系。图 4.25 中还表示了两个其他结果:一个为具有相同压缩性的梁,以中间加载代替端部加载(参见图 4.25(a)中曲线);另一个为具有相似压缩性的梁,长度为前面分析梁长度的 2 倍,仍然在梁的左端加载(参见图 4.25(b)中曲线)。对于梁中间加载的情况与前面的分析相比,最大荷载 F_{max} 和响应刚度均较大。很明显,加载方式影响渐进破坏量以及最大反力。长度较大的梁偏柔性,最大平均剪应力 τ_{max}^{av} 偏低,因此梁尺寸的增加加剧了渐进破坏,减小了最大反力。

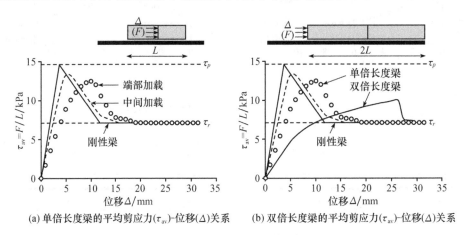

(a) 单倍长度梁的平均剪应力(τ_{av})-位移(Δ)关系　　(b) 双倍长度梁的平均剪应力(τ_{av})-位移(Δ)关系

图 4.25　平均剪应力-位移的关系

该简单例子说明,对于渐进破坏:①材料必须为脆性;②必须存在应力集中(如上例中的交界面);③非均布荷载。渐进破坏量的影响因素:①材料的相对刚度;②荷载性质;③剪切面比例。因此,渐进破坏不能采用简单的方法进行分析。

4.5　软 化 分 析

4.5.1　简介

英国铁路坚硬塑性黏土中的老挖方边坡的延迟破坏已得到广泛研究,这类破坏由于深层滑动而造成(Skempton,1977)。延迟破坏主要是由于回弹与孔隙水压力缓慢消散而造成的(Vaughan et al.,1973)。然而破坏时的排水强度远远低于实验室所测得的峰值强度,该差异归结于脆性黏土中的渐进破坏。

随着最近帝国理工学院对有限元认识的加深,分析中可同时考虑应变软化和固结回弹耦合的影响。结合 Potts 等(1997)的研究成果,可揭示渐进破坏的作用,并可以解释大部分与应变软化黏土边坡延迟破坏相关的现象。首先结合考虑初始的应力、表面水力边界条件及边坡几何条件等因素进行参数分析,并将分析结果与现场实测结果作比较。为了模拟常见边坡表层滑动,引入由表层土强度弱化所造成的较高渗透性土层,并给出其分析结果。最后,验算了土坡尺寸系列变化的影响,如英国对已有高速公路网的频繁加宽,并讨论其可能产生的结果。

4.5.2　本构模型的选择

对于渐进破坏,土体的脆性在挖方边坡的延迟破坏中起重要作用,非线性应变必须沿任何潜在滑动面得以发挥(参见 4.4 节)。简化分析方法(如极限平衡法)不能处理如此复杂的问题,因此有关定量确定渐进破坏影响的理论进展缓慢。采用有限元方法对卡新顿大坝最近施工结束时的滑动面进行分析(见 5.4.4 小节),从而准确再现渐进破坏,并作出定量分析。然而那些是分析荷载作用下考虑固结的大型填方边坡。这里则采用同样的技巧分析发生卸载和回弹的挖方边坡。另外,分析中涉及固结耦合,从而可计算出回弹历史,尤其是可得出破坏时间。

模拟土体软化特征的本构模型是一种莫尔-库仑型弹塑性模型,通过允许应力剪阻角 φ' 与(或)黏聚力截距 c' 随偏塑性应变 E_d^p 的变化,来考虑软化性状,如图 4.26 所示。偏塑性应变的增量 ΔE_d^p 可定义为

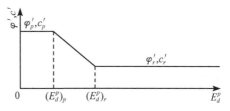

图 4.26　φ' 和 c' 随塑性偏应变的变化

(Potts et al.,1990)

$$\Delta E_d^p = \frac{2}{\sqrt{6}}\sqrt{(\Delta\varepsilon_1^p - \Delta\varepsilon_2^p)^2 + (\Delta\varepsilon_2^p - \Delta\varepsilon_3^p)^2 + (\Delta\varepsilon_3^p - \Delta\varepsilon_1^p)^2} \qquad (4.5)$$

该模型中需已知峰值强度(φ_p',c_p'),残余强度(φ_r',c_r'),剪胀角 ν,峰前刚度 E,卸荷刚度 E_u,强度随应变损失率(($E_d^p)_p$,$(E_d^p)_r$)。由于包括回弹分析,需已知渗透系数 k。

破坏前的刚度基于简化的弹性模型得出,其中泊松比 μ 为常数,杨氏模量 E 随平均有效剪应力 p' 变化,但与剪应力水平无关,不区分卸载和加载。在硬黏土中固结和回弹采用相同的模量,因此现在分析中采用的杨氏模量是基于合理的回弹模量,参数详见表 4.1。

4.5.3　收敛的意义

对包括应变软化的分析进行收敛监控是较为困难的。迭代节点的位移、荷载、流量和孔隙水压力的标准(参见《岩土工程有限元分析:理论》9.6 节)少于相关增量标准的百分之一。然而仅仅进行迭代是不够的,需监控所有积分点的残余应力,保持残余应力值较小。分析的初期阶段,残余应力值小于 2kPa。然而当接近破坏时,条件更为严格,应力必须低于 0.1kPa。为达到准确性,分析快结束时,采用小

时间步(一般为 0.0025 年)以及较多的迭代次数(一般为 200 次),根据坡中心水平位移随时间的发展规律,可推求出破坏时间。一旦超过破坏时间,求解方案不稳定,边坡不可能处于平衡状态。最后增量采用小时间步 0.0025 年及大量迭代次数(一般取 400 次)以此来证实上面的分析。不稳定意味着在没有改善收敛的情况下,变形随着迭代次数的增加而增大(Kovačević,1994)。

4.5.4　伦敦黏土中的挖方边坡

1. 简介

硬塑性黏土中挖方边坡的延迟破坏是一个大家关注多年的土力学课题(Terzaghi et al.,1948)。在英国,大部分数据涉及褐色伦敦黏土边坡和土体性质(Skempton,1977),这是选此类材料边坡开展研究的原因。

2. 土体参数

由于渐进破坏分析复杂,必须重视材料模型参数的来源。下面以褐色伦敦黏土性质的确定为例进行简要介绍。

1) 峰值强度

图 4.27 为不同直径土样进行三轴不排水压缩试验所得结果。峰值强度包络线由较大试样的试验给出,根据莫尔-库仑理论取 $c'_p=7$kPa,$\varphi'_p=20°$,代表裂隙黏土的结构。

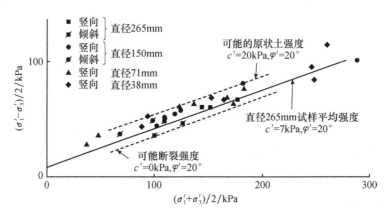

图 4.27　有效应力表示的褐色伦敦裂隙黏土的峰值强度(Sandroni,1977)

2) 残余强度

图 4.28 概括了残余强度的确定,图中给出了剪切试验和现场数据。从现场滑动面反分析得到的强度稍微偏高,可能是由于现场形成的水平剪切面较少,现场强度采用 $c'_r=2$kPa,$\varphi'_r=13°$。

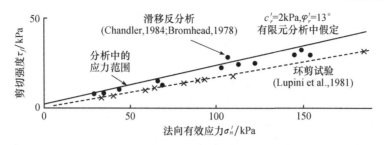

图 4.28 褐色伦敦黏土的排水残余强度

3）刚度

边坡中黏土随时间产生回弹,由此造成的应变能释放对应变和应变软化影响较大。很少有试验数据可用于分析不同应力路径的回弹。图 4.29 所示为一些固结试验中得到的回弹曲线（Apted,1997）,以及根据现场含水量沿深度分布图得出的回弹曲线（Skempton et al.,1957）,图中还给出了采用简化弹塑性本构模型计算得出的回弹曲线。

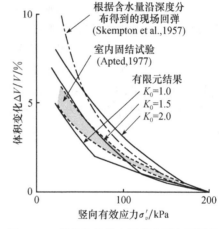

图 4.29 褐色伦敦黏土回弹实测与预测值

4）渗透性

如图 4.30 所示,渗透系数随土体深度而变化,图中包括了早侏罗世黏土和伦敦黏土。对于 $K_0 = 1.5$,根据图 4.29 中的

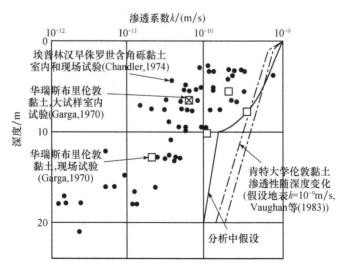

图 4.30 渗透系数随土体深度而变化的假设和室内试验结果

渗透性结合回弹模量可得出 5m 深度处的回弹系数 $c_s = 2.7\text{m}^2/\text{年}$。Walbancke (1976)指出,褐色伦敦黏土现场回弹系数相当于 $c_s = 3.2\text{m}^2/\text{年}$。

5)软化速率

黏土峰后应变软化速率很难确定,基于以前分析的例子可以先作一个合理的假设。作为分析的一部分,对参数的研究表明,当参数在一个理想的范围内变化时不会对结果产生很大影响(Kovačević,1994)。在实际的塑性黏土中,当达到峰值强度后可能会出现一个或多个剪切面,沿剪切面滑移后出现峰后强度损失。有限元分析不能模拟如此薄的不连续体,因为滑动面的最小厚度大约为半个单元的厚度,在计算峰后强度损失率时必须考虑该问题。图 4.31 所示为单剪试验中厚度为 T 剪切带的剪应力-位移关系曲线。在目前的分析中,一般情况下半个单元一般为 0.5m 厚。图中还示出了与此等价的位移标度。

对两个直径为 265mm 褐色伦敦黏土进行不排水不固结三轴试验,将应力、应变特性观测结果(Sandroni,1977)与上述模型计算结果进行比较,如图 4.32 所示。尽管低估了剪切过程中产生的孔隙水压力,比较的结果还是合理的。

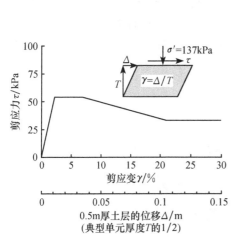

图 4.31　单剪试验中假设的应力-应变以及应力-位移关系

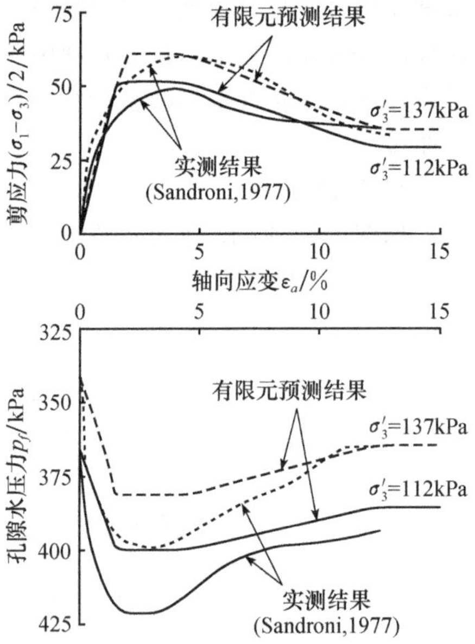

图 4.32　褐色伦敦黏土三轴试验实测与预测值

3. 有限元分析

图 4.33 所示为高 10m、坡面斜率为 3∶1 边坡的典型有限元网格,边界条件和分析方法与 4.3.2 小节中非软化分析一致,而软化分析中需特别关注接近破坏时的情形,参见 4.5.3 小节。

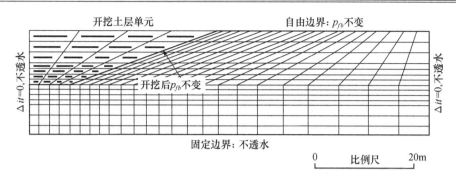

图 4.33 典型的有限元网格

4. 典型分析结果

下面将给出高 10m、坡面斜率为 3∶1 边坡的典型分析结果,静止土压力系数 $K_0 = 1.5$。根据峰值强度($c'_p = 7\text{kPa}$, $\varphi'_p = 20°$),基于极限平衡法计算得出该边坡传统的长期安全系数为 1.4。

图 4.34 为开挖后 9 年与 14.5 年(即破坏发生时)分别对应的当前位移(增量)矢量。矢量说明了当前活动机制和最终破坏机制,位移绝对值相对不太重要。图 4.34(a)、(b)分别说明边坡开挖 9 年后滑动面外围部分的发展,以及 14.5 年后完整滑动面的形成。

图 4.35 给出了塑性偏应变 E_d^p(见式(4.5))等值线。应变软化开始和结束时分别对应于 5% 和 20% 的等值线。水平剪切带从坡趾处开始发展,发展形式与 Burland 等(1977)野外观察结果相似。随着滑动面的发展,剪切强度由峰值强度迅速下降到残余强度。

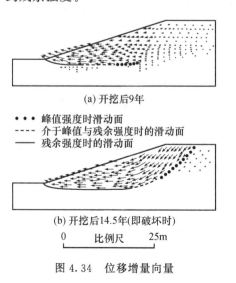

图 4.34 位移增量向量

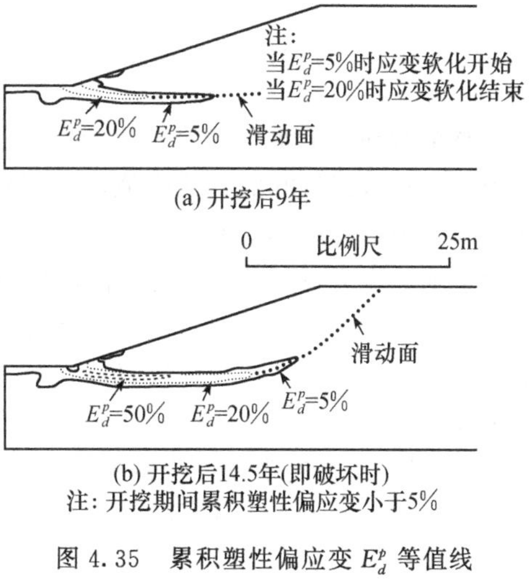

图 4.35 累积塑性偏应变 E_d^p 等值线

图 4.36 说明了由于回弹造成的体应变。滑动面上的应变较大，等于破坏前坡趾含水量变化 1%～2% 量级。计算发现，滑动面中体应变会产生突然变化。

图 4.37 以等值线表示了孔隙水压力的发展，同时竖向剖面中还表示了孔隙水压力的变化及平衡值。坡体中部由于开挖造成的孔隙水压力变化值沿深度几乎不变。对于特定的 K_0，孔隙水压力变化值数量上几乎等于上部移除的土体重量。在坡顶，尽管该部分没有土体移除，由于横向应力的释放，孔隙水压力随深度呈线性减小，变化范围为 20～30kPa。坡趾以下，开挖后横向应力值较大，平均总应力的减幅较小，孔隙水压力的减幅远小于移除土体的重量，总应力变化和孔隙水压力变化之间的关系就非常清晰了。由于不排水卸载，地下孔隙水压力减小，同时边坡向外变形，释放被锁定的横向应力，而非由于回弹使横向应力增加。

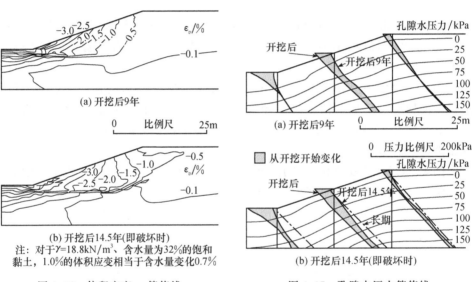

图 4.36　体积应变 ε_v 等值线

注：对于 $\gamma=18.8\text{kN/m}^3$、含水量为 32% 的饱和黏土，1.0% 的体积应变相当于含水量变化 0.7%

图 4.37　孔隙水压力等值线

整个滑动面上水平部分已达到残余强度（图 4.35）。渐进破坏量很大，残余因子 $R=0.623$，即从峰值到残余值，平均强度降低 62.3%。残余因子 R 用于衡量破坏时平均现场强度和实验室观测强度的差异：$R=(\bar{\tau}_p-\bar{\tau})/(\bar{\tau}_p-\bar{\tau}_r)$，其中，$\bar{\tau}$ 为破坏时平均剪应力，$\bar{\tau}_p$、$\bar{\tau}_r$ 分别为当前法向有效应力条件下最终破坏面上的峰值和残余强度（Skempton，1964）。破坏时沿最终破坏面的平均作用强度由 $\bar{\tau}_f/\bar{\sigma}_n'=0.328$ 给出，与 $c_p'=0$、$\varphi_p'=18.2°$ 等价，最终破坏面的平均孔压比由开挖后 $\bar{r}_u^*=0.06$ 增大到破坏时的 $\bar{r}_u^*=0.247$。孔隙水压力达到长期的平衡态时，等价于 $\bar{r}_u^*=0.375$。因此，达到最终平衡时滑动面上的平均孔隙水压力改变 60%。

图 4.38(a)、(b) 分别表示滑动面平均孔压比 $\bar{r}_u^*$ 及边坡中心水平位移 δ_h 随时间的变化曲线。底部滑动面开始形成前，平均孔隙水压力已接近破坏值，然后坡中

心位移开始加速发展。于是回弹引起横向总应力减小,而非孔隙水压力增加。尽管黏土继续回弹,横向总应力减小的耦合效应引起平均孔隙水压力的幅度较小。破坏前 5 年内孔隙水压力只有相对小幅度增加。这些分析意味着监控边坡破坏危险时测量现场孔隙水压力绝非上策,最终破坏是突然发生的,并没有位移加速的明显预兆。

变形估算参照对伦敦黏土边坡现场观测的有限实例得出。最佳的实例数据是关于 Kensal Green 挡土墙(Skempton,1977),建成后大概 29 年破坏时墙体位移将近 0.5m,而建成 26 年后的位移为 100mm。

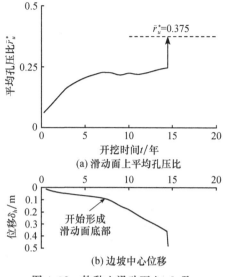

(a) 滑动面上平均孔压比

(b) 边坡中心位移

图 4.38 软黏土滑动面上 $\bar{r}_u^*$ 及边坡中心位移 δ_h 随时间变化

5. 静止土压力系数的影响

为研究静止土压力系数的影响,变化 K_0(=1.0、1.25、1.5、1.75、2.0,最后一个值约等于被动土压力系数 K_p)对高 10m、坡面斜率为 3:1 的边坡进行 6 次分析。分析中得出的平均孔压比和坡中心处水平位移随时间的变化曲线如图 4.39 所示。必须指出该图中采用相同的稳态渗流解,最终孔压比的平衡值由于各个分析的滑动面不同而不同。图中显示破坏时间很大程度上取决于 K_0,当 K_0 大约为 1.25 时,破坏时间最短,为 13 年。破坏时的最大孔压比相似,从 $\bar{r}_u^*=0.225$ 到 $\bar{r}_u^*=0.275$。但是可看到两个特征:首先,当 $K_0 \leqslant 1.25$ 时,边坡开挖后孔隙水压力很快接近最大值;其次,当 $K_0 \geqslant 1.5$ 时,5 年内孔隙水压力快速平衡,然后孔隙水压

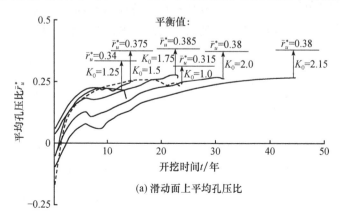

(a) 滑动面上平均孔压比

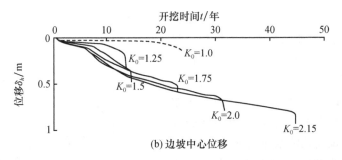

图 4.39　K_0 对滑动面上 $\bar{r}_u^*$ 及边坡中心位移 δ_h 随时间变化的影响

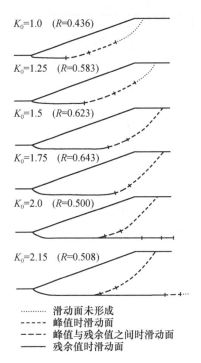

$K_0=1.0$　$(R=0.436)$

$K_0=1.25$　$(R=0.583)$

$K_0=1.5$　$(R=0.623)$

$K_0=1.75$　$(R=0.643)$

$K_0=2.0$　$(R=0.500)$

$K_0=2.15$　$(R=0.508)$

············　滑动面未形成
----　峰值时滑动面
- - - -　峰值与残余值之间时滑动面
——　残余值时滑动面

图 4.40　不同 K_0 预测的滑动面

力缓慢增长直至破坏。孔隙水压力的缓慢增长是通过位移的变化实现的，由于位移具有初始增长率，而后增长减缓，位移仅在破坏前的几个月才再加速增长。从孔隙水压力或坡体活动的观测中很难得到破坏的预兆。如果孔隙水压力明显低于最后的长期平衡值，则可由此估算出破坏。

图 4.40 表示每次分析中滑动面的形状及残余因子 R。由图可见，滑裂面受 K_0 影响较大，K_0 从 1.0 增大到 1.75 时，滑裂面深度逐渐增大。随着 K_0 的继续增大，滑坡体背侧向坡外位移。在所有情况中，只有一个长度短的滑裂面强度处在峰值强度和残余强度之间。当 K_0 小时，破坏发生后，滑坡体顶部的滑裂面形成。图 4.41 将各计算滑裂面与实际滑裂面进行了比较。将实际滑裂面按几何比例描绘在与分析边坡具有相同坡面斜率和高度的简图上。计算滑裂面与实际观测情况大体一致。

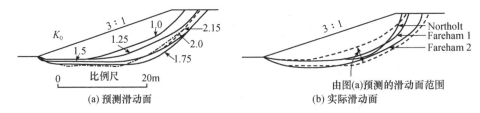

图 4.41　伦敦黏土中预测和实际的滑动面比较

各分析得到的由残余因子 R 表示的渐进破坏量相似。然而当 K_0 超过 1.75

时,渐进破坏的影响发生改变,如图 4.42 所示,R 的变化规律说明了这个问题。随着 K_0 的增加,渐进破坏的影响最初增加,而后减小,最后又增加,其原因则如图 4.40 所示,从坡趾处发展的水平滑动面的长度随 K_0 增大,当 K_0 较高时,水平滑动面延伸至坡顶以外,最终滑动面的背侧接近坡面,水平滑动面的中心没有与最终滑动面重合。因此,在滑动面背

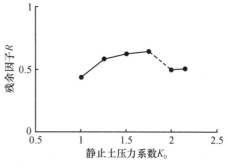

图 4.42 残余因子随 K_0 变化

侧最终发展的区域,部分水平应力在破坏前释放,造成渐进破坏量减少。

6. 自由边界吸力的影响

对坡面斜率为 3∶1、高 10m 的边坡进行分析,表面吸力提高到 $p_{fb} = -20\text{kPa}$。吸力的增加可能是由于边坡植被的作用造成的。分析结果可直接与 $p_{fb} = -10\text{kPa}$ 的情况作比较。图 4.43 反映了两种分析中滑动面上平均孔压比和坡中心水平位移的发展规律。边界吸力增加后,边坡在 100 年后破坏。图中还显示了模拟非应变软化的分析结果,边坡没有发生破坏,开挖结束 5 年后底部剪切发展引起的坡体特征改变可忽略不计。

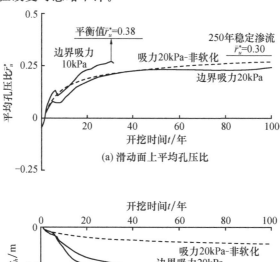

图 4.43 边界吸力对滑动面上 $\bar{r}_u^*$ 及边坡中心位移 δ_h 随时间变化的影响

与 $p_{fb}=-10\text{kPa}$ 相比，$p_{fb}=-20\text{kPa}$ 情况下滑动面位置稍深，破坏时滑动面的平均孔压比也较低，为平衡起见，对应的渐进破坏量较高。然而尽管渐进破坏量大，边界吸力的少量增加（从 $p_{fb}=-10\text{kPa}$ 增加到 $p_{fb}=-20\text{kPa}$）很大程度上改善了稳定性。由此可见，边界吸力进一步增加到 $p_{fb}=-30\text{kPa}$ 足以阻止边坡破坏。

7. 边坡几何形状的影响

为检验坡面斜率分别为 $2:1$ 和 $2.5:1$，坡高 10m，$K_0=2.0$，$p_{fb}=-10\text{kPa}$ 边坡的稳定性，进行两次分析，相应的分析结果与坡面斜率为 $3:1$ 的边坡进行比较，图 4.44 反映了孔隙水压力和位移随时间变化的规律。两边坡均不到 10 年便发生破坏，且滑动面上平均孔压比均较小，与坡面斜率为 $3:1$ 的边坡相比，渐进破坏量稍大。

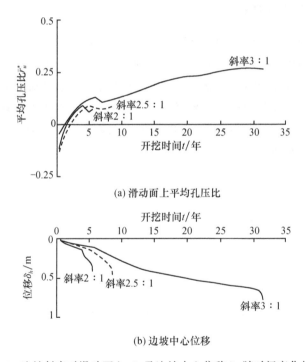

图 4.44 边坡斜率对滑动面上 $\bar{r}_u$ 及边坡中心位移 δ_h 随时间变化的影响

对坡面斜率为 $4:1$、K_0 相对较高的边坡进行分析，其特征与坡面斜率为 $3:1$ 的边坡相似。这表明，对于 10m 高边坡，即使对于长期条件，坡面斜率为 $4:1$ 的边坡已经接近稳定。但是对于 15m 高边坡，在孔隙水压力还未达到计算平衡值时就已经破坏。通过计算得到的破坏时间非常长（如大于 100 年），以至于认为只存在理论上的最终破坏，如果边坡内的地质特征（如砂或粉砂夹层）导致快速回弹，这类边坡将非常容易发生破坏。

8. 地表裂缝的影响

在路堤挖方边坡和堤坝边坡中,浅层滑坡较为常见(Perry,1989)。如果自由面边界条件及土体指标采用常值,将无法模拟该类滑坡。地表影响包括反复的收缩回弹以及坡下活动,这些影响是由应变不可恢复、裂缝以及可能的强度损失造成的。

填方边坡高孔隙水压力可在饱和的裂缝区产生(Crabb et al.,1991),对包含高孔隙水压力的填方边坡采用极限平衡法进行计算分析,计算结果显示,只有在作用强度远低于填土的峰值强度时,才能对滑动作出解释,这里提供的分析可用于检验渐进破坏情况下强度是否降低。分析方法与前面的相似,其独特之处在于裂缝造成的高渗透性地带与坡表面不重合。

对坡面斜率为 3:1,高度为 10m 的边坡,高渗透带约 2m 厚(三行有限单元,如图 4.33 所示)。对 K_0(2.0 和 1.0)的高值与低值均进行检验,自由边界吸力分别为 p_{fb}=−10kPa 和 0。

裂缝层的渗透系数采用 k=10^{-9}m/s,这与坡顶无裂缝黏土的渗透性一致,比边坡底部无裂缝黏土渗透性高 7 倍。裂缝层仅使回弹过程中的孔隙水压力分布不连续。

几乎所有的分析与无裂缝带的等价分析相似,都得到深层滑坡的结果。渗透层的存在可加速回弹,以至于破坏显著加速。渗透层的存在还会造成渗透压力分布不均匀,可以观察到渐进破坏少量增加。

只有 K_0=1.0 及零边界吸力可造成开挖后不久就发生浅层滑坡。图 4.45 和图 4.46 反映了滑坡随时间的发展,可见坡面浅部一薄层回弹很快,并在自下而上的渐进破坏作用下产生失稳。很明显,在 K_0 初始值较高的情况下,由于早期形成的深层滑动面及与此相关的应力释放,避免发生这种破坏机制,进而减少了后续回弹及表层渐进破坏的可能。

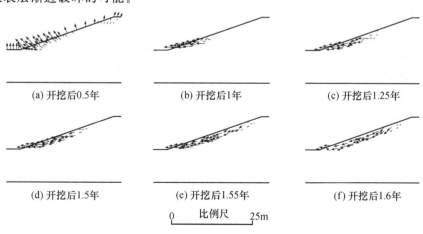

(a) 开挖后0.5年　　　　　　　(b) 开挖后1年　　　　　　　(c) 开挖后1.25年

(d) 开挖后1.5年　　　　　　　(e) 开挖后1.55年　　　　　　(f) 开挖后1.6年

0　　比例尺　　25m

图 4.45　浅层滑动位移向量增量图

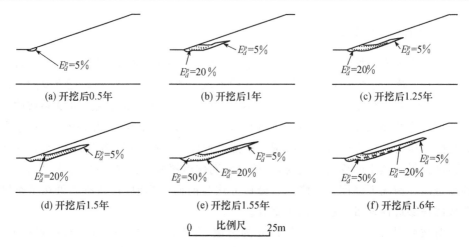

(a) 开挖后0.5年　　　　　(b) 开挖后1年　　　　　(c) 开挖后1.25年

(d) 开挖后1.5年　　　　　(e) 开挖后1.55年　　　　　(f) 开挖后1.6年

0　　　比例尺　　25m

图 4.46　浅层滑动累积塑性偏应变 E_d^p 等值线

计算得到的浅层滑坡发展时间(如 1.6 年)小于通常情况下的实测结果。然而计算结果中包括了在裂缝已经发展的情况下,零边界孔隙水压力(等同于冬季情形)条件下的单调回弹过程。现场时间尺度由裂缝发展时间以及边坡遭受漫长的潮湿冬季前所延迟的时间控制。

9. 边坡几何形状后续变化的影响

交通流量的增加通常需要加宽已有的高速公路。在高速公路的挖方边坡中,通常通过挖去坡趾,形成更为陡峭的边坡来实现路面拓宽。该方法由于不需要侵占更多的土地,因而比较受欢迎。坡趾的稳定性通常由重力式挡土墙来保证,加筋式挡墙也日益受欢迎。

为拓宽建在褐色伦敦黏土上的高速公路,对坡面斜率为 4:1、坡高为 10m 的挖方边坡在最初竣工后的不同时期挖去坡趾,形成坡面斜率为 3:1 的边坡,其影响结果如图 4.47 所示。对图 4.33 中的典型有限元网格进行改进,以便解释坡趾开挖和混凝土重力墙的形成。因为比较复杂,未对广泛使用的加筋土型挡墙变形进行模拟,而且在这种情况下对分析结果的影响不大。所有分析中假定初始现场值 $K_0 = 1.5$,边坡植被的作用使表面吸力增加,尽管已经对此影响进行了调查,自由面边界吸力初始值仍假定为 $p_{fb} = -10\text{kPa}$。需在挡土墙墙体后和墙体下设置

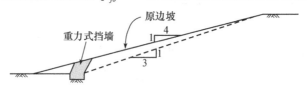

图 4.47　高速公路加宽示意图

有效排水设施,尤其是在墙后填土为黏土的情况下。这里分析假定的混凝土挡土墙是排水的,并通过设墙-土交界面孔隙水压力为零来实现。

参照前面的方式,分析结果采用两个参数表示,即平均孔压比 $\bar{r}_u^*$ 和相对应的坡中心水平位移 δ_h 随时间变化(图 4.48)。在边坡形成后的四个不同时间设置挡墙:①恰好在开挖完成时;②开挖完成后 15 年;③开挖完成后 50 年;④达到稳定状态条件后。拓宽工程极大地加速了已延迟的破坏(一个坡面斜率为 4∶1、坡高 10m 的边坡在未拓宽前是接近稳定的,见 4.5.4 小节中"边坡几何形状的影响"),如果在最初开挖结束后 50 年或长于 50 年后拓宽路面,可能导致即刻破坏。但是通过残余因子 R 定量化的渐进破坏与不拓宽情况保持一致。

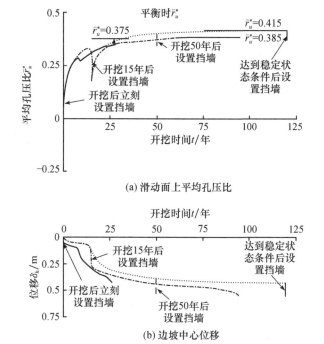

图 4.48 加宽对滑动面上 $\bar{r}_u^*$ 及边坡中心位移 δ_h 随时间变化的影响

如果在开挖后不久(如 15 年)就进行拓宽,由于坡趾开挖引起附加孔隙水压力消散(挡土墙的修建造成孔隙水压力的即刻增加是局部的,可忽略不计),因而在一定程度上可改善边坡稳定,然而最终的破坏是不可避免的。如果考虑由于边坡植被等因素造成表面吸力增加,则可阻止边坡破坏(图 4.49)。当边坡开挖一结束就砌筑挡土墙,墙后边坡表面吸力的增加可消除延迟破坏(图 4.50)。注意,模型分析中墙前吸力未增加。自由边界吸力增加使边坡中平均孔压比的平衡值及边坡回弹过程中的位移量减小。尽管实际情况较难模拟,但是较高的平均自由边界吸力(超过 30kPa)可以消除底部剪切变形,如果不是完全消除,那么对于大部分时间是如此的(图 4.50(a))。

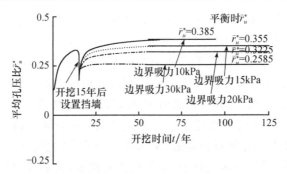

(a) 滑动面上平均孔压比

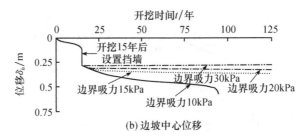

(b) 边坡中心位移

图 4.49　开挖 15 年后设置挡墙滑动面上 $\bar{r}_u^*$ 及边坡中心位移 δ_h 随时间变化

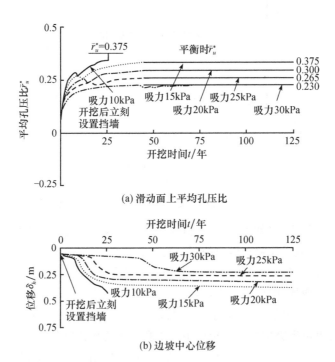

图 4.50　开挖后立刻设置挡墙滑动面上 $\bar{r}_u^*$ 及边坡中心位移 δ_h 随时间变化

10. 进一步讨论

图 4.51 为各种分析中,破坏时滑动面的破坏延迟时间及平均孔压比 $\bar{r}_u^*$,图中还给出了现场观测结果(Chandler,1984a;1984b),有限元计算与现场观测具有较好的一致性。考虑到较难确定渗透系数 k,破坏发生的时间直接取决于该值,尤其是对于 K_0 较高的情况(硬黏土更为典型),假定分析得出的计算破坏时间与现场观测值一致。

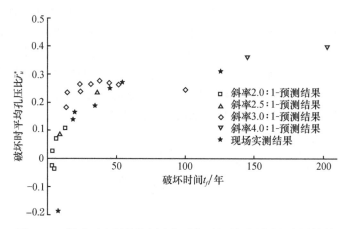

图 4.51　滑动面上平均孔压比与破坏时间关系预测和实测结果

分析计算得到的破坏时的平均强度如图 4.52 所示,图中包括峰值强度和残余强度,图中还包括利用 Chandler 等(1974)滑动面反分析(使用极限平衡法)得出的作用强度。有限元分析的强度通常低于 Chandler 等(1974)计算值。然而有限元

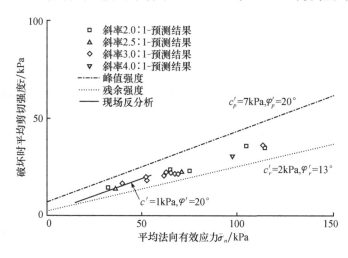

图 4.52　破坏时平均发挥强度有限元和极限平衡分析计算结果

计算得出的滑动面一般比极限平衡分析方法得出的临界面深度大。随着滑动面加深,渐进破坏量增加,采用应力比表示的平均强度降低。K_0 较低时,相对浅的滑动面约等于极限平衡法计算得出的临界面。有限元计算得到的平均强度与极限平衡反分析方法得到的结果一致。

图 4.53 为开挖后、破坏时及完全平衡后(稳定状态)三种情况下,最终滑动面上 $\bar{r}_u^*$ 与坡面斜率关系图。随着边坡倾斜角的下降,破坏时所需达到的孔隙水压力增加,平衡时的孔隙水压力也增加。分析表明,破坏对边坡孔隙水压力的大小及平衡孔隙水压力(孔隙水压力都趋于该值)大小较为敏感。该图可用于评价任何附加排水设施的有效性。例如,对于坡面斜率为 3:1、高 10m 的边坡,自由边界吸力由 $p_{fb} = -10\text{kPa}$ 增加到 $p_{fb} = -20\text{kPa}$,减小 $\bar{r}_u^*$ 的长期稳定状态值,使其仅仅处在破坏范围上(图 4.53)。这就意味着尽管破坏所需的时间增加,但是破坏仍然会发生(参见 4.5.4 小节中"自由边界吸力的影响")。为阻止破坏,需进一步增加表面吸力,以使 $\bar{r}_u^*$ 长期值低于图 4.53 所示的破坏范围的值。

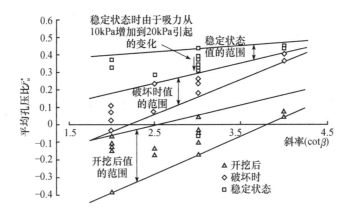

图 4.53 滑动面上平均孔压比随边坡斜率变化

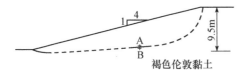

	含水量	液限	塑限	重塑土不排水快剪强度
	$w/\%$	$w_L/\%$	$w_P/\%$	S_u/kPa
A试样	33.2	70	33	26
B试样	29.4	75	32	62

图 4.54 艾塞克斯郡 Loughton
附近 M11 东侧滑坡(1993)

图 4.36 反映了通过水平滑裂面的体应变为 2%~3% 时的急剧不连续性,相当于 1%~2% 含水量的变化,通过现场测量可确定这种不连续。这是检验老边坡稳定性的有效方法。如图 4.35(a) 所示滑裂面的底部形成较早,其形成并不意味着边坡一定会破坏,但滑裂面底部出现(可以观测到的)连续位移预示稳定性降低,而没有位移则表明稳定。

图 4.54 所示为艾塞克斯郡 Loughton

附近 M11 上一处 18 年历史边坡中滑坡的截面,图中给出了来自滑动面上、下两侧的试样的试验结果,含水量改变了 4%,通过滑动面的重塑土不排水强度发生两倍变化,该观测结果与数值分析结果一致。

4.6　水下挖方边坡施工

水下挖方边坡的开挖尚存疑问。例如,考虑图 4.55(a)所示情形,在海床中开挖一沟槽。分析之初,土体初始应力和初始孔隙水压力与海平面平衡(通常对平均海平面作假定,但原理上海平面的波动范围可计算得到)。通过移除几行(或块)单元来模拟开挖。然而如何合理解释作用在新开挖土体表面的孔隙水压力应引起足够重视。

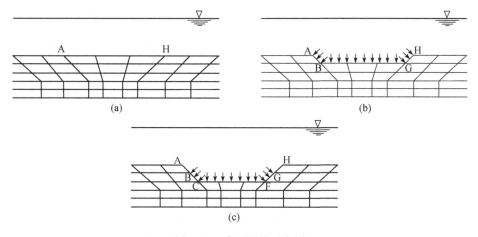

图 4.55　水下开挖示意图

当开挖图 4.55(b)所示的第一行(行 1)单元时,该过程必将移除作用在点 A 到点 H 的原始地表面的水压。因此必须同时(即开挖时相同的增量)在新开挖土体表面 ABGH 采用边界应力来代表作用在其上面的孔隙水压力,移除各行单元时必须重复该过程。

尽管上面描述的过程是合理的,但是处理复杂,有些计算机软件很难完成,具体体现在:当需要移除更多单元时,许多程序不能正确计算作用在以前开挖土体表面的应力。例如,当开挖图 4.55(c)所示第二行(行 2)单元时,软件必须专门删除与点 B 和 G 相关的节点力,由于边界应力代表作用在 BG 表面的水,同时模拟第二行单元开挖及与作用在新开挖表面 BCFG 的水相关的边界应力。必须注意,由于 B 到 G 之间的任意节点的边界应力代表作用在老开挖面 BG 上的水,所以不必专门移除节点力,在模拟行 2 单元开挖时无疑可以解释这些。点 B 和 G 需专门考虑的原因在于,水压造成的部分节点力作用于未被移除的土体上。该过程需复杂的篇幅加以论述,因而许多软件包没有对其进行解释。由此带来的误差将随初始地表面上水位的加深而增大。

4.7　小　　结

(1) 分析挖方边坡时,区分挖方边坡所处材料的差异比较重要。粗粒土表现为排水方式,低渗透性黏土在开挖过程中大多不排水。对于短期和长期情况考虑固结回弹耦合是必需的,本构模型的选择取决于材料种类。

(2) 非软化硬黏土中,坡面斜率为 2:1、高度为 10m 的边坡分析结果均准确给出了破坏时的滑动面。破坏时滑动面上平均孔压比 $\bar{r}_u^*$ 与 K_0 无关,$\bar{r}_u^*$ 稍微受土体破坏时的回弹影响。由于剪胀使孔隙水压力消散,对破坏后位移速率起到部分阻止作用。

(3) 零剪胀角情况下计算所得破坏时 $\bar{r}_u^*$ 与圆弧滑动面极限平衡分析所得结果一致,然而数值计算确定的滑动面位置与临界滑动面存在差异。

(4) 破坏时间随 K_0 增加。

(5) 软黏土中短期开挖情况下可发生部分排水。对于浅层开挖,部分排水可能是由于初始刚度较高。当软黏土具有相对较高的渗透性且(或)具有一定厚度,由于存在可加速孔隙水压力消散的砂或粉砂夹层,部分排水同样能在深部开挖中存在。

(6) 渐进破坏与剪切强度沿潜在滑动面的非均匀发挥有关。如果脆性土体非均匀加载,则某些单元将先于其他单元而达到峰值强度,滑动面开始发展。进一步加载,沿滑动面峰后应变增加,强度由峰值强度降至残余强度。破坏时,部分滑动面形成,峰后强度损失,还有部分滑动面没有形成。因此,破坏时的土体平均强度小于峰值强度,大于残余强度。

(7) 对于软化硬黏土,如伦敦黏土,对坡面斜率为 3:1、高度为 10m 边坡的参数研究表明,破坏的可能性对假定的 K_0 不太敏感。K_0 对剪切面位置和破坏时间影响较大。K_0 增大到临界值,渐进破坏量稍微增加。K_0 达到临界值后,底部滑动面延伸至最终斜滑动面之外,在形成最终滑坡前释放滑坡体中应力,渐进破坏量减少。

(8) 滑动面由四部分组成,包括:①边坡底部的水平剪切,在早期形成,破坏前达到残余强度;②峰值和残余值之间的较短过渡段;③倾斜后表面,在此部分中发生滑动,但应变量不足以导致应变软化发生;④当 K_0 较低时,原始地表面附近的倾斜部分仅在后破坏时产生滑动。

(9) K_0 较高时存在深层滑坡的性质,该类深层滑坡常在现场伦敦黏土中出现。

分析表明,K_0 较高时,渐进破坏造成的滑动面较通过极限平衡分析确定的临界面埋深大。在相同边坡、相同孔隙水压力情况下,计算的滑动面作用强度低于采用搜索技术寻找临界面的极限平衡分析确定的结果。

(10) 假定渗透系数为常值,所分析边坡的计算破坏时间具有很大差异。对坡面斜率为 3∶1 的边坡进行参数研究,计算的破坏时间处在 11～45 年,更陡的边坡在 10 年之内破坏,较为平坦的边坡稳定可维持 100 年以上。野外试验也表明,破坏时间具有很大差异。表层孔隙水压力具有季节性变化,采用数值分析方法无法模拟,只给出通常的趋势。因此,破坏一般在冬季发生,此时其表面吸力为零(Chandler,1984b)。

(11) 自由面水力边界条件对稳定性影响较大,分析表明,表面吸力从 10kPa 增加到 20kPa,对坡面斜率为 3∶1 的边坡的稳定性已做出一半多的贡献了。有限制地采用植被增强蒸腾作用来降低表面孔隙水压力,或通过表面排水来降低排水深度下的孔隙水压力。

(12) 分析表明,可以相信引起深层延迟滑坡的机制是回弹造成的渐进破坏。这些分析确定了控制变量的重要性,并可评价可能采用稳定措施的影响。如果采用实际数据输入,复杂的新的数值分析方法能再现现场观测结果。接下来不需要对行为机制作假设,因为这些已通过分析确定。

(13) 假定土体不均匀,分析中无法计算浅层滑坡。尽管渐进破坏并非造成这类滑坡产生的唯一原因,然而可根据收缩裂缝引起的高渗透性黏土表层底部的差异应变和渐进破坏模拟浅层滑坡。当水平滑动面形成之初可能会减少储存在地表裂缝层中的应变能时,这种破坏机理将被高的 K_0 初始值制约。

(14) 在通过移除坡趾来拓宽高速公路时,需引起注意。分析表明:尽管渐进破坏量保持不变,拓宽极大地加剧了延迟破坏。通过边坡植被作用使自由表面吸力增加,或者通过地表排水减少排水深度下的孔隙水压力来阻止长期条件下滑坡的发展。

第5章 填方边坡

5.1 引　言

在预测各类填方边坡性状时进行了很多尝试,在这类分析中,有限元是有力的工具。本章主要讨论有限元方法在分析这类构筑物中的应用,并举例进行模拟分析。

5.2 概　述

从几何角度来说,填方边坡是简单的结构,然而它所包含的材料非常广泛,修筑基础从软黏土到坚硬的岩石,填土包括压实的黏土到碎石。

填方边坡常用于蓄水,从简单的防洪堤坝到几百米高需上千万立方米填料的水库大坝,它也可用于支挡构筑物,如公路和铁路。

填方边坡通常利用土方机械来构筑,土层的机械压实度各异。压实填土的填方边坡常用于围护像填海造陆和废弃物处理等充填工程。

一方面,填方边坡的机理可能非常简单,如在高强度地基上由渗透性较好的粗粒填料修筑的非蓄水堤坝。另一方面,填方边坡的机理也可能非常复杂,如软弱土地基上低渗透性填料修筑的填方边坡,孔隙水压力变化通常由总应力变化(短期不排水)或较长时间固结和渗透过程中的平衡所引起。

很明显,填方边坡中应力和变形的有限元分析属于非常复杂的问题。当然这里不可能介绍所有类型的填方边坡,也不可能包含所有机理。下面选取堆石坝、土质堤坝及软土地基上的路堤为例进行有限元分析。

5.3　堆石坝有限元分析

5.3.1　简介

根据不透水单元的性质和位置,可将堆石坝分为两种类型:①包含相对不透水的内部土心墙,或宽或窄,中间位置或有所偏斜;②上游具有不透水膜,由混凝土或沥青组成。通常前者填石和填土均有,后者仅为填石。

仅仅通过填石构成的坝基,上游具有不透水膜,分析起来相对简单,因此首先列举该类型的有限元分析实例。膜通常较薄,且具有柔韧性,初次蓄水后的后续运行期间一般不能承受石料变形。首先简要介绍坝基建模过程中的一些常规特点。

5.3.2 典型应力路径

坝体及其地基中存在许多不同的应力路径,在水库首次蓄水及其后续运行过程中通常还存在主应力大旋转,因而使问题变得非常复杂。即使采用像空心圆柱或真三轴仪等高级试验设备,要想模拟实际应力路径也是非常困难的。不管怎样,利用普通室内试验来模拟填料的特性还是非常普遍的,对于石料尤其如此。由于石料的粗粒特性,试样应具有较大尺寸,试验成本较高且比较费劲,因而试验的数量和种类也是有限的。有时候对石料进行大型三轴试验和固结试验,但更多的时候只进行其中的一种。因此,有必要明确哪种试验更能代表坝基中石料的特性。

一般认为固结试验能提供常应力比路径,$R = \sigma_1'/\sigma_3' = 1/K_0$,能更好地确定填料特性,至少在施工过程中是如此。尽管在坝体施工过程中主应力比 R 并非为常数,大部分时候其值在 $R = 1/K_0$ 附近较小的范围内变动(图 5.1)。这就说明 R 为 $2 \sim 3$ 的固结试验能较准确地预测施工过程中堆石坝特性。然而尽管如此,三轴试验不应被忽视,除了确定石料强度包络线外,通过三轴试验能很好地了解石料的应力-应变特性。同样由于侧向屈服坝肩中的应力路径偏移 K_0 线,而偏向强度包络线,并接近由标准三轴试验得到的强度包络线(图 5.2)。如果主应力旋转可以忽略,坝体构筑过程中典型的应力路径处在固结试验和标准三轴试验强度包络线之间。理想情况下,任何本构模型可用于预测在固结试验和三轴试验中观察到的石料特性(在两种试验均进行的前提下)。此外,可以由两种试验中的任何应力路径来合理获取石料特性。至于通过已有本构模型所得计算结果效果如何,这就是另一个问题了。

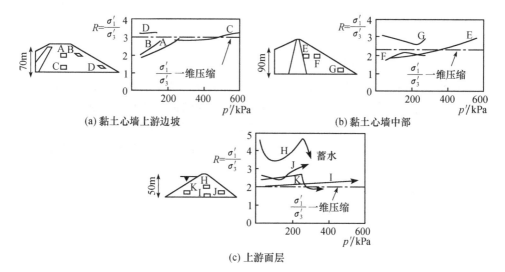

图 5.1 堆石坝三种应力路径(Charles,1976)

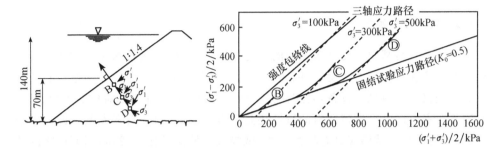

图 5.2　堆石坝中混凝土面板法线方向三点处的应力路径（Mori et al. ,1988）

5.3.3　本构模型的选择

已经反复提到的是（Duncan，1992），通过合理的本构关系模拟填料的应力-应变特性是坝基有限元分析中最主要的影响因素。尽管应力-应变关系具有多样性，然而当有限元分析结果（尤其是位移分析）与现场观测结果相比较的时候，常常具有很好的一致性。需要记住这一事实：大部分分析是在现场观测后进行的，属于事后行为即所谓"C1 级"预报（Lambe，1973）。

Naylor（1991a）和 Duncan（1992）对土石坝数值分析中各种本构关系进行了回顾，包括弹性和弹塑性公式。下面将回顾最具代表性的模型，强调其适用范围及参数来源。《岩土工程有限元分析：理论》第 5 章和第 7 章已对部分模型进行了描述。

1. 线弹性分析

土体远非线性或弹性，但是由于线弹性模型简单，岩土工程师经常将实际土体特性归结为各向同性的理想线弹性模型。对于与破坏条件相差较大，且安全系数很大时，所得结果是合理的。这样的条件在堆石坝中经常存在，因此采用线弹性能成功地进行大量实例分析也就不奇怪了。

表征各向同性线弹性材料的应力-应变关系仅需两个参数，即杨氏模量 E 和泊松比 μ。为获得合理的应力值，特别是位移值，找到最为适宜的上述弹性常数是非常关键的。Penman 等（1971）建议采用固结试验的数据，通过"恒定等效压缩性"方法来确定杨氏模量的值。他们指出，对具有自重、厚度和宽度都很大的土层中的构筑物（一维条件），其中竖向位移的内部分布可以通过常值杨氏模量来计算，产生的误差较小，可以得到正确的土层中点最终位移。

2. 幂函数模型

幂函数模型是在符合固结试验数据的基础上发展起来的，对于填料（如石料），有时唯一可进行的是固结试验。对于粗粒材料，在一维压缩试验中，体应变 ε_v 与

轴向应力 σ_a' 之间的关系可通过幂率形式确定(Rowe,1971)

$$\varepsilon_v = C\left(\frac{\sigma_a'}{p_a}\right)^D \tag{5.1}$$

式中,p_a 为大气压力,与 σ_a' 单位相同;C 和 D 为无量纲参数。对高为 H、重度为 γ 的堆石坝,Skinner(1975)采用式(5.1),推导出坝基中央线沉降剖面的闭合解

$$s = \frac{C_1\gamma^D}{D+1}\left[H^{D+1} - (H-h)^{D+1} - h^{D+1}\right] \tag{5.2}$$

式中,s 为基底以上 h 高度处的沉降;$C_1 = C/p_a^D$。这种情况下沉降可认为是一维的,且认为竖向有效应力等于超载(孔隙压力为零)。前一种情况低估了沉降值,后一种情况则高估了沉降值。两种情况产生的影响相对较小,且相互抵消。

对式(5.1)求导可得到侧限切线模量 E_c'。杨氏切线模量 E_t 可根据泊松比 μ 推导。泊松比可通过 K_0(即 $\mu = K_0/(1+K_0)$)计算。而 K_0 与有效剪切角 φ' 有关,通过 $K_0 = 1 - \sin\varphi'$ 确定,或者直接采用固结试验,测量径向应力 σ_r',通过 $K_0 = \sigma_r'/\sigma_a'$ 确定。如果假定 K_0 为常数(对于土体经常如此假设),模拟加载条件至少需要三个模型参数。其他参数用于模拟卸载(Naylor,1991a)。

3. 双曲线模型

《岩土工程有限元分析:理论》5.7.4 小节中提到,该模型基于双曲线方程,其曲线形状与常规三轴压缩试验的应力-应变曲线相近。对原始方程作各种改进,使用莫尔-库仑破坏准则,可推导出排水切线杨氏模量 E_t

$$E_t = \left[1 - \frac{R_f(1-\sin\varphi')(\sigma_1'-\sigma_3')}{2c'\cos\varphi' + 2\sigma_3'\sin\varphi'}\right]^2 M_l p_a\left(\frac{\sigma_3'}{p_a}\right)^n \tag{5.3}$$

式中,R_f 为破坏时的应力比,其值小于 1;p_a 为大气压力;M_l 为模量数;n 为确定对应侧限应力为 σ_3' 情况下的初始切线模量 E_i 变化率的指数。

粗粒材料($c'=0$)中的破坏包络线曲线特征可使用下列关于 φ' 的对数表达式来说明

$$\varphi' = \varphi_0' - \Delta\varphi' \lg\left(\frac{\sigma_3'}{p_a}\right) \tag{5.4}$$

式中,φ_0' 为侧限应力 $\sigma_3' = p_a$ 时的内摩擦角;$\Delta\varphi'$ 为 σ_3' 增大 10 倍时 φ' 的减少量。

Duncan 等(1980)不采用切线泊松比 μ_t,而用体积切线模量 K_t 及侧限压力 σ_3' 间的指数关系来模拟土体体积改变特性

$$K_t = M_B p_a\left(\frac{\sigma_3'}{p_a}\right)^m \tag{5.5}$$

式中,M_B 和 m 为无量纲参数,其含义与式(5.3)中的 M_l 和 n 相似。

可见确定该模型需要 7 个参数。如果假定卸载时刚度较大,还需要增加一个参数 M_u(M_l 的增值)。所有的参数值可通过常规三轴试验得到。

双曲线模型在不同岩土问题(尤其是填方边坡)的有限元分析中得到了广泛应用。因此,有关该模型已积累了大量经验,在此基础上,Duncan 等(1980)根据相对密度(压缩)、级配、颗粒形状和矿物组成,整理出不同填料的参数值,这是该模型的主要优势,尤其在分析堆石坝时,因为对堆石料进行相关室内试验非常困难。

帝国理工学院运用非线性弹性模型对大量土石坝进行数值分析(Hamza,1976;Dounias,1987;Kovačević,1994),非线性弹性模型公式与上面的双曲线模型公式相似。排水弹性参数按下列表达式变化：

$$E = E_i \frac{1 - ABS}{1 + BS} \tag{5.6}$$

$$E_i = E_0 \left(\frac{p' + p_a}{p_a} \right)^c \tag{5.7}$$

$$\mu = \left[I - L\lg\left(\frac{p' + p_a}{p_a} \right) \right](1 - S) + 0.49S \tag{5.8}$$

$$E_u = HE_i \tag{5.9}$$

式中,E 和 E_u 分别为排水时初次加载和卸载/循环加载下杨氏模量;μ 为泊松比;p_a 为大气压力;E_0、A、B、C、H、I、L 为模型参数。应力水平 S,表征现时平均有效应力 p' 作用下剪切强度发挥程度,其变化范围为 0~1。当应力状态处于静水压力作用时,其值为零;当应力状态处在由黏聚力 c' 和内摩擦角 φ' 表示的破坏包络线上时,其值为 1(参见附录 III.1)。

为使模型参数同时满足固结试验和三轴试验数据,该模型会出现一些问题,一般情况下不太可能同时模拟两种试验的结果。需要指出的是,上述有关典型应力路径的讨论,强调符合固结试验的应力-应变曲线。将分析结果与现场测量值相比较,发现计算结果与测量值存在很好的一致性,但计算出的水平位移值偏大(Potts et al.,1990;Kovačević,1994)。

4. K-G 模型

很久以来,体积模量 K 和剪切模量 G 被认为比杨氏模量 E 和泊松比 μ 模拟土体更具优势,该模型的具体形式参见《岩土工程有限元分析:理论》5.7.3 小节。

与双曲线模型相比,K-G 模型较为简单,仅需要 5 个参数,卸载时还需要多一个参数;但是参数的推导有点复杂(Naylor,1991a)。上面讨论双曲线模型时提到,模型很难同时满足固结试验和三轴试验数据,这与帝国理工学院通过式(5.6)~式(5.9)获得的结果一致。

5. 弹塑性模型

弹塑性应力-应变关系能更好地模拟实际土体特性。考虑到应力路径对土体特性的影响,弹塑性有限元分析应该为应力计算,尤其是土石坝的位移预测提供更好的方法。不幸的是,尽管存在不同的弹塑性本构模型,实际上并未广泛应用。原因之一可能是这些分析方法非常复杂;另一个原因与填料试验操作困难相关,尤其对填石料。

　　不管怎样,过去一直在尝试使用弹塑性应力-应变关系表征石料特性。采用各种理想弹塑性模型得出的解答本质上为弹性解答,没有(或很少)发现塑性屈服带。堆石坝中的安全系数通常很大,即使包含硬化或软化特性,也没必要模拟峰值或峰后处的塑性特性。只有在剪切破坏面发展这种特殊情况下,才有必要进行上述模拟(Potts et al.,1990)。

　　峰前塑性问题通常与剪胀的模拟有关,如压实良好的粗粒填料在剪切时体积增大,而压实良好的软黏土填料剪切时体积减小。室内试验和现场观测均证明堆石坝中不可能出现大范围的剪胀,因此单独采用复杂的弹塑性模型来解释剪胀是不可取的。然而模拟峰前塑性特性具有另一个细微优势,它可考虑屈服时的变形特性。即与仅依赖于应力增量的弹性应变相比,塑性应变还与累积应力有关。Naylor(1975)对其意义进行了清晰说明,分析修建期间的黏土心墙土石坝特性,采用两种不同的本构模型,即变弹性模型和临界弹塑性模型。他指出,变弹性特征对所采用的模型种类敏感,尽管通过两模型可得到相似的三轴试验应力-应变曲线。

　　表征土体的应力-应变关系和强度特性的各种弹塑性模型很多,其中大部分源自临界状态土力学的概念。剑桥模型及各种修正形式在分析各种坝基及填方边坡时应用日益广泛,不过大部分应用与软土上的路堤有关,软土地基中的所有特性均由地基中软土性质决定(Duncan,1992,1994),极少见到采用临界状态模型分析堆石坝性状的文献。

　　然而临界状态计算填料特性的合理性是值得怀疑的,这些模型最初用于沉积黏土,压缩填料特性模式与砂土类似。因此,利用最初针对砂土提出的弹塑性本构模型能很好地获得压缩填料(即便是黏土)的特性。石料可视为粗粒材料的极端形式。

　　针对砂土的弹塑性模型,通常将固结影响和剪切影响分开考虑。固结过程中,变形主要由粒间接触的压碎和屈服控制。高应力比时剪切变形也是由于颗粒间的滑移和滚动引起的。为解释固结和剪切过程中不同的塑性变形,提出了所谓的"双硬化"模型,《岩土工程有限元分析:理论》介绍了 Lade(1977)提出的双硬化模型。

5.3.4　成层分析:层刚度和压实应力的模拟

　　堤坝通常由一些相对薄的水平层填筑而成,因而在大型堤坝施工时,土层数将会很多。计算机较为理想的模拟则是局限于相对厚的土层的模拟(图 5.3)。

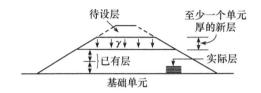

图 5.3 填筑施工有限元模型

过去,通常将增量分析的解析解与一维成层有限元分析相比较,以研究其误差,一维模型可代表土柱,或水平向延伸较大的填土。其结论表明,在土石坝分析中,如果采用非线性弹性本构模型,将堤坝分为 5 层土就够了(参见(Naylor,1991b));然而采用弹塑性模型,却未能得到上述结果。在模拟压实的影响时,如果土层太厚,可能会产生显著的误差,采用弹性本构模型(线性或非线性)也是如此。

随着堆填的继续,压实影响将增加土层中的水平应力。当填料达到 3～5m 时,压实影响一般并不显著。为模拟这一结论,采用《岩土工程有限元分析:理论》介绍的方法,新土层的填筑采用重力"开关打开"分析方法来实现。对于分布范围很大的填土,竖向应力等于上覆荷载,水平应力由用户输入的 K_0 确定。

为模拟新填筑土层中压实应力对坝基构筑过程中沉降分布的影响,可采用一维模型(无侧向应变)成层有限元分析法,分别用 4 层、12 层和 20 层填土构筑一个

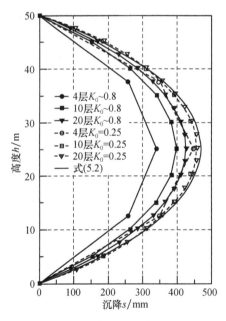

图 5.4 土层数和压实应力对土柱沉降的影响

50m 高的土柱。填料可由 Lade 双硬化模型模拟,其参数根据 Winscar 砂岩填石料确定(Kovačević,1994)。在第一组分析中,新填土层的水平应力由泊松比 $\mu = 0.45$ 即 $K_0 = \mu/(1-\mu) \approx 0.80$ 计算得到。第二组分析中,水平应力减小到相当于 $K_0 = 0.25$ 乘以计算的竖向应力,其中 $K_0 = 0.25$ 是采用 Lade 双硬化模型,由理想的单试样砂岩填石料固结试验而得到的典型值(Kovačević,1994)。

图 5.4 中给出了分析结果,从图中可看出,第二组分析(带空心符号的虚线)计算的沉降分布几乎与构筑层数无关。第一组由于模拟了压实引起较高的水平应力(带实心符号的实线),结果并非如此,在第一组分析中,所采用的土层越多,沉降分布越接近第二组分析结果。

一维模型(无侧向应变)能很好地近似模拟大坝结构(至少在坝基的中间部位如此),因而在有限元分析中很有用的是确定最优土层数。但是最好能认识到二维分析时新土层刚度的特殊影响,这是由于下述两种情况中弯曲的差异造成的:有限元分析中模拟重力骤然施加情况下厚土层中的弯曲,而现场若干薄土层弯曲逐渐发展。可见在零到合理刚度之间选取某些刚度可使有限单元每层与现实情况等价,对于线性和非线性弹性材料,这方面已做了一些工作(参见(Naylor,1991b))。应该注意到模拟压实应力的复杂性,且在黏土堆填情况下还要考虑初始吸力,这里介绍的例子中并未准备考虑这些条件。通过分析可以得出的结论是,忽略填筑过程对单元层刚度的影响(参见《岩土工程有限元分析:理论》3.7.9 小节),导致高估了下卧土层的变形值。当填料按弹塑性材料模拟时,该影响未知,但可能较小。

5.3.5　实例:Roadford 大坝分析

1. 简介

Roadford 大坝为 41m 高的堆石坝,上游铺盖沥青混凝土层,位于英国西南部,图 5.5(a)所示为坝体的典型横截面图,填石料由泥岩、粉砂岩和砂岩等组成。Wilson 等(1990)给出了坝体设计和石料特性的详细情况。

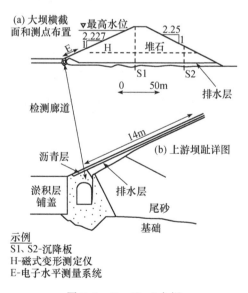

图 5.5　Roadford 大坝

坝体的重要设计细节是在上游坝趾处沥青层和混凝土检测廊道的连接。为了使该区域的差异位移最小化,采用刚度较大的填料(尾砂)直接围绕检测廊道(图 5.5(b))。检测廊道下设置约 40m 深的灌浆帷幕。

　　大坝建造过程中,安装了测量坝基竖向沉降和侧向位移的仪器,同时还安装了测量检测廊道附近沥青层位移的仪器,图5.5中标出了测量仪器的安装位置。

　　2. 材料参数

　　采用两种不同的本构模型分析 Roadford 大坝,其一为简化的非线性理想弹塑性模型,结合莫尔-库仑破坏准则(c'和φ')确定屈服面。假定无塑性情况下的剪胀角$\nu = \varphi'/4$,不过是否采用剪胀角的真实值不太重要,因为实际坝基中的填土不会发生破坏。因而在模型中只有非线弹性部分起作用,且该模型可归结为非线弹性模型,式(5.6)~式(5.9)定义了弹性参数。另一模型为复杂的 Lade 硬化/软化弹塑性模型,有两个正交的屈服面(参见《岩土工程有限元分析:理论》8.5 节)。

　　在建筑研究机构(BRE)进行大尺度室内试验以确定低级配填石料和尾砂的相关指标(Charles et al.,1985)。这些试验包括1m 直径的固结试验以确定压缩性,0.23m 直径的三轴压缩试验以确定强度(和压缩性)。试验数据可用于推导两个本构模型的参数(表5.1 和表5.2)以得到最佳拟合效果。

表 5.1　Roadford 填石和尾砂填料的非线弹性模型参数

参　数	填　石	尾　砂	参　数	填　石	尾　砂
模量 E_0	30000.0	65000.0	泊松比常数 I	0.25	0.25
常系数 A	0.05	2.90	泊松比常数 L	0.5	0.0
常系数 B	6.0	0.3	黏聚力 c'	50	5
模指数 C	1.00	1.15	内摩擦角 φ'	36	40
卸载模型参数 H	1.0	1.0	剪胀角 ν	9	10

表 5.2　Roadford 填石料和尾砂填料的双硬化模型参数

参　数	填　石	尾　砂	组成部分
模量数 M_l^*	400.0	1200.0	弹性
指数 n^*	0.70	0.60	弹性
泊松比 μ	0.25	0.20	弹性
崩溃模量 C	0.000450	0.000020	帽子形
崩溃指数 p	1.00	1.35	帽子形
破坏常数 η_1	260.0	35.5	破坏
破坏指数 m	0.65	0.0	破坏
塑性势常数 ρ	0.35	0.45	圆锥形
塑性势常数 R	0.0	0.0	圆锥形
塑性势常数 t	12.0	0.0	圆锥形
硬化常数 α	2.6	3.0	圆锥形
硬化常数 β	0.0	0.0	圆锥形
硬化常数 P	0.11	0.15	圆锥形
硬化指数 l	1.05	1.15	圆锥形

　　注:表中"$*$"表示杨氏模量 $E = M_l p_a \left(\dfrac{\sigma_3'}{p_a} \right)^n$,其中,$p_a$ 为大气压力。

图 5.6 所示为两个本构模型的计算值与室内堆石料三轴试验和固结试验的比较,分析表明,从 Lade 模型得到的拟合值与三轴试验和固结试验均相吻合,非线性理想弹塑性模型中的拟合效果不是很好,但仍令人满意,尤其是在低应力水平时。

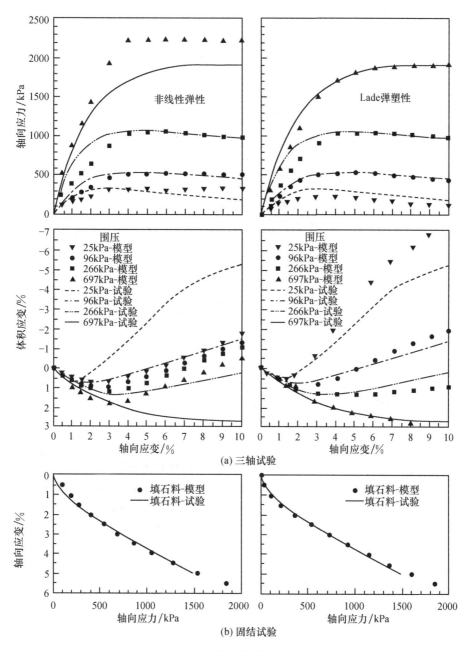

图 5.6　试验值与模型预计值的对比

3. 有限元分析

图 5.7(a)所示为有限元网格,在上游坝趾处进行网格调整。蓄水期间需对沥青混凝土层的缺陷给予特别重视。

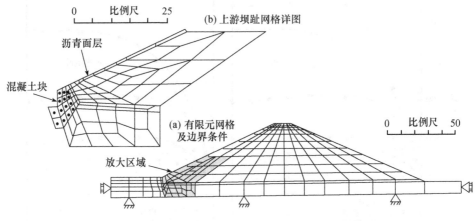

图 5.7　Roadford 大坝

基础材料和混凝土检测廊道按线弹性材料模拟,对应的杨氏模量分别为 225MPa 和 30GPa,泊松比分别为 0.2 和 0.15。对沥青层以下的排水层以及地基排水层,无法获得单独的室内试验数据或现场观测数据,这些材料对变形影响较小,为方便起见,假定其指标与尾砂填料一致,仅对沥青层以下部分按独立带建模(图 5.7(b))。由于沥青的高黏滞性,沥青混凝土层根据有效应力按不排水粗粒土模拟,还假定尾砂填料和排水材料的特性($K_e = 100K_{skel}$)。

大坝结构按 9 层土体来模拟,将各水平单元层视为一个结构层。上游坝趾的地基排水层和尾砂填料与第一层堆石材料同时修筑,上游面的排水层及沥青混凝土层在坝体建成后铺设。

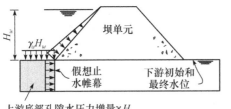

图 5.8　蓄水过程水库荷载的模拟

通过对上游斜坡和地基施加水压力来模拟蓄水(图 5.8)。假定蓄水过程中填料中的排水条件已知。在灌浆帷幕后的地基平面施加与水位方向相关的静水压力,模拟由于蓄水导致的灌浆帷幕前水压增加。

4. 与实测结果的比较

坝基填料的竖向位移可由 S1 和 S2 两处的一排沉降板来量测,水平位移可由

H 点的变形测定仪来量测,如图 5.5(a)所示。图 5.9 和图 5.10 给出了坝基建成
后上述位置处计算值和观测结果的比较。

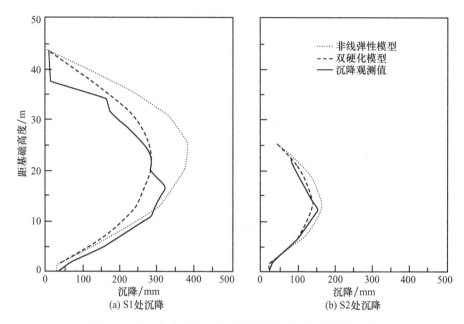

(a) S1处沉降　　　　　　　　(b) S2处沉降

图 5.9　施工完成后竖向位移观测值和模型计算值的比较

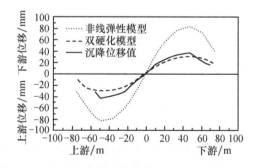

图 5.10　H 处水平位移观测值与模型计算值的比较

　　根据上述图示可以发现:Lade 模型的计算结果与现场实测结果有很好的一致
性;采用非线性弹性模型计算沉降是合理的,但高估了水平位移值,可通过调整非
线弹性模型参数来改善计算结果,但是室内试验数据无法通过模拟得到。
　　蓄水期间,坝基上游斜坡下面部分的挠度可通过一系列电子水平仪来测定,这
些仪器在图 5.5(a)中用 E 标记。图 5.11 给出了三处不同蓄水位时计算结果与测
量挠度的比较,两个模型对与沥青层正交方向的位移的计算均合理。

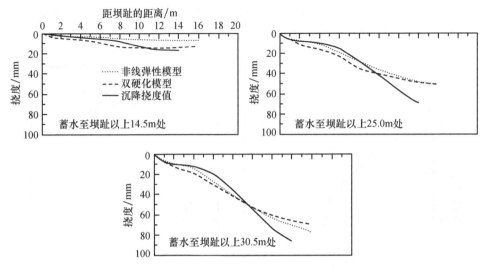

图 5.11　沥青混凝土面层挠度观测值与模型计算值的比较

5.3.6　实例:夯实黏土心墙旧坝分析

1. 简介

英国在 19 世纪建造了大量中间带夯实黏土心墙的大坝。由于夯实黏土成本高,心墙厚度一般都尽可能小,这就使得心墙在水力劈裂作用下易出现开裂。如果心墙在上游边界承受整个水库的压力,强度远远大于抗拉强度的情况下(抗拉强度通常可忽略不计),上游渗透压力可能超过总法向应力。

据推断,Dale Dyke 大坝在首次蓄水后破坏最可能的原因是心墙的水力劈裂。Binnie(1978)和 Dounias 等(1996)采用有限元法分析坝体施工及初次蓄水过程以确定该模型是否可以模拟破坏模式,其分析结果将在本小节第一个实例中简要介绍。

有关该旧坝如何建造的资料很少,尤其是坝肩填料多变,且处在欠压实的厚土层上。加上夯实心墙黏土特别软弱,在蓄水、降水反复作用下将很大程度上加剧坝顶沉降(Tedd et al.,1994)。Kovačević等(1997)对四个坝体进行分析以确定是否可以模拟实际观测的位移,并分析了坝体位移对长期稳定的影响。下面将对其中一个坝体(Ramsden 大坝)的分析结果进行简要探讨。

2. Dale Dyke 大坝

针对 1864 年 Dale Dyke 大坝的滑塌已进行了大量专业的研讨,且导致英国老式坝基设计方案的改变。其典型的变化包括截水槽采用混凝土填料代替黏土,心墙宽度稍微加大,心墙两边采用压实的细粒填料。

　　图 5.12 给出了分析设定的横截面、有限元网格划分以及边界条件。采用 4.5 节中介绍的弹塑性本构模型,夯实黏土心墙、填土及地基上部 3m 深度范围采用有效应力模拟,地基 3m 以下可认为是刚性的,夯实黏土的不排水强度约为 $12kN/m^2$。填土和地基中只有少量采用应变软化模拟(剪胀的结果),尽管填土和地基的强度指标对结果影响较小。

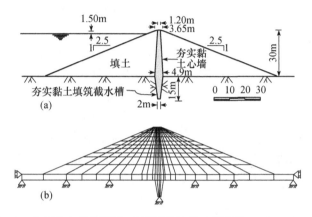

图 5.12　分析设定的横断面、有限元网格及边界条件(Dale Dyke 大坝)

　　假定填土和地基完全排水,即无施工孔隙水压力产生。采用耦合分析,固结对心墙的影响通过改变各计算阶段的孔隙水压力来考虑,孔隙水压力由简化的一维固结分析方法另外计算。作为例子,图 5.13 给出了基于简化一维计算得到的施工完成时心墙孔隙水压力等值线。

　　蓄水期间,将水荷载模拟为坝体上游边坡外部压力与上游坝肩孔隙水压力增量之和。分析中未模拟滑塌沉降,一般认为它对修建在丘陵湿地的英国老式大坝影响很小。这主要是考虑滑塌沉降主要发生在低压实性、非饱和碎石填料中,由于水库初次蓄水或降水入渗引起的湿化造成颗粒强度降低,从而导致粒间接触中存在附加变形。因为填土渗透性较高,假定整个水库的压力作用在上游心墙边界,水位以增量形式上升,每次水位上升后采用一维固结计算坝体心墙孔

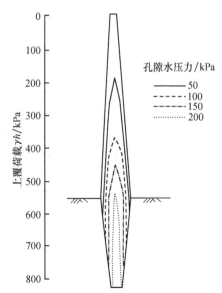

图 5.13　施工完成时心墙孔隙水压力等值线(Dale Dyke 大坝)

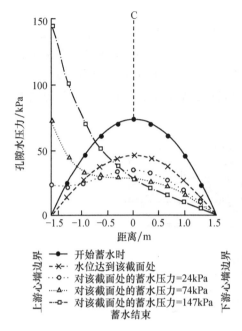

图 5.14 距顶部 17m 的水平截面内在蓄水
过程中孔隙水压力分布(Dale Dyke 大坝)

隙水压力变化。图 5.14 给出了各设定水位夯实黏土心墙孔隙水压力变化的例子。

图 5.15 研究了蓄水结束后的水力劈裂势,给出了上游心墙边界及边界内近处的最小总应力。这些最小总应力与水库压力的比较表明,由夯实黏土水力劈裂造成截水槽的开裂几乎是不可避免的。理想条件下,基岩的不可冲刷特性可阻止破坏,它可阻止侵蚀通道的扩大。心墙中,水库压力低于上游边界的最小压力,但几乎与边界内近处的最小应力相等。

上述分析中,假定蓄水速度相对较慢,且速率不变。Dale Dyke 大坝在强暴雨期间滑塌,很有可能是由于最后几米的水快速灌入大坝所致。进一步分析发现,最后 7.5m 的水是快速汇入的,并且可以认为心墙表现为不排水方式,分析结果如图 5.16 所示。上游心墙边界的最小总应力等于坝顶下 7~12m 深度处的水库压力。边界内近处最小总应力小于沿整个心墙长度的水库压力。快速不排水蓄水可导致自坝顶起 10m 深度处周围水力劈裂。一旦劈裂形成,就会在下游快速发展,此处总应力较小,为不排水裂缝。

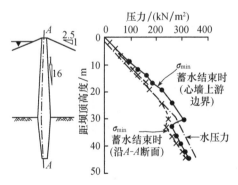

图 5.15 蓄水后排水条件下心墙上游边界附近的最小总应力(Dale Dyke 大坝)

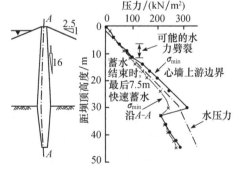

图 5.16 蓄水后不排水条件下心墙上游边界附近的最小总应力(Dale Dyke 大坝)

3. Ramsden 大坝

位于英格兰 Debyshire 的 Ramsden 大坝建于 1879~1883 年,具有夯实黏土心墙及混凝土填筑的截水槽(图 5.17 中未模拟截水槽)。随着时间的推移,坝体产生了显著沉降,1988 年以前坝顶已经重建了两次,当时水库几乎没有蓄水(水位下降了 16.5m),1989 年水位下降了 6m。坝体的持续沉降引起了广泛关注,因此在1988 年和 1989 年两次降水间对坝体进行了详细观测(Tedd et al.,1990)。

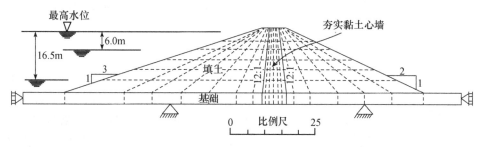

图 5.17　Ramsden 大坝:有限元网格

坝肩填土和夯实黏土心墙的材料特性如图 5.18(a)、(b)所示,系常规室内土工试验结果。心墙采用修正剑桥模型(参见《岩土工程有限元分析:理论》7.9 节)来模拟,填土采用 Lade 单硬化模型模拟(Lade et al.,1988),该模型不同于在Roadford 大坝分析中曾采用的 Lade 双硬化模型,仍可用该模型解释破坏前的塑性屈服,但此次分析仅采用一个屈服面。图 5.18(c)给出了典型泥岩填料的循环加载固结试验结果(Tedd et al.,1994)。

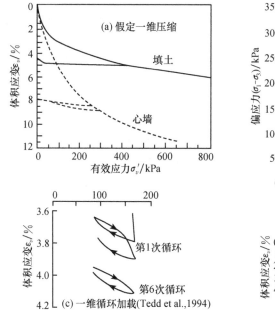

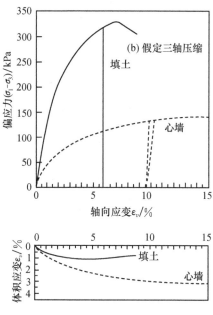

图 5.18　材料特性

循环加载-卸载特性对水库运行期间的计算起决定作用,它由循环加载固结试验得到。运行期间水位下降-蓄水循环中的不可逆变形是由卸载、重新加载中采用的弹性刚度不同造成的,而不是由于塑性应变造成的。

根据有效应力法进行分析,假定坝肩填土和地基均自由排水。对夯实黏土心墙采用固结回弹耦合,同时采用常渗透系数或随平均有效应力 p' 变化的渗透系数(参见《岩土工程有限元分析:理论》10.7.5 小节)

$$k = k_0 e^{(-ap')} \tag{5.10}$$

式中,$k_0 = 10^{-8}$ m/s 为平均主应力为零时对应的渗透系数;$a = 0.03$ m²/kN 为材料常数。采用式(5.10)得出的结果与实测结果拟合良好(图 5.19)。黏土心墙的固结度由体应变和渗透性一并控制,以确保实时模拟荷载变化引起的时间相关响应,分析中无须分开进行固结近似计算。

有限元分析的目的仅在于研究运行期间水库的性状,因此对被迫下降水位和再次蓄水循环之前的修建历史作了简化模拟,包括各层施工、心墙的完全固结、蓄水和稳定渗流的形成。

图 5.20 给出了坝顶位移观测值和计算值。对图 5.18 中的弹性指标稍作调整,以体现心墙和坝肩中的差异位移观测值。无疑,通过进一步调整假设,计算结果和观测值将会更加一致。然而实际情况未知,且受没有详细勘察资料的限制。

图 5.19 心墙内的渗流力(Vaughan,1994)

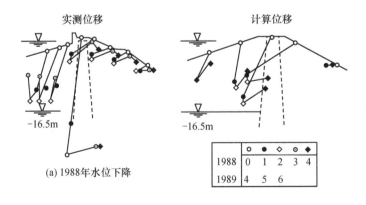

(a) 1988年水位下降

	○	●	◇	⊙	◆
1988	0	1	2	3	4
1989	4	5	6		

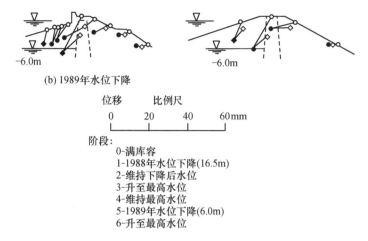

(b) 1989年水位下降

位移   比例尺

0   20   40   60mm

阶段:
0-满库容
1-1988年水位下降(16.5m)
2-维持下降后水位
3-升至最高水位
4-维持最高水位
5-1989年水位下降(6.0m)
6-升至最高水位

图 5.20   Ramsden 大坝:水库两次水位下降期间实测和计算位移

尽管分析中未能反映观测到的由于水位下降循环所造成坝顶不可逆变形向下游延伸的范围,分析表明,通过设定与实际材料一致的土体参数可模拟已观测到的不可逆大变形。显著的水位下降结束后,平均局部安全系数(现时应力水平下发挥的强度与有效强度的比值)很大(大约为 1.8)。尽管对于边坡整体稳定性而言具有很大的安全系数,但仍会产生不可逆大变形,如此大的位移未必能表明初期不稳定。分析中不可逆变形由于卸载和加载中弹性特性差异而产生,而非塑性应变。因此,对于第二次较小的水位下降,也会出现不可逆变形。第一次显著的水位下降不会消除此后较小水位下降引起的不可逆位移。

5.4 土质堤坝的有限元分析

5.4.1 简介

土质堤坝有限元分析比堆石坝更复杂,因为土质堤坝中的填料一般为黏土,且位于强度和渗透性均变化的地基上,它们都会影响堤坝的性状。5.5 节将讨论软黏土上土质堤坝这一极端情况,本节仅考虑地基强度相对较高的坝体。第一个实例为由硬黏土填筑且坐落在硬黏土地基上的典型路堤,路堤性状主要由地基的不排水强度控制,与地基表面附近孔隙水压力变化有关。第二个实例为修建在合适地基上的大型坝体,地基上覆土为塑性黏土层,正处在坝基下,从而造成坝体在建造过程中发生渐进破坏。

5.4.2 填土的模拟

通常认为施工过程中填土饱和且基本不排水。为了简单起见,普遍采用总应力法分析不排水饱和填土(参见 5.4.4 小节),不过孔隙水压力只能根据总应力确定。

有效应力分析法更吸引人,因为可以直接求不排水孔隙水压力。此外,黏土填料中必须模拟初始吸力(负的张力孔隙水压力)。为模拟初始吸力,土体单元填筑后重置平均有效应力 p' 等于一个合理的初始吸力 p_{f0},并重置孔隙水压力 $p_f = p_{f0} + p_0'$,其中,p_0' 为单元填筑后的平均有效应力(等于平均总应力 p_0)。通过重置平均有效应力 p',可以控制黏土填料的不排水剪切强度 S_u。值得注意的是,通过改变平均有效应力及孔隙水压力,总应力保持为常数,仍然维持力的平衡。

尽管渗透性较低,实际填土在建成后部分排水,至少在大坝的外边界上如此。坝体施工引起的超静孔隙水压力随时间而消散,为模拟这一特性,需采用考虑土体骨架和孔隙水相互作用的耦合方法。这一问题可通过平衡方程、土骨架本构关系及地下水连续方程解决(参见《岩土工程有限元分析:理论》10.3 节)。这里给出的某些实例中已用到此方法(参见 5.3.6 小节和 5.4.3 小节)。

上述方法中,假定:①土体孔隙中完全充满水(即所谓"耦合饱和方法");②水不可压缩。不管如何,对于潮湿压实状态下的细粒土而言(如饱和取土坑中的英国黏土),这些假定是合理的。

为模拟非饱和状态下的实际土体的压缩性,必须采用耦合非饱和方法(参见(Pagano,1998)),该方法考虑了填土的多相特性(土骨架、孔隙水、孔隙气)。问题的解决基于:①平衡方程;②地下水连续方程;③气体连续方程;④土骨架本构方程;⑤滞水特征曲线。假定孔隙气压力等于大气压力值,从而可以在这些控制方程中去掉气体连续方程。

5.4.3　实例:伦敦黏土上的路堤

1. 简介

一个典型路堤的地基可以从不排水黏土变化到排水粗颗粒材料。在低渗透性饱和黏土上,如硬塑伦敦黏土,路堤施工过程中会产生超静孔隙水压力。随着孔隙水压力的消散,稳定性随时间提高。考虑的重点是短期不排水强度稳定性,很显然,取决于地基中黏土的不排水剪切强度。至于填土材料,黏土填料的铺设和压实将引起很高的孔隙水吸力,尤其是在高塑性的黏土中。因此,对于适当高度的塑性黏土填料,尤其是在道路投入使用期间,孔隙水压力的长期平衡值可能高于建设结束时的孔隙水压力值。随着孔隙水压力趋于平衡,填土强度随时间减小,并存在发生延迟滑坡的危险。

坚硬塑性黏土的不排水剪切强度更多地取决于有效应力而非含水量。如

图 5.21 所示为典型伦敦黏土层表面孔隙水压力随季节的变化曲线,因而不排水强度也会随季节而变化。下面将举例说明填筑在伦敦黏土上且用伦敦黏土为填料的路堤在夏季或冬季气象条件下的短期性状(Vaughan,1994)。

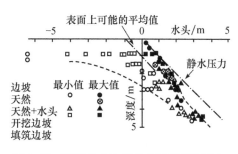

图 5.21 英国黏土边坡地表面附近孔隙水压力分布(Walbancke,1976;Vaughan,1994)

2. 材料特性

现场风化伦敦黏土的特性与其挖方边坡一致(参见第 4 章),设定的伦敦黏土填料的特性见表 4.1。与现场褐色伦敦黏土采用 $c'=7\text{kPa}$ 相比,$c'=12\text{kPa}$ 取较高值反映了填料中不存在裂缝。同时,假定填土中,峰前刚度的减小及峰后应变的增加使强度由峰值向残余值减小。将填土模拟为饱和黏土,给定初始吸力,令不排水剪切强度为填土稍湿时的典型值,即 $S_u=60\text{kPa}$。塑性黏土的渗透性低,采用常渗透系数值 $k=1.5\times10^{-10}\text{m/s}$,与土体刚度相一致,假定现场推测的土体固结/回弹系数范围 $c_s=0.5\sim2.0\text{m}^2/\text{年}$。

图 5.22 为计算的不排水峰值强度(这里计算和下述分析均采用 4.5 节中所描述的土体模型),在不改变初始平均有效应力的情况下,对取自地基的饱和试样进行三轴压缩试验,可测量土体不排水的峰值强度。显然,冬季土体强度与夏季相比有很大的差异,前者强度更低。同时图中还给出了 Sandroni(1977)提出的基于经验关系的强度分布。下面将简要讨论不排水峰值强度与稳定性之间的关系。

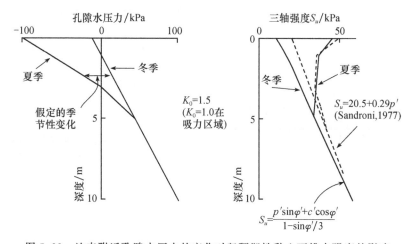

图 5.22 地表附近孔隙水压力的变化对坚硬塑性黏土不排水强度的影响

3. 有限元分析

图 5.23 为分析时的典型的有限元网格及合理的边界条件。填筑一个高 10m

的路堤,其坡外斜率为 2.5∶1(水平比竖向)。该路堤分层填筑,各层增加的重量再分为若干增量步,以便可精确确定路堤的破坏高度。对于假定的渗透性和采用的时间步,尽管伦敦黏土接近于不排水,但分析中仍采用固结/回弹耦合模型。

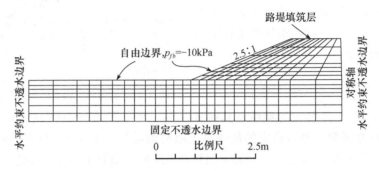

图 5.23　10m 高的路堤有限元分析网格

　　图 5.24 所示为路堤破坏前的位移矢量,该路堤修筑在黏土地基上,其不排水强度可根据冬末孔隙水压力计算得到。固结作用达到某一土层深度后,滑动面在该土层下强度最弱的黏土层中发展。沿滑动面的土体强度处在峰值和残余值之间。路堤破坏时,通过填土的最终滑动面尚未形成,这是渐进破坏的结果。可计算出当高度达到 6.2m 时,路堤发生破坏。

　　图 5.25 所示为根据夏末地基强度分布,采用与前面相似分析得出的结果。这次计算得出的破坏面埋深更大。由于夏季气候引起的吸力造成某土层强度增加,而滑动面恰好达到该土层以下。此时可计算出高度达 10.4m 时路堤破坏。图 5.24 及图 5.25 说明了分析中设定初始孔隙水压力及路堤施工时所处季节时段的重要性。

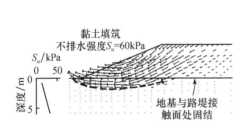

图 5.24　冬末路堤破坏时孔压分布
（此时临界高度 6.2m）

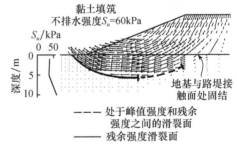

图 5.25　夏末路堤破坏时孔压分布
（此时临界高度 10.4m）

5.4.4　实例:Carsington 大坝的破坏

1. 简介

Carsington 大坝在 1984 年即将完工之前,其上游部分就发生破坏,文献

(Skempton et al.,1985;Skempton,1985)对其进行了报道。通过对破坏情况进行
详细调查,结果显示,采用传统的极限平衡分析方法给出的破坏时的安全系数远远
大于1。因为涉及的土体为脆性,而将这一矛盾归结于渐进破坏。为对这一结论
给出独立的证明,采用包含模拟应变软化和脆性的非线性有限元方法(参见本书
4.5节)进行破坏分析(Dounias,1987;Potts et al.,1990)。假定土体性质与室内
外试验数据一致,可重现实际坝体的破坏情况,进而证实渐进破坏在坝体滑塌中起
重要作用。

　　实例中简要讨论分析中所用的各种材料参数,描述了对初始 Carsington 大坝
截面的有限元分析,对从后来关于路堤几何性状分析中推测出来的一些发现进行
了探讨,这些几何尺寸对于初始 Carsington 大坝截面而言是个未知数。

2. 材料参数和土体模型

　　图 5.26 给出了包含多种土体类型的 Carsington 大坝截面。尽管对材料性能
变化的情况是基于一些参数分析,表 5.3 中归纳了各种材料尽可能接近准确的指
标。大部分参数源于试验数据,其他很大程度上基于假设。Potts 等(1990)详细探
讨了参数的出处。坝体心墙假定为不排水,采用总应力参数模拟。坝体和坝肩材
料假定为完全排水。

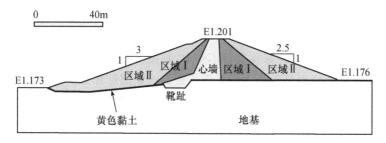

图 5.26　Carsington 大坝横截面

表 5.3　Carsington 大坝分析中所假定的材料参数

指　标	地　基	黄　土	Ⅰ区填土	Ⅱ区填土	心墙
重度 $\gamma/(kN/m^3)$	—	20.0	20.6	22.0	18.5
峰值强度	—	$c'_p=6kPa$ $\varphi'_p=19°$	$c'_p=10kPa$ $\varphi'_p=22°$	$c'_p=13.5kPa$ $\varphi'_p=26.5°$	$c'_p=42kPa$ $\varphi'_p=0°$
残余强度	—	$c'_r=0kPa$ $\varphi'_r=12°$	$c'_r=0kPa$ $\varphi'_r=14.5°$	$c'_r=0kPa$ $\varphi'_r=15°$	$c'_r=30kPa$ $\varphi'_r=0°$
至残余段塑性应变	—	$\varepsilon^p_{Dr}=70\%$	$\varepsilon^p_{Dr}=160\%$	$\varepsilon^p_{Dr}=160\%$	$\varepsilon^p_{Dr}=35\%$
泊松比 μ	0.35	$0.26(1-S)+0.49S$	$0.08(1-S)+0.49S$	$0.08(1-S)+0.49S$	0.46
杨氏模量 E/kPa	$30p'$	$20p'$	$600(p')^{0.75} \cdot (1-0.9S)/(1-S)$	$600(p')^{0.75} \cdot (1-0.9S)/(1-S)$	5000

除心墙外,所有材料采用 4.5 节所介绍的通用非线性弹性应变软化莫尔-库仑塑性模型。分析中不排水饱和心墙在分析的初期就达到屈服,因此在未达到不排水峰值强度阶段,假定心墙为线弹性。应变软化模拟为随着塑性应变的增加,不排水强度减小。

3. 有限元分析

图 5.27 为分析中所用的有限元网格,图中示出了坝体为分阶段填筑。一直填筑到不能再加高时,坝体开始破坏。当接近破坏时,采用更小的荷载增量,一般等于 0.1m 高度填土的重量。通过绘制典型的侧向变形-高度曲线可推断出破坏高度。在最后一层铺设完成时如果堤坝还没有破坏,则如图 5.27 所示,在坝顶施加竖向超载,直至破坏发生。

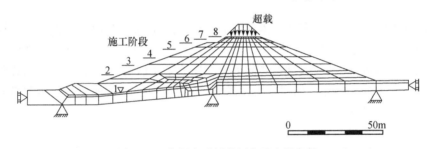

图 5.27　分析中采用的网格及边界条件

一旦超过破坏高度,计算将变得不稳定,坝体不能处于平衡状态。然而很有必要确定这种计算不稳定是否是由于采用了错误的数值计算方法而造成的。如同挖方边坡的渐进破坏分析(第 4 章),对于给定的迭代次数,根据运行最后结果而确定是否发生破坏。在不改变收敛性的情况下,如果变形随迭代次数的增加而增加,即可推断为非稳定。

4. 初始 Carsington 大坝截面

图 5.28 为初始破坏截面上得到的结果。破坏(图 5.28(a))贯穿心墙及其延伸部分("墙靴"),这些部分为相对软弱的黏土,在施工过程中不排水,破坏还沿着地基顶面的黏土层(黄色黏土),该层在施工过程中完全固结。如图 5.28(b)、(c)所示为滑塌时的计算结果。

分析表明,滑塌时(复原的坝顶高程为 200.9m,而实际滑塌高程为 201.0m)由于应变软化在心墙(A)处产生强度损失,当破坏面沿黏土地基(B)发展时,地基内部也产生强度损失。当施工面比滑塌面大约低 5m 时,破坏面开始形成,然而坝体位移的实测和计算结果均小,不能对滑塌作出预报(图 5.31)。坝趾(C)附近,最终滑动面在滑塌后发展,而土体强度没有充分发挥。这一结论可从图 5.29 中得到,

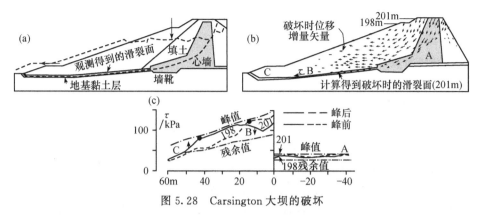

图 5.28　Carsington 大坝的破坏

图中显示了破坏前整个坝体强度发挥度 S 的分布,相应的偏应变如图 5.30 所示。在心墙、墙靴及墙靴附近的黄色黏土处形成集中剪切区。

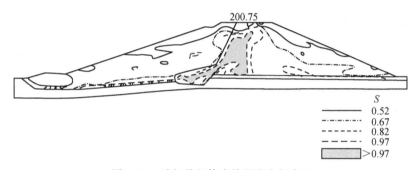

图 5.29　破坏前坝体当前强度发挥度 S

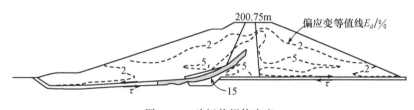

图 5.30　破坏前坝体应变

　　图 5.31 为两个特征点的水平位移,一个处在上游边坡,就在小坡台之上,另一个为墙靴趾。图中还记录了 B 点附近桩上的实测位移。尽管分析中没有模拟在冬季停工期间的蠕变,实测值与计算结果仍具有很好的一致性。

　　破坏时沿上游黄色黏土层发挥的平均剪应力为 $73kN/m^2$,残余因子 R 为

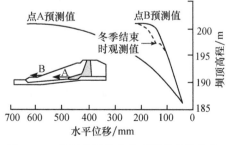

图 5.31　破坏前坝体位移观测值和计算值

0.52(参见 4.5.4 小节)，心墙及墙靴的对应值为 373kN/m² 和 0.42。破坏时两种材料的 τ_p/τ_{mob} 分别为 1.32 和 1.14。相应峰值强度的安全系数大约为 1.25。根据分析，渐进破坏使安全系数降低了 20%。

5. 心墙几何形状对渐进破坏的影响

从图 5.28(c)中可看出，无可置疑，由软弱的不排水墙靴向坚固的排水地基过渡中存在应力集中，从而促进了渐进破坏。通过对具有相同土体性质但心墙外形不同的 Carsington 大坝截面进行分析可检验应力集中的性质(Dounias et al.，1989)，几何形状分析包括宽心墙、窄心墙及倾斜心墙，计算结果如图 5.32(a)～(d)所示。对宽心墙及倾斜心墙而言，滑塌高度及应力集中的影响实际相同。具有窄心墙的坝体，为避免沿地基破坏，大坝不能修建太高。然而图 5.32(e)显示，在坝顶达到最大可能高度时(由于超载将引起坝顶附近的局部失稳，从而无法确定最终破坏高度)，心墙附近地基发生应力集中。

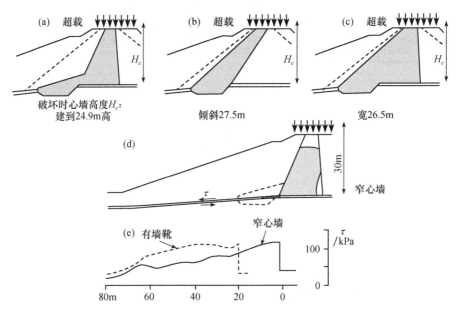

图 5.32　分析中 Carsington 大坝横截面几何特性

考虑在相同宽度情况下，心墙几何形状(心墙及墙靴、宽心墙、倾斜心墙)的影响似乎很小，尽管原始截面的心墙及墙靴稳定性较其他截面差一些。虽然具有窄心墙的截面反映了最终的渐进破坏迹象，但是过心墙及黄色黏土层的滑动面整体稳定性比其他截面高很多。

6. 坡台对改善稳定性的作用

改善像 Carsington 大坝这种边坡稳定性的一个有效方法就是在坝趾处增加坡台。对坝趾进行简单分析以确定这一方法的重要性（Dounias et al., 1989；Vaughan, 1994）。

为节省计算时间，采用一楔形体模拟坝体边坡进行分析。最初考虑原始Carsington 大坝截面上游边坡从靴趾处上游开始（图 5.33A）。同时分析另外两种形状：一个为增加了坡台（图 5.33B）；而另一个增加了与坡台相同的体积，但形成均匀边坡（图 5.33C）。三种分析中铅垂面高度相同。

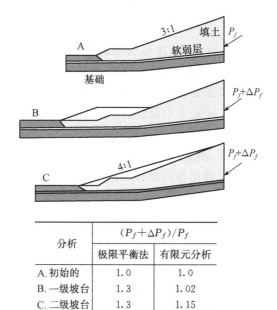

分析	$(P_f+\Delta P_f)/P_f$	
	极限平衡法	有限元分析
A. 初始的	1.0	1.0
B. 一级坡台	1.3	1.02
C. 二级坡台	1.3	1.15

图 5.33　增加坡台对 Carsington 大坝稳定性的影响

地基、弱黄色黏土层及坝肩填土的材料与初始分析中所给定的一致（表 5.3）。楔形体分阶段施工，其铅垂面水平向受限制，在楔形体铅垂面受三角形水平向应力及剪应力作用。推力合力与水平面夹角为 10°。推力以增量形式施加，接近破坏时，减小其增幅。三个剖面具有相似的破坏模式，铅垂面产生的屈服带沿软弱区发展。

根据极限平衡计算，截面 B 和 C 的反力相等，且比截面 A 高 30%。然而如果考虑渐进破坏的影响，截面 B 反力比截面 A 高 2%，截面 C 反力比截面 A 高 14%。显然，如果边坡受渐进破坏，增加坡台与否对边坡稳定性的影响效果将会减小。事实上，渐进破坏增加到一定程度时，可忽略坡台的作用。如果附加填土使楔形体重量增加的同时,还能使刚度变得更大,则可获得最佳效果。

5.5　软黏土上路堤的有限元分析

5.5.1　简介

　　土质路堤经常修筑在软黏土地基上,这种土体一般分布在河口附近,这种路堤一般用于防洪或公路和铁路运输。因为软黏土强度低,路堤通常只能修筑到 3～4m 的高度。然而实际中经常要求边坡高度更高,比如对于分层道路交叉处及防洪,还需要采取特殊的填筑措施。这些措施包括使用轻型路堤填料,对路堤底部加固和(或)分阶段填筑。

　　后一种方法中,路堤分级填筑,在每级填筑停歇期,软黏土中的超静孔隙水压力消散,土体发生固结,同时提高强度,进而在下一级填筑时,路堤可达到更高的高度。显然,停歇期土体强度的增加量决定了下一级填筑时边坡可达到的高度。因此,分级填筑通常在软黏土中设置排水通道,以加快停歇期内孔隙水压力的消散。

　　软黏土通常为各向异性,刚度和强度均取决于最大主应力方向,这使分析复杂化。由于没有足够的数据来确定各向异性的大小,因此在传统设计中引入经验参数(Hight et al. ,1987)。

5.5.2　典型土体情况

　　软黏土一般没有遭受过很多侵蚀,历史上没有经历过更大的竖向应力,因此属于正常固结或微超固结土,理论上不排水强度随深度分布如图 5.34 所示。假定地下水位处于地表面以下 2m、超固结比为 1.0。并且假定水位以上黏土中存在吸力(静水力)。

　　然而大部分(非全部)情况下由于地下水位波动,黏土表层受干湿循环作用,该现象导致黏土具有比图 5.34 中强度高的硬壳层。软黏土地层的典型强度分布如图 5.35 所示(Mair et al. ,1992)。硬壳层向下延伸至大约 2m 深度处,此水平面以下,其强度与图 5.34 中相似。

　　与微超固结土体不排水强度相比,硬壳层不排水强度要高。此外,硬壳层强度高于其下土体。刚度和强度及其随深度分布对任何路堤的稳定和变形都具有重要影响。

　　修建在软黏土地基上的大部分路堤是由强度比软黏土高的填土所构筑。通常采用粗粒填料,所以路堤填料的稳定性通常不是主要的考虑对象。

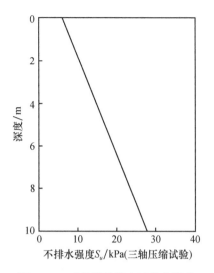

图 5.34　正常固结黏土不排水强度
随深度的变化规律

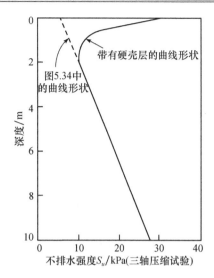

图 5.35　软土的不排水强度随深度的
典型分布规律

5.5.3　本构模型的选择

软黏土上填方边坡的最为关键的问题通常是黏土强度。与黏土产生显著固结
所需时间相比,如果路堤填筑相对较快,黏土的不排水强度就显得很重要。如上所
述,强度随深度产生显著变化,硬壳层对路堤性状有重要影响。

由于很多黏土为微超固结,而且在模拟黏
土特性时采用临界状态模型效果很好,所以通
常采用临界状态模型来分析地基特性,该类模
型还可用于计算固结过程中不排水强度的变
化,值得注意的是,Tresca 模型不能用于模拟
这一特性。然而在使用传统的临界状态模型
时存在两个问题。

第一个问题是,不排水强度对该模型而言
并非输入参数。不过可根据《岩土工程有限元
分析:理论》7.9.3 小节所述的输入参数及初
始应力条件计算得出。通过调整超固结比
(OCR)可得出所需的不排水强度分布。例如,
为获得图 5.35 所示的不排水强度分布,可在
已知图 5.36 所示的 OCR 分布图的基础上,利
用表 5.4 中给出的参数,使用修正剑桥模型得

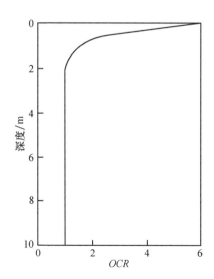

图 5.36　与图 5.35 不排水强度
对应的 OCR 分布规律

出。修正剑桥模型在偏平面中，屈服面为莫尔-库仑六边形，塑性势面为圆。显然，对于某些计算程序而言，输入初始 OCR 及其相关 K_0 分布值存在问题，该问题将在第 9 章中进一步探讨。

表 5.4　软黏土属性

指　标	值
饱和重度 γ_{sat}	$17\text{kN}/\text{m}^3$
$p'=1$ 时原始压缩曲线上的比容 v_1	3.0
原始压缩曲线斜率 λ	0.22
回弹曲线斜率 κ	0.022
弹性剪切模量 G	$1700\text{kN}/\text{m}^2$
内摩擦角 φ'	$32°$
静止土压力系数 K_0	$K_0=(1-\sin\varphi')OCR^{\sin\varphi'}$
孔隙流体模量 K_e	$K_e=1000K_{skel}$

还应该注意，不排水强度取决于偏平面上的屈服面和塑性势面的形状。例如，图 5.34 和图 5.35 所示的不排水强度对三轴压缩情况是合理的。对于平面应变情况，在使用相同输入参数的情况下，该本构模型将得出较小的不排水强度，此时平面应变强度为三轴压缩强度的 0.82 倍。

第二个问题是，多数临界状态模型假定土体为各向同性。对于软黏土而言，这不一定正确，强度和刚度均为各向异性，且与最大主应力方向有关。如果一种黏土没有表现出较强的各向异性，则在各向同性模型中输入代表平均强度和平均刚度的指标值，或者以更合理的方式，采用像 MIT-E3（参见《岩土工程有限元分析：理论》8.6 节）这样可以体现各向异性的本构模型。该模型的应用实例见 5.5.8 小节。

如上所述，路堤填料的强度和刚度通常比软黏土高，不是分析的关键。然而如果分析需要模拟稳定性，代表填料特性的本构模型必须能模拟屈服和最终强度。因此，通常采用简单的莫尔-库仑模型。有时候认为弹性特性与应力水平有关。目前更多情况下采用 Lade 模型（参见《岩土工程有限元分析：理论》8.5 节）。

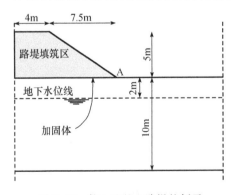

图 5.37　软土地基上路堤的例子

5.5.4　土体加固模拟

如 5.5.1 小节所述，有时路堤底部采用土工织物进行加固，如图 5.37 所示，该加固方法的作用将在 5.5.6 小节作进一步分析。为模拟加固，可采用膜单元（或具有较低抗弯刚度和较低剪切刚度的梁单元)来代表土工织物,参见《岩土工程有限元分析:理论》3.5.5 小节。在接触面单元中插入膜单元(图 5.41),以便模拟土体与土工织物的相互作用。虽然土工织物的强度和刚度可从供应商和制造商处获得,但获得较为合理的接触面属性仍较为困难。

由于土工织物特性与时间有关,因此产生了另一个复杂的问题,即需要考虑蠕变效应。原则上,在本构模型中考虑这些影响并不困难,但是获得必需的参数也并非易事。

5.5.5　实例:硬壳层的影响

1. 简介

为说明硬壳层的影响,基于图 5.37 所示路堤几何形状,对两个平面应变有限元实例进行分析。实例一中,土体强度随深度分布如图 5.34 所示;而第二个实例中,土体强度分布如图 5.35 所示。

2. 土体情况

两个分析均用一种修正剑桥黏土模型,参数由表 5.4 给出,该剑桥模型在偏平面中,屈服面为莫尔-库仑六边形,塑性势面为圆。为表示图 5.34 所示的强度分布,假定 OCR 随深度不变,其值为 1.0。为获得图 5.35 所示的不排水强度分布,相应 OCR 随深度变化如图 5.36 所示。必须指出,分析中 K_0 按照表 5.4 中对应公式随深度变化。假设水位以上黏土中存在土体吸力(静水力),因此土体表面存在有限竖向有效应力,从而不排水强度非零,参见第 9 章。

两个分析中,对路堤没有进行加固,且假设采用颗粒填料填筑。采用简单的线弹性莫尔-库仑模型模拟填土,其指标在表 5.5 中给出。分析过程中,假定路堤排水(即 $K_e = 0$),而软黏土为不排水(即 $K_e = 1000K_{skel}$)。

表 5.5　路堤填料属性

指　标	值	指　标	值
饱和重度 γ_{sat}	20kN/m³	内摩擦角 φ'	40°
杨氏模量 E	20kN/m²	剪胀角 ν	0°
泊松比 μ	0.2	孔隙流体模量 K_e	0.0
黏聚力 c'	0		

3. 有限元分析

两个分析的有限元网格如图 5.38 所示,由 360 个 8 节点四边形单元组成。路堤分层填筑直至破坏发生。

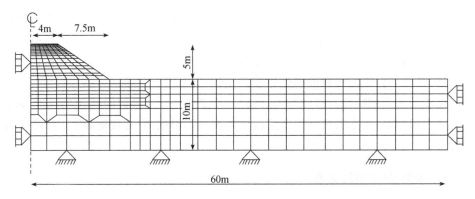

图 5.38　软土上路堤有限元分析网格

　　破坏高度无法直接获得。接近破坏时,单元中每层必须分若干增量步填筑。这样在填筑单元层时,才有可能发生破坏。破坏发生时对应的增量表明了引起失稳的土层比例。接下来可获取填筑材料的等价高度。在没有进一步增加填料的情况下,如果计算不收敛,位移继续增加,可判断已发生破坏。在这一阶段中,平衡无法维持。为获得准确的滑塌高度,有必要进行多次重复计算,每次重复计算在模拟填筑最后施工层时,逐渐增多增量步。另外,还可选择采用自动增量算法(Abbo et al.,1996)。

　　4. 结论

　　图 5.39 所示为两分析中路堤坡趾的侧向位移随路堤高度的变化曲线。破坏时路堤高度从 2m 增加到 3.5m,表面硬壳层在其中起了重要作用。

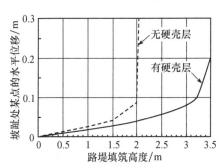

图 5.39　路堤坡趾水平位移随填筑
高度的变化

　　图 5.40 所示为各分析最后增量步中位移增量矢量,这些矢量代表位移增量的大小和方向。在此关注的对象是位移的相对大小和方向,而绝对值并不重要。两分析中,矢量非常清晰地表明了破坏面位置。对于具有表面硬壳层的情况,破坏面深度和宽度较大,通过了边坡的中心线。

(a) 无表面硬壳层

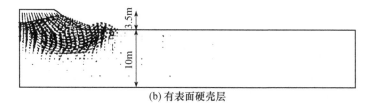

(b) 有表面硬壳层

图 5.40　破坏前位移增量矢量图

5.5.6　实例:加固的影响

1. 简介

为检验路堤底部加固的影响,对图 5.37 所示几何形状的路堤进行参数研究。本次研究中,加固层的强度和刚度可以变化。

假设采用一层土工织物,在路堤填筑前放置在软黏土表面。通过一层膜单元来模拟,夹在两接触单元之间,如图 5.41 所示。将这些单元加到图 5.38 所示的网格中,进行平面应变有限元分析。

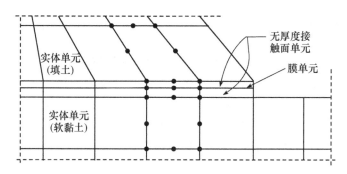

图 5.41　膜单元、接触面单元和实体单元间的连接关系

2. 土体情况

路堤填料和软黏土采用与前面算例相同的方式模拟。软黏土具有表面硬壳层,采用图 5.36 给出的 OCR 分布。接触面单元属性见表 5.6,膜单元泊松比为 0.1,厚度为 0.8mm,且认为不能承受压力,杨氏模量及抗拉强度在分析中变化。

表 5.6　加固层和土体间接触面属性

指　标	值	指　标	值
剪切刚度 K_s	10^4 kN/m	接触面摩擦角 δ	40°
法向刚度 K_n	10^6 kN/m	接触面剪胀角 ν_w	20°
接触面黏聚力 c_w	0.0		

3. 结论

如前面几节所述,在没有加固的情况下,路堤可修建到 3.5m 高度。而加固后,路堤可填筑的高度增大。这可从图 5.42 及图 5.43 中看出,图中分别给出了路堤最大高度随加固体强度和刚度的变化。

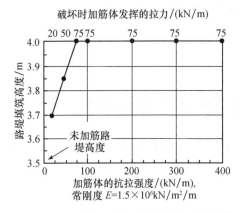

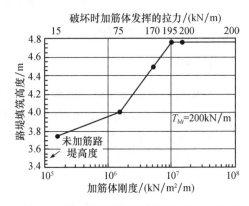

图 5.42 加固体强度随路堤填筑高度的变化　图 5.43 加固体刚度随路堤填筑高度的变化

图 5.42 所示为通过一系列分析得出的结果,加筋体刚度为 1.5×10^6 kPa/m(为土工织物的典型值),抗拉强度发生变化。当抗拉强度增大到 75kN/m 时,路堤可填筑高度由 3.5m 增大到 4m。对加固体抗拉强度的任何增加均不能显著增大路堤可填筑高度。因而这一结果表明,对于刚度为 1.5×10^6 kPa/m 的加固体,路堤的最大高度为 4m。为达到这一高度,加固体抗拉强度必须大于 75kN/m。如果抗拉强度更大,边坡仍在 4m 时发生破坏,尽管更大的抗拉强度可提高稳定性,但是与分布力相比,加筋体可提供的额外力很小,因而不能使路堤可填筑高度显著增加。

图 5.43 所示为一系列分析结果,其中,加固体抗拉强度为 200kN/m(为土工织物典型值),而其刚度发生变化。随着加固体刚度的增加,路堤可填筑高度也增加。例如,当刚度为 10^7 kPa/m 时,路堤可修建到 4.75m 高度。然而对于该分析中的加固体,其抗拉能力已经充分发挥。结果也表明,在高度为 4.75m 时,已充分发挥加固体的抗拉能力情况下,加固体刚度的进一步增加不能增加边坡可填筑高度。

这些结果清楚地表明,联合加固体的强度和刚度可使边坡可填筑高度增加。在简单分析中不可能同时考虑二者的影响,该例论证了数值分析的优越性。结果表明,通过加筋,能使路堤可填筑高度增加 35%。然而需要注意的是,上面的分析并没有考虑大位移的影响。

5.5.7　实例:分阶段修建

1. 简介

图 5.44 所示为软黏土地基上路堤分阶段修建的实例。该路堤边坡大约 8m 高,修建在英国西部。地基由一层厚软黏土层组成,覆盖在砂层上。软黏土厚度不是定值,随位置变化。由于不可能一次性地在软黏土中修建一高 8m 的路堤,需要采用分阶段修建的方法。

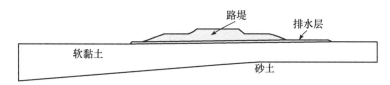

图 5.44　路堤分阶段施工实例

设计阶段,有必要确定各施工阶段的次数和时间,排水设施的数量和位置,地基中必须有排水设施。作为设计过程中的一部分,还要进行一系列平面应变有限元分析,在此简要介绍其中之一。

为计算方便起见,软黏土下的砂层假定为刚性,因此软黏土底面为有限元网格的下边界。由于软黏土深度是变化的,边坡几何形状并不对称(图 5.44),在分析中必须模拟整个截面。

2. 土体情况

软黏土还是采用修正剑桥模型来模拟,对应的偏平面中,屈服面为莫尔-库仑六边形,塑性势面为圆。对于干燥临界应力状态采用 Hvorslev 面,参见《岩土工程有限元分析:理论》7.10 节,材料属性在表 5.7 中给出,Hvorslev 面斜率为临界状态线斜率的一半,地下水位处于地表面以下 0.5m 处。

表 5.7　分阶段修建实例中软黏土属性

指　标	值	指　标	值
饱和重度 γ_{sat}	$17kN/m^3$	弹性剪切模量 G	$3000kN/m^2$
$p'=1$ 时原始压缩曲线上的比容 v_1	5.2	内摩擦角 φ'	25.5°
原始压缩曲线斜率 λ	0.5	静止土压力系数 K_0	$K_0 = (1-\sin\varphi')OCR^{\sin\varphi'}$
回弹曲线斜率 κ	0.075	孔隙流体模量 K_e	$K_e = 1000K_{skel}$

图 5.45 为 OCR 初始分布,结合该图及表 5.7 所示的材料属性,可计算得出不排水强度随深度的初始分布,图 5.46 给出了该分布与设计值比较图。为得到适合平面应变条件的值,应将这些值缩小 0.86 倍。显然,在路堤修建的固结阶段,不排水强度会发生变化。

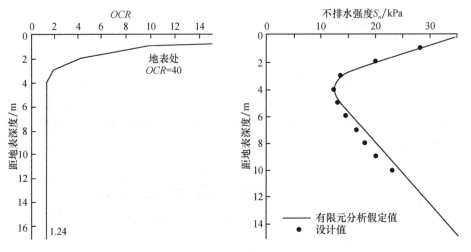

图 5.45　OCR 随深度的变化　　　　图 5.46　路堤填筑前不排水强度随深度的变化

将排水层模拟为简单的弹塑性莫尔-库仑材料，其参数为：$\gamma_{sat}=20\text{kN/m}^3$，$E=25\text{MN/m}^2$，$\mu=0.3$，$c'=0$，$\varphi'=35°$ 及 $\nu=0°$。路堤填料也采用相同的模型和参数来模拟，但是对各施工层，杨氏模量不同。对 2～4 层，杨氏模量分别为 21.8MN/m^2、16.5MN/m^2 和 7MN/m^2。

3. 有限元分析

图 5.47 为有限元网格，从目前网格标准角度来看，这些网格非常粗糙。然而这一分析是在 1983 年进行的，当时的电算资源有限。计算过程包括四个修建阶段，各阶段通过一段固结时期来划分，各修建阶段材料如图 5.48 所示。主要计算步骤概括如下：

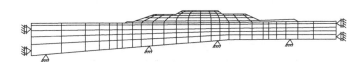

图 5.47　路堤分阶段修建有限元网格

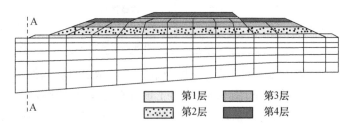

第1层　　第3层
第2层　　第4层

图 5.48　修建各阶段填筑材料

（1）设置地基土体的初始应力。

（2）施工排水层（第 1 层）。

（3）在新施工材料表面施加 10kPa 的交通荷载。

（4）移去 10kPa 的超载。

（5）使所有超静孔隙水压力消散。

（6）填筑第 2 层。

（7）在新施工材料表面施加 10kPa 的交通荷载。

（8）移去 10kPa 的超载。

（9）使 90％的累计超静孔隙水压力消散。

（10）施工第 3 层。

（11）在新施工材料表面施加 10kPa 的交通荷载。

（12）移去 10kPa 的超载。

（13）使 90％的累计超静孔隙水压力消散。

（14）施工第 4 层。

（15）在路堤坡台及坡顶处分别施加与 0.5m 和 0.75m 填料等价的超载。

（16）在新施工材料表面施加 10kPa 的交通荷载。

（17）移去 10kPa 的超载。

（18）使所有累计超静孔隙水压力消散。

整个分析中假定路堤和排水层为排水。软黏土仅在分析孔隙水压力消散阶段假定是排水的，而在修建、加载和卸载阶段假定是不排水的。没有采用耦合固结分析，假定在消散阶段有足够的排水设施和足够的时间。如果现在进行分析，很可能采用耦合分析，并采用 Hird 等（1990）的方法模拟排水设施。

4. 结论

图 5.49 为通过路堤坡趾（图 5.48）的铅垂线 A-A 的侧向位移，图 5.50 为路堤左手边原始地表的沉降。两个图上的结果均对应计算步骤（17）和（18）。

由图 5.50 可看出，施工完成后（步骤（17）），原始地表沉降了将近 2m。长期情况下，所有超静孔隙水压力消散后（步骤（18）），沉降增加到 2.5m。如此大的沉降通常与路堤建在软土地基上有关。

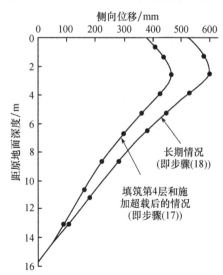

图 5.49　通过路堤坡趾铅垂面 A-A 的侧向位移

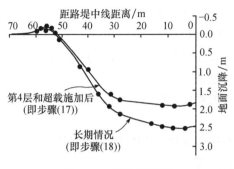

图 5.50　原地面沉降

5.5.8　实例:各向异性土体特性的影响

1. 简介

Champlain 黏土覆盖加拿大东部人口密集区的大部分地区。修建公路基础设施时需要建造大量路桥,其中包含大约 5m 高度的路堤。由于黏土为微超固结,软弱且强度低,很难设计并修建出达到需要高度的路堤。

由于这一原因,Laval 大学岩土课题组于 1972 年决定实施包括在 Champlain 软土上修建试验路堤在内的一个研究项目。该项目的目的在于研究修建在软弱且敏感地基上的路堤破坏条件,以及位移大小和位移速率。在 Quebec 省 Saint-Alban 修建四段路堤:其中一段为一直修建直至破坏发生,即此次分析的对象;其余三段高度相对小,具有不同的坡面斜率以方便研究沉降特性,地基土体中设置了各种仪器设备。

主要对试验路堤 A(La Rochelle et al.,1974)进行有限元分析(Zdravković et al.,2002),以研究土体各向异性特性对路堤高度的影响。

2. 几何形状

图 5.51 为边界值问题的几何条件。路堤一边斜率为 2∶1(水平比竖向)。设置 1.5m 高的坡台以增加边坡的稳定性,从而使破坏只在边坡的另一侧产生,该侧更陡,斜率为 1.5∶1。基于传统分析,路堤计算高度为 4.6m。

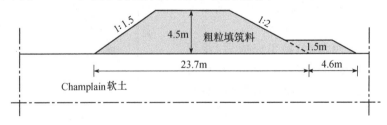

图 5.51　Saint-Alban 某路堤几何特性

施工次序为：第 1 天修建 0.6m，接下来每天修建 0.3m 直至总高度达到 1.5m；之后每天修建 2 个厚 0.3m 的土层直至破坏发生。破坏时边坡大约高 4m，低于计算的 4.6m。

3. 土体情况

对 Saint-Alban 工地进行详细的岩土工程勘察，包括大量的钻孔、原位试验和对 Champlain 黏土试样的室内试验。Tavenas 等(1973)，以及 Sarrailh 等(1972)给出了这些试验的详细结果。

总体上，现场土体剖面具有风化黏土硬壳层，向下延伸至地表以下 2m 深度处，接下来至 13.7m 处为松软的海相淤泥质黏土层。该黏土层以下，为密实的细、中粗砂层，其下为基岩。地下水位处在地表以下 0.7m 深度处。

硬壳层以下的黏土处于超固结状态，$OCR = 2.2$。黏土渗透系数大约为 10^{-8} m/s，意味着在这样的施工速率情况下，将发生不排水破坏。三轴试验的应力-应变曲线表明，黏土达到峰值强度后会出现大量的应变软化(Leroueil,1977)。图 5.52 为十字板试验和 CIU 试验获得的不排水强度分布曲线(Leroueil,1977)。

路堤填料为粒状土，$\varphi' = 44°$。

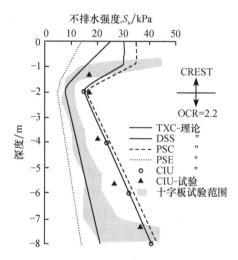

图 5.52　不排水强度随深度的变化曲线

4. 有限元分析

对于有限元分析，土体采用 MIT-E3 土体模型(模拟各向异性土体强度)和修正的剑桥黏土模型 MCC(模拟各向同性土体强度)来模拟。表 5.8 和表 5.9 分别归纳了描述两模型必需的参数。必须指出，对于 MIT-E3 模型，不考虑状态边界面内分界面塑性的影响。因此，表 5.8 未给出参数 γ 和 h 的值。

表 5.8　Champlain 软黏土 MIT-E3 参数

参　数	描　述	值
v_{100}	$p' = 100$kPa 时 K_0 正常固结试样的比容	2.65
K_0^{NC}	正常固结的静止土压力系数	0.49
φ'_{TC}	三轴压缩试验临界内摩擦角	27°
φ'_{TE}	三轴伸长试验临界内摩擦角	25°

续表

参　数	描　述	值
c	椭球边界面半轴比	0.7
ψ	边界面旋转的影响参数	100
λ	在 v-$\ln p'$ 空间原始压缩曲线斜率	0.565
κ_0	在 v-$\ln p'$ 空间回弹曲线初始斜率	0.03
μ	泊松比	0.3
S_t	应变软化程度影响参数	10.0
C	弹性滞后效应影响参数	1.0
n	弹性滞后效应影响参数	1.5
ω	弹性滞后效应影响参数	0.5

表 5.9　Champlain 软黏土修正剑桥模型参数

指　标	值	指　标	值
饱和重度 γ_{sat}	16kN/m^3	原始压缩曲线斜率 λ	0.565
$p'=1$ 时原始压缩曲线上的比容 v_1	3.2	回弹曲线斜率 κ	0.03
内摩擦角 φ'_{cs}	27°	泊松比 μ	0.3

图 5.52 为不同加载条件时,采用 MIT-E3 模拟不排水强度随深度变化的曲线。从该图中可看出,从平均角度而言,计算的简单直剪强度(DSS)与通过十字板剪切强度相一致。同样,模拟的 CIU 强度与试验值相匹配。因此可得出,采用 MIT-E3 模型可以很好地模拟土体各向异性强度。图 5.52 中还给出了平面应变压缩(PSC)和平面应变伸长(PSE)不排水强度分布。

对于各向同性分析,采用三轴压缩不排水强度,和图 5.52 中通过 MIT-E3 计算一样,用修正剑桥模型来模拟平面应变的三轴压缩强度分布(TXC)。

5. 结论

图 5.53 为路堤的有限元网格,采用平面应变分析。模拟的施工次序和施工速率与实际情况相同,在不排水情况下发生破坏。

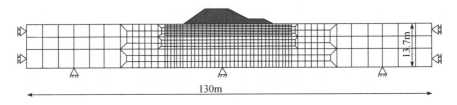

图 5.53　路堤有限元分析网格

图 5.54 为路堤坡趾处水平位移 u 随路堤高度的发展。水平位移通过除以最大水平位移 $u_{\max}$ 而无量纲化,$u_{\max}$ 为路堤破坏前的计算值。

采用 MIT-E3 土体模型进行分析,该
模型能模拟图 5.52 所示的各向异性土体
强度,计算的路堤破坏高度为 3.9m,非常
接近 4m 的现场观测值。对于采用 MCC
模型的同一路堤,对应的三轴压缩各向同
性不排水强度分布如图 5.52 所示,破坏
高度被大大高估为 4.9m。在各向同性强
度情况下,对破坏高度为 3.9m,采用
MCC 模型进行反分析,对应强度为 DSS
强度的 1.25 倍。采用等于 DSS 分布的

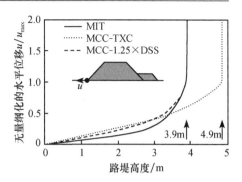

图 5.54　不同土体模型得到的路堤
最大填筑高度

各向同性强度分析(这也是一些设计规范所推荐的),结果偏于保守,计算得出路堤
高度仅在 3.3m 时就发生破坏。

进行另一组分析,路堤几何形状改变为边坡两边均有坡台,如图 5.55 所示。
再次进行各向同性和各向异性分析,其结果如图 5.56 所示(即路堤坡趾无量纲水
平位移与路堤高度曲线)。

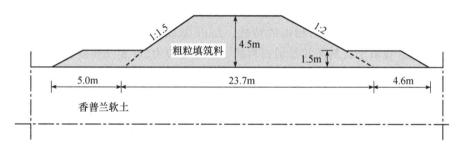

图 5.55　Saint-Alban 某路堤设置坡台的几何特性

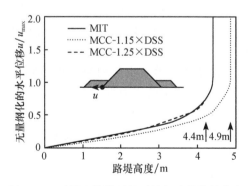

图 5.56　不同土体模型得到的新路堤填筑高度

分析中采用 MIT-E3 土体模型,在坡台作用下,计算得知路堤可修建到 4.4m。
对同一路堤采用 MCC 分析,采用对以前的分析结果进行反分析而得到的各向同

性强度(如 DSS 强度的 1.25 倍,如图 5.54 所示),计算得到的边坡破坏高度为 4.9m,比 MIT-E3 计算结果偏高。为了获得与 MIT-E3 相同的计算破坏高度, MCC 分析中强度需采用 1.15 倍 DSS 强度。

从上述路堤分析中可得出若干结论:

假定土体各向同性,采用三轴压缩强度分布高估了路堤破坏高度,采用 DSS 强度剖面低估了路堤破坏高度。

考虑土体的各向异性,借助室内外试验,可使路堤计算破坏高度更为准确。

如果各向同性强度分布是通过对某一几何形状路堤实测结果进行反分析而得到的,当路堤几何形状发生少许变化时,结果未必合理。

5.6　小　　结

过去变弹性模型被广泛用来计算堤坝特性,主要是由于模型简单,能模拟非线性及应力相关的填料特性。

大坝修建过程中,尤其是接下来的蓄水期,会产生各种应力路径及主应力旋转。变弹性本构模型不能解释由土体非弹性特性所引起的应力路径相关性。

压实填土与粒状土具有相似的特性。Lade 双硬化弹塑性本构模型解释了峰前塑性,能解释填土材料尤其是填石料的一些重要应力、应变及强度特性。

由于计算机模拟的限制,理想的大坝施工要求每次填筑土层相对较厚。然而, 如果土层太厚会产生明显的错误,尤其是在模拟压实影响的时候。

在修建 Roadford 大坝时,比较计算结果与实测值,发现采用 Lade 双硬化模型得出的结果与现场数据具有很好的一致性。而采用非线弹性模型的计算结果高估了侧向变形。可通过调整模型参数改善计算结果,但是无法模拟室内试验数据。

对夯实黏土心墙旧坝的分析,包括各层填筑、蓄水、渗透压力的发展、水位升降循环,同时土体表现为排水、不排水及部分固结。这些分析表明,挡水构筑物的特性完全可以通过有限元方法模拟。

在截水槽中,因夯实黏土水力劈裂引起的裂缝几乎是不可避免的。修建完成后及蓄水期间窄型夯实黏土心墙中的应力接近水力劈裂应力。在模拟最后快速蓄水的不排水性状时,可再现 Dale Dyke 大坝的破坏。

对 Ramsden 大坝的分析表明,尽管整体剪切破坏安全系数很高,水位下降和重新蓄水循环可引起坝体大幅度的不可逆位移。准确的现场测量结合成熟的数值分析,对评价旧坝体的安全性提供了有力的工具。

土质堤坝的有限元分析更加复杂,因为坝体通常由黏土填筑,并可能处在变强度、变渗透性的地基上。由伦敦黏土填筑、修建在伦敦黏土地基上的典型路堤的短期特性取决于分析中假定的初始孔隙水压力及路堤修建的季节。

原始 Carsington 大坝截面的有限元分析再现了实际滑动面的发展,与现场观测数据具有很好的一致性。这独立证实了渐进破坏在滑塌中所起的作用,并且这种分析方法是有效的。

当路堤的中央为强度低的填土时,会发生渐进破坏。随着路堤施工的完成,渐进破坏对坡肩填土施加的主动力大幅增加。假定其他条件一致的情况下,心墙的精确几何形状(宽基窄型、宽型或倾斜型)影响较小。

排水条件下,在堤坝斜面上添加坡台会增加渐进破坏量,对稳定性的改善量远远少于由极限平衡法计算得出的结果。

在没有特殊措施的情况下,修建在软黏土地基上的路堤,高度一般大概只能达到 3~4m。如果要得到高度更大的路堤,需采用特殊的施工技术,如通过加筋和(或)分阶段施工。

软黏土通常为微超固结,但一般具有强度和刚度较高的硬壳层。

临界状态本构模型,如修正剑桥模型常用于模拟软黏土。但是必须注意确保模型能给出实际的不排水强度分布。

硬壳层对路堤的填筑最大高度及最终滑动面的形状和位置具有重要影响。考虑硬壳层影响的实例中,路堤的最大可能高度增加了 75%。

加固路堤基础能显著增加路堤最大可能高度。加固体的强度和刚度对路堤能达到的最大高度均产生影响。

分阶段修筑可使路堤最大高度增加。然而任何分析中采用的关于软黏土的本构模型必须能解释固结期间的不排水强度变化。

在软黏土地基上修筑路堤时,沉降很大,可超过 1m。

土体各向异性对路堤特性具有重要影响。结合室内外试验观测对各向异性的解释,可使路堤性状预测更为准确。为考虑各向异性特性必须采用像 MIT-E3 这样的复杂本构模型。

如果根据某一几何形状路堤的实测值来反算其各向同性强度,当路堤几何形状发生少许变化时,计算结果未必合理。

第6章 浅 基 础

6.1 引 言

本章介绍浅基础的有限元分析。首先给出浅基础的定义,并把它分为构筑在地表的和构筑在地下浅部的两类问题,分别对它们进行讨论并研究数值分析方法的应用。例如,对预压地基的承载力问题,探讨了强度各向异性对承载力的影响和由于土体刚度不足导致的失稳。为有助于阐明本章中的问题,也列举了一些例子。本章的结尾部分将阐述针对比萨斜塔基础加固所作的若干数值分析。

6.2 概 述

从复杂性方面来说,浅基础也许是最简单的土工结构物,其所承担的荷载通常是明确的,并由它们传递给土体。这不同于边坡和(或)挡土墙问题。在边坡或挡土墙问题中,土不仅施加荷载,同时还提供抵抗力,因此土与结构间存在着复杂的相互作用。

浅基础有不同的形状与尺寸,本章讨论时将它们分成地表基础和浅层基础两种,并依次探讨有限元分析在每种问题中的应用。为了尽可能地阐明问题,文中举了一些例子,包括对不同形状的条形基础的分析、预压地基的承载力、强度各向异性对承载力的影响和由于土体刚度不足导致的失稳。所举的上述例子能够表明采用有限元分析方法能够准确地解决传统的工程问题,对新问题也能够有深刻的认识。

对于所有问题,用快速修正牛顿-拉弗森(Newton-Raphson)算法中应力积分次阶法解非线性方程组,见《岩土工程有限元分析:理论》第9章。对于平面应变、轴对称问题和傅里叶级数有限元分析,采用缩减积分(2×2)的8节点等参元。对于完全的三维问题,采用缩减积分($2\times2\times2$)的20节点等参元。

6.3 基础形式

浅基础可以大致分为以下两种形式。

6.3.1 地表基础

此类基础处在或者非常接近土体表面。地表基础有多种形状和尺寸,通常分为条形基础、圆形基础和矩形基础,如图 6.1 所示。

6.3.2 浅层基础

浅层基础与地表基础很相似,只不过浅层基础埋置于土体表面以下,如图 6.2 所示。出于经济原因,埋深一般不会很大,因此称其为浅层基础。浅层基础也分为条形、圆形和矩形。

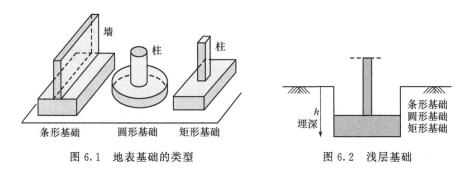

图 6.1 地表基础的类型 图 6.2 浅层基础

6.4 土体模型的选择

常规的基础设计方法将地基承载力和变形分开考虑,这样就不可能确定复杂的荷载-位移曲线,而只可能估算出地基极限荷载和荷载-位移曲线的初始梯度,如图 6.3 所示。

地基承载力通常采用应力场解析解和(或)极限分析,并结合经验方法来确定。如果考虑不排水承载力,土体实际上假定为弹性 Tresca 材料;如果考虑排水承载力,土体假定为弹性莫尔-库仑材料。这些简单的本构模型也可以用在数值分析中,并且在下文中还会提到,数值分析在其适用范围内可以求得承载力值。然而,常规方法求得的承载

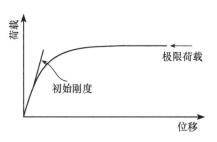

图 6.3 典型的荷载-位移曲线

力只适用于单一土体类型地基中的简单基础,但无论对于强度为常量的土体还是强度随深度线性变化的土体,数值分析都能够得到不均匀地基中复杂基础的解,数值分析还能解决荷载类型很复杂的问题(如竖向荷载、水平荷载和弯矩荷载)。

常规的承载力解局限于不排水土体或完全排水土体这两种情况,没有考虑承载力随时间的变化,而这一点对于黏土地基很重要。只要本构模型选用恰当,就可以采用耦合的数值方法分析其时间效应,见《岩土工程有限元分析:理论》第 10 章。对于这样的情况如果仍采用 Tresca 模型就不合适了,因为该模型所描述的土的强

度为常量。另外,尽管原则上可以,但不建议使用莫尔-库仑模型。在第9章中会看到,在不排水和部分排水的情况中,使用莫尔-库仑模型预测得到的承载力可能不合理。为了得到合理的预测,必须采用一个至少包含了简单的临界状态的应变硬化(软化)模型(如修正剑桥模型)。

地基变形通常采用弹性理论来预测,其中有多种可行的方法。这些方法的区别在于获取刚度参数的方法不同。有些假设土体是线弹性的,另一些则由压缩试验得到刚度。这些方法能够合理地预测地基平均沉降,然而却不能对组合荷载下的差异沉降、变形以及邻近基础的土体位移作出准确的预测。这些方法通常假定基础作用在土体上的压力是均匀的,并且忽略基础刚度的影响。数值分析能够考虑一系列的本构模型,因此能够得到更合理的预测。

原则上,应当采用一种能够准确模拟土与基础相互作用的模型。如果地基是成层土,则应当采用几种不同的模型。如果要预测承载力,显然土的模型应当准确预测土的强度。如果要预测变形,特别是基础附近土体的变形,那么应该采用在小应变条件下能够准确体现土体非线性特性的本构模型。

6.5　地表基础有限元分析

6.5.1　简介

如果基础仅承受竖向荷载,条形基础可以被视为平面应变问题,圆形基础被视

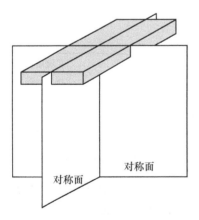

为轴对称问题,但是矩形基础仍然是一个三维问题。因此,当分别分析竖向荷载作用下的条形和圆形基础时,可将其简化为二维问题。对矩形基础进行完全三维分析时相应地需要更多的计算机资源,尽管对矩形基础的分析中,通常取两个竖直的对称面以减小计算的复杂程度,如图6.4所示(在此例中只需要考虑几何形状的四分之一即可)。

如果荷载不是竖直的而是倾斜的,并且倾角位于垂直于基础长度方向的垂面上,则条形基础依然可以简化为平面应变问题。但圆形基础和矩形基础则都必须采用三维分析。对圆形基础可以采用完全三维分析或傅里叶级数有限

图6.4　矩形基础三维分析的竖向对称面

元分析,对矩形基础则采用常规的三维分析。

土体和基础通常都要进行单元划分,如图6.5所示,这样才能确保分析时得到

正确的基础刚度。接触单元位于基础底面和土体之间,以便对接触面特性进行正确的建模。然而,由于基础刚度要比土体大得多,可能会由于界面两侧附近的单元刚度相差过大而出现问题。尽管这些数值上的不稳定对于计算功能强大的(双倍或四倍的精度)现代计算机来说不算什么,在分析地表基础时一般还是采用两个极限假设(完全弹性和刚性基础)中的一个。这些假设通常用于解决常规的土力学问题。如果使用了其中的任一条假定,那么在分析时就没有必要将基础本身考虑进来。

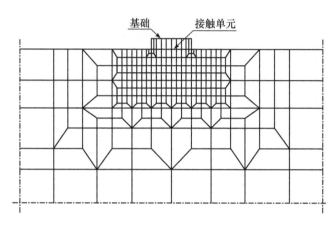

图 6.5　土体与基础的单元划分

6.5.2　柔性基础

如果假设基础为柔性,就可以采用图 6.6 所示的有限元分析来模拟其性状。由于基础是柔性的,可以假定任何荷载都是均布的并且可以简化为作用在基础下土体表面上的超载。《岩土工程有限元分析:理论》提到过,这样的均布面荷载可以被折算为等效的节点力 ΔF_y。实际上,大部分计算机程序会自动完成这一步。

如果基础是光滑的,那么另一个边界条件必须是施加在基础下节点的水平力

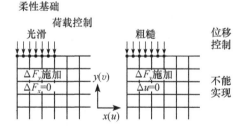

图 6.6　柔性基础的各种边界条件

为零(即 $\Delta F_x = 0$)。如果没有指定节点 x 方向的边界条件,大多数计算机程序会假设 $\Delta F_x = 0$。

如果假设基础是刚性的,那么条形基础下土体表面的节点水平向的位移(Δu)一定是受限制的,因此将其定为零($\Delta u = 0$),如图 6.6 所示。

在柔性基础条件下令基础产生位移以及变形控制的分析都是不能实现的。因

此,当基础接近破坏荷载时一定要特别仔细,因为施加过大的荷载会导致无限的变形,应用非线性算法有可能会使解不能收敛。有些有限元程序自身能控制荷载增量的大小,这对于解决荷载控制的问题非常有用,并且可以估算出准确的极限荷载。

6.5.3　刚性基础

对于刚性基础,可以进行荷载控制或变形控制的数值分析。基础位置下方土体表面的边界条件有多种不同的选择,如图 6.7 所示。由图中可以看出,进行荷载控制分析时必须将基础下方土体的竖向位移加以约束。这样可令所有节点的竖向位移值相同。由于竖向位移被约束,荷载可以简化为沿基础宽度分布的均布荷载,或是基础中心线下节点的点荷载。另外,与柔性基础相同,荷载控制分析时,当基础接近破坏荷载时一定多加关注。

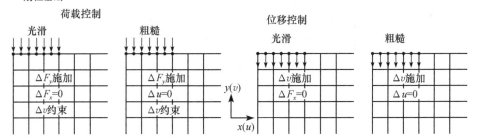

图 6.7　刚性基础的各种边界条件

如果进行变形控制的数值分析,使基础位置下的土体产生竖向变形,则基础的荷载可以通过对节点的竖向反力求和得到。在非线性有限元分析中,节点反力最好通过计算连接变形节点的单元中的总应力得出,可由式(6.1)得到

$$\{ \boldsymbol{R} \} = \int_{Vol} [\boldsymbol{B}]^{\mathrm{T}} (\{ \boldsymbol{\sigma} \} - \{ \boldsymbol{\sigma}_i \}) \mathrm{d}Vol \qquad (6.1)$$

式中,$\{ \boldsymbol{R} \}$ 为坐标系方向上的反力向量;$[\boldsymbol{B}]$ 为应变矩阵;$\{ \boldsymbol{\sigma} \}$ 为现时总应力向量;$\{ \boldsymbol{\sigma}_i \}$ 为使基础发生位移前的总应力向量。体积积分对所有与位移节点相连的土体单元进行,大多数软件能够进行上述计算。

6.5.4　竖向荷载作用的例子

1. 简介

这是数值分析的一个简单应用实例,分析处在排水或者不排水土体(黏土或砂土)中竖向荷载作用下的地表基础。为了与常规的基础设计方法相一致,对于不排水黏土和排水砂土分别采用线弹性 Tresca 模型和线弹性莫尔-库仑模型进行建模,并将数值分析的结果与常规方法得到的地基承载力进行比较。

2. 不排水黏土上的条形基础

首先进行分析以获得荷载-位移曲线。土体被假定为具有 Tresca 屈服面的弹塑性体,其相关参数为:$E = 100\mathrm{MPa}$,$\mu = 0.49$,$S_u = 100\mathrm{kPa}$。图 6.8 所示为划分的土体单元网格。网格竖向的两端部在水平方向被限制,而网格的底部无论竖向还是水平向都不能移动。如上面所述,以基础位置下土体的竖向位移不断增加来模拟荷载的施加。

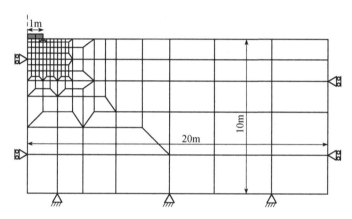

图 6.8 条形和圆形基础分析的有限单元网格

条形基础的荷载-位移曲线如图 6.9 所示。竖向荷载作用下的条形基础承载力的常规设计方法可以表示为

$$Q_{\max} = AN_cS_u \tag{6.2}$$

式中,$Q_{\max}$ 为作用在基础上的竖向荷载最大值;A 为基础作用面积;N_c 为承载力系数。在图 6.9 中,荷载表示为地基承载力发挥度 $N_c^{\mathrm{mob}}(=Q/(AS_u))$,$Q$ 为基础上的荷载。将位移值除以 B(基础的半宽度)使其无量纲化。图中给出了对于三种情况的分析结果,其中一种是基底光滑的情况,另外两种情况是基底粗糙。基底粗糙的两种情况的区别在于,在其中之一的基底和土表面之间加入了一组接触单元,如图 6.10 所示;而另一种基底粗糙的情况以及基底光滑的情况没有考虑类似的接触单元。设接触单元的抗剪强度为 100MPa,剪切刚度与法向刚度为 $K_s = K_n = 10^5\mathrm{kN/m^3}$(应注意这些刚度值对结果并无显著影响)。从图 6.9 中可以看出,三种情况下分析得到的荷载-位移曲线和 N_c 只有微小的差异。

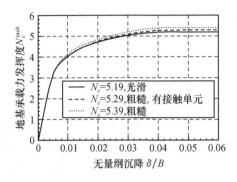

图 6.9　条形基础的荷载-位移曲线

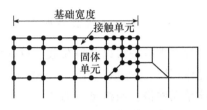

图 6.10　接触单元网格详图

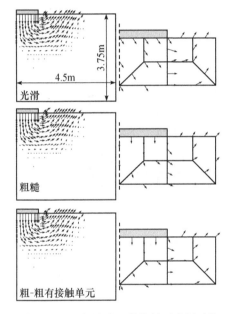

图 6.11　土与基础三种接触面破坏时的
位移增量向量

常规的承载力计算理论认为,作用在强度为常量的不排水黏土上的基础,不论对光滑的还是粗糙的基础承载力,系数 N_c 都等于 $5.1416(=2+\pi)$。这个结论可通过极限分析(如求上限(不安全的)和下限(安全的)解)和塑性解析解(如应力场与速度场的耦合解)得到,这在理论上是精确的。有限元分析对光滑的、粗糙的和接触单元粗糙的基础得到的解分别为 5.19、5.39 和 5.29。相比于解析解,数值分析的误差分别为 0.94%、4.6% 和 2.8%。很明显,对粗糙的基础的分析误差要大一些,并且大于无接触单元的分析结果。对此,图 6.11 可以部分地解释其原因。图中的向量表示破坏时的荷载增量所产生的位移增量。向量的方向与长度分别表示位移的方向和大小。由于图示向量的方向和相对长度已经充分揭示了破坏机理,因此图中没有给出位移增量的绝对值。

对破坏机理的研究表明,在基础位置下方,土体表面发生了水平向的移动。但粗糙基础的边界条件保证其不会发生这种情况。因此,粗糙基础的破坏应该发生在比光滑基础略深也略宽的区域。这表明粗糙基础的滑移面发生区大于光滑基础,并且 S_u 为常量时,其极限荷载与 N_c 更大。

上述三种分析的误差会根据基础下方和附近单元网格的性质增加。从图 6.11 中可以看出,粗糙基础边缘附近的位移向量方向骤变,在基础中心处其方向向下,而到基础边缘处向量的方向已经变为与水平向呈 $45°$ 向上。这种变化发生在基础拐角处的单个单元上,而求解的精确性就取决于该单元满足上述位移方向骤变的能力。在光滑基础和考虑了接触单元基础的分析中,基础边缘较少出现位移方向骤变。从图 6.11 中还可以看出,在后续的分析中,与基础下边缘接触的土体表面有水平向位移。这或许是因为邻近单元发生了塑性变形,尽管单元顶部约束使其仅能竖向移动,但其底部依然可以有水平向位移(注意图 6.11 中接触单元顶部是没有位移的)。

在第 9 章以及 Day 等(2000)都提到,在基础边缘周围采用更小的单元进行计算能够得到更精确的解。但是,由于基础边缘存在着奇点,求解问题需要大量的计算时间。因此,图 6.8 中所示的计算网格没有在本章中进行详细的计算和讨论,但是定性地比较得出的结论应当是正确的。值得注意的是,采用细化的网格进行计算能够得到更加准确的解。

图 6.12 与图 6.13 反映了不同土体初始应力条件的影响,图中所示为分别取 K_0 为 0.5、1.0 和 2.0 时所得到的分析结果。所有的分析都是在相同的土性(相同的刚度与强度)下得到的,并取土的饱和重度为 20kN/m³,地下水位线位于土体表面。分析所得土的荷载-位移曲线如图 6.12 所示,可以看出,K_0 的影响并不大。

图 6.13 表示了当 $\delta/B=0.006$、0.02、0.05 三种不同情况下的增量位移向量,其

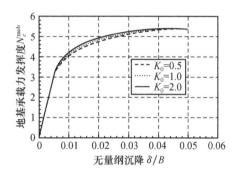

图 6.12 K_0 对荷载-位移曲线的影响

中,δ 为竖向位移,B 为基础的一半宽度,图中还同时绘出了土的塑性区。三种分析均表明,$\delta/B=0.02$ 时基础下方的位移增量向量随深度有显著的变化,同时土体出现大片的塑性区。因此,破坏时的位移形式发生了改变,并且只有很小的变形出现。从图中可以推知,随着 K_0 的增大,塑性区水平向范围增大而竖向范围减小。

3. 基础形状对不排水黏土承载力的影响

下面进行进一步的分析,以获得刚性圆形和正方形地表基础的荷载-位移曲线。计算中仍采用分析条形基础时的参数。分析圆形基础时,采用图 6.8 中的 8 节点单元,而对于正方形基础采用图 6.14 所示的 20 节点单元。从图 6.14(b) 中可以看出,基础下方单元的高宽比不是严格设定的,但是由于它们距离基础较远,对结果没有不良影响。分析中令竖向边界不能发生水平向位移,而网格的底部无论竖向还是水平方向均不能产生位移。荷载依然用增加基础下土体表面的竖向位移来模拟。

图 6.15 和图 6.16 分别表示了条形、圆形和矩形的光滑基础和粗糙基础的荷载-位移曲线。同样地,用承载力发挥度 $N_c^{mob}(=Q/(AS_u))$ 表示荷载,将位移值除

S_u=100kPa,E=100MPa,B=1m

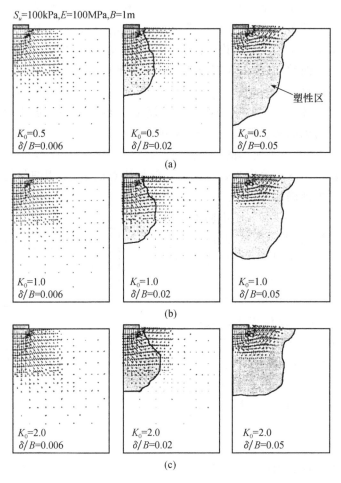

图 6.13 K_0 对破坏机理和基础下方的塑性区的影响

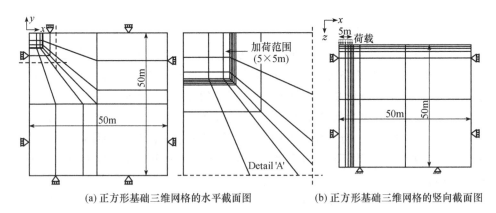

(a) 正方形基础三维网格的水平截面图   (b) 正方形基础三维网格的竖向截面图

图 6.14   正方形基础三维网格截面图

以 B 使其无量纲化,B 为条形和正方形基础的半宽度,对于圆形基础 B 取为半径。计算得到了光滑和粗糙时的条形基础极限承载力解析解(即 $N_c = 5.14$)、圆形基础极限承载力的半解析解或数值解。应当注意的是,分析得不到正方形基础的解。但是,尽管理论上仍不完善,通常是假定正方形与圆形基础的承载力值相等。实际上,用有限元方法求出的正方形基础承载力值小于圆形基础的结果。

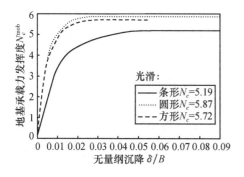

图 6.15　光滑条形、圆形和方形
基础荷载-位移曲线

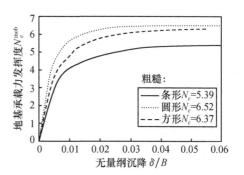

图 6.16　粗糙条形、圆形和方形
基础荷载-位移曲线

同样地,对长宽比 L/B 为 2 和 4 的矩形基础进行了分析。所用的单元网格与分析正方形时所用的类似,但考虑到基础长度的变化,又增加了一些单元。图 6.17、图 6.18 分别为光滑和粗糙情况下用承载力发挥度 N_c^{mob} 和无量纲竖向位移 δ/B 表示的荷载-位移曲线。

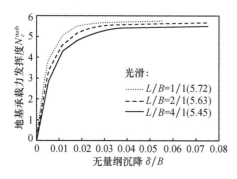

图 6.17　光滑矩形基础荷载-位移曲线

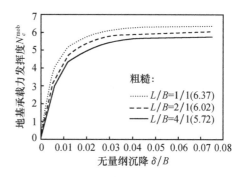

图 6.18　粗糙矩形基础荷载-位移曲线

传统上,不排水黏土上矩形地表基础下的承载力 Q_{max} 可以用条形基础极限承载力系数 N_c^{strip} 和形状系数 s_c 表示为

$$Q_{max} = As_c N_c^{strip} S_u \qquad (6.3)$$

式中,形状系数 s_c 取决于基础的长宽比 L/B,通常可用以下经验公式(Skempton,1951)计算:

$$s_c = 1 + 0.2B/L \tag{6.4}$$

用式(6.4)计算得到的光滑和粗糙基础的解并无太大差别。图 6.17 和图 6.18 可以用来计算矩形基础的长宽比分别为 1、2 和 4 时的 s_c,并与用式(6.4)计算得出的结果作了比较,如图 6.19 所示。

4. 不考虑自重的排水土体上的条形基础

在竖向荷载作用下,地基排水条件下(如砂土)条形基础的承载力通常可表示为

$$Q_{\max}/A = c'N_c + q'N_q + \gamma'BN_\gamma \tag{6.5}$$

式中,B 为基础的一半宽度;q' 为基础附近地面的均布荷载,如图 6.20 所示;N_c、N_q 和 N_γ 为承载力系数。假设土体无自重,可推导出参数 N_c 和 N_q,而参数 N_γ 是在考虑土体自重但不计黏聚力和超载的情况下推导出的,将几项叠加即得式(6.5)。

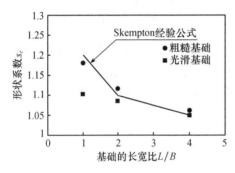

图 6.19　形状系数随 L/B 的变化

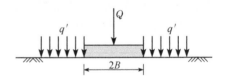

图 6.20　周围有超载的条形基础

对应力场解析分析可得到以下 N_q 和 N_c 的表达式(Prandtl,1920):

$$N_q = \frac{1 + \sin\varphi'}{1 - \sin\varphi'} e^{\pi\tan\varphi'} \tag{6.6}$$

$$N_c = (N_q - 1)\cot\varphi' \tag{6.7}$$

当剪胀角等于内摩擦角(即 $\nu = \varphi'$)时,变形机理可能与应力场相容,也有可能发生应力场扩大到土体之外,不违反屈服条件同时满足平衡方程的情况。因此,式(6.7)和式(6.8)的解理论上是精确的。式(6.6)和式(6.7)同时也适用于光滑和粗糙基础。如果剪胀角 ν 不等于内摩擦角 φ',上述解答仅仅是近似解。

为了评价数值分析对预测这些结果的准确性,采用如图 6.8 所示的有限单元网格进行分析。采用莫尔-库仑模型模拟土的性质,参见《岩土工程有限元分析:理论》7.5 节。假设不计土体自重($\gamma' = 0$)和黏聚力($c' = 0$),内摩擦角 φ' 为 25°,杨氏

模量 E' 为 100MPa,泊松比 μ 为 0.3。对超载 $q'=100$kPa 作四次数值分析,超载为 $q'=10$kPa 进行一次分析。四个超载 $q'=100$kPa 的数值分析分别用不同的剪胀角和粗糙程度组合,而超载为 $q'=10$kPa 的情况假设基础光滑并设剪胀角为零。分析中采用的粗糙基础与土之间的接触单元可参见图 6.10,并设定接触单元的 ν 和 φ' 与土的相等,刚度为 $K_s=K_n=10^5$kN/m^3。

预测得到的荷载-位移曲线如图 6.21 所示,图中荷载表示为承载力发挥度 $N_q^{\text{mob}}(=Q/(Aq'))$。从图中可以看出,基础的粗糙程度对曲线几乎没有影响,但剪胀角对荷载-位移曲线的形状和极限荷载 N_q 影响很大。超载值 q' 会影响破坏时的位移大小,但不会影响极限值 N_q。

将 $\varphi'=25°$ 代入式(6.6),得到 $N_q=10.7$,分析中破坏时的 N_q 列于表 6.1 中。6.5 节提到过,式(6.1)在土的剪胀

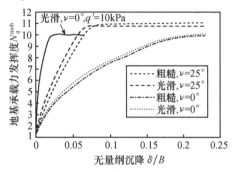

图 6.21 不计土体自重时条形
基础荷载-位移曲线
（比较粗糙程度、剪胀角和超载的影响）

角与内摩擦角相等时是精确的,且对粗糙基础和光滑基础都适用。将 $\nu=25°$ 时的数值分析结果同解析解作对比,光滑与粗糙基础误差分别为 0.9% 和 3%。在分析不排水黏土时,可以通过细化网格的方法提高预测的精度。三个剪胀角为零的情况分析得出的结果 N_q 约为 10.0,比用式(6.6)计算的结果小 7%。

$q'=100$kPa 情况下的四次数值分析得到破坏时的位移向量增量如图 6.22 所示。可以看出四种情况的破坏机理,其破坏影响的深度与水平延伸范围都较大。

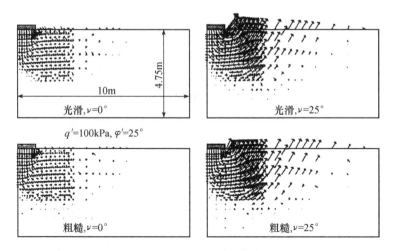

图 6.22 条形基础粗糙程度和剪胀角对不计土体自重的地基破坏机理的影响

5. 排水土体上的条形基础

　　如果不考虑土的黏聚力,土上无超载作用但考虑土体自重,则式(6.5)只有第三项不为零。在《岩土工程有限元分析:理论》1.9.2 小节中提到过,由于求解偏微分方程的复杂性,得不到考虑自重的无黏性土($\varphi' > 0$)的应力场解析解。因此,没有能精确求解 N_γ 的公式。但实际上,从文献中可以查到一些可用的公式,最常用的是 Hansen(1970)提出的

$$N_\gamma = 1.5(N_q - 1)\tan\varphi' \qquad (6.8)$$

此类公式经常用于求解粗糙和光滑基础。不过 Bolton 等(1993)提出,基础的粗糙程度会影响 N_γ 的值。他们采用对应力场公式数值积分得到了结果,因此也是近似的。

　　图 6.23 所示为四次数值分析的结果,所采用的单元网格与图 6.8 相同,土的参数与求 N_q 时相同。不考虑地下水的影响,土的重度为 18kN/m^3,取 $K_0 = 0.577$(即 $1 - \sin\varphi'$)。每次分析中用不同的基础粗糙程度和土的剪胀角组合。计算结果依然用 δ/B 和 N_γ^{mob} 作为横、纵坐标绘制成图。与分析 N_q 时得到的结果不同,N_γ 的终值只取决于基础的粗糙程度,与剪胀角无关。N_γ 的极限值列于表 6.2 中,并可与采用 Bolton 等(1993)和式(6.8)的计算结果作比较。

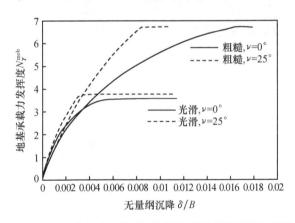

图 6.23　无黏性土上条形基础荷载-位移曲线(考虑粗糙程度和剪胀角的影响)

　　图 6.24 所示为破坏时的位移增量向量。由图可见,光滑基础的破坏影响范围比粗糙基础浅得多,同时也解释了在 N_γ 极限值上会有差别。

　　图 6.25 为光滑基础作用下,对土体加载的三个不同阶段的位移增量向量与塑性区,分析时取土的剪胀角为零。与上文提到过的不排水情况的例子不同,变形的模式会随着荷载的不断施加而有所改变。塑性区的范围要比破坏发生的区域大得多。

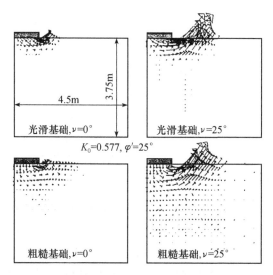

图 6.24　无黏性土上条形基础的破坏机理(考虑粗糙程度和剪胀角的影响)

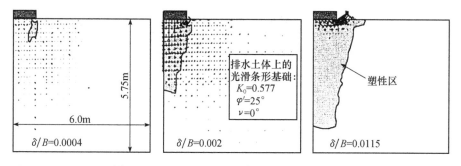

图 6.25　无黏性土上光滑条形基础的破坏发展

上文所有对 N_γ 的分析中都取 $K_0=$ 0.577。为了评价 K_0 的影响，对光滑基础，令土的剪胀角为零，分别取 K_0 为 1.0 和 2.0 进行数值分析。所得到的荷载-位移曲线绘在图 6.26 中。可以看出，K_0 的取值会影响荷载-位移曲线的形状，但不会影响 N_γ 的极限值。图 6.27 中比较了每次分析得到的破坏时塑性区和位移增量。从图中可以看出，K_0 与破坏发生的范围无关，但与塑性区大小有关。

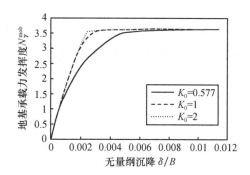

图 6.26　K_0 对荷载位移曲线的性质的影响

如果基础周围有超载作用且考虑土体自重，那么式(6.5)中含 N_γ 和 N_q 的项

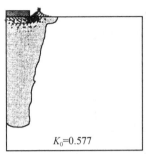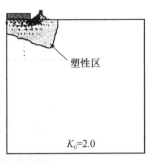

图 6.27　K_0 对破坏发生的范围和塑性区发展的影响

均不为零。因此，如考虑土体自重 γ 和超载 q' 的影响，式(6.5)计算时要把几项叠加起来。为了验证这条假设，对砂土上粗糙基础的承载力进行数值模拟，取剪胀角 $\nu=25°$，超载 $q'=10\text{kPa}$。分析所得的承载力极限值 $Q_{max}=556\text{kN/m}$。而当 $N_q=11.03$(表 6.1)，$N_\gamma=6.72$(表 6.2)时，式(6.5)计算得到的极限荷载为 463kN/m，比数值解小 17%。对比以上结果可以看出，采用式(6.5)计算偏于保守。

表 6.1　承载力系数 N_q

对比分析	破坏时的 N_q	
	条形基础	圆形基础
光滑基础,$q'=100\text{kPa}$,$\nu=0°$	10.03	15.57
光滑基础,$q'=100\text{kPa}$,$\nu=25°$	10.8	16.01
粗糙基础,$q'=100\text{kPa}$,$\nu=0°$	9.92	18
粗糙基础,$q'=100\text{kPa}$,$\nu=25°$	11.03	19.42
光滑基础,$q'=10\text{kPa}$,$\nu=0°$	10	

通过比较图 6.22 和图 6.24 可以看出，上述叠加的方法不适用的一个原因是 N_q 和 N_γ 的破坏机理不同。N_q 破坏发生的区域在深度和宽度上都超过 N_γ。

还应该注意的一点是，N_q 和 N_γ 对于基础沉降的影响是独立的(图 6.21 和图 6.23)。还有，随沉降量变化的 N_q 的极限值取决于超载 q' 的大小。常规的设计过程中没有清楚地说明这一点。但是，在实际应用中这些问题都是不能忽略的，尤其是随着变形发展土体发生强度损失(即 φ' 减小)时。例如，在极限荷载作用下，此时土体的平均强度所对应的第一个破坏机制(即 N_γ)已越过峰值开始减小，而第二个破坏机制(即 N_q)还没有达到峰值。不过在这种情况下，式(6.5)并不保守(参见第 4 章中对渐进破坏的详细讨论)。

6. 不考虑自重的排水土体上的圆形基础

本小节中，仍采用式(6.5)作为常规设计方法与数值方法作对比，分别计算竖向荷载作用下排水土体上圆形基础的承载力。当然,承载力系数 N_q、N_c 和 N_γ 需要对圆形基础进行修正。修正方法包括重新计算 N_q、N_c 和 N_γ 或者保持原值不变,通过引入式(6.3)中不排水条件下的 s_q、s_c 和 s_γ 形状系数来实现。

与条形基础的情况不同,常规方法中采用式(6.6)和式(6.7)计算圆形基础承载力参数 N_q 和 N_c 所得的结果是近似的。为了评价基础形状对 N_q 的影响,将 6.5.4 小节 4 中对不计自重砂土、$q' = 100\text{kPa}$ 的条形基础有限元分析改为对圆形基础的分析。

分析得出的荷载-位移曲线如图 6.28 所示,可与图 6.21 所示的对条形基础的分析作比较。条形基础分析表明,基础的粗糙程度不影响 N_q 的极限值;而圆形基础分析表明,基础越粗糙,N_q 的极限值越大。

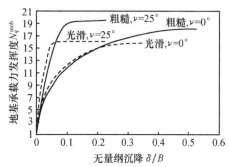

图 6.28 不计自重土体上圆形基础的荷载-位移曲线（考虑粗糙程度和剪胀角的影响）

图 6.29 所示为破坏时的位移增量向量,图中揭示了上述问题产生的部分原因。这些向量表明,光滑圆形基础情况下破坏发生的范围要比粗糙情况下的浅并且水平范围也要小得多。对比图 6.22 所示条形基础的破坏机理可以发现,即使是粗糙的圆形基础,其破坏发生的范围也要比条形基础的小。

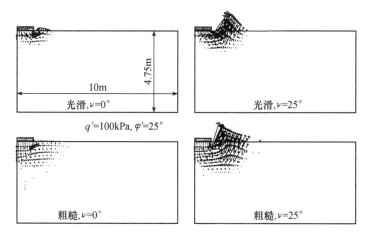

图 6.29 不考虑自重土体上圆形基础的破坏机理(考虑粗糙程度和剪胀角的影响)

N_q 的极限值列于表 6.1 中,表中对圆形基础和与其等效的条形基础的分析结果作了比较。分析表明,圆形基础下的结果明显小于等效条形基础的值。这同常规设计方法中设计规范或手册所建议的将条形基础下的参数乘上 1.2～1.5 的形状系数进行计算所得到的结果是一致的。

7. 排水土体上的圆形基础

为了评价基础形状对式(6.5)中 N_γ 的影响，将 6.5.4 小节 5 中分析的例子通过轴对称性质简化为平面应变问题。其分析结果示于图 6.30 所示的荷载-位移曲线中，可与图 6.23 中的等效条形基础的结果作比较。预期的结果是圆形基础的 N_γ 极限值会小于条形基础的解，实际的分析结果很好地反映了这一特性。而分析 N_q 时，圆形基础的结果较大。

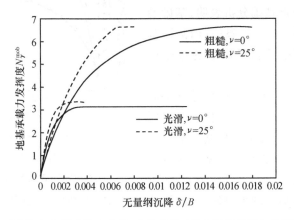

图 6.30　无黏性土上圆形基础荷载-位移曲线(考虑粗糙程度和剪胀角的影响)

N_γ 的极限值列于表 6.2 中，表中还列有对条形基础和采用 Bolton 等(1993)方法得到的计算结果。对比结果可以发现，有限元分析得到的光滑和粗糙情况下的解为条形基础的 N_γ 的 0.88 倍和 0.98 倍。光滑基础的有限元解与采用 Bolton 等(1993)的计算结果吻合很好，但是粗糙的情况则大相径庭。实际上，采用 Bolton 等(1993)得到的粗糙圆形基础的 N_γ，远大于等效条形基础的结果。这在有限元分析中未能得到体现，而且与常规方法(Sieffert et al.，2000)推荐取形状系数为 0.6～0.9 不一致。

表 6.2　承载力系数 N_γ

对比分析	Bolton 等		式(6.8)		有限元分析	
	条形	圆形	条形	圆形	条形	圆形
光滑，$\nu=0°$	3.51	3	6.76	—	3.59	3.14
光滑，$\nu=25°$	3.51	3	6.76	—	3.74	3.31
粗糙，$\nu=0°$	11.6	13.5	6.76	—	6.74	6.62
粗糙，$\nu=25°$	11.6	13.5	6.76	—	6.72	6.64

破坏时的位移增量向量如图 6.31 所示。与图 6.24 所示等效条形基础的相比，圆形基础下的土体发生破坏的深度浅，宽度也小于条形基础时的情况。

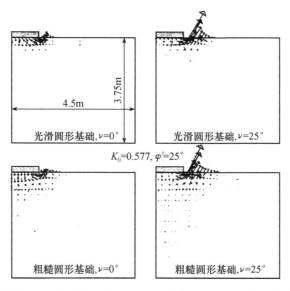

图 6.31　无黏性土上圆形基础的破坏机理(考虑基础粗糙程度和剪胀角的影响)

6.5.5　非均质黏土的不排水承载力

1. 简介

在 6.5.4 小节 2 和 6.5.4 小节 3 中对不排水黏土的承载力进行分析时，均假设土的强度不随深度变化。对于土体强度随深度呈线性或折线形变化的情况，Davis 等(1973)求得了近似的解析解。而对于更一般的情况，则没有类似的解答。

2. 本构模型

用有限元来分析不排水土体强度随深度的变化相对容易一些。可采用 Tresca 模型来描述其在有限单元网格中的变化，分析过程与上文类似。

作为本章 6.5.6 小节的铺垫，同时也为了说明比较复杂的本构模型在有限元分析中的应用，这里采用修正剑桥模型进行分析。模型中屈服势面和塑性势面分别用莫尔-库仑六边形和圆形来表示。为了模拟土体真实的状态，把硬黏土和软黏土都考虑进来，土的参数列于表 6.3 中。应当注意这些参数都是用有效指标表示的。分析中不可能直接输入土的不排水强度或是它随有效应力的变化情况。不过，在《岩土工程有限元分析：理论》附录 Ⅶ.4 中提到，可以将基本参数代入式(6.9)中得到不排水强度

$$\frac{S_u}{\sigma'_{vi}} = g(\theta)\cos\theta \frac{OCR}{6}(1+2K_0^{NC})(1+B^2)\left[\frac{2(1+2K_0^{OC})}{(1+2K_0^{NC})OCR(1+B^2)}\right]^{\frac{\kappa}{\lambda}} \qquad (6.9)$$

式中

$$g(\theta) = \frac{\sin\varphi'}{\cos\theta + \dfrac{\sin\theta\sin\varphi'}{\sqrt{3}}}$$

$$B = \frac{\sqrt{3}(1-K_0^{NC})}{g(\theta)(1+2K_0^{NC})}$$

式中,θ 为洛德角;OCR 为超固结比;σ'_{vi} 为初始竖向有效应力。

在当前的分析当中,K_0^{NC} 和 K_0^{OC} 由式(6.10)得出

$$K_0^{NC} = 1 - \sin\varphi', \quad K_0^{OC} = K_0^{NC}OCR^{\sin\varphi'} \qquad (6.10)$$

表 6.3　预压条形基础下土的参数

土的类型	$\varphi'/(°)$	κ	λ	第二弹性参数	$\gamma/(kN/m^3)$	ν_1	$k/(m/s)$
硬黏土	23	0.03	0.16	$\mu=0.2$	18	2.84	1×10^{-10}
软黏土	32	0.02	0.22	$G=1700kPa$	17	3	5×10^{-10}

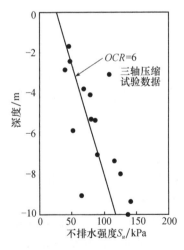

图 6.32　伦敦黏土不排水强度
理论值与试验值

硬黏土的参数取自伦敦黏土,取 $OCR=6$,地下水位在地表下 2.5m 处。水位线以上的黏土同样是饱和的,并且孔压为负。土的强度与深度的关系如图 6.32 所示,另外 Caswell 等(1993)所测得的伦敦黏土的试验数据也示于图中。

软黏土的参数取自 Grimsby、Yorkshire 场地的现场和室内试验数据(Mair et al.,1992)。该地区黏土地表附近存在硬壳层,地下 2m 以下为正常固结土。软黏土的地下水位定为地表下 2m 处,而硬黏土水位线以上的土是饱和的并且有负孔压。为了获得不排水强度沿深度的分布情况,设定 OCR 随深度的变化如图 6.33 所示。图中还表示出了由式(6.10)计算得到的 K_0^{OC} 随深度的变化。分析得到的不排水强度 S_u 随深度的分布与三轴压缩试验的结果一并示于图 6.34 中。

3. 几何条件与边界条件

文中已经对 2m 宽和 10m 宽的刚性条形基础进行了分析。对于不排水条件,

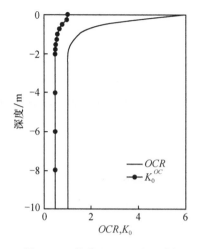

图 6.33　软黏土 OCR 和 k_0 沿
深度分布

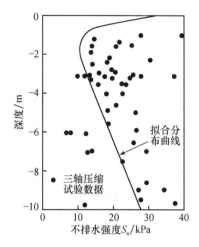

图 6.34　软黏土不排水强度沿
深度分布及拟合曲线

有两种分析方法可供选择：一种是考虑变形与孔隙水流动耦合的分析方法，参见
《岩土工程有限元分析：理论》第 10 章；另一种为仅考虑土的力学特性，对孔隙水的
压缩性指标取一个很大的值来进行分析。尽管后一种方法比较简单，看起来是最
好的方法，这里还是采用第一种方法进行分析。这是因为下面的分析会扩展到对
排水条件下问题的求解，见 6.5.6 小节。

　　2m 宽条形基础的有限单元网格如图 6.8 所示。分析中采用 8 节点平面应变
等参数单元，其 4 个角点处包括孔隙水压力、位移和自由度等信息。网格的两个竖
向边界被限制不产生水平向位移，底边界水平向和竖向都不能产生位移。对基础
加载采用对基础下土体表面节点施加相同大小的竖向位移来模拟。分析中对光滑
基础和粗糙基础都进行了数值模拟。对粗糙基础进行分析时，与基础下方接触的
节点不允许有水平向位移产生。

　　分析过程中网格的底边界、与基础接触的土体表面、基础周围的地表和作为对
称面的左边界都不允许有水流出。右边界的孔压恒等于由地下水位所确定的初始
值。由于基础在荷载作用下很快在第 21 天就达到破坏，而土的渗透性又比较差，
所以网格右边界的孔压对结果几乎没有影响。分析时如果假定边界不透水的话也
能够得到相似的结果，不过这样的边界条件不适用于 6.5.6 小节中的分析。

　　分析 10m 宽的条形基础时，可将原网格尺寸乘以 5 即可。土性参数和初始条
件不变。

　　4. 破坏机理

　　对于光滑基础下不排水强度为定值的软黏土，理论上有两类破坏机理：Hill 破

坏机理(Hill,1950)和 Prandtl 破坏机理(Prandtl,1920)。如图 6.35 所示。Hill 破坏机理不适用于粗糙条形基础,因为它认为土与基础界面处的土有水平向运动。Prandtl 破坏机理适用于粗糙条形基础。有趣的是,当土的不排水抗剪强度为常量时,用 Hill 破坏机理和 Prandtl 破坏机理求出的承载力系数 N_c 是相等的(即 $N_c = 2+\pi$)。由于 Prandtl 破坏机理对粗糙和光滑基础都适用,可以认为此时承载力取决于基础的粗糙程度。

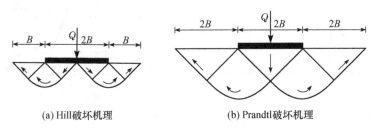

(a) Hill破坏机理　　　　　　　　　(b) Prandtl破坏机理

图 6.35　基础的破坏机理

上述结论对于不排水抗剪强度 S_u 为定值时成立,但当 S_u 在空间发生变化时就不再适用了(Davis et al.,1973)。下面分析 S_u 对破坏机理和承载力的影响。分析得到的破坏时的位移增量向量如图 6.36 所示。图示向量清晰地表示出了每种分析的破坏机理和特点。

硬黏土上 2m 宽的光滑与粗糙基础的分析结果分别示于图 6.36(a)、(b)中。光滑基础的破坏与 Hill 破坏机理吻合很好,破坏发生时与基础下方接触的土产生了水平向和竖向的位移。而粗糙基础的破坏方式更接近于 Prandtl 破坏机理,破坏时与基础下方接触的土主要产生竖向位移。可以明显地看出,粗糙基础下土体破坏发生的区域要深于光滑基础的情况,破坏区范围内的土体积也要大得多。这是因为粗糙基础对土的水平向约束使得更深范围的土体发生了破坏。当不排水抗剪强度随深度不断增加时,很明显,分析得到的粗糙基础的承载力会大于光滑基础的承载力,参见图 6.32(注意,图 6.36 中的承载力是用 Q_{max}/A 表示的)。

由于硬黏土中 S_u 的初始分布是线性的,应用 Davis 等(1973)的结论,可以对承载力进行预测。根据上文中的图示进行插值和缩放比例,可求得的光滑基础 $Q_{max}/A=145$kPa。Davis 等给出的结果是通过近似的有限差分计算得到的,用于在设计中进行保守的计算。因此,可以认为上述的结果是错误的。但无论如何,它与有限元分析结果误差不到 5%。

对软黏土上 10m 宽条形基础的分析可得到相似的结果,如图 6.36(c)、(d)所示。结果表明,硬壳层(图 6.34)对于破坏机理影响不大。而对于图 6.36(e)、(f)所示的 2m 宽基础却没有类似结论。在这个例子中,采用 Prandtl 破坏机理来分析光滑和粗糙基础。对于此破坏机理而言,基础的宽度一定程度上控制了破坏发生

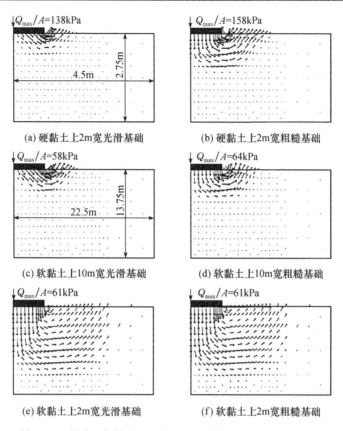

图 6.36 硬黏土与软黏土上光滑基础与粗糙基础的破坏机理

的深度,使得此例子中的破坏深度不大。而硬壳层中土的强度是随深度减小的,因此对结果的影响较大。由于此例中光滑基础和粗糙基础都在软弱土上,相应的土所提供的承载力也是最小的。因为光滑基础和粗糙基础的破坏机理是相同的,得到的承载力也应该是一样的,图 6.36(e)、(f)中的结果证明了这一点。

6.5.6 黏土上预压条形基础不排水承载力

1. 简介

土的承载力对于浅层基础的设计是必需的。它对地基能够承受的荷载起控制作用,并会影响到基础的选型和尺寸。上文分析了土的强度参数为常量或随深度变化时的排水和不排水强度。通过上面的讨论,我们已经对各种理论和经验计算地基承载力的方法有了一个深入的了解。下面开始讨论基础在另一种情况下的地基承载力求解问题,即主要针对在设计中起控制作用的短期(不排水)承载力的计算。

如果在基础施工完成一段时间后,又对其施加额外的荷载,这种情况下求解黏土的承载力会比较困难。这在实际工程中是常见的,如在建筑物中装配新的机械设备或是加盖楼层等。如果在老旧基础上修筑新的结构,事实上是将土木工程行业与可持续发展联系起来,此类问题会变得更加普遍。由于初始荷载使土体发生了固结,土的不排水抗剪强度会发生变化。因此,在进一步施加荷载时,土的承载力与初始状态下的承载力不同。目前对于这种承载力变化的求解方法尚无定论。这主要是因为此时基础下土的不排水强度的分布规律复杂,因此得不到解析解。

对此类问题应用有限元方法求解是比较理想的。通过对一系列耦合情况的条形基础进行有限元分析,首先由 Jackson 等(1997)给出了解答,随后 Zdravković等(2001)给出了不同状态下土的解答。通常是考虑首先将条形基础置于黏土层上,给定一系列初始条件,然后在迅速加荷下使其破坏。这样可以解出初始的短期(不排水)承载力。然后对上述基础在逐级加荷的情况下进行一系列的分析,加荷的等级可分别取为初始短期(不排水)承载力的 20%、40%、60%、80% 和 100%。加荷完成后保持荷载不变,直到孔压全部消散(即完全固结)。然后使基础在迅速加载下(不排水)破坏,从而分析出预压后的不排水承载力。

2. 本构模型

此数值分析中一个重要的问题是如何确定固结过程中不排水强度的变化,因为这一变化对快速加载下的地基土不排水承载力起控制作用。因此,为了保证分析的准确性,必须采用一个合理的本构模型来描述土的特性。这里采用修正剑桥模型进行模拟。实际上,该本构模型和同样的土性参数在前面的分析当中也使用过,前面曾对硬黏土($OCR=6$)和软黏土进行过分析,以确定初始的不排水承载力。采用同样的方法,得到 OCR 分别为 1、2、4、9 和 25 的硬黏土分析结果。

3. 几何与边界条件

采用 2m 和 10m 宽条形基础进行分析,2m 宽条形基础的有限单元网格如图 6.8 所示。

在分析加载过程时设定的边界条件与 6.5.5 小节中所用的一致。但是,在分析固结过程中,基础下方土表面的节点可以发生自由竖向变形(即不排水加载时的位移),但施加在基础上的荷载保持不变。这个结论是应用约束自由度的概念得到的,参见《岩土工程有限元分析:理论》第 3 章。在固结过程中,变形的大小不是预先设定的,而是通过分析得到的。

同样的水力边界条件(即设定的各边界的渗流与孔压),如 6.5.5 小节中所述,在固结过程中保持不变。唯一的变化是在分析中设定基础周围土表面的孔压始终保持基础施工前的初始值不变。

在加载阶段,采用很小的时间步长来满足地基的不排水条件。例如,初始加荷至破坏只需要 21 天,因此假设在很短的时间内孔压即消散完毕,完成固结。但通常的分析中,软黏土和硬黏土固结完成通常分别需要 80 年和 30 年。

4. 结果与分析

详细的研究结果可参见 Zdravković 等(2001)的论文。这里只讨论预压的影响。

软黏土和硬黏土($OCR=6$)上 2m 宽光滑条形基础数值分析得到的荷载-位移曲线分别如图 6.37(a)、(b)所示。标为"初始"的曲线代表基础在初始条件下快速加载的情况,从中可以得到初始的短期承载力,结果与 6.5.5 小节中给出的一致。其余的曲线代表基础经过不同的预压荷载并在该荷载作用下固结,然后快速加载直到破坏的过程。可以看到,预压荷载越大,承载力越高。

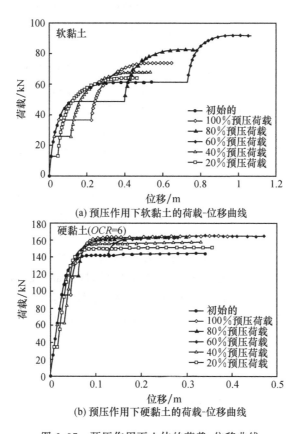

(a) 预压作用下软黏土的荷载-位移曲线

(b) 预压作用下硬黏土的荷载-位移曲线

图 6.37 预压作用下土体的荷载-位移曲线

在对基础快速加荷时,土体中出现的超静孔隙水压力是由两部分组成的:第一部分(正值)是由于平均总应力的增加产生的,第二部分(正值或负值)是由于偏(剪)应力的增加产生的。其中,第一部分取决于基础荷载的大小,通常为压力。第二部分的影响因素不仅包括基础荷载和黏土的类型,更主要的是还取决于土的超固结比。如果黏土的超固结比低的话,第二部分同样为压力。但是,随着 OCR 的增大,这部分孔隙水压力可能会转变为拉力。因此,初始不排水加载阶段的超静孔隙水压力大小取决于施加的荷载大小和黏土的初始 OCR。

固结阶段的黏土不排水抗剪强度的变化直接取决于超静孔隙水压力的大小和土体的特性。对于同一种土,超静孔隙水压力越大,强度的增长越大。如果超静孔隙水压力是负的,水将被吸附在土体中,不排水强度将减小。

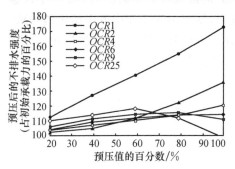

图 6.38　预压后土的不排水强度与
预压荷载百分数的关系

图 6.38 所示为硬黏土(土中不排水强度随深度线性增长)上所有粗糙条形基础的分析结果。图中纵坐标为预压后与初始时不排水强度的比值,横坐标为预压荷载值的百分数。可以看出,OCR<6 的土其承载力与预压值正相关。对于 OCR=9 的土,分析表明,在预压超过80%后,土的承载力会减小。分析 OCR=25 的情况所得曲线也有相似的趋势,在预压超过 60%后,承载力值也开始衰减。

实际上,在预压达到 100%时,分析结果表明,基础在固结阶段即宣告破坏,不能再继续加载了。

承载力的这种特性可以通过对预压过程中超静孔隙水压力的变化进行分析而得出。上文中提到,超静孔隙水压力由两部分组成。对于超固结比很高的土,这两部分的大小都是预压荷载的函数。通过分析 OCR=9 和 OCR=25 的土,发现由平均总应力控制的孔压为压力,而由偏应力控制的孔压是拉力。对于 OCR=9 和 OCR=25 的土,其预压分别超过 80%和 60%以后,拉力部分的增长超过了压力部分,因此超静孔隙水压力减小,并导致固结阶段的不排水强度有了小幅增长。对于 OCR=25 的土,预压达到 100%后,孔压中受偏应力影响的拉力部分随平均总应力的增长而变大,导致固结过程中土体膨胀,产生了负孔压,使得承载力减小。进一步的分析表明,预压达到 93%后,OCR=25 的硬黏土在固结阶段即宣告破坏,不能继续加载了。

为了进一步突出 OCR 的影响,将图 6.38 重新绘在图 6.39 中。图中纵坐标为无量纲不排水承载力,横坐标为 OCR(以对数坐标画出)。在预压小于 50%时,不排水承载力先随 OCR 减小,后缓慢增大。这似乎看起来与前面所述的结论不符,

似乎应该随着 OCR 的变大,孔压逐渐消散,最终使承载力小幅增加。但事实上,OCR 变大,S_u/σ'_v 也变大,见式(6.9)。因此,由于 σ'_v 变化已知,OCR 越大,S_u 也越大。这种关系对超静孔隙水压力有一个相反的影响,用它可以解释图 6.39 中的关系。在预压达到 100% 时,超静孔隙水压力的影响起主导作用,承载力随 OCR 的增长而不断下降,如图 6.39 所示。与之相反的是,在预压为 80% 时,承载力首

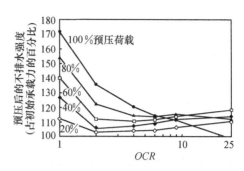

图 6.39　预压后土的不排水强度
与 OCR 的关系

先随 OCR 减小(孔隙水压力起主导作用),随后第二次减小(孔隙水压力起主导作用)之前曾出现小幅上升(S_u/σ'_v 起主导作用)。

还应当注意的是,在对硬黏土的分析中,初始不排水强度是随深度线性增加的,此时承载力的增加取决于预压荷载,与基础宽度无关。因此,图 6.38 和图 6.39 中的结果适用于任何宽度的基础,可应用于工程设计。

5. 结论

分析结果表明,正常固结土通过预压可使承载力上升 74%,而对于一般的超固结土最多增加 15%。在前面的例子中,承载力是随着预压荷载的增加而不断变大的。同时它还取决于基础宽度以及黏土体中硬壳层的厚度。一般超固结黏土可能在预压小于 100% 时达到其最大承载力,但是对超固结比很高的黏土进行预压可能导致不排水强度降低。

在实际工程中,对基础的设计通常会取一个不小于 2 的安全系数。这表示最大的预压不会超过 50%。现阶段的研究结果显示,这种程度的预压可使正常固结土不排水强度最多增加预压荷载值的 35%,对于 OCR 大于 4 的黏土最多增加 12%。因此,对于大多数实际工程来说,预压可以显著地提高地基土的不排水承载力。

6.5.7　强度各向异性对承载力的影响

1. 简介

实际上绝大多数土休表现出各向异性的特性。通常认为这种各向异性的性质包括两种,即原生各向异性和次生各向异性。原生各向异性是由与荷载作用无关的土自身的组分和结构决定的,次生各向异性是由后来施加在土上的荷载引起的。

原则上,要模拟土的各向异性,采用的本构模型必须能同时描述这两种各向异

性。当然,如果土的原生各向异性起主导作用,则用一种能够模拟原生各向异性但不能模拟次生各向异性的本构模型是可以接受的。这种情况下可以采用《岩土工程有限元分析:理论》7.10.2 小节中所述的模型,该模型不能模拟次生各向异性,它不能反映主应力方向发生偏转。

如果要同时模拟两种各向异性,那就需要引入一个用六个应力分量和六个应变分量表示的且不含有不变量的模型。《岩土工程有限元分析:理论》第 8 章中介绍的 MIT 模型就是这样一个模型。MIT-E3 可用来分析土的各向异性对条形和圆形粗糙刚性地表基础承载力的影响,并且也可用于分析倾斜荷载作用时的情况。

2. 土的性质

Zdravković(1996)曾用帝国理工学院大型空心圆柱仪(HCA)对粉砂的各向异

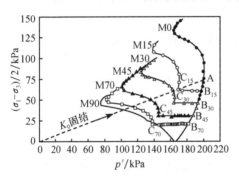

图 6.40　粉砂土空心圆柱试验的
有效应力路径

性进行了研究。从一系列试验(M 系列试验)中得到的结果示于图 6.40 中。试验中所有的试样都首先进行 K_0 固结试验到达 A 点,固结过程中洛德角 $\theta=-30°$(即三轴压缩),大主应力在竖直方向,即 $\alpha=0°$,α 为大主应力方向与竖直方向的夹角。在 A 点洛德角变为 $\theta=0°$,大主应力与竖直方向夹角不变,即 $\alpha=0°$。标为 M0 的试验代表剪切试验中保持 $\theta=0°$,$\alpha=0°$,在不排水条件下增加主力直至试样破坏。标为 M90 的试验代表

剪切试验中保持 $\theta=0°$,在不排水条件下不断减小竖向应力直到试样破坏。这样当试样破坏时,大主应力为水平向应力而小主应力为竖向应力,即 $\alpha=90°$。在 M15 试验中,保持 J、p 和 θ 不变,首先在 $\theta=0°$ 和 $\alpha=0°$ 并且不排水的情况下卸载至 B15。此时大主应力的方向已偏转至与竖向成 15°夹角,即 $\alpha=15°$。随后应力路径移至 C15 点,然后保持 $\alpha=15°$ 和 $\theta=0°$,对试样进行不排水剪切试验直至破坏。试验 M30、M45 和 M70 的过程与上述类似,只不过试验中主应力方向分别偏转至与竖向成 30°、45°和70°夹角。试验详见 Zdravković(1996)以及 Zdravković 等(2000)。

从图 6.40 所示试验结果中可以看出改变大主应力方向对土性质的影响。根据试验中土的排水内摩擦角和相应的不排水强度随大主应力与竖直方向夹角增加而下降,很明显地看出,土体表现为各向异性。

MIT-E3 本构模型中的参数值见表 6.4。由于该模型同时用于模拟各向同性和各向异性的土,故必须忽略状态边界面下的塑性边界面。如果没有考虑到这一点,模型就不能用来模拟各向同性。因此,表 6.4 中没有给出参数 γ 和 h。一般情

况下,由于土通常是正常固结,塑性边界面的影响并不重要。下面用本模型来重复图 6.40 中所示的系列试验,结果如图 6.41 所示。总体上,数值分析采用和试验相同的步长,只有一点除外,就是所有试样的卸载大小相同,即 A 点到 B 点的过程。通过对比图 6.40 和图 6.41 可见,该模型能够模拟出主要的试验结果。

表 6.4 MIT-E3 模型中的参数

	参数描述	MIT-E3 模型取值
v_{100}	K_0 正常固结土试样在 $p'=100\text{kPa}$ 时的比容	1.688
K_0^{NC}	正常固结土的侧压力系数 K_0	0.5
φ'_{TC}	三轴压缩试验中临界状态内摩擦角	35°
φ'_{TE}	三轴伸长试验中临界状态内摩擦角	30°
c	椭圆分界面的半轴比	1.0
Ψ_0	边界面偏转的影响参数	100
λ	$v\text{-}\ln p'$ 空间中的原始压缩曲线斜率	0.014
κ	$v\text{-}\ln p'$ 空间回弹曲线的初始斜率	0.0018
μ	泊松比	0.3
S_t	应变软化影响系数	1.0
C	弹性滞后效应影响参数	1.0
n	弹性滞后效应影响参数	1.5
ω	弹性滞后效应影响参数	0.0

不过,模型在一个重要方面还有缺陷:当粉砂土接近相变时会出现剪胀,而 MIT-E3 却表现为延性破坏。当然这并不是一个很严重的缺陷,因为这里讨论的问题事实上是模拟软黏土的破坏性状,而软黏土除了不会出现大应变剪胀外,其性状与相变前的粉砂土类似(Porovic,1995;Leroueil,1977)。

图 6.42 所示为软黏土的不排水三轴压缩强度分布图。从图中可以看出强度

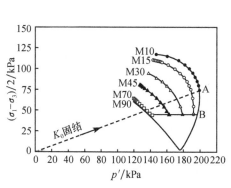

图 6.41 采用 MIT 模型模拟空心
圆柱试验的应力路径

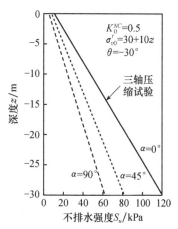

图 6.42 采用 MIT 模型模拟各
向异性土的不排水强度分布图

随深度呈线性变化,地表处的限值 $S_u/\sigma'_v = 0.36$。采用一般的各向同性土体模型都能得到类似的结果。但不同的是,采用 MIT-E3 分析时,可以根据大主应力方向,得到不同的强度分布曲线,如图 6.42 所示。

3. 条形基础的性状

为了研究条形基础的性状,开展了以下两组分析:第一组分析仍采用表 6.4 中所示的参数;而在第二组分析中将 φ'_{TC} 和 φ'_{TE} 分别改为 $\varphi'_{TC} = 35°$ 和 $\varphi'_{TE} = 63°$,这样就变为采用各向同性模型。预期每个分析的结果相同并且与图 6.41 中的 M0 试验的结果类似,对不同土性的分析结果进行比较就可以定量地表示土反映各向异性的影响。

在进行上述两组分析时,每组都取不同的荷载倾角分别进行五次分析。在每次分析中保持荷载的倾角不变,在荷载控制下逐渐加荷至基础破坏,故对基础顶部中心处的节点施加竖向(V)和水平向(H)的点荷载,参见《岩土工程有限元分析:理论》3.7.7 小节,当基础破坏时停止加载。有限单元网格如图 6.43 所示,由于分析中采用荷载控制,所以对基础本身也要进行分析。

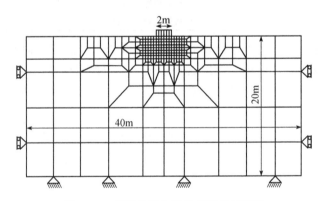

图 6.43 条形基础分析的有限单元网格

典型分析($H/V = 0.3$)的荷载-位移曲线如图 6.44 所示。从图中可以看出,水平向和竖向荷载都达到了极限值,基础的破坏很明确。

每组分析的结果都用对比图的形式将破坏时的竖向荷载 V_{ult} 与水平荷载 H_{ult} 示于图 6.45 中。结果清晰地反映了倾斜荷载作用下土的各向异性对承载力的不利影响。

应当注意的是,在只有水平荷载作用时,$H_{ult} = 2BS_u$,其中,S_u 为基础下方土表面的不排水强度值。在当前的分析中,S_u 为平面应变情况下的强度值,不同于图 6.42 中三轴压缩试验的结果。

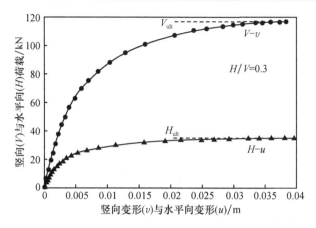

图 6.44　双向加载分析的典型荷载-位移曲线

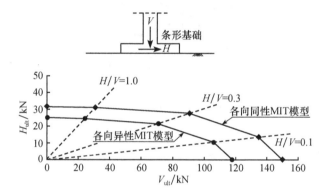

图 6.45　条形基础的极限荷载包线

4. 圆形基础的性状

下面根据对称性,采用傅里叶级数有限元方法对圆形基础进行分析。通过一个简单的参数分析可知,只需要确定五个调和系数就能够得到精确解。有限单元网格如图 6.46 所示。竖向和水平向荷载以线荷载的形式(环向)施加在基础的右边角点上,即图 6.46 的 A 点。在分析竖向荷载时,零调和系数不为零(即 $\Delta V = \Delta V^0 + 0 \cdots$)。为了求出水平向荷载,要设定径向($H_r$)与环向($H_\theta$)的线荷载。在单独分析径向荷载时,第一余弦调和系数不

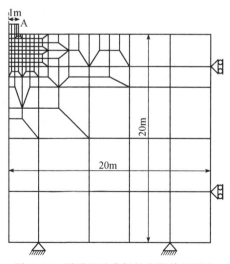

图 6.46　圆形基础分析的有限单元网格

为零（即 $\Delta H_r = 0 + \Delta \overline{H}_r^1 \cos\theta + 0 \cdots$）；而在单独分析环向荷载时，第一正弦调和系数也不为零（即 $\Delta H_\theta = 0 + \Delta \overline{\overline{H}}_\theta^1 \sin\theta + 0 \cdots$）。后者与径向荷载情况的取值是等值、反向的，参见图 12.2。

　　用以上条件进行分析所得结果以对比图的形式表示在图 6.47 中，由此可以明显看出各向异性的不利影响。通过与图 6.45 进行对比还可以看出，土的各向异性对圆形基础的不利影响要大于条形基础。

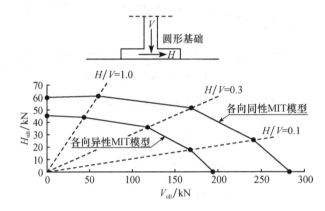

图 6.47　圆形基础的极限荷载包线

6.6　浅层基础有限元分析

6.6.1　简介

　　以上对地表基础的分析方法同样可以用于分析浅层基础。不过对浅层基础必须考虑基础与土之间的接触面，如图 6.48 所示。分析时通常不会考虑基础施工的过程，而简单地假设基础已经"就位"。

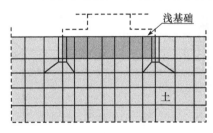

图 6.48　浅层基础分析的有限
单元网格

6.6.2　基础埋深对不排水承载力的影响

　　考虑基础埋深的影响时，通常在一般承载力公式中引入类似于形状参数的深度系数，不排水承载力可表示为

$$\frac{Q_{\max}}{A} = d_c s_c N_c^{\text{strip}} S_u + p_0 \tag{6.11}$$

式中，d_c 为深度系数；p_0 为浅基础底面的上覆总应力，如图 6.49 所示。无法用精确的理论解求得基础埋深的影响，因此深度系数通常是由半经验方法得到的。目

前比较常用的半经验方法是由 Skempton(1951)提出的,如图 6.50 所示。该方法主要基于模型试验的结果,图 6.50 中 d_c 随基础埋深的增加不断变大,当 $D/B=10$ 后 d_c 将保持不变。图 6.50 所示的曲线不会随基础形状和粗糙程度的变化而产生改变,因此该曲线可用于模拟所有类型的基础,文中 B 代表条形基础的一半宽度或是圆形基础的半径。

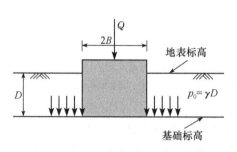

图 6.49 浅基础常见加荷简图

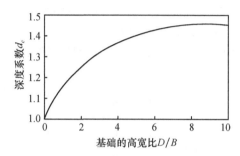

图 6.50 Skempton 深度系数曲线

为了研究基础埋深的影响,取 $D/B=0$、2、4、6、8 和 10,对光滑和粗糙的条形和圆形基础分别进行有限元分析。典型的有限单元网格如图 6.51 所示。由于分析对象具有对称性,故只取其一半进行分析。与 6.5.4 小节"不排水黏土上的条形基础"中对不排水情况的分析相同,这里采用弹性 Tresca 模型进行模拟,并取黏土的 $E=100\mathrm{MPa}$,$\mu=0.49$,$S_u=100\mathrm{kPa}$,$K_0=1$,以及 $\gamma_{sat}=20\mathrm{kN/m^3}$。

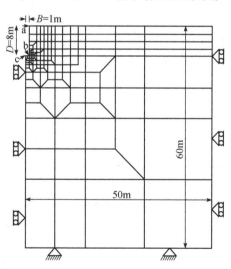

分析时没有对基础本身建模,因此以紧邻基础的网格作为边界,如图 6.51 所示。对于光滑基础,沿 ab 边界无水平位移,而沿 bc 边界有竖向位移增量。对于粗糙基础,沿 abc 边界既无水平位移也无竖向位移。

基于图 6.51 所示的网格,得到粗糙圆形基础的极限荷载为 16500kN。假设基础周围在不排水条件下受剪,基础直径 2m、埋深 8m,则基础外缘的剪力为

图 6.51 深度系数分析的有限单元网格

$2\times8\times\pi\times100=5026\mathrm{kN}$,在极限荷载值中减去剪力值,则基础破坏时的基底压力为 11474kN。将上述极限荷载值与地表基础的极限荷载值相比较可得出深度影响系数 d_c 为 5.6,比图 6.50 中给出的值大很多。

进一步的研究发现,分析中基础周边的剪应力太大,基础周边竖向各节点的合

力为12686kN,远大于前面求得的最大值5026kN。

这样的结果可能会使人认为有限元分析过程可能存在问题。但是,深入的分析表明,单元网格中所有积分点的应力状态都没有违反 Tresca 破坏条件,因此有限元分析程序是正确的。上述问题的出现是由于分析中仅仅考虑了积分点的应力状态。因此,在这些不连续的点上能够满足破坏条件,但是形状函数所控制的单元中可能出现不满足破坏准则的情况,导致实际分析中出现了上述问题。本例子中采用的是 2×2 高斯积分的 8 节点单元,故应力呈线性变化。而轴对称圆形基础问题中基础边缘的剪应力可能呈指数变化。

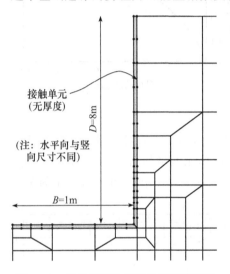

图 6.52　基础周围的有限单元网格详图

为了解决此问题,采用更小的网格来模拟基础周边土体,同时还考虑了接触单元,如图6.52所示。设定接触单元的法向刚度和剪切刚度与土相同(即 $K_n = K_s = 10^5 \text{kN/m}^3$),抗剪强度为 100kPa(与土相同)(注意,图 6.52 中水平向与竖向尺寸是不同的,设定接触单元的厚度为零)。这样分析得出的极限荷载为 9307kN。其中,基础周围剪力为 4945kN,小于所能提供的最大的剪力 5026kN。这样的结果是可以接受的(应当注意剪力为最大值时,基础周边所有位置的主应力方向都与竖向呈 45°)。比较此时的基底压力与地表基础的情况可得深度系数 d_c 为 2.2。

在分析粗糙条形基础时,上述问题就不那么严重了。而在分析光滑条形和圆形基础时,由于基础边缘的剪应力为零,根本不会出现类似的问题。分析粗糙圆形基础时考虑接触单元是对原来分析方法的一种改进,但缺陷是基础与其周围土之间会出现水平拉应力。图 6.53 所示为破坏时接触单元处水平总应力沿基础边界的分布。如果实际情况中土体不能承受图示的拉应力,分析结果就不正确。实际上,土通常会在拉应力的作用下与基础分离,形成一道竖向裂隙。

为了解决这个问题,分析中可令基础周边接触单元抗拉强度为零,即模拟界面可以承受法向压应力,但当应力为零时会产生竖向裂缝。如图 6.54 所示为采用以上接触单元模拟得到破坏时基础水平总应力分布图。地表至地下 2.5m 处土的拉应力为零,并且与基础分离。此时的破坏荷载为 8613kN,深度系数 $d_c = 2.14$。

光滑基础也有可能发生土与基础拉裂的情况。分析时也要采用图 6.52 所示的接触单元。为了模拟光滑的条件,令接触单元的法向刚度和剪切刚度都很小(理论上应等于零)。同时设定接触单元的刚度与土的刚度相容且无抗拉强度,从而模

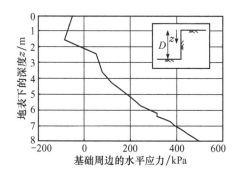

图 6.53　基础周边接触单元处的
水平向拉应力分布

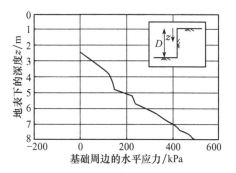

图 6.54　接触单元不抗拉条件下的
水平总应力分布

拟土与基础的开裂。

　　对于考虑基础埋深的影响进行参数
分析时都要采用接触单元。图 6.55 表
示深度系数 d_c 随基础高宽比 D/B 的变
化,以及分析结果与 Skempton 曲线的比
较。条形基础的分析结果与 Skempton 曲
线吻合较好,而圆形基础的结果要明显大
于 Skempton 的结果。此结论与桩基试验
结果和 Randolph 等(2000)的结论是一致
的,d_c 都大于 Skempton 的结果。

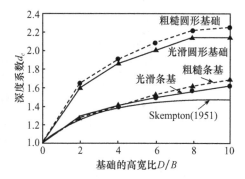

图 6.55　有限元方法得到的深度系
数与 Skempton 曲线的关系

6.6.3　实例:比萨斜塔

1. 简介

　　1989 年意大利 Pavia 大教堂的钟楼在没有任何先兆的情况下倒塌,这起事故
导致 4 人死亡。事故发生后,由于人们已察觉出比萨塔存在倒塌的严重隐患,意大
利公共建设与工程部成立专门委员会负责对其稳定性进行评价。这个委员会建议
从 1990 年年初开始关闭比萨塔,不对公众开放。但这个建议立即遭到比萨市广大
市民的反对,因为他们认为关闭比萨塔将会给这个严重依赖旅游的城市的经济发
展以巨大的打击。1990 年 3 月,意大利总理任命成立一个新的委员会负责制定并
实施相关的措施以保证塔的稳定性。这个委员会最初的一个决定是制定一个符合
塔与下卧层地基特性的数值模型,从而对各种可能的补救措施进行可行性评价。
本节的目的就是描述此模型的建立和校准过程,以及其用于评价临时铅块反重法
和一些解决塔长期稳定性方法的情况。

　　模型唯一的实用性校准方式就是要能够反映塔的建设历程以及建成后塔的倾

斜这段过程。因此本节的第一部分致力于描述比萨塔的历史。然后,我们讨论了承载力破坏和倾斜失稳的区别。最后,我们描述了这个数值模型并给出相关结果。更为详细的分析过程可参见 Burland 等(1994)以及 Potts 等(2000)。

　　2. 比萨塔及地基情况

　　图 6.56 为比萨塔的一个典型剖面。它高约 60m,圆形基础直径为 19.6m,塔体总重为 14500t。目前基础向南边水平线倾斜 5.5°,由于塔体轻微弯曲,塔轴线的平均倾斜角度略小,塔的第 7 个檐口比第 1 个檐口伸出约 4.1m。

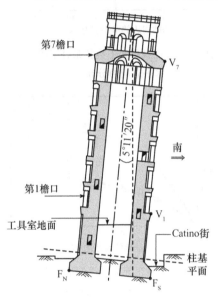

图 6.56　比萨塔截面示意图

　　塔体是空心筒体结构,其内部和外部用大理石贴面,中间用碎石和灰浆充填,其中存在有大量的孔隙,螺旋形楼梯设在空心筒体中。从图 6.56 可以看出,在塔的南面仅仅比第 1 檐口略高一点的地方也就是圬工横断面减少处,楼梯形成了一个很开阔的空间。人们对于该部分的高应力区相当关注,因为此部分可能在不出现任何先兆的时候发生破坏。1992 年夏天,在第 1 檐口附近利用具有轻微预应力的钢丝束来增强塔的稳定性。目前,正用灌浆对圬工进行加固,而不久也会逐渐减少钢丝束的数量。

　　图 6.57 为比萨塔地基土层的地质情况。该土层明显可以分为三层,土体性质将在本章后面详述或见意大利岩土工程协会(AGI,1991)相关资料。

　　A 层土体大约厚 10m,其组成成分主要为在潮水作用下的河口湾沉积土,因此,其土性为砂质粉土和黏质粉土。A 层底部为 2m 厚的中密砂层(上层砂)。根据取样观察和孔压静力触探测试表明,塔南边的土体比北边的土体更具粉性、黏性,同时砂层较薄。

　　B 层由将近 40m 的海相黏土组成,它又可以分为四个不同的亚层。最上面的一层当地称 Pancone 黏土,它是灵敏性的软弱黏土层,下覆稍硬的黏土层(互层黏土),而其下为一砂层(互层砂)。B 层的底部为正常固结的下层黏土。塔附近地区 B 层分布均匀。

　　C 层为一层密砂层,厚度较大(下层砂)。地下水位于 A 层土,距离地基表面 1～2m。当从下层砂抽水时会导致 A 层中的水向下渗流,从而导致通过 B 层土层时孔隙水压力分布较静水压力时的孔隙水压力分布略小。

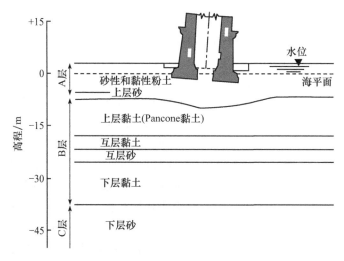

图 6.57　比萨塔下地基土层分布图

在塔的周围以及其下钻孔表明塔下的 Pancone 黏土层呈凹形状,据此我们可以推断平均沉降大约为 3m。

3. 建造历史

比萨塔始建于 11 世纪中后期,是为一所教堂所建的钟楼。它于 1173 年 8 月 9 日正式动工,该日期是有可靠记载的。大约在 1178 年,正当建造进行到第四层以上约 1/4 时,建造工作停止了。建造工作搁置的原因尚不可知,但是如果继续建造,基础将会由于不排水承载力不足而发生破坏。停工近 100 年之后,也就是在 1272 年,此时在塔本身重量的作用下土体产生固结而使强度得到提高。到 1278 年,塔的建设已经到达第 7 个檐口,但是由于战争而导致塔的建设工作再次中止。毫无疑问,如果比萨塔此时继续建造下去的话,将会发生倒塌。大约在 1360 年,人们开始建造钟室,约在 1370 年完工——修建此塔从开始到钟室建成大约花了 200 年时间。

在建造钟室时,人们已经察觉到塔正在向南倾斜,因为钟室很明显地比塔其他部分更垂直。事实上,在塔北面只需要建造 4 级台阶便可以从第 7 檐口到达钟室,而在南面则需要 6 级台阶。有关塔的历史的另一个重要的细节是,1838 年,在塔基础周围开挖了一条步行街,在当地被称为 Catino 街,其目的是把柱子的底座和基础的台阶展示给参观者。由于开挖面低于地下水位线,它导致塔的南面有大量的水涌入,结果使塔的倾斜度又增加了 0.5°。

4. 倾斜历史

像在概要中提到的那样,唯一可能精确地校准这个模型的方法是使它能模拟在修建时以及建成后塔的倾斜历史。因此,研究塔本身的倾斜历史是必要的,而关于塔的倾斜这段历史唯一可靠的依据取决于在修建塔体圬工时厚度的调整以及塔轴线的形状。

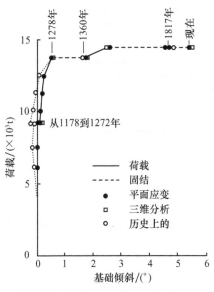

图 6.58　比萨塔在建造中及建造后
预测的和历史上的倾斜过程

在量测每层圬工厚度的基础上,基于石匠是根据塔的倾斜逐渐进行调整这一假想,Burland(Burland et al.,1994)推断基础的倾斜历史如图 6.58 所示。从该图可知,推测得到倾斜角的增加与塔体重量的发展过程并不一致。在建造的第一阶段,刚刚修建到第 3 檐口时(1173～1178 年),塔开始稍稍向北倾斜。而在接下来的 100 年时间内,向北的倾斜度仅仅增加了 0.2°。大约在 1272 年重建时,塔体开始向南倾斜,到约 1278 年修建到第 7 个檐口前不久有一个加速倾斜度的过程,于是塔的修建工作又中止了,此时塔向南倾斜 0.6°。接下来的约 90 年间,倾斜度向南增加了约 1.6°。大约在 1370 年,比萨塔的修建工作完成之后,塔的倾斜度增加开始十分明显。1817

年,Cressy 和 Taylor 最早用铅垂线量测塔的倾斜角度约为 4.9°。1834 年开挖 Catino 街道造成塔体倾斜度增加了近 0.5°,现在,塔基础的倾斜度约为 5.5°。从图 6.58 可以看到,当塔的修建超过第 6 檐口后,塔体才开始出现较为明显的倾斜。如果把塔体倾斜的原因归结于北边或南边地基土体的压缩性比另一边更大,那么它应该早就开始倾斜了。因此,从塔开始修建直至超过第 6 个檐口才开始产生明显倾斜是其他原因造成的。对于这方面的问题我们将在后面进行讨论。利用图 6.58 所描绘的塔倾斜过程对数值模型进行修正,同样也在后面进行讨论。

20 世纪大部分时间塔的倾斜角度一直在增加。但这部分增加的角度与在建造过程中和建成后塔的倾斜角度相比是相当小的一部分。20 世纪 90 年代,塔的倾斜角度的增加率是 6″/年。人们认为倾斜不断发展是 A 层土体中水位不断波动的结果。但是我们并不去模拟这些微小的运动性状。

5. 比萨塔基础的运动

以前人们研究的重点集中在塔倾斜增加率的变化,却很少关注基础相对于周围土体的完整运动过程。而 20 世纪的经纬仪和水准仪测量结果有助于我们了解这一过程,可以利用这些测量结果定义塔体在稳态旋转过程中的刚体运动,如图 6.59 所示(Burland et al.，1994)。

由图可以看出塔体围绕一点在旋转，而这点与 V_1 近似在同一水平线上，位于基础中心点上方，点 F_N 和 F_S 的运动方向由向量示出，图中可以明显地反映出基础正向北面移动，点 F_N 抬升而点 F_S 沉陷。

由此可以发现，这座长期不断倾斜的塔基位于 A 层土中，而不是过去普遍认为的在下面的 Pancone 黏土层内。

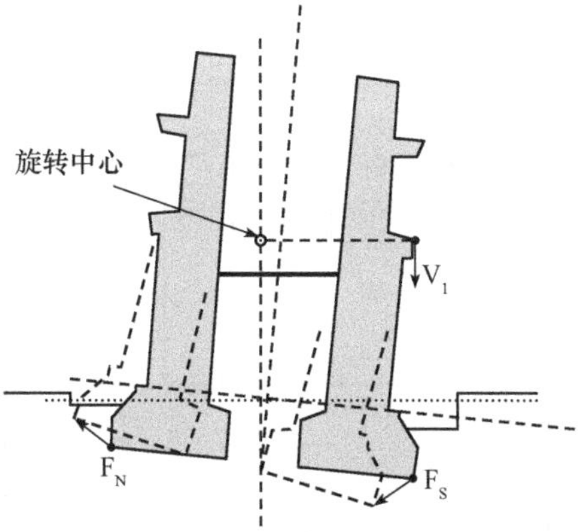

6. 高塔的稳定性

图 6.59　塔的运动简图

在考虑用数值分析方法分析比萨塔之前，我们需要弄清楚与高塔基础稳定性破坏相关的力学机理。高塔破坏有两种可能情况：①由于土体强度不足而导致承载力破坏；②由于土体刚度不足而导致倾斜失稳。承载力破坏许多文献均有报道，也是工程上更为常见的失稳类型，本章到目前为止的所有分析也仅考虑这种破坏类型。倾斜失稳并不常见而且仅限于高大建筑物，这种失稳破坏发生在倾斜达到某种临界状态时，由于微小的倾斜增量导致倾覆力矩大于或等于抵抗基础转动的力矩。对于这种破坏而言，即使在最简单的情况下，不使用数值分析方法是不可能进行分析的。

这两种可能的破坏机理可以由一个简单的实例来证实。如图 6.60 所示，一座塔修建于均质不排水的黏土层上，黏土材料符合线性塑性 Tresca 模型，其不排水强度 $S_u=80\text{kPa}$，塔的尺寸与比萨塔完全一致。为使塔产生转动，必须设置一些初始的条件(缺陷)。在本例中，塔的初始倾斜角为 5.5°(塔的初始尺寸包含一个倾角)。在平面应变大位移有限元分析中，塔体重量将会逐步施加。

采用此模型进行三次分析，每次分析时土的剪切刚度 G 都不同，分析结果如图 6.61 所示。对于 G/S_u 分别为 10、100、1000 的情况，图中给出了在初始缺陷 0.5° 的基础上转角增量随塔体重量的变化曲线，实际土体的性状应处于这两种极限之间。应当注意的是，以上各种情况下，土的不排水强度 $S_u=80\text{kPa}$。结果表明，破坏发生十分突然，几乎没有任何先兆，破坏时所能承担的塔体重量取决于土的剪切刚度。分析表明，土体较软时($G/S_u=10$)，破坏时塔体的重量约为最硬土时($G/S_u=1000$)的一半。

我们对详细研究 G/S_u 两种极限情况产生了兴趣。特别是，它有助于判断破坏时土体中发生的情况。图 6.62 的向量表示在软土中位移的增量。向量表示上次增量分析开始的位移增量大小以及方向。由图可知，运动限于基础下的一定范围内，同时揭示了一种旋转性破坏。起初，破坏类型看起来类似于塑性区的破坏。

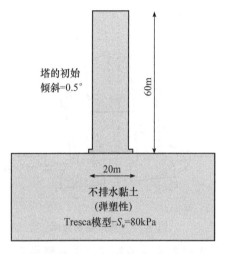

图 6.60　简单塔的尺寸

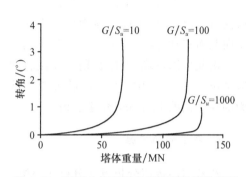

图 6.61　不同土体刚度条件下简单塔的旋转

然而,研究这个塑性区之后发现,这个区域十分小,与塑性区破坏机理不相关,因而,它的破坏机理与倾斜失稳相一致。

考虑到临时反重方案,也就是在塔的北面增加铅块,本节接下来将会对此进行详细讨论。我们感兴趣的是在上述算例中,当在基础较高的一端(北端)增加荷载,倒塌时塔的反应。图 6.63 反映的是当施加 1.5MN/m 的外荷载之后所产生的效果,位移增量同样以向量的形式表示出来。这表明土体运动的原因是因为外荷载的增加,同时还反映出在荷载作用下土体的运动方向发生改变,塔产生相反方向的旋转,这样便限制了塔的倒塌。

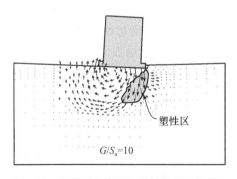

图 6.62　低刚度土体产生破坏时的运动特征

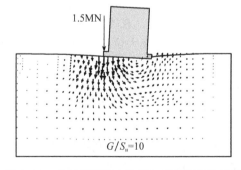

图 6.63　对于低刚度土体施加反重后的效果图

而对于较硬的地基来说,其倒塌前位移增量向量如图 6.64 所示。这与图 6.62 所对应的软土的破坏机理不同。土体与基础不是像块体一样旋转,位移向量表明其破坏更像是传统的承载力破坏,同时基础底部两端有土被挤出,如图 6.64 所示,塑性区的范围非常大,它也表明这是塑性承载力类型的破坏机理。

如果像前面一样,在发生倒塌之前在基础高的一端(北端)施加荷载,可以得到位移增量向量,如图 6.65 所示。它与针对软土的分析所得结果不同,也就是塔的倾斜角度会继续增加。事实上,当增加荷载后,不能得到一个收敛的、稳定的结果。尽管目的是为了减少塔的倾覆力矩,但增加荷载却会导致塔的倒塌。

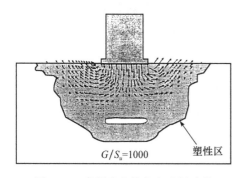

图 6.64　高刚度土体产生破坏时的
运动特征

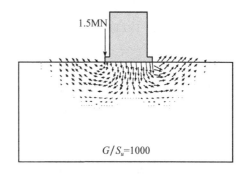

图 6.65　对于高刚度土体施加
反重后的效果

这些分析不仅揭示出两种失稳情形的不同之处,而且表明只有当倾斜失稳这种破坏形式占优势时,施加反重的方法才会对比萨塔有效。进行更深入的思考,可知现实中的土的刚度值应该介于上述分析的两种极限状况之间,因此,上述两种破坏机理都会不同程度地发挥作用。考虑到在 6.6.3 小节 5 中讨论的比萨塔的运动性态以及图 6.59 所反映的情况,相对于图 6.65,图 6.63 所示的情况与比萨塔的实际情况更加一致。这表明比萨塔很可能主要是受倾斜失稳这种破坏方式控制。

7. 土的特性

黏土本构模型选择的是一种修正剑桥模型(Roscoe et al.,1968),在偏应力平面中,其屈服面为莫尔-库仑六边形,塑性势面为圆形(参见《岩土工程有限元分析:理论》7.9 节)。而对于砂层,采用莫尔-库仑模型。分析中对所有土层都考虑完全固结耦合。为了便于建立模型,需要下列参数:

γ_{sat}——饱和重度;

φ'_{cs}——极限状态内摩擦角;

C_c——压缩指数($C_c = 2.3025\lambda$);

C_s——回弹指数,取 $0.1C_c$($C_s = 2.3025\kappa$);

G/p'_0——弹性剪切模量;

e_1——原始压缩曲线上当 $p' = 1$kPa 时的孔隙比(注意,$e_1 = v_1 - 1.0$);

k——渗透系数;

K_0——静止土压力系数;

OCR——超固结比;

ν——剪胀角(砂)。

利用上述参数,可以通过式(6.9)确定不排水强度 S_u 的值。A 层土中参数(见下文)值 S_u 比 OCR 更可靠,因而在此特别说明一下。

Polvani 委员会提供了详细的比萨市地区的土层资料信息(Ministero dei Lavori Pubblici,1971)。A 层和 B 层又可分为许多亚层。

A 层土:

MG——最上层的土,作为地基;

A1——松散至非常松散没有成层的黄色砂质粉土和黏质粉土;

A2——均匀灰色砂土夹有黏土互层以及不完整的化石物——上层砂。

B 层土:

B1——含有化石物的高塑性灰色黏土;

B2——含有化石物的中度塑性灰色黏土;

B3——含有化石物的高塑性灰色黏土;

B4——黑灰色有机质黏土;

B5——含有钙化颗粒的蓝灰色至黄色粉质黏土;

B6——灰色,有时为黄色的砂和粉质砂土(即互层砂);

B7——中度至高塑性黏土,上层含有化石物及薄砂层;

B8——含有带状薄砂层的灰色黏土;

B9——含有黄色区的蓝灰色粉质黏土,有钙化颗粒,中间含有一些黑色有机质黏土;

B10——含有黄色区的灰色黏土,下部含有化石物。

B 层土水平向分布非常均匀。然而,勘探结果表明,A 层土的 A1 层在塔北边主要为粉质砂土和砂质粉土而在其南边则为黏质粉土。静力触探试验的结果表明,在南边的上层砂 A2 要薄些。在 Polvani 委员会的报告中,对试样情况进行了仔细分析后指出,塔以下的 A 层土中存在从南至北逐渐变薄的带状黏质粉土层。

十分明显的是,塔底土层的压缩性在塔的历史进程中起到相当重要的作用(如倾斜失稳),因此本节的重点即是研究这些土的性质。为此,开展了两次薄壁取样及相关试验工作:第一次于 1971 年(在 Polvani 委员会的监督下)进行,第二次于 1986 年进行。Calabresi 等(1993)和 Lancellotta 等(1990)分别将这些研究成果进行了总结。图 6.66(a)、(b)、(c)分别表示 C_c^*、C_c 和 OCR 的试验值,C_c^* 为重塑土的压缩指数——Burland(1990)定义为视压缩指数。Burland 根据含水量达到液限 w_L 修正得出 C_c^*。从图 6.66 还可以看到上文描述过的由 Polvani 委员会划分的各亚土层。从图 6.66(a)可以看出,每一亚层的 C_c^* 定义十分合理,在图中用竖线标出了其平均值。应当注意的是,B7 亚层由两种不同的土体组成,因此或许应当把它再分成两层分别考虑。

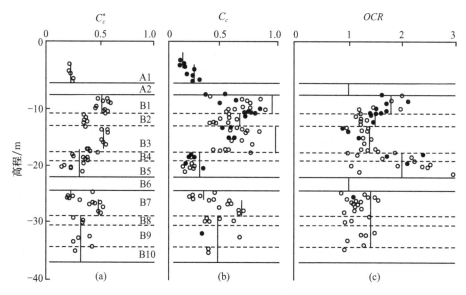

图 6.66　C_c^*、C_c 和 OCR 的试验值（分析中取值用竖线示出）

从图 6.66(b)可知，由天然黏土制成的高质量试样，C_c 试验值表现得非常分散，难以获取一个可用于分析的具有代表性的合适值。因此，这时视压缩指数 C_c^* 的取值就特别有用(Burland et al.，1994)。我们知道 C_c 对于试样的扰动十分敏感，而图 6.66(b)中分散的 C_c 就是一个明显的例证。Nash 等(1992)给出了 Both-kennar 试验基础现场一种高灵敏性的海相黏土的压缩试验结果，表明从高质量块体试样测得的 C_c 比用其他取样方法包括薄壁取样测得的 C_c 明显要高。Nash 给出的结果表明，最好的试样所测得的 C_c 要比 C_c^* 大 1.9～2.3 倍。图 6.66(b)中竖线上的值是 C_c^* 的平均值乘以一个与材料塑性有关的因子。对于 Pancone 黏土层(B1～B3)，这个因子的值是 2；对于下层黏土(B7～B10)，这个因子的值是 1.5；而对于 A 层土和互层黏土(B4～B5)，这个因子的值是 1。在有限元分析中将会用到这些值。正如所期望的那样，这些因子的取值使参数等于或稍微超过试验值的上限。

图 6.66(c)表示的是 OCR 的试验值，在有限元分析中将使用到竖线上的值。由于试样的扰动等因素会减少 OCR 的值，在进行取值时会选择那些靠近试验值上限的值。

表 6.5 给出了在分析过程中将会用到的土体的各种参数值。通过三轴不排水试验得到每一亚层 φ_{cs}' 的平均值。对于每层土 κ/λ 取 0.1。利用压缩试验测得渗透系数，而对于每层土取渗透系数靠上限值。对于 G/p_0' 的选择以对大量各种不同材

料的小应变测试经验为基础。虽然这些值的选择对于模拟塔的倾斜历史并不重要,但对于预测目前情况下加载后它的反应状况却相当关键。假定水位线位于地面以下 1m 并且处于静力平衡状态——在建造时也会处于这种状态。

表 6.5　分析中采用的土体参数

土层编号	高程/m	$w_L/\%$	$\gamma_{sat}/(kN/m^3)$	φ_{cs}'	ν	K_0	OCR	λ	v_1	G/p_0'	$k/(m/s)$
MG	+3.0	—	18.0	34°	17°	0.44	1.0	—	—	500	10^{-5}
A1″	+0.0	38	19.1	34°	—	1.0	变化	0.06	2.23	400	10^{-5}
A1′	变化	45	19.1	34°	—	1.0	变化	0.11	2.23	400	10^{-9}
A2	−5.2	—	18.2	34°	17°	0.44	1.0	—	—	1000	10^{-5}
B1	−7.4	75	17.3	26°	—	0.56	1.8	0.43	4.53	300	5×10^{-10}
B2	−10.9	55	17.8	26°	—	0.56	1.5	0.31	3.93	300	5×10^{-10}
B3	−12.9	85	16.7	26°	—	0.56	1.4	0.47	5.10	300	5×10^{-10}
B4	−17.8	68	20.0	28°	—	0.56	2.0	0.13	2.48	500	2×10^{-10}
B5	−19.0	45	20.0	28°	—	0.74	2.0	0.13	2.48	500	2×10^{-10}
B6	−22	—	19.1	34°	17°	0.44	1.0	—	—	1000	37168
B7(a)	−24.4	35	19.6	27°	—	0.55	1.4	0.15	2.67	300	5×10^{-10}
B7(b)	−26.0	80	17.8	27°	—	0.55	1.4	0.32	4.17	300	5×10^{-10}
B8	−29.0	53	19.1	25°	—	0.58	1.4	0.22	3.11	300	3×10^{-10}
B9	−30.4	55	19.1	25°	—	0.58	1.4	0.22	3.11	300	3×10^{-10}
B10	−34.4	50	19.1	25°	—	0.58	1.4	0.22	3.11	300	3×10^{-10}
C1	−37.0	—	—	—	—	—	—	—	—	—	透水

8. 有限元分析

1) 几何形状

需要着重强调的是,利用有限元分析的主要目标是了解控制塔运动状态的机理。在这些机理没有弄清楚之前,试图对塔进行高复杂性且费时的三维分析是没有任何意义的。为此,首先进行平面应变分析,利用其结果分析我们所关心的问题。以前的一些研究采用一个大应变公式进行分析,但发现当模拟开挖 Catino 街或者相应地下水位发生变化时(如沉降超过地下水位时),将变得十分复杂且费时,计算结果与传统小应变分析并无太大差异,因此,在这里将采用小应变分析。随后,利用傅里叶级数有限元法(参见《岩土工程有限元分析:理论》第 12 章)作了一些三维分析,还给出平面应变和三维分析的结果。

有限元网格与上述所讨论的土体各亚层一致。下层砂假定是刚性的,但具有渗透性。平面应变分析的全部网格如图 6.67 所示,以塔的中轴线向两边各延伸100m。假设 B 层土体横观各向同性,但是如图 6.68 所示,A1 土层网格中含有一层厚度较薄的、压缩性较大的土层。从图中可以看出塔的附近详尽的网格单元。塔以下及南边的逐渐变化的单元代表 A1′ 土层,其土层参数见表 6.5,其中,$C_c = 0.25, k = 10^{-9}$ m/s。A1 层中还有另外一部分单元即 A1″,其中,$C_c = 0.15, k = 10^{-5}$ m/s。从应用力学的角度看,在塔的南端下面插入具有稍高压缩性的一个渐变土层是一种"缺陷"。

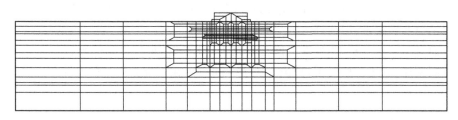

图 6.67　有限元网格

对于三维傅里叶级数有限元法,可以假定其几何形状是轴对称的,但土体特性和荷载的空间分布是三维的,图 6.67 表示与其相似的网格,但是它仅考虑塔中心线右边部分的几何形状,不包含渐变土层这个"缺陷"。相反,认为塔下面 A1 亚层中土的性质呈线性变化。塔北边以外的土体为 A1″ 层,南边则为 A1′ 层,而在塔体

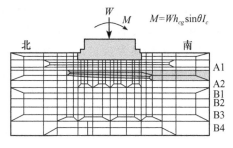

图 6.68　塔基础附近的有限元网格

下面从北至南其土性从 A1″ 层到 A1′ 层线性变化,其土体参数见表 6.5。

值得注意的是,在模拟塔基础时,对于平面应变分析,中间的孔可以忽略不计,因为它只占基础总面积的一小部分。

2) 基础倾覆力矩

如果塔体产生的倾角为 θ,由于其重心的水平移动,因而其自重 W 将产生一个倾覆力矩 M。如果重心离基础的距离为 h_{cg},则

$$M = W h_{cg} (\sin\theta) I_c \qquad (6.12)$$

式中,I_c 为考虑矩形与圆形基础转动惯量比值的一个修正系数。对于与比萨塔具有相同面积的宽度为 19.6m 的矩形基础而言,绕中心转动的修正系数 $I_c = 1.266$。对于三维分析的圆形基础,I_c 的理论值为 1.0。当由于在建造过程中或者建成后基础产生倾斜时,可以利用式(6.12)计算出一个合适的基础倾覆力矩。

3) 分析

所有的分析都考虑固结耦合,采用一系列时间步长进行校准分析,如 6.6.3 小节 4 中总结的那样,在基础上施加荷载模拟塔建造过程和其他时间,假定在建造时

荷载以均匀速率施加。还采用平面应变分析模拟 Catino 街开挖过程。

校准这个模型唯一调整的是式(6.12)中的修正系数 I_c。在进行第一次校准时,设定 $I_c=1$,但发现最后得到塔的倾斜角度小于当前的 5.5°。连续调整 I_c 进行多次校准计算直至结果与当前真实的倾斜角相当吻合。可以发现,对于平面应变分析,当 $I_c=1.27$ 时,最后计算塔的倾斜角为 5.44°。而当再增加 I_c 时,塔将会发生倾倒。由此,可以清楚地知道塔已经濒临倒塌。最终得到的 I_c 与以中心点转动的理论值非常接近,但或许这只是个偶然现象。

而对于三维分析,当校准的修正系数 $I_c=1.7$ 时,最后得到的倾斜角为 5.48°。如前面所述,对于这些分析,理论上 I_c 应当是 1。在三维分析过程中没有模拟开挖 Catino 街这一过程。

9. 倾斜历史的模拟

图 6.69 给出了平面应变分析得到的从 1173 年建造开始到现在塔的倾斜角及沉降随时间变化的过程。值得庆幸的是,事先已经确定了图中的一点,即在这个过程中最后的倾角为 5.5°,这个过程中其余的点则由分析给出。从图可以看到塔第 7 个檐口完成时(到 1278 年)产生的倾斜角非常小,而在 1360 年增加钟室之后,倾斜角开始急剧增大。同样令人感兴趣的是,模拟 Catino 街的开挖导致塔体倾斜角增加了约 0.75°。基础的最终沉降约为 3.8m,比根据 Pancone 黏土层表面上压缩推断的沉降值要大(图 6.57)。尽管其原因在于采用了平面应变分析方法,圆形基础的影响深度较其真实情况减少,同样沉降也会变小。

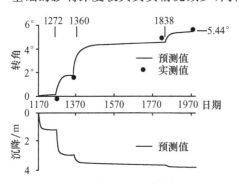

图 6.69 比萨塔历史上的倾斜角、沉降与时间的关系(平面应变方法模拟)

图 6.58 所示的倾斜随荷载发展规律,可以与推断的历史进程相比较。需要再次强调的是,只有当前的倾斜角是拟合的,而模拟结果与其历史情况相当吻合,这让人对这个计算模型的可靠性更有信心。一个显著的不同就是,该模型不能预测塔初始阶段向北的倾斜,但这对于该模型的应用并不重要。在加载初期,该模型确实体现出了向北的小角度倾斜。这是因为北边那层薄的高压缩性土较南边那层较厚的高压缩性土固结要快些。因此,有必要尽可能地把 A 层土划分得更为精细,从而模拟塔的早期倾斜过程,但这不在该项目的工作范围。

三维分析的结果也可见图 6.58,由图可见,平面应变和三维分析的结果吻合相当好。对于三维分析得到的最终沉降为 3.1m,比平面应变分析所得的结果更接近推算值。图 6.70 给出了开挖 Catino 街孔隙水压力全部消散后,采用平面应变分析得到的强度完全发挥的区域。如前所述,此阶段塔处于不稳定平衡阶段。令人惊讶的是,在 Pancone 黏土层中的所有区域没有发生破坏,但在 A 层土中却有很大的区域发生破坏。最下面的破坏区域在上层砂中,就是该层破坏区域水平延伸扩大的结果。在基础南边缘下边及以外范围有一个大的破坏区域,而在北边基础下只有较小的破坏区域。从图中可以发现,塔的基础极其不稳定的原因不是 Pancone 黏土层的破坏,而是归结为黏土层的高压缩性导致倾斜失稳。

图 6.71 给出了开挖 Catino 街孔隙水压力全部消散后,采用平面应变分析得到的基础上竖向有效接触应力分布图。从图中可以看到应力分布是非线性的,基础南边缘以下的有效接触应力大约为 850kPa,而基础北边缘的有效接触应力是零的范围大约超过 1m,但稍向南却快速增加。

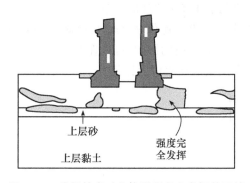

图 6.70 分析结束时土体强度完全发挥的区域   图 6.71 基础有效接触应力分布图

总之,以上的有限元模型与推测的塔在历史上的情况吻合程度相当高,但要着重强调的是,塔的倾斜历史和倾覆力矩是塔体本身产生的,并不是事先决定由外部施加的。用于校准模型的唯一参考是塔的最终倾斜角。所有的分析论证了塔的倾斜由 Pancone 黏土层的高压缩性所致。在平面应变分析中,基础南面压缩性稍高的土层以及三维分析中假定 A1 亚层土体性质的线性变化扮演了"缺陷"的角色,其主要作用是决定倾斜的方向而不是倾斜度。该模型使我们对比萨塔倾斜的基本力学机理有了更深的认识,同时也证明了它在评估塔的各种稳定措施的有效性。接下来分析将它用于评价临时反重法的有效性。

10. 临时反重法

由于基础和塔体坞工永久性加固措施的选择、设计和实施将要花费非常长的时间,委员会最初的决定就是实施一个短期的、暂时性的而又可以完全恢复的措施来稍微增加其稳定性(Burland et al.,1993)。前面已介绍了利用轻微预应力钢丝束来加强坞工的稳定性。

　　图 6.59 所描绘的塔的运动和图 6.62 所示的塔的倾斜失稳相关的运动具有相似性,它为增加基础稳定性提供了一种可能的暂时性办法。观察发现,基础的北边一直在抬升,意味着在塔基础的北面施加荷载可能有助于减少基础的倾覆力矩。事实上,如果没有认识到控制塔运动的是倾斜失稳而不是承载力破坏机理,不会考虑采用前述的方法。在实施这项措施之前,仔细的分析显然是必不可少的。这个分析有两个方面的目的:首先确保这项措施是安全的并且不会导致任何不想要的结果,其次对塔进行一个 A 级预测以评价当荷载施加后塔的观测结果。

　　采用平面应变和三维分析来模拟塔基础北面施加反重的情况。Potts 等(1994)认为,在模拟增加反重之前有必要考虑自塔建成后近 100 年内黏土层的时间效应,有充分的证据表明时间效应显著增加了黏土的刚度。对于一维压缩,Leonards 等(1959)给出了时间效应发展的过程,认为其与屈服应力 σ'_{vy} 的增加有关,如图 6.72(a)所示。屈服面更常见的变化示于图 6.72(b)。参数 p'_0 和 p'_{0y} 分别是初始和考虑时间效应的屈服面与 p' 轴线的交点。比值 p'_0/p'_{0y} 是反映时间效应程度的一种度量,定义为屈服应力比。对于时间效应的影响,可以在有限元分析中通过增加每个积分点当前的 p'_0 以给出一个预设的屈服应力比值。

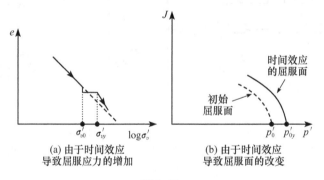

(a) 由于时间效应　　　　　　　(b) 由于时间效应
导致屈服应力的增加　　　　　　导致屈服面的改变

图 6.72

　　在室内试验中,可以在几天时间内观察到明显的时间效应现象。Leonards 和 Ramiah 发现,对于重塑黏土而言,经历 90 天后屈服应力比可以达到 1.3。在目前的分析过程中,研究引入不同屈服应力比所带来的结果。分析表明该值为 1.05,但它是保守的。应当注意的是,Pancone 黏土层的时间效应使塔基础的稳定性明显增加。

　　图 6.73 中整条线表示的是施加反重于基础后预测得到塔的反应。考虑 Pancone 黏土层及下层黏土的时间效应,在偏离北端 6.4m 处的屈服应力比为 1.05,不考虑 A 层土的时间效应,土性参数见表 6.5。当设计荷载为 690t 时,预测塔的倾斜角会减少 27.5″,沉降为 2.4mm,更为重要的是倾覆力矩减少大约 14%。图 6.71 所示的虚线为施加反重后预测的基础底面有效接触应力值。

图 6.73 反映了当增加荷载超过原计划水平后的结果。从所有曲线中可以看出,当荷载增加时,向北的倾斜减少,当荷载为 1400t 时,增加率约为 0。当再增加荷载时,运动方向开始反向,此时塔开始向南倾斜。而一旦荷载超过 1400t 时,沉降速率也开始增加。图 6.73 同样也反映出反重偏心距变化的结果。当偏心距为 9.4m 时(点线),随着荷载的增加,塔继续向北旋转。当偏心距为 7.8m 时(虚线),我们得到其奇怪的反应:开始塔向北倾斜,接着向南运动而后又向北运动。而对于不同的偏心距,沉降反应却相

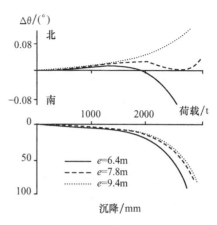

图 6.73 施加反重后塔体的反应预测

似。所以应该避免(不考虑偏心距的影响)非常明显的沉降增加速率,这意味着土体开始屈服。

11. 施加反重过程中的实测结果

Burland 等(1993)给出了一个施加反重的方案。它包括在柱基平面沿塔的基础浇筑一个临时的预应力混凝土环,作为支撑铅块的基础,铅块在合适的时间段内一次放置一块。塔的运动状况由一个高度独立的监控系统量测。

Burland 等(1994)给出了施加反重之后塔的反应情况。混凝土环从 1993 年 5 月 3 日开始建造,而第一个铅块于 1993 年 7 月 14 日开始安放。图 6.74 表示铅块施加的持续过程。从图中可以发现,混凝土环建造之后,铅块的安放经历了四个阶段,每个阶段会有一次暂停时间,以方便观察塔的反应,最后阶段被圣诞节分成两个阶段。最后一块铅块于 1994 年 1 月 20 日放置。

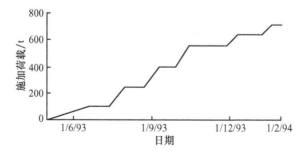

图 6.74 施加反重的过程

图 6.75 表示的是由平面应变分析中得到的 A 级预测值与实测值的比较,包括:铅块施加后倾斜角度的改变和塔体相对于周围土体的平均沉降量。图 6.75 中

的点代表荷载施加每个阶段结束之后的测量值，点上延伸线段代表每个阶段之间的蠕变量。对于最后一个阶段，图中给出的是一个月的蠕变量。从图中可以看出，根据计算模型所作的 A 级预测得到的倾斜角度改变量约为实测值的 80%，而预测的沉降量与实测值相当吻合。

值得强调的是，模型的目的是阐明施加反重措施的基本机理，并利用实测倾斜角度值校准该模型。利用这一模型研究施加反重的效果是为了确保塔体没有发生不希望出现和未预料到的反应。在这个方面，该模型被证明是非常有用的，它考虑了时间效应的影响，并注意到限制荷载大小以避免基础下 Pancone 黏土层的屈服。同样，它反映出了增加偏心距的好处。

或许对此模型寄予了过多的期望，对比校准用的对象小两三个量级的运动作出精确的定量分析，该模型确实也做到了。但是，施加反重的观测结果可用来进一步优化该模型。我们发现预测的倾斜角与实测值的差异大部分归结于在分析中采用的 A 层土 G/p'_0，该值由表 6.5 给出。通过试算和误差分析，我们发现通过乘以 0.65 的系数以减少这些数值，在平衡力为 6.9MN 时，向北的转动增加到 $35''$，这与施加最后一块铅块一个月后的观测值相一致。此结果如图 6.76 所示，与图 6.75 相比，预测旋转角与实测值吻合程度较好。需要注意的是，A 层土剪切模量减小时预测沉降值只增加了稍许。本节其余部分将采用这个再校准的模型。

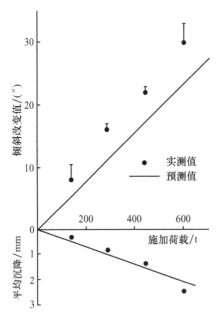

图 6.75　施加反重的平面应变预测
与实测结果（A 级预测）

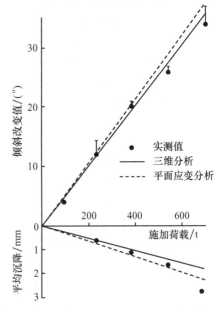

图 6.76　施加反重的平面应变模型与
三维分析模型的比较（C 级预测）

对施加反重方法进行了三维分析,同时引入了修正后的 G/p_0'。施加反重后,三维模型与平面应变的预测值如图 6.76 所示。可以发现两者倾斜角度的改变量吻合很好,而三维分析所预测的平均沉降值比平面应变模型稍微小一些。

12. 塔的永久稳定

有几个关于塔的永久稳定性的可供选择方案,其中一些如上所述已用数值模型进行了分析。其中一种方案是在塔的北边设置 10 个地锚。起初,它作为反重法的一种替代解决方案,然而,它是作为一种塔的永久稳定解决方案来考虑的。对这种方案的分析表明,当锚荷载增加时,塔起初朝北旋转,但仅仅一个相当小的旋转角度之后,它开始反向并迅速向南旋转。而相应的沉降也迅速增加。考虑到反重法所得到的结果如图 6.73 所示,这种结果或许不会令人感到吃惊。

另外一种永久解决办法就是在北边设置一个受压板,在塔的北边地表浇筑一块混凝土板,同时利用一直延伸至下层砂的地锚加载。这种方法的数值分析表明,要使塔产生一个适度的旋转则需要加很大的荷载,而某些加载方案可能导致塔反向向南旋转。

数值分析表明以上各种方法并不切实可行,因此,对其不再考虑。最后,采取的永久性稳定方案是挖除北边的部分土。我们对其进行广泛的分析,下面是分析这种方法的一些结果。

13. 钻孔取土

1) 简介

钻孔取土是指利用特别设计的钻具挖除原地基一部分土的方法。因而钻孔之后将会留下一个地下洞室,当上覆荷载压力过大时,洞室将会合拢。而洞室合拢将会导致其上部地基表面产生沉陷,这种方法可用于控制建筑物沉陷。

委员会考虑将这个方案作为可控制地减少塔体倾斜的一种方法。具体方案如图 6.77 所示。因为此塔濒临倾斜失稳破坏,因此,当在基础北边下部钻孔取土后塔会产生何种反应是相当不确定的。数值分析的目的就是探讨在钻孔取土时塔的计算模型所作的反应,同时研究在这个过程中由此引起基础以下及基础南边土的应力改变。

应该强调的是,有限元网格不能模拟钻孔取土过程。代表取土区域的单个有限单元又十分大,而利用一个更为精

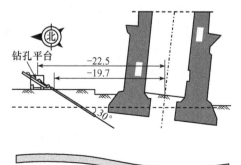

图 6.77 取土过程示意图

细的网格重新进行全部分析既昂贵又费时。不管怎样,模拟的目的是分析力学行为的机理而不是对其有一个精确的分析。

　　模拟钻孔取土过程的目标是逐步减少所选取地基土单元的体积,从而使那个单元达到预先确定的体积减少量。局部土体挖除是通过在有限元网格中选定单元,并削减其刚度,同时通过在其上、下表面施加等值、反向的竖向节点力使这个单元压缩以逐渐减少它的体积。逐渐增加节点力,直至达到所期望的体积减少量时停止增加,此时单元的刚度恢复到以前的刚度值。这就是要说明的计算模拟中只减少竖向应力的原因。钻孔取土实际实施时为一个长约 1m、直径 0.2m 的近乎水平的单元。对于这个又长又薄的单元,边界上的变形主要是竖向的。如上所述,并没有设计出用来模拟钻孔取土过程且单元长度与深度之比如此小的有限元网格。为了使单元上、下产生竖向变形,只有减少竖向应力。到目前,仅仅采用平面应变分析模拟钻孔取土过程。

　　2) 临界线

　　帝国理工学院基于砂土 1-g 模型的简单研究,表明存在一条临界线。在临界线以北取土将会使倾斜角减少,而在此线以南将会导致倾斜加剧。对其进行数值分析的首要目标就是验证是否存在临界线。

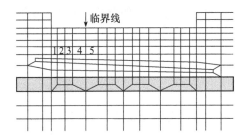

图 6.78　利用开挖单元检验临界线的存在性

图 6.78 为塔附近的有限元网格。如图所示,编号为 1、2、3、4 及 5 的单元从基础北边缘依次向南排列。对其进行 5 次分析,每次有一个单元被挖除并被完全闭合,据此模拟塔的反应情况。对于开挖 1、2、3 号单元后,塔的倾斜角开始减少,可以认为其反应是积极的。对于 4 号单元而言,反应几乎是中性的,仅仅起初减少了一些倾斜角,但是当继续取土时倾斜又开始增加了。而对于 5 号单元而言,由于取土的影响,塔的倾斜角一直在增加。

　　通过以上分析可以确信存在一条区分积极反应和消极反应的临界线。对于平面应变计算模型,临界线位于 4 号单元的南边边界。同时距塔基础 4.8m,大约就是基础半径的一半。

　　值得注意的是,当在基础之下的取土越来越移向南边时,基础南边与北边的沉降比值不断增加,在 1、2 号单元取土时的比值小于 0.25。

　　通过以上分析可以知道,在临界线以北开挖土体时,塔的倾斜角将会减小。尽管基础濒临倾斜失稳,可以认为其结果是积极的。对于平面应变模型,临界线位于基础北缘以南约 4.8m。进一步的推断表明,要使基础南边沉降小于基础北边沉降的 0.25 倍,基础下钻孔取土向南不能超过 2m。

3）取土过程的模拟

上面已经论证了可以通过钻孔取土使塔产生积极的反应,接下来就是要模拟引入一个完整的钻孔取土过程从而使塔的倾斜角至少减少 0.25°。初步研究考虑利用基础下一个浅的倾斜钻孔取土。尽管塔的反应是有利的,但基础以下应力改变相当大。因此,研究一个较深的倾斜钻孔取土。

图 6.79 中加入了基础北边附近的有限元单元网格,编号为 6～12 的单元用来引入和模拟一个倾斜的钻孔。需要明确的是 12 号单元位于前述的临界线以南。模拟开挖介入过程的步骤如下:

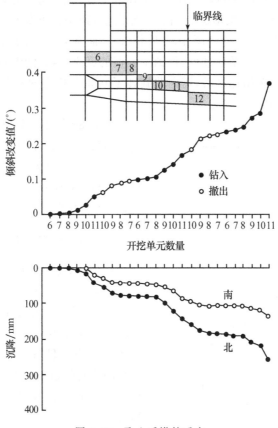

图 6.79　取土后塔的反应

（1）把 6 号单元的刚度减少至零。

（2）作用于单元上、下表面的等值、反向的竖向节点荷载逐渐增加直至单元体积减少量约 5%。此时,单元的刚度恢复至以前的状态。

（3）对于编号为 7、8、9、10、11 的单元采取与 6 号相同的步骤,以此模拟逐步钻入开挖取土过程,对于每一步塔的倾斜角都在减少。

(4) 当挖除单元 12 时,塔的倾斜角增加了。由此,可以验证在临界线以南开挖土体会产生一个消极的反应。因此,在挖除单元 11 后开始重新进行分析。

(5) 依次按照 10、9、8、7、6 的顺序模拟钻孔取土撤出的过程,对于每一步塔的反应是积极的。

(6) 重复整个取土钻入和撤出过程。当再次挖除单元 12 时会产生一个消极的反应。

如图 6.79 所示为计算得到的塔的位移值。一系列的单元开挖都在水平轴线上。上面的图反映了在钻孔取土过程中倾斜角的改变,下面的图反映了基础北边和南边的沉降量。从图中可以看出,在钻孔取土过程中,向北的倾斜量和沉降量从 6 号单元至 11 号单元依次增加。当钻孔撤出后,速率便开始减少,在第一个钻入和撤出的循环过程中,塔的倾斜角减少了 0.1°,而基础南端的沉降却大于北端沉降的一半。对于第二个循环过程,得到了类似的反应,但是倾斜角的改变在某种程度上更大。在第三次循环之后,塔向北旋转了 0.36°,相应的基础北边和南边的沉降分别为 260mm 和 140mm。

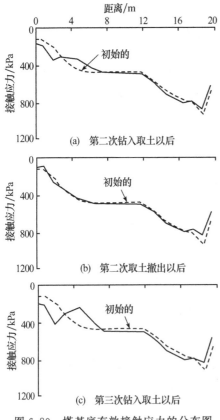

图 6.80 塔基底有效接触应力的分布图

图 6.80 给出了钻孔取土过程中不同阶段接触应力的分布情况。这个过程导致南边下面的应力有一点减少。正如预料的那样,基础北边的接触应力也产生波动,但是应力的改变却相当小。

14. 钻孔取土时塔的反应

受到计算模型模拟结果的极大鼓舞,一次大规模的钻孔取土试验开始进行。为此,在比萨塔洗礼堂的北面修建了一个偏心受荷直径为 7m 的试验基础。利用一个类似于空心转杆内置有反螺旋保护性外套的旋转钻进行钻孔。当钻具撤出后,就形成一个洞室,空心转杆中的试验探测器将会留在原地检测洞室的闭合状况。测试结果表明,在 A 层土形成的洞室闭合缓慢,因此,可以在相同土层不断进行开挖。试验基础成功地旋转了 0.25°,同时尽管地基在某种程度上并不均匀,仍然可以维持对方向的控制,而测得的接触应力变化较小。

　　鉴于从数值分析以及大规模试验所得到令人鼓舞的成果,委员会决定在塔的北边以下开始初步钻孔取土,同时观测塔的反应,使其达到有限的、局部干预的目标。初步的钻孔取土采用 12 个直径 200mm 的钻机,宽度超过 6m。倾斜角至少减少 20″ 这一目标的设立,最大限度地证明这一方法确实是十分有效的。

　　1999 年 2 月 9 日,在十分紧张的气氛下,第一次钻孔取土正式开始。第一周,塔并没有表现出可辨别的较明显的反应,但接下来一段紧张的日期内,塔开始逐步向北旋转。因而信心大增,随之而来的是取土进程也加快了。1999 年 6 月初,停止了继续取土,向北的旋转已达到 90″,而在 9 月中旬增加到 130″,因此 97 块铅块中有 3 块被撤去(每个铅块重 10t),同时塔的运动停止了。

　　起初取土主要在基础范围以外的地基中进行,仅仅延伸至基础北边缘 1.5m。最有趣的是基础南边缘的抬升实测值仅为北边沉降值的 1/10。这与数值分析所预测的南边会产生小的沉降相反。产生这种差异的原因或许是因为采用的是平面应变模型而取土过程是三维的,当然也期待对其进行更深入的研究。不管原因如何,南边的抬升却是十分有利的,因为所需挖除的土方量减少了,同时在这个临界区域应力可能减少了。

　　由于已经论证了钻孔取土会产生一个积极的反应,委员会正式批准采用这个方案用于解决比萨塔永久稳定性问题。从 2000 年 2 月 21 日开始,采用 41 个取土通道全面施工,据估计大约需要 18 个月进行小心取土,塔的倾斜角会减小不易被人们看出来的约 0.5°。在该书写作时(2000 年 7 月),塔的倾斜减少量已经达到 800″,而且基础南边缘的抬升一直在继续。这个艰辛的过程仍然漫长,但假如没有数值分析的积极结论,这种敏感的方案在塔濒临倾斜失稳时是否会被采用或实施是存在疑问的。

15. 评论

　　本节描述了利用修正剑桥模型以及耦合固结理论,建立和校准比萨塔与下覆地基的两个有限元计算模型。其中,一个为平面应变模型,另一个是三维模型。压缩性参数的选取十分关键,而采用视压缩指数 C_c^* 可以有助于解释压缩试验的结果。这一模型的主要目的是帮助我们认识地基与结构相互作用行为的基本机理。不像其他大多数模型是试图模拟比萨塔的运动性状,该模型的特点是倾斜角的任何改变将会导致产生一个倾覆弯矩。

　　该模型的校准是通过确保它能给出一个与实际倾角一致的最终正确值来实现的。这个模型与推断的建造历史以及建成后塔的倾斜过程吻合得相当好。分析结果毫无疑问地确认了塔的倾斜是"倾斜失稳"机理造成的,而这是因为下覆黏土的高压缩性而与其强度无关。当塔的倾角为 5.44° 时,预测塔处于不稳定平衡状态,也就是比萨塔正濒临倒塌。

　　这一计算模型在评估在北边利用"反重法"临时增加塔基础的稳定性时，显得十分有价值。这一模型还没有发展到对较小运动的形成都能给出十分精确的预测这一阶段，但不管怎样，对于施加反重后对塔反应的预测却相当精确，其所预测的倾斜角的减少约为实测值的 80%，而对于沉降值，预测值与实测值几乎相等。利用实测塔的反应结果来优化这一模型，使它可以用来评价各种可能的永久解决方案的有效性。

　　钻孔取土方法目前正作为一种永久解决方案来控制塔北边的沉陷。由于濒临倾斜失稳的比萨塔对地基取土反应的不确定性，有必要采用数值模型对其反应的机理进行分析。文中提出了一种模拟局部取土的方法。初步研究论证了存在一条临界线，在临界线以北进行土方开挖将会产生积极的反应，临界线大概位于距基础北端 1/2 基础半径范围内。

　　接下来进一步模拟了利用一个倾斜的钻孔开挖取土的过程，结果表明塔体倾斜显著减少。另外，可以看出基础接触应力的分布变化非常小。通过限制在基础北边以下较小的距离范围内取土，基础南边的沉降能保持在小于北边沉降的 1/4。

　　通过数值分析总结发现，钻孔取土法是永久减少塔体倾斜达 0.5° 的一种非常积极的方法。数值分析的结果也促成了一次成功的钻孔取土大规模现场试验。现在正在采用该法以实现比萨塔的永久稳定。目前（2000 年 7 月），塔的倾斜减少量已达到 800″，而实测结果与预测分析完全一致。如果没有数值分析提供的积极结果，濒临倒塌的比萨塔能否采取这种敏感的方法去解决其永久稳定性是值得怀疑的。

6.7　小　　结

　　(1) 浅基础具有不同的平面形状。如果它们在某一方向上特别长，可被归类于条形基础，可以采用平面应变分析。如果是圆形的，当其荷载作用为竖向时，可以假设其符合轴对称条件并据此进行分析；对于一般荷载情况，也可采用傅里叶级数有限元法进行分析。

　　(2) 当模拟地表基础时，一般而言，土与基础都应划分为有限单元。然而，当荷载作用是竖向的，如果基础相对于土来说非常柔软或是非常刚硬，可以对其作近似估计，而不需使其包含于有限元网格之中。

　　(3) 方形基础的承载力，较圆形基础的要小。

　　(4) 有限元分析可以为地表基础确定理论形状系数，其差异主要取决于基础的粗糙度，总体上与许多设计手册里经验公式结果相吻合。

　　(5) 对于排水地基土，总承载力公式中有三个系数，即 N_c、N_q 和 N_γ。对于条形基础，N_c、N_q 由精确的理论表达式计算，N_γ 只有近似解。有限元分析可以模拟

出 N_q 的正确理论值,但更重要的是,这些分析能更进一步揭示认识 N_γ 的实质。分析还表明,条形基础和圆形基础存在很大的不同。

（6）设计指南没有给出黏土上预压条形地基的不排水承载力确定方法。研究表明,有限单元分析法可解决这个问题。在大多数实际情况下,预压荷载不太可能明显提高不排水承载力。

（7）采用复杂的 MIT-E3 模型的有限元分析结果表明,有限元分析可以模拟实测各向异性土体性状的影响。在有限元分析中,可以量化各向异性对于条形和圆形地表基础承载力的影响。

（8）对于建造在地表之下的浅层基础,正确模拟基础周边与土的接触面相当重要。为此,可以利用接触单元,但是必须要设定一个零张应力承载力和一个合适的剪切强度值。

（9）有限元分析表明,圆形基础的深度系数比条形基础大。

（10）比萨斜塔的实例证明了浅基础有限元分析应用于实际工程中是有效的。本章讨论了承载力破坏和倾斜失稳破坏的区别,还论证了有限元分析在比萨斜塔北边施加反重临时性方案和钻孔取土永久方案决策过程中的重要作用。

第7章 深 基 础

7.1 引 言

本章主要介绍深基础的计算。先介绍单桩垂直加载及水平加载情况,从正、反两方面论证桩侧接触面单元及土体剪胀对计算结果的影响,然后介绍群桩计算,群桩计算和设计是在单桩基础上进行叠加。本章还考虑了桶形基础的抗拔情况,并讨论了基础几何形状、接触面强度、土体各向异性抗剪强度和荷载作用位置对计算结果的影响。

7.2 概 述

前面介绍了地表基础和浅层基础计算,当基础下土体较好或为硬土且基础上荷载不大时,常采用这类基础;如果土体较差或基础上荷载较大时,这类基础不再适用,通常要将基础加深。基础加深有两个优势:首先,深部土体较硬、强度较高,这样地基承载力会增加;其次,沿基础四周分布的剪应力和侧向应力将提供较大的反力以承受外部荷载。

另外,为使基础能够承受一定的拉力也要加深基础,如一些海洋结构中深基础四周分布的剪应力和侧向应力将共同作用抵抗上浮力。

桩是最常用的深基础形式之一,可以先预制然后打入地基,也可以先钻孔再现场灌注。预制桩有钢管桩、木桩或混凝土预制桩,截面形式也有多种(如圆形、矩形、H 形等)。钻孔桩通常为钢筋混凝土灌注桩,有时先钻孔,并下套管后再浇筑混凝土,当然还有很多其他组合施工方式。

桩基中大多使用群桩,很少采用单桩形式。桩顶通过承台与地面连接,如图 7.1 所示。桩基础设计包括很多内容,如截面尺寸、桩长、桩型选用(实体桩还是管桩)、施工方式、桩间距及桩与承台的连接等。

沉箱实际上是很大的空心桩体,有时可以替代桩基础,如图 7.2 所示。沉箱可以预制,也可以现场浇筑。如果是预制沉箱,先将它放在地面指定位置处,靠自重下沉到一定深度后,挖除沉箱周围土体使其继续下沉直到完全沉入地下。如果现场浇筑沉箱,则类似于基坑开挖,要先筑

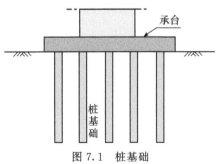

图 7.1 桩基础

箱壁部分。沉箱在平面上多为圆形,当然并不总是如此。沉箱横截面很大,高宽比一般比桩小,通常单个沉箱就可以作为一个基础,如桥墩下的沉箱基础。

桶形基础与沉箱基础类似,正如其名称表示它像一个倒扣的桶,如图 7.3 所示。该基础是近年来涌现的一种新型基础形式,主要用在海洋工程中承受包括上浮力在内的一些荷载。如果仅用于抗浮,常称为吸力式沉箱,因为要依靠吸力使基础沉入海底。例如,先在陆地上预制沉箱,拖到现场安放在海底,由于自重较大一般会嵌入海底一定深度,将桶中密封的水抽出,使桶顶产生正的水压差,从而迫使圆桶沉入土中,直到设计深度。

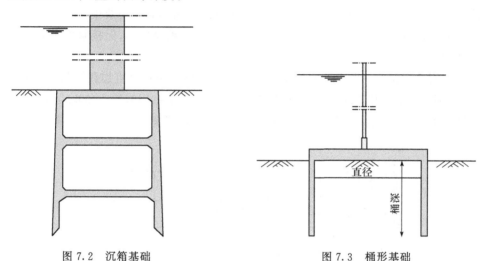

图 7.2 沉箱基础　　　　图 7.3 桶形基础

本章先介绍单桩计算,然后介绍群桩及桶形基础的计算。单个沉箱与单桩及单桶情况类似,在此就不专门介绍了。

本章所有计算都采用伦敦帝国理工学院岩土有限元程序(ICFEP),用修正牛顿-拉弗森算法中应力积分次阶法解非线性方程。轴对称及傅里叶级数有限元法中采用缩减积分(2×2)的 8 节点等参元。

7.3　单　　桩

7.3.1　简介

尽管实际应用中很少使用单桩,仍有必要进行单桩计算,因为单桩与群桩类似,但比群桩简单,后面将介绍的现有程序还不能进行完全的群桩计算,只能考虑一些简单的群桩情况。

圆截面桩垂直打入层状地基中,地下水位保持水平,这时为几何轴对称情况。如果桩上只作用垂直荷载,则可以进行轴对称计算。如果桩上作用着倾斜荷载或弯矩，则要进行三维计算。由于几何轴对称，因而可以用傅里叶级数有限元计算。如果上述条件有一个不满足，如桩不是圆形截面，或没有垂直打入地下，或地层不水平等，即使桩顶作用轴向荷载，也必须用三维有限元计算。

本节中总是假定几何尺寸是轴对称的，所以对于垂直加载轴对称分析和水平加载三维分析都采用 FSAFEM。

7.3.2 垂直加载

垂直荷载下单桩计算的一个重要问题是如何考虑桩与桩周土的接触。如果土体单元太大，又不设置接触面单元，计算会出问题，如 6.6.2 小节中所述。为避免这种情况，可以在桩、土间设置很薄的实体单元或接触面单元，但接触面单元参数要仔细确定。

下面计算黏土中直径为 1m、长 20m，不排水条件下单桩垂直加载情况。假设桩体刚度很大，黏土用 Tresca 模型模拟，$E_u = 10^5 \, kN/m^2$，$\mu = 0.49$，$S_u = 100 kN/m^2$，计算网格如图 7.4 所示，共有 1024 个 8 节点单元。桩侧设置宽度为 0.05m 的薄单元，单

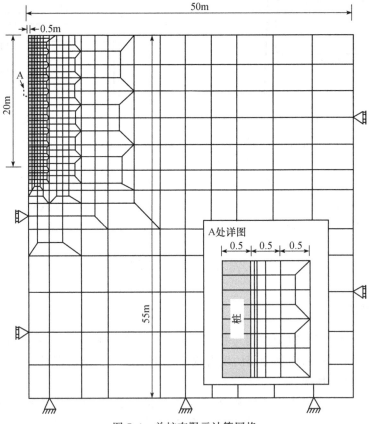

图 7.4　单桩有限元计算网格

元高宽比为5∶1。线弹性桩用实体单元模拟,杨氏模量 $E=20\times10^{6}\mathrm{kN/m^2}$,泊松比 $\mu=0.15$。垂直荷载用桩顶垂直位移增量表示,另外的边界条件包括网格底边界上无竖向、水平向位移,网格右边界及对称轴处(网格左边界)没有水平向位移。假定饱和重度 $\gamma_{sat}=18\mathrm{kN/m^3}$,计算土中初始应力,静止土压力系数 $K_0=1.0$。

第一次计算时不设置接触面单元,计算结果如图7.5所示,图中清楚地显示出桩侧承载力和桩端承载力随位移的变化情况,承载力由桩侧土中应力变化(开始计算起)引起的节点力计算得到,承载力随位移的发展与现场实测一致,即桩侧承载力比桩端阻力先发挥作用。极限桩侧承载力的计算值为6345kN,与不排水强度乘以桩侧面积得到的6283kN相差不多,计算值稍高一些是因为计算中用的是

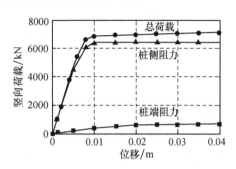

图7.5　桩侧不设接触面时单桩不排水加载情况

积分点处应力值,而积分点并不位于桩-土界面上,见6.6.2小节。由桩端极限阻力得到承载力因子 $N_c=9$。

用图7.4中相同的网格又进行了三次计算,这时在桩侧和桩端均设置零厚度接触面单元,土体参数与前面一样,接触面不排水强度 $S_u=100\mathrm{kN/m^2}$(即与土体强度相等),抗压刚度 K_n 等于抗剪刚度 K_s,不同的是计算中 K_s 和 K_n 分别取 $10^3\mathrm{kN/m^3}$、$10^5\mathrm{kN/m^3}$ 及 $10^7\mathrm{kN/m^3}$。第9章将介绍接触面刚度的选择会有一些问题,尤其是它们的单位($\mathrm{kN/m^3}$)与土体模量的单位($\mathrm{kN/m^2}$)不同。

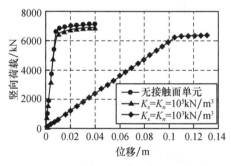

图7.6　接触面刚度对结果的影响

K_s 和 K_n 为 $10^3\mathrm{kN/m^3}$ 和 $10^5\mathrm{kN/m^3}$ 的计算结果与不设置接触面单元的结果对比情况,如图7.6所示。接触面刚度为 $10^5\mathrm{kN/m^3}$ 的结果与没有接触面的结果非常一致,对应的极限荷载稍小一些,为6279kN,与不排水强度与桩侧面积的乘积(6283kN)很接近,由于接触面的积分点在桩-土界面上,因此得到的结果比不设置接触面时准确。

为清楚起见,图7.6中没有给出接触面刚度为 $10^7\mathrm{kN/m^3}$ 的结果,加载初期其荷载-位移曲线与没有接触面的情况差不多,但得到的极限承载力要小一些,与刚度为 $10^5\mathrm{kN/m^3}$ 的结果一致。

接触面刚度较小时($10^3\mathrm{kN/m^3}$)得到的荷载-位移曲线要缓一些,如图7.6所示,但极限承载力与刚度较大时不同,原因如图7.7所示,图中为桩侧承载力与桩

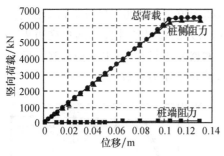

图 7.7　接触面刚度较小时
单桩不排水加载情况

端阻力的发展情况。由图可见,桩侧承载力在位移为 0.105m 时已完全发挥,但此时桩端阻力却很小,需要较大的桩顶位移才能使其完全发挥。

由上述计算可知,单桩的荷载-沉降性状主要取决于接触面刚度,但接触面刚度很难测定,明智的做法是计算时取较大的刚度,但刚度太大后容易形成病态刚度矩阵,见第 9 章内容。另一种做法是不设接触面单元,由图 7.6 的对比结果可知,不设接触面单元的结果也很好,如果桩只受轴向荷载作用可以这样处理;若桩受水平或倾斜荷载作用,考虑到其他因素还需要在桩-土间设置接触面,见 7.3.3 小节。

同样计算了排水条件下单桩的加载情况,计算中土体采用莫尔-库仑模型,$E=10^5 kN/m^2$,泊松比 $\mu=0.3$,$\varphi'=25°$。土体初始应力用 $\gamma_{dry}=18kN/m^3$ 计算(假定为干土),静止土压力系数 $K_0=1.0$。

桩-土界面上不设接触面单元且土体剪胀角 $\nu=25°$ 和 $\nu=0°$ 时的荷载-位移曲线如图 7.8 所示。$\nu=25°$时同样位移下单桩承载力比 $\nu=0°$ 时高很多,图 7.9(a)、(b)表示两种情况下桩侧阻力和桩端阻力的变化情况。$\nu=25°$时,桩侧阻力和桩端阻力没有任何到达极限值的迹象,如图 7.9(a)所示,即便位移继续增加也一样。$\nu=0°$ 的情况就截然不同,位移为 $0.01m(\delta/D=1\%)$时桩侧阻力已达到极限值,如图 7.9(b)所示;但位移为 0.1m

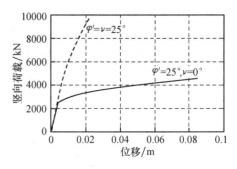

图 7.8　不设接触面时单桩排水计算结果

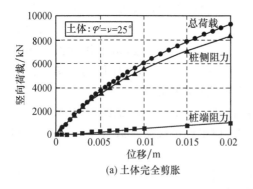

(a) 土体完全剪胀

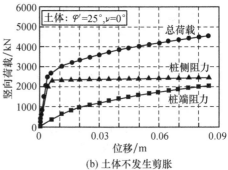

(b) 土体不发生剪胀

图 7.9　单桩排水计算结果

(工程中一般认为 $\delta/D=10\%$ 时桩体破坏)时,桩端阻力仍继续增加,只有当桩顶位移达到 2.0m(图中未标出)时,桩端阻力才会达到极限值。

　　剪胀角 $\nu=25°$ 时没有得到极限荷载,一方面是因为土体的运动受到限制,另一方面也与莫尔-库仑模型得到的持续剪胀结果有关,这个问题不仅莫尔-库仑模型有,其他模型也有,由于塑性变形无限发展,因而土体达不到临界极限状态,第 9 章将对此进行详细讨论。

　　桩-土间设置接触面单元后一定程度上会掩盖本构模型的缺陷,如设置零厚度接触面单元后再进行排水计算,接触面单元刚度 $K_n=K_s=10^5 \text{kN/m}^3$,$\varphi'=25°$,剪胀角 $\nu=0°$,图 7.10 为计算结果。与不排水结果一样,荷载-沉降曲线主要由接触面特性控制,考虑剪胀与不考虑剪胀的结果比没有接触面时接近了,桩侧阻力和桩端阻力的发展如图 7.11(a)、(b)所示。两种情况下桩端阻力的差距较大,如果位移继续增加,$\nu=0°$ 时桩端阻力能得到极值,但 $\nu=25°$ 时得不到。由于沿桩侧正应力分布不同,尤其是桩端附近正应力相差较大,两种情况下得到的桩侧阻力也有差异。可见尽管接触面参数对桩侧阻力的分布有决定性影响,对桩端阻力的影响却不大。

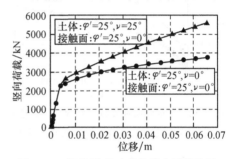

图 7.10　设接触面时单桩排水计算结果

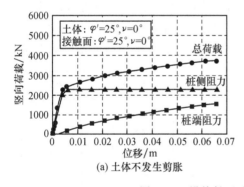

(a) 土体不发生剪胀

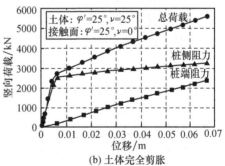

(b) 土体完全剪胀

图 7.11　设接触面时单桩排水计算结果

7.3.3　水平加载

　　前面已经提到,如果垂直桩上作用侧向荷载及(或)弯矩则要进行三维计算。如果是几何轴对称情况,可以用傅里叶级数有限元计算。下面考虑水平荷载下单桩的计算。

　　计算网格如图 7.4 所示,桩顶水平位移用下列径向位移和外边界环向位移增量表示:

$$\begin{cases} \Delta u_r = \Delta d\cos\theta \\ \Delta u_\theta = -\Delta d\sin\theta \end{cases} \tag{7.1}$$

式中，桩顶的侧向位移增量为 Δd。位移边界条件是网格底面边界上所有位移分量（即 u_r、u_θ 和 u_z）均为零，网格右手边界上径向位移（u_r）为零。与垂直加载不同，网格左侧边界即几何对称轴上没有位移约束，即侧向荷载下该边界可以自由移动，单桩侧向加载可以用《岩土工程有限元分析：理论》介绍的平行对称和调和分析法计算。

假设土体不排水，初始参数 $E_u = 10^5 \mathrm{kN/m^2}$，$\mu = 0.49$，$S_u = 100\mathrm{kN/m^2}$，有与没

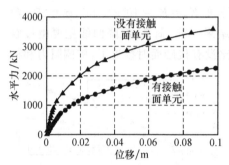

图 7.12　单桩侧向加载计算结果（S_u 不随深度变化，分别考虑接触面及没有接触面情况）

有接触面时桩顶荷载-位移曲线如图 7.12 所示，其中桩顶侧向力由桩顶已知侧向位移引起的节点反力计算。接触面单元抗压和抗剪刚度 $K_n = K_s = 10^5 \mathrm{kN/m^3}$，不排水强度 $S_u = 100\mathrm{kN/m^2}$，此外接触面不能承受垂直拉应力，如果有拉应力则接触面张开，这样就无法在桩-土间传递剪应力。

图 7.12 中，有、无接触面单元得到的水平荷载-位移曲线明显不同，同样水平荷载下没有接触面时得到的水平向位移

较小，原因如图 7.13 所示，该图为桩顶水平位移 0.1m 时桩后水平总应力（与加载相反方向）的分布，无接触面时桩上部 5.5m 范围内有较大的拉应力，由于接触面单元不能承受拉应力，因此设置接触面时这部分的水平应力为零，桩后土体中产生裂缝，工程中将这种情况称为"脱开"，土体"脱开"对桩水平位移的影响如图 7.14

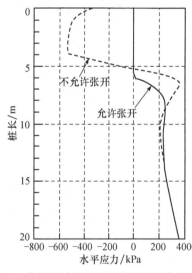

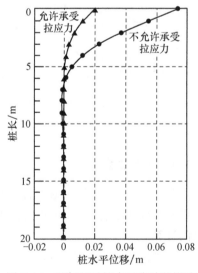

图 7.13　接触面单元对桩后水平应力分布的影响　　图 7.14　"脱开"对桩水平位移的影响

所示,此时桩顶侧向荷载为 2000kN。

再考虑土体不排水强度及模量随深度变化的情况,取 $S_u = 2.7zkN/m^2$(即 $S_u = 0.3\sigma_v'$),$E_u = 1350zkN/m^2$(相当于 $E_u = 500S_u$),其中 z 为深度,这种变化代表了弱超固结土不排水强度分布。桩-土间不设接触面单元,图7.15是桩顶水平荷载-位移曲线,图7.16是桩顶位移为0.1m时桩后水平应力分布,该算例桩后土体中没有拉应力产生,因此设置接触面后计算结果与该结果类似。

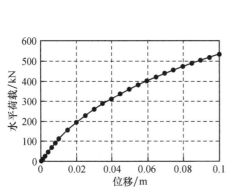

图 7.15 不排水时单桩水平加载情况(桩-土间没有接触面,土体强度 S_u 随深度线性变化)

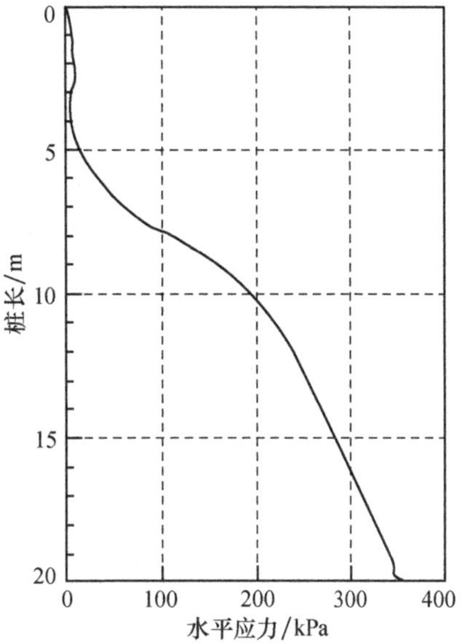

图 7.16 S_u 随深度线性变化时桩后水平总应力分布

由此可见,土体可能与桩体"脱开",则应在桩-土间设置接触面单元。但是否会"脱开"与土体强度,尤其是强度随深度的变化有关。

7.4 群 桩

7.4.1 简介

群桩计算是三维问题,目前计算群桩上同时作用轴向荷载、侧向荷载及弯矩时,要么用土体的线弹性模型计算(Randolph et al.,1982),要么在非线性单桩计算基础上考虑线弹性相互作用因子(O'Neil et al.,1977)。前一种方法太简单而得不到准确的答案,后面的混合法计算也有一些问题,如土体同时采用线性及非线性假设、非线性单桩计算中假设不合理等。用混合法计算单桩非线性响应可以采用非严格的弹性解修正形式(Poulos et al.,1968),或忽略土体作用的 t-z 法(Coyle et al. ,1966)及 $p\text{-}y$ 法(Reese,1977)。

原则上所有群桩问题都要用三维有限元计算,但对目前计算机硬件来说这样计算需要的单元太多了。如果群桩上只作用竖向荷载(没有水平荷载及弯矩),这种特殊情况下可以利用几何对称性只计算一部分区域,图 7.17 是复杂几何形状进行简化的一些例子。前面单桩轴向荷载下的研究结论同样适合于群桩,但几何形状的三维特征要求必须进行真正的三维计算。

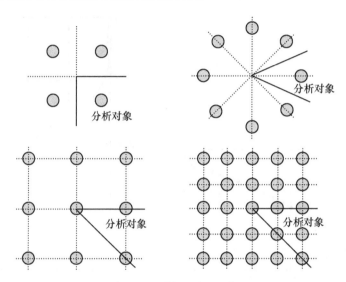

图 7.17　群桩对称性示例

如果承台上作用的不是垂直荷载,而是水平荷载及(或)弯矩,这时很少有对称性,要考虑的单元数增加了,这种情况下要进行完全三维计算,由于不是几何轴对称问题,傅里叶级数有限元计算不再适用。

现有计算机硬件还无法进行实际群桩计算,因此必须对实际问题进行简化。

Ganendra(1993)和 Ganendra 等(2002a,2002b)提出了群桩计算的一种新方法,该方法在单桩非线性计算基础上用叠加法考虑群桩效应,与其他方法相比该方法的优点在于:

(1) 单桩计算采用更成熟、严格的方法,其中可以考虑复杂的土体特性及桩-土接触问题。

(2) 在单桩结果上用更一致的方法考虑群桩的相互作用。

该方法分为群桩计算(Ganendra et al. ,2002a)和群桩设计(Ganendra et al. ,2002b)两部分。群桩计算可以预测不同轴向荷载、侧向荷载及弯矩组合作用下桩群的转动、侧向变形和垂直位移情况,该方法实际上是垂直荷载下群桩计算(Jardine et al. ,1988;1992)的进一步拓展。

设计部分给出了各种轴向荷载、侧向荷载及弯矩组合作用下桩群转动及变形情况"设计表",但设计方法没有对桩的几何参数、形状、数目及布置形式给出建议。

该方法建立在单桩非线性有限元计算基础上,明显优于现有设计方法,下面将进行具体介绍,同时还介绍该方法在 Magnus 石油平台基础设计中的应用情况。

7.4.2　群桩计算

任何侧向荷载、竖向荷载及弯矩组合作用下,垂直圆柱形单桩的受力性状可以用傅里叶级数有限元或完全三维有限元计算。傅里叶级数有限元计算效率更高一些,因此下面的所有三维问题都用该方法计算,如果用真正的三维计算会更好。

该方法延伸到群桩计算要做以下假设:

(1) 群桩中对一根桩加载将影响其他桩的位移。

(2) 群桩上的荷载由所有桩共同承担。

该方法中第一个假设用叠加法计算,第二个假设采用刚性承台准则,具体介绍如下。

7.4.3　叠加法

群桩中对任何桩加载都对周围桩的位移有影响,本方法中用叠加法考虑这种相互影响。从理论上讲,叠加法不适用于非线性计算,因此需要作近似处理,Ganendra 和 Potts 提出了三种近似处理方法:

(1) 简单叠加法。

(2) 非线性叠加法。

(3) 虚桩法。

本章介绍简单叠加法,其他两种方法请参阅文献(Ganendra,1993)。

1. 简单叠加法

简单叠加法认为,邻桩上荷载引起任何桩的顶部附加位移可以由单桩分析的地表位移预测。以含 N 根桩的群桩为例,桩的标号为 $1 \sim N$,假设第 i 根桩上荷载 F_i 引起的任一点地表位移为

$$u_i^s = C_i(r_i, \theta_i) \tag{7.2}$$

式中,(r_i, θ_i) 是第 i 根桩的局部柱坐标,如图 7.18 所示,坐标轴原点位于桩中心点处。$C_i(r_i, \theta_i)$ 由单独一根桩的三维计算傅里叶级数有限元得到。

简单叠加法假设第 i 根桩上的荷载 F_i 引起第 j 根桩的附加位移 u_i^j 等于 $C_i(r_i^j, \theta_i^j)$,r_i^j 和 θ_i^j 是用第 i 根桩局部坐标表示的第 j 根桩坐标值,于是群桩中第 j 根桩的位移 u_{ss}^j 等于群桩中每根桩引起第 j 根桩的附加位移之和

$$u_{ss}^i = \sum_{j=1}^N u_i^i = \sum_{j=1}^N C_i(r_i^j, \theta_i^j) = u_j^i + u_G^i \qquad (7.3)$$

式中,$u_j^i = C_j(r_j^j, \theta_j^j)$为第 j 根桩上荷载引起的第 j 根桩的位移;$(r_j^j, \theta_j^j) = (0, 0)$为第 j 根桩中心坐标;u_G^i 为群桩中其他桩上荷载引起的第 j 根桩的位移。

位移 u_{ss}^i 和 u_i^i 用群桩总坐标 x、y 和 z 表示(z 是地表以下深度),如图 7.18 所示。x、y 轴的坐标原点位于群桩中心点处,用总坐标表示。每根桩上荷载引起的地表位移(由傅里叶级数有限元计算得到)必须由局部坐标转换到群桩的笛卡儿总坐标中。

该方法只对桩顶位移和地表位移用简单叠加法计算,后面介绍简单叠加法扩展到可以预测不同深度处的桩身位移。它的一个重要特点是单根桩的极限荷载不受其他桩上荷载的影响,但该桩的位移情况就不同了。

这就是广义 Jardine & Potts 法(1988),图 7.19 是该方法的示意图。

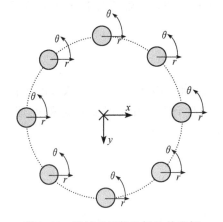

图 7.18　群桩的局部坐标及总坐标

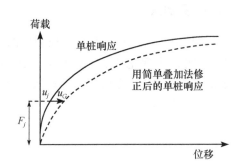

图 7.19　简单叠加法

2. 不同深度处桩身位移

叠加法应该只用于估算桩顶位移和地面位移,如果用该方法修正不同深度处的桩身位移,则变形后桩内应力分布就不符合实际情况,由桩顶叠加位移及单独一根桩的傅里叶级数有限元桩身位移结果计算群桩不同深度处桩身位移有下面两种方法:

(1)用叠加后的桩头位移与单独一根桩的桩头位移比值对不同深度处的单桩桩身位移进行折减。这样折减后位移对应的桩身应力不再与桩上荷载一致。

(2)将叠加后的桩头位移与单独一根桩的桩头位移差值加到单独一根桩的桩身位移上。这样桩身应力分布与单独一根桩的分布一样,也与桩上荷载协调;但位移不符合实际情况,因为这时较深处仍有较大的桩身位移。

为了能用叠加法得到合理的桩身位移和应力,可以用第一种方法计算位移,第二种方法计算应力。

7.4.4 群桩中荷载传递

群桩中荷载传递由承台的连接情况及刚度决定。Ganendra & Potts 法中采用了刚性承台准则,即假设承台完全刚性且与桩完全连接,承台位于地面上。这样任一根桩的桩头位移和转角可以由群桩的整体位移、转角及其在群桩中的位置确定。群桩整体位移表示为 U_x、U_y 和 U_z,这是群桩总坐标中的位移值。地面处群桩总坐标及坐标原点(群桩中心点)如图 7.18 所示。群桩转角用 Θ_x 和 Θ_y 表示,分别对应着群桩关于 x 轴和 y 轴的转动。为简化起见,不考虑群桩的扭转变形及关于 z 轴的转动。图 7.20 为 U_x、U_y、U_z、Θ_x 和 Θ_y 的示意图。

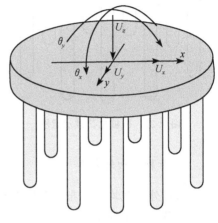

图 7.20 群桩整体位移示意图

根据刚性承台准则,群桩中第 i 根桩 x、y 和 z 方向上的位移可以用群桩整体位移表示

$$\begin{cases} u_x^i = U_x \\ u_y^i = U_y \\ u_z^i = U_z + y^i \tan\Theta_x + x^i \tan\Theta_y \end{cases} \tag{7.4}$$

式中,x^i 和 y^i 为第 i 根桩的 x、y 坐标。

由于假设每根桩都与承台完全连接,因此第 i 根桩的桩头转角 Θ_x 和 Θ_y(关于 x 和 y 轴的转角)等于群桩的整体转角

$$\begin{cases} \Theta_x^i = \Theta_x \\ \Theta_y^i = \Theta_y \end{cases} \tag{7.5}$$

这样群桩的整体位移和转角 $(U_x, U_y, U_z, \Theta_x, \Theta_y)$ 可以用任一根桩的桩头位移、转角及坐标 $(u_x^i, u_y^i, u_z^i, \Theta_x^i, \Theta_y^i, x^i, y^i)$ 计算。

群桩 x、y、z 方向上的荷载为 F_x、F_y 和 F_z,x、y 方向上的弯矩为 M_x 和 M_y,如图 7.21 所示,这些荷载分布在满足刚性承台准则的群桩上,即由每根桩的位移和转角 $(u_x^i, u_y^i, u_z^i, \Theta_x^i, \Theta_y^i)$ 得到的群桩位移和转角 $(U_x, U_y, U_z, \Theta_x, \Theta_y)$ 应相同。用迭代法计算每根桩上的荷载,具体步骤如下:

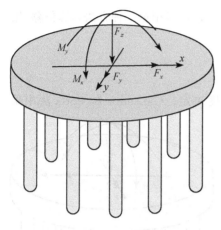

图 7.21 群桩总荷载示意图

（1）得到群桩中荷载初始的三维分布情况。

（2）用叠加法计算每根桩上的荷载及相邻桩上荷载引起的位移。

（3）用位移检查刚性承台条件是否满足。

（4）如果满足则假设的荷载三维分布（在允许误差范围内）是正确的,群桩整体位移也合理。

（5）如果不满足则得到新的荷载分布形式,重复上述计算直到满足为止。

上述步骤的详细内容介绍如下。

1. 荷载的初始分布

假设外荷载均匀分布在群桩中的每根桩上,则得到三个方向的初始荷载分量 F_x、F_y 及 F_z,得到弯矩分量 M_x 和 M_y 就没这么直接了。施加 M_y 后桩产生的抵抗矩分为以下两部分:

（1）抗拔弯矩 M_y^{pp},由 x 方向上桩的轴向荷载差异引起。

（2）桩头弯矩 M_y^{hb},y 方向上群桩中基桩作用在承台上的弯矩总和。

图 7.22 中,可以用抗拔转动刚度 $K_y^{pp}(=M_y^{pp}/\Theta_y)$ 和桩头转动刚度 $K_y^{hb}(=M_y^{hb}/\Theta_y)$ 计算 M_y^{pp} 及 M_y^{hb} 大小,7.4.5 小节 5 中介绍了抗拔转动刚度 K_y^{pp} 和桩头转动刚度 K_y^{hb} 的估算方法。于是可以用下式得到 M_y^{pp} 及 M_y^{hb} 的试算值:

$$M_y^{pp} = M_y \frac{K_y^{pp}}{K_y^{pp} + K_y^{hb}}, \quad M_y^{hb} = M_y \frac{K_y^{hb}}{K_y^{pp} + K_y^{hb}} \tag{7.6}$$

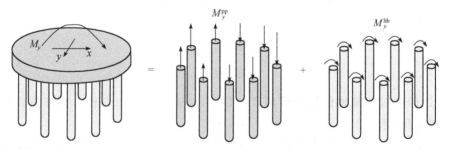

图 7.22 M_y 分解为 M_y^{pp} 和 M_y^{hb}

为了使每根桩上轴向荷载增加或减少后产生的抗拔弯矩刚好等于 M_y^{pp},假设桩的轴向荷载沿总坐标 x 方向线性变化。假设群桩中各桩的桩头弯矩相等,便得

到 M_y^{hb} 的初始分布。用同样的方法计算 M_y 的分量 M_x^{pp}、M_x^{hb} 及每根桩上的荷载。

2. 桩顶位移

每根桩上的荷载及相邻桩上荷载产生的桩顶位移可以用单桩的傅里叶级数有限元及上面介绍的叠加法（或其他方法）计算。傅里叶级数有限元可以同时考虑桩上作用着 x、y 方向上的侧向荷载、轴向荷载及 x、y 方向的弯矩等情况。

3. 刚性承台准则验算

刚性承台准则可以细分为以下 9 条，只要一条不满足就要进行修正：

(1) 检查所有桩 x 方向的侧向变形是否相等，若相等，则得到 x 方向的位移 U_x；否则，x 方向位移较大的桩上侧向荷载要降低，或位移较小的桩上侧向荷载增加。由桩的平均侧向位移和侧向切线刚度估算正确荷载。每根桩上的荷载修正值由切线刚度及该桩侧向位移与平均位移差计算。该方法可同样用于下面各条的计算。

(2) 检查所有桩 y 方向的侧向变形是否相等，若相等，得到 y 方向的位移 U_y；否则，降低 y 方向位移较大的桩上侧向荷载，或增大位移较小的桩上侧向荷载。

(3) 检查每根桩的沉降是否沿 x 方向线性变化，如果是，得到 Θ_y；否则，沉降大的桩上轴向荷载降低一些，沉降小的增加一些。

(4) 检查每根桩的沉降是否沿 y 方向线性变化，如果是，得到 Θ_x；否则，沉降大的桩上轴向荷载降低一些，沉降小的增加一些。

(5) 如果桩的轴向变形在 x 及 y 方向均线性变化，则得到 U_z。

(6) 若所有桩顶 y 方向的转角相等，则得到 Θ_y；否则转角大的桩上 y 方向的弯矩降低，转角小的桩上弯矩增加。

(7) 若所有桩顶 x 方向的转角都相等，得到 Θ_x；否则转角大的桩上 x 方向上的弯矩降低，转角小的桩上弯矩增加。

(8) 检查第 (3) 条和第 (6) 条得到的 Θ_y 是否相等，如果不相等，调整 M_y^{pp} 和 M_y^{hb} 的比值。

(9) 检查第 (4) 条和第 (7) 条得到的 Θ_x 是否相等，如果不相等，调整 M_x^{pp} 和 M_x^{hb} 的比值。

若上述条件在允许误差范围内有一条不满足，则要调整荷载重新计算桩顶位移，直到以上 9 条全部满足。9 条全部同时满足后，就得到需要的 U_x、U_y、U_z、Θ_x 和 Θ_y 解。

上述步骤有点烦琐，但 7.4.4 小节中"荷载的初始分布"介绍的试算荷载（在允许误差范围内）可以满足上述的大部分条件。大多数情况下只要用试算值检查第 (8)、第 (9) 条是否满足，若不满足进行几次迭代就能得到全部 9 条都满足的解。这种计算方法只用到以下两个基本假设：

（1）群桩中一根桩上的荷载对其他桩位移的影响可以用叠加法计算。

（2）刚性承台准则可以用来确定群桩中桩间荷载分布。

7.4.5 群桩设计

海洋平台设计非常复杂，涉及的学科很多，基础设计仅是其中的一部分。7.4.2～7.4.4 小节介绍的群桩计算内容在海洋平台基础设计中应用非常有限，因为需要对施加的荷载迭代求解，而且每次迭代中要对每根桩进行三维计算，比较而言，这种方法更适用于反分析计算，而不是设计。于是该方法给海洋平台结构设计提供了一个灵活的工具——"设计图"，任意组合的设计荷载下群桩的位移和转角都可以按"设计图"计算，不需要进行额外的三维有限元计算。下面介绍这些"设计图"如何得到、该如何使用，另外还介绍除群桩计算假设以外的一些假设。"设计图"的计算方法实际上是 Randolph 等（1982）的线弹性分析方法拓展应用于非线性土体中。

1. 群桩矩阵表达式

一般一组荷载下群桩的响应可以用矩阵形式表示，矩阵中群桩位移 U_x、U_y、U_z 和转角 Θ_y（具体定义见 7.4.4 小节）及群桩上的荷载 F_x、F_y、F_z、M_x、M_y（定义见 7.4.4 小节）分别用向量 U 和 F 表示，它们由群桩刚度矩阵 K 联系起来

$$F = [K]U \tag{7.7}$$

Randolph 等（1982）的线弹性法中矩阵 $[K]$ 中的元素都是常数。如果矩阵 $[K]$ 中所有的元素已知，那么位移向量 U 可以直接用荷载向量 F 乘以 $[K]$ 的逆矩阵。对非线性土体由荷载 F 计算位移 U 比较复杂，因为矩阵 $[K]$ 中元素不再是常数，而是荷载及位移的函数。

2. 荷载叠加

非线性问题中假设引起位移 U 的荷载是引起位移 U 各分量荷载的总和（即荷载叠加）。位移向量 U 分解为子向量 U_z、U_{ux}、U_{uy}、$U_{\theta x}$ 和 $U_{\theta y}$，其中与位移 U_z、U_{ux}、U_{uy}、$U_{\theta x}$ 和 $U_{\theta y}$ 对应的荷载分别为 F_z、F_{ux}、F_{uy}、$F_{\theta x}$ 和 $F_{\theta y}$。荷载叠加假设是指与群桩位移 U 对应的荷载 F 等于荷载 F_z、F_{ux}、F_{uy}、$F_{\theta x}$ 及 $F_{\theta y}$ 之和

$$\begin{Bmatrix} U_z \\ U_x \\ \Theta_y \\ U_y \\ \Theta_x \end{Bmatrix} = \begin{Bmatrix} U_z \\ 0 \\ 0 \\ 0 \\ 0 \end{Bmatrix} + \begin{Bmatrix} 0 \\ U_x \\ 0 \\ 0 \\ 0 \end{Bmatrix} + \begin{Bmatrix} 0 \\ 0 \\ \Theta_y \\ 0 \\ 0 \end{Bmatrix} + \begin{Bmatrix} 0 \\ 0 \\ 0 \\ U_y \\ 0 \end{Bmatrix} + \begin{Bmatrix} 0 \\ 0 \\ 0 \\ 0 \\ \Theta_x \end{Bmatrix} \tag{7.8}$$

$$\boldsymbol{U} = \boldsymbol{U}_z + \boldsymbol{U}_{ux} + \boldsymbol{U}_{\theta y} + \boldsymbol{U}_{uy} + \boldsymbol{U}_{\theta x}$$
$$\boldsymbol{F} = \boldsymbol{F}_z + \boldsymbol{F}_{ux} + \boldsymbol{F}_{uy} + \boldsymbol{F}_{\theta x} + \boldsymbol{F}_{\theta y} \tag{7.9}$$

荷载分量 $\boldsymbol{F}_z$ 是施加在群桩上使桩产生竖向位移 U_z 的荷载,此时位移和转角的其他分量都是固定的(为零),同样的原理定义荷载 $\boldsymbol{F}_{ux}$、$\boldsymbol{F}_{uy}$、$\boldsymbol{F}_{\theta x}$ 及 $\boldsymbol{F}_{\theta y}$ 与对应的位移 U_{ux}、U_{uy}、$U_{\theta x}$ 及 $U_{\theta y}$,这些荷载可以从单桩傅里叶级数有限元计算中得到,现介绍如下。

1) 荷载 $\boldsymbol{F}_z$

荷载 $\boldsymbol{F}_z$ 含 5 个分量:F_z^z、F_z^x、F_z^y(对应于 z、x、y 方向)及两个关于 x 轴和 y 轴的弯矩 M_z^x 和 M_z^y。这些是群桩仅产生沉降所需的荷载。为简单起见,假设 F_z^x、F_z^y、M_z^x 和 M_z^y 为零。F_z^z 可以由单桩轴向加载(用轴对称或傅里叶级数有限元计算)及 7.4.3 小节中"简单叠加法"介绍的简单叠加法计算,图 7.23 为示意图。

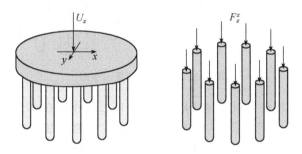

图 7.23　荷载分量 $\boldsymbol{F}_z$ 计算示意图

2) 荷载 $\boldsymbol{F}_{ux}$ 和 $\boldsymbol{F}_{uy}$

荷载 $\boldsymbol{F}_{ux}$ 也含 5 个分量:三个 z、x 及 y 方向的力 F_{ux}^z、F_{ux}^x、F_{ux}^y 和两个弯矩 M_{ux}^x 和 M_{ux}^y(分别关于 x 轴和 y 轴)。这些是群桩仅产生 x 方向位移所需的荷载。为简单起见,假设 F_{ux}^z、F_{ux}^y 和 M_{ux}^x 为零。用傅里叶级数有限元计算桩头固定时(不允许转动)侧向受力的单桩,并利用叠加技术计算 F_{ux}^x 及 M_{ux}^y。F_{ux}^x 是使桩发生侧向位移 U_x 所需的力,M_{ux}^y 是桩头不发生转动需要的弯矩,示意图如图 7.24 所示。

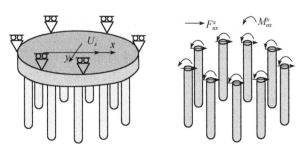

图 7.24　荷载分量 $\boldsymbol{F}_{ux}$ 计算示意图

用同样的方法计算得到 F_{uy} 分量。

3) 荷载 $F_{\theta x}$ 和 $F_{\theta y}$

荷载 $F_{\theta y}$ 含 5 个分量:三个 z、x 及 y 方向的力 $F_{\theta y}^z$、$F_{\theta y}^x$、$F_{\theta y}^y$ 和两个弯矩 $M_{\theta y}^x$、$M_{\theta y}^y$(分别关于 x 轴和 y 轴)。这些是群桩只产生 y 方向位移所需的荷载。为简单起见,假设 $F_{\theta y}^z$、$F_{\theta y}^y$ 和 $M_{\theta y}^x$ 为零。$M_{\theta y}^y$ 包括以下两部分(图 7.22):

(1) $(M_{\theta y}^y)^{pp}$,拉压分量,这是轴向荷载 x 方向微分引起的弯矩,由单桩轴向受力(用轴对称或傅里叶级数有限元计算)及叠加技术求得,如图 7.25 所示。

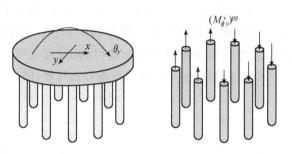

图 7.25　$(M_{\theta y}^y)^{pp}$ 计算示意图

(2) $(M_{\theta y}^y)^{hb}$,桩头弯矩分量,等于群桩中每根桩作用在承台 y 方向上的弯矩和。由傅里叶级数有限元计算单桩桩头转动、桩身侧向变形被限制的情况得到 $(M_{\theta y}^y)^{hb}$,它是产生转角 Θ_y 所需的弯矩。$F_{\theta y}^x$ 是阻止桩头发生侧向变形需要的侧向荷载,如图 7.26 所示。

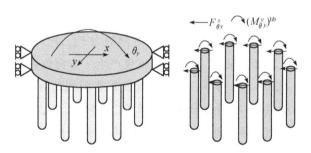

图 7.26　$(M_{\theta y}^y)^{hb}$ 和 $F_{\theta y}^x$ 计算示意图

因此,转角 Θ_y 下的弯矩 $M_{\theta y}^y$ 先按上述两步分别计算,然后将 $(M_{\theta y}^y)^{pp}$ 和 $(M_{\theta y}^y)^{hb}$ 叠加。荷载分量 $F_{\theta x}$ 也用类似的方法计算。另外,由 $(M_{\theta y}^y)^{pp}$ 和 $(M_{\theta y}^y)^{hb}$ 还可以计算 7.4.4 小节中 K_y^{pp} 和 K_y^{hb}

$$K_y^{pp} = \frac{(M_{\theta y}^y)^{pp}}{\Theta_y}, \quad K_y^{hb} = \frac{(M_{\theta y}^y)^{hb}}{\Theta_y} \tag{7.10}$$

同样,K_x^{pp} 和 K_x^{hb} 也可以方便地得到。

3. 位移及转角计算

K_z、K_{ux}、K_{uy}、$K_{\theta x}$ 和 $K_{\theta y}$ 可以分别由荷载 F_z、F_{ux}、F_{uy}、$F_{\theta x}$ 和 $F_{\theta y}$ 及相应的位移 U_z、U_x、U_y、Θ_x 和 Θ_y 计算得到,它们是群桩的割线刚度,结合起来得到群桩的刚度矩阵 $[K]$

$$[K] = [K_z \quad K_{ux} \quad K_{\theta y} \quad K_{uy} \quad K_{\theta x}] \qquad (7.11)$$

$[K]$ 中各元素及计算方法可以用式(7.12)描述

$$\begin{Bmatrix} F_z \\ F_x \\ M_y \\ F_y \\ M_x \end{Bmatrix} = \begin{bmatrix} K_z^z & 0 & 0 & 0 & 0 \\ 0 & K_{ux}^x & K_{\theta y}^x & 0 & 0 \\ 0 & K_{ux}^{my} & K_{\theta y}^{my} & 0 & 0 \\ 0 & 0 & 0 & K_{uy}^y & K_{\theta x}^y \\ 0 & 0 & 0 & K_{uy}^{mx} & K_{\theta x}^{mx} \end{bmatrix} \begin{Bmatrix} U_z \\ U_x \\ \Theta_y \\ U_y \\ \Theta_x \end{Bmatrix} \qquad (7.12)$$

式中:K_z^z 由轴向加载下单桩轴对称计算中的垂直荷载计算得到;K_{ux}^x 由桩头(x 方向)固定、侧向加载下傅里叶级数有限元计算中的侧向荷载计算得到;K_{uz}^{my} 由桩头(x 方向)固定、侧向加载下傅里叶级数有限元计算中的抵抗力矩计算得到;$K_{\theta y}^{my}$ 由弯矩作用下且水平方向(y 方向)变形受限制的单桩傅里叶级数有限元计算中的弯矩计算得到;$K_{\theta y}^z$ 由弯矩作用下且水平方向(y 方向)变形受限制的单桩傅里叶级数有限元计算中的侧向反力计算得到;K_{uy}^y 由桩头(y 方向)固定、侧向加载下傅里叶级数有限元计算中的侧向荷载计算得到;K_{uy}^{mx} 由桩头(y 方向)固定、侧向加载下傅里叶级数有限元计算中的抵抗力矩计算得到;$K_{\theta x}^{mx}$ 由弯矩作用下且水平方向(x 方向)变形受限制的单桩傅里叶级数有限元计算中的弯矩计算得到;$K_{\theta x}^y$ 由弯矩作用下且水平方向(x 方向)变形受限制的单桩傅里叶级数有限元计算中的侧向反力计算得到。

有了刚度矩阵 $[K]$,任意荷载 F 下的位移 U 就可以计算得到。由于土体的非线性特性,刚度矩阵 $[K]$ 不是常量矩阵而随位移变化。下面介绍的迭代法可以用与位移 U 协调的刚度计算出荷载 F 产生的位移。

上述方法中荷载 F_z、F_{ux}、F_{uy}、$F_{\theta x}$ 及 $F_{\theta y}$ 可以随位移 U_z、U_x、U_y、Θ_x 和 Θ_y 任意变化,这样就建立了割线刚度 K_z、K_{ux}、K_{uy}、$K_{\theta x}$ 和 $K_{\theta y}$ 与位移 U_z、U_x、U_y、Θ_x 及 Θ_y 间的对应关系,这样的关系可以用设计图表示,并用来计算任意群桩荷载 F 产生的群桩位移。得到位移 U 的一种简单迭代方法如下。

(1)用群桩位移试算值 U^{tr},由设计图计算初始试算刚度分量 K_z、K_{ux}、K_{uy}、$K_{\theta x}$ 和 $K_{\theta y}$。

(2)组合刚度分量得到群桩试算刚度矩阵 $[K]$。

(3)由刚度矩阵 $[K]$ 和施加的荷载 F 计算出位移 U^{sol}。

(4) 检查结果的正确性:

① 如果在允许误差范围内,初始值 $U^{tr} = U^{sol}$,则该解为正确解。

② 否则用 U^{sol} 作为新的位移试算值 U^{tr} 并重复上述步骤。

迭代计算前要先得到初始位移试算值,一般可以用任意小的位移计算。

基于上述方法得到的群桩位移解作了以下三个基本假设:

(1) 群桩中每根桩上的荷载对周围桩位移的影响可以用叠加方法计算。

(2) 用刚性承台准则计算群桩中荷载的分配。

(3) 使群桩产生位移 U 的荷载可以由引起位移各分量的相应荷载叠加得到。

该方法得到的解与 7.4.4 小节中只用前两条假设的解答相比较,便能检验最后一条假设是否对任意荷载都适用。

7.4.6　Magnus 海洋平台

1. 简介

下面介绍上述群桩计算、设计方法在 Magnus 海洋平台基础设计中的应用情况。Magnus 海洋平台于 1982 年建成,位于英国北海 186m 深的海洋中,图 7.27 为其结构示意图。

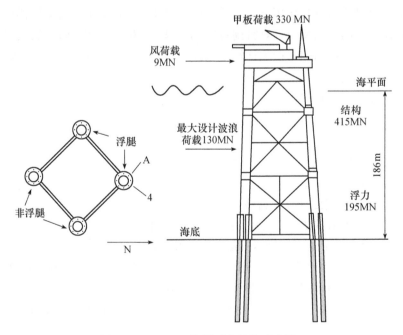

图 7.27　Magnus 海洋平台结构示意图

该平台始建于 1979 年,是当时北海中最深、最靠北的一座海洋平台,面临极其严格的环境设计标准,加上平台上荷载很大,使之成为海洋中最重的钢结构之一(除去浮力后重 340000kN)。为校核现有基础设计方法的准确性,对基础的一条腿(图 7.27 中的 A4)进行了现场测试。Jardine 等(1992)用轴对称有限元方法分析了基础的竖向响应,计算结果与实测情况吻合很好。

这里将 Jardine 等(1992)对 Magnus 海洋平台基础的计算工作推广到一般荷载情况(轴力、侧向力和弯矩共同作用),得到了 7.4.5 小节 3 中的设计图,用设计图和 7.4.4 小节中介绍的方法考虑了 1984 年 1 月 22 日最大暴风雨下的基础受力情况。

2. 土体参数及初始条件

Rigden 等(1983)总结了 Magnus 海洋平台的地质勘察情况,将基础下定为一层很厚的均匀第四纪土,Jardine 等(1992)将该土细分为 5 个重要地质层(用 I～V 编号),如图 7.28 所示。第 I 层为冰碛残积层,II～V 层为海相冰积土。

各层土的本构关系用不同的修正剑桥模型描述,用不同的弹性非线性代替原模型中的弹性,并且在超临界侧用 Hvorslev 面表示。表 7.1 为各层土体深度及材料参数。偏平面中屈服面的形状假设为莫尔-库仑六边形,计算采用不相关联的流动法则,塑性势面为围绕静水压力轴的旋转面。J-p' 平面中椭圆形塑性势函数同时用于干、湿两侧(超临界侧和次临界侧)。所有土层的临界摩擦角 $\varphi' = 30°$。任意洛德角处 Hvorslev 面与静水压力轴的角度等于莫尔-库仑临界状态线斜率的 0.75 倍。

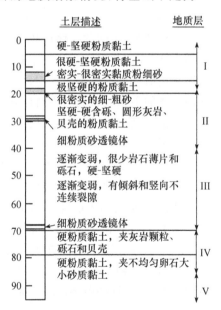

图 7.28 Magnus 海洋平台土层剖面

表 7.1 Magnus 海洋平台修正剑桥模型参数

土 层	深 度	v_1	λ	κ
I	0～20m	2.00	0.078	0.0260
II	20～40m	2.10	0.083	0.0110
III	40～70m	2.25	0.100	0.0077
IV	70～82m	2.20	0.091	0.0070
V	82～170m	2.20	0.091	0.0070

土体的弹性变形用《岩土工程有限元分析:理论》介绍的小应变模型计算,为此要确定出最小的 E_d 和 ε_d,当应变小于此值时剪切模量和体积模量假设为常数,同样要给出 E_d 和 ε_d 的最大值。各土层的小应变参数相同,见表7.2。

表 7.2 小应变刚度参数

G 参数	数 值	K 参数	数 值
A	623	R	587
B	643	S	412
$C/\%$	0.0007	$T/\%$	0.0007
α	1.349	δ	1.400
γ	0.6385	λ	0.797
$E_{d,min}/\%$	0.005	$\varepsilon_{v,min}/\%$	0.003
$E_{d,max}/\%$	0.433	$\varepsilon_{v,max}/\%$	0.2

为模拟桩-土间的接触性状,设置了摩擦型接触面,I、II 土层中接触面剪切摩擦角为 22.5°时接触面屈服,III、IV 土层中屈服摩擦角为 17.7°。接触面弹性抗压刚度和抗剪刚度都等于 500MN/m³。接触面上不允许产生超静孔隙水压力,用不允许剪胀的不相关联流动法则计算。接触面上正应力为零时,接触面可以张开,记录张开量;当张开量回到零时接触面闭合。

桩用直径为 2.134m 的弹性实心圆柱体模拟,根据抗弯刚度相等,由 Magnus 基础中钢管桩抗弯刚度计算弹性实心桩的等效弹性刚度(杨氏模量为 45.3GN/m²,泊松比为 0.3)。注意这样计算会使桩的抗压刚度有一些误差(如果按抗压刚度等效的方法计算,对应的杨氏模量为 24GN/m²)。

初始应力场取打桩 6 个月后土体中的应力情况(Jardine,1985)。离平台较远处(大于 20 倍桩径)用土体的有效重度(计算竖向有效应力 σ'_{z0} 的有效重度)和土压力系数 K_0 计算应力,见表7.3。桩周应力用它们与 σ'_{z0} 的比值表示,见表7.3。桩体到小于 20 倍桩径范围内时土体的应力用应力与半径的半对数关系表示

$$\sigma = \sigma_{ap} + \frac{\sigma_{ff} - \sigma_{ap}}{3}\ln\frac{r}{r_0} \qquad (7.13)$$

式中,σ 为距离 r($r_0 < r < 20r_0$)处土体的任意主应力;σ_{ap} 为桩周土体应力;σ_{ff} 为距离很远处土体中的应力;r_0 为桩径。计算中假设静止孔隙水压力。

表 7.3 桩周及远处有效应力情况

土 层	竖向应力 σ'_z/σ'_{z0}	径向应力 σ'_r/σ'_{z0}	环向应力 $\sigma'_\theta/\sigma'_{z0}$	远处 K_0	$\gamma'/(kN/m^3)$
I(0~10m)	1.65	1.4	1.2	1.62	12.0
I(10~20m)	1.15	1.1	1.0	0.95	12.0
II	1.30	0.72	0.6	0.72	11.3

续表

土 层	竖向应力 σ_z'/σ_{z0}'	径向应力 σ_r'/σ_{z0}'	环向应力 $\sigma_\theta'/\sigma_{z0}'$	远处 K_0	$\gamma'/(kN/m^3)$
III	1.0	0.5	0.45	0.55	10.7
IV	1.0	0.5	0.45	0.55	11.1
V	1.0	0.55	0.55	0.55	11.1

不同距离处土体的超固结比 OCR 由图 7.29 中同样的土体(三轴压缩)不排水强度随深度变化计算得到,图 7.30 是桩周土体和远处土体的 OCR 随深度变化情况。为得到所需的不排水强度剖面,可以像计算桩体到小于 20 倍桩径内时土体的 OCR 一样,用类似式(7.13)的不排水强度随距离半对数变化计算。土体参数的具体计算和初始应力场推导详见 Jardine(1985)。

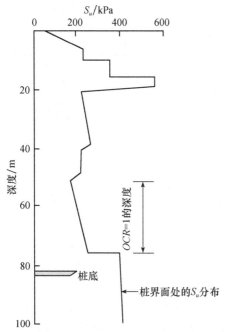

图 7.29 Magnus 海洋平台土体不排水强度分布

图 7.30 Magnus 海洋平台土体 OCR
随深度变化

3. 有限元计算

Magnus 海洋平台的四条腿下各由一组群桩支承,每组桩由外径 2.134m 的 9 根端承管桩组成,桩端有厚 80mm、长 1400mm 的桩靴,不计桩靴,桩壁平均厚度为 63.5mm,有限元计算中忽略桩壁厚度差异。每组桩中各桩排成直径 13.8m 的圆形。平台基础中桩的具体设计和打入情况参见相关文献(Rigden et al.,1983)。

群桩中单桩的有限元计算网格如图 7.31 所示。用 7.4.3 小节中"简单叠加法"介绍的方法由单桩的计算结果考虑群桩的性状,假设桩均匀排成圆形,为得到 7.4.5 小节 3 中的设计图并进行 7.4.4 小节中的群桩计算,假设水平荷载作用在图 7.32 中的 x 方向,弯矩作用在 y 方向。

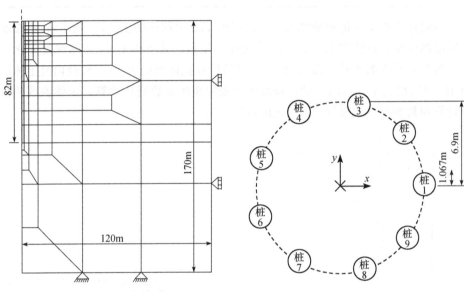

图 7.31　单桩有限元网格　　　　图 7.32　Magnus 海洋平台桩位平面图

7.4.6 小节"土体参数及初始条件"中初始应力场是打桩以后、上部构件安装之前的应力,考虑波浪荷载下群桩性状前要重新计算应力场。第一步要在有限元计算中将顶部模板的自重加上,分摊到每根桩上的轴力为 13.5MN,该荷载是在不排水情况下施加的,于是计算中将孔隙水体积模量设为土体体积模量的 100 倍。加载后允许超静孔压消散到初始静水压力,这样与荷载从承台传递到下面的桩一致(Sharp,1992)。荷载传递的速率随时间衰减,20 个月后速率几乎为零。孔压完全消散后将土体的累计应变置零,用小应变刚度模型重新计算初始加载时的初始刚度,这样计算之后作为波浪荷载计算的初始条件。后续荷载都在不排水条件下施加,即计算中孔隙水体积模量设为土体体积模量的 100 倍。用 7.4.5 小节"位移及转角计算"中的设计图和 7.4.4 小节中群桩计算方法计算这一阶段的荷载和位移。傅里叶级数有限元计算中假设平行对称,并用 10 个谐函数计算。

4. Magnus 海洋平台基础设计

Magnus 海洋平台的基础设计采用 7.4.5 小节中的设计方法。图 7.33 是群桩轴力 (F_z^z)-沉降 (U_z) 结果,由轴力作用下单桩轴对称计算和简单叠加法得到。

图中也给出了不考虑群桩效应(即不进行叠加)的荷载-位移曲线。由图可见,群桩效应使沉降增加了 $20\%\sim30\%$。轴力下群桩位移的线性响应用割线刚度 K_z^z 随沉降的变化表示。设计时假设极限设计荷载 365MN 以内所有荷载对应的割线刚度 K_z^z 不变,都等于 29.8GN/m。

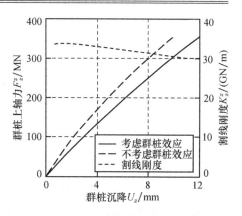

图 7.33 群桩轴力、刚度与沉降关系

计算得到群桩极限承载力 810MN(图 7.33 中没有给出),该值与 Jardine 等(1992)用 10 年的初始应力计算得到的 837MN 很接近,这也说明了 Jardine 等(1992)提出用 10 年初始应力场可以很好地综合考虑上部构件荷载及相应的孔压消散情况。但这两个数值比常规方法确定的极限承载力 549MN 和 Jardine 等用 6 年的初始应力场计算得到的 585MN(两者很接近)高很多。该差异主要是因为后两种计算没有考虑上部构件安装引起孔压消散使承载力提高的情况。

图 7.34 是群桩水平荷载 F_{ux}^x 与侧向位移 U_x 情况,这是傅里叶级数有限元对桩头固定的桩施加水平荷载得到的结果。与轴力情况类似,由叠加法考虑群桩效应得到的侧向位移比不考虑时大 $20\%\sim30\%$,与轴力响应不同的是,这里得到的水平荷载与侧向位移不是线性关系,而呈明显的非线性关系。图 7.34 中也给出了割线刚度 K_{ux}^x 的变化情况,开始时 $K_{ux}^x=4.3$GN/m,荷载为 35MN 时(极限设计荷载)降为 3.3GN/m。

群桩弯矩 M_{ux}^y 与侧向位移 U_x 的变化情况如图 7.35 所示,这也是傅里叶级数有限元的计算结果,其非线性不如 F_{ux}^x-U_x 曲线明显,这可以从割线刚度 K_{ux}^{my} 的变化中看出,如图 7.35 所示。开始时 $K_{ux}^{my}=-13.2$GN,侧向位移为 10.4mm 时(对应于 35MN 的水平荷载)为 -13.8GN。同样,考虑群桩效应后位移也要增加。

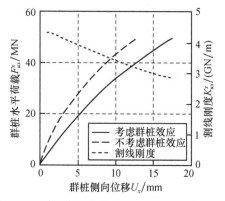

图 7.34 群桩水平荷载、刚度与侧向位移的关系

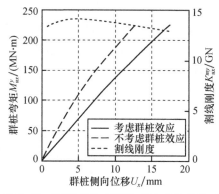

图 7.35 群桩弯矩、刚度与侧向位移的关系

图 7.34 和图 7.35 中由简单叠加法得到的曲线都假设群桩中的水平荷载均匀地平分到每根桩上,一定范围内这种平分假设满足刚性承台条件。为进一步说明,根据荷载均分假设计算最大设计荷载(群桩上 35MN)时群桩侧向变形,每根桩的侧向变形及距离中心的 x 坐标情况如图 7.40 所示,图中每根桩的侧向位移差异很小,说明满足刚性承台条件。于是依据各桩上荷载相等及群桩位移等于每根桩位移的假设,图 7.34 和图 7.35 中(水平荷载范围内)只给出 1 号桩的位移,1 号桩的位移最好计算,因为由 2 号桩引起 5 号桩的附加位移等于由 6 号桩引起 9 号桩上的附加位移。

图 7.36 是桩头弯曲引起的弯矩 $(M_{\theta y}^y)^{hb}$ 与群桩转角的情况,这是单桩弯曲,但桩头侧向变形受限制的傅里叶级数有限元计算结果,这里不用叠加法,因为计算的是转角而不是位移。计算得到的弯矩 $(M_{\theta y}^y)^{hb}$ 与转角也几乎是线性关系。同样用傅里叶级数有限元计算得到水平荷载 $F_{\theta y}^x$、割线刚度 $K_{\theta y}^x$ 和转角 Θ_y 的关系,如图 7.37 所示,这里水平荷载由计算所需的反力得到,$F_{\theta y}^x$ 与 Θ_y 之间线性关系很好,据此设计中假设 $K_{\theta y}^x$ 等于 $-23.7\mathrm{GN}$。

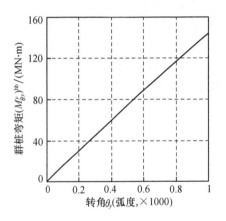

图 7.36 桩头弯曲引起的弯矩-转角   图 7.37 桩头弯曲引起的水平荷载与转角关系

由拉压作用引起的弯矩 $(M_{\theta y}^y)^{pp}$ 变化与转角 Θ_y 的关系表示在图 7.38 中,曲线几乎也是线性的,与图 7.36 中的桩头弯曲情况相比,桩的响应显得刚性更大,这是轴向加载下轴对称及叠加法的计算结果。另外还假设桩上轴力在 x 方向线性变化,这样的线性变化假设在一定范围内也与刚性承台准则吻合。图 7.41 是线性荷载分布假设计算得到的每根桩的沉降与它们距离中心的情况,施加的弯矩等于最大设计弯矩。由图可知,桩的沉降与距离中心点的 x 坐标几乎呈直线变化,即符合刚性承台准则。因此根据线性荷载分布假设,仅用了 1 号桩的位移计算得到图 7.38 中的曲线,并由此位移估算群桩转角,假设群桩没有产生竖向变形,如图 7.41 所示。

拉压弯矩$(M_{\theta y}^{y})^{pp}$和桩头弯矩$(M_{\theta y}^{y})^{hb}$相加得到群桩转角 Θ_y 下的总弯矩 $M_{\theta y}^{y}$，如图 7.39 所示。这两个弯矩分量都与转角呈线性关系，因此总弯矩与群桩转角也呈很好的线性关系，正如图 7.39 中割线刚度 $K_{\theta y}^{my}$ 的变化所示，据此设计时 $K_{\theta y}^{my}$ 取常数1159GN·m。

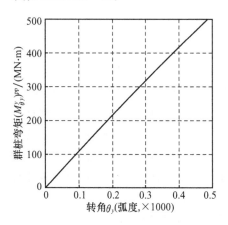

图 7.38 拉压引起的弯矩与转角关系

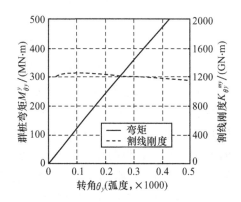

图 7.39 总弯矩、刚度与转角的关系

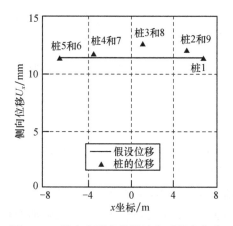

图 7.40 最大水平荷载设计值时桩头位移

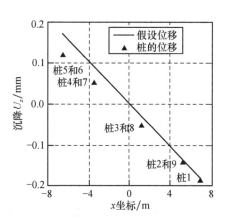

图 7.41 最大弯矩设计值时桩头沉降

割线刚度 K_z^z、K_{ux}^x、K_{ux}^{my}、$K_{\theta y}^x$ 及 $K_{\theta y}^{my}$ 组成群桩刚度矩阵 $[\boldsymbol{K}]$

$$\begin{Bmatrix} F_z \\ F_x \\ M_y \end{Bmatrix} = \begin{bmatrix} K_z & 0 & 0 \\ 0 & K_{ux}^x & K_{\theta y}^x \\ 0 & K_{ux}^{my} & K_{\theta y}^{my} \end{bmatrix} \begin{Bmatrix} U_z \\ U_x \\ \Theta_y \end{Bmatrix} = \begin{bmatrix} 29.779 & 0 & 0 \\ 0 & K_{ux}^x & -23.724 \\ 0 & K_{ux}^{my} & 1159 \end{bmatrix} \begin{Bmatrix} U_z \\ U_x \\ \Theta_y \end{Bmatrix}$$

$$(7.14)$$

式中，$3.3 < K_{ux}^x < 4.3$，$-14.1 < K_{\theta y}^{my} < -13.2$。式(7.14)中力的单位为 GN，位移单位为 m，弯矩单位为 GN·m。

这里 K_{ux}^x 和 K_{ux}^{my} 随位移 U_x 变化,7.4.5 小节"位移及转角计算"中建议的迭代法要与图 7.34 和图 7.35 结合起来求得相应的位移 U_x 及任意荷载下 K_{ux}^x 和 K_{ux}^{my}。

Horsnell 等(1992)根据 Magnus 海洋平台的实测情况得到群桩平均刚度矩阵为

$$\begin{Bmatrix} F_z \\ F_x \\ M_y \end{Bmatrix} = \begin{bmatrix} K_z & 0 & 0 \\ 0 & K_{ux}^x & K_{\theta y}^x \\ 0 & K_{ux}^{my} & K_{\theta y}^{my} \end{bmatrix} \begin{Bmatrix} U_z \\ U_x \\ \Theta_y \end{Bmatrix} = \begin{bmatrix} 32 & 0 & 0 \\ 0 & 2.4 & -21 \\ 0 & -21 & 1028 \end{bmatrix} \begin{Bmatrix} U_z \\ U_x \\ \Theta_y \end{Bmatrix} \quad (7.15)$$

按新设计方法(式(7.14))计算的群桩刚度矩阵与实测值非常吻合,只是 K_z^z 稍小了一些,另外实测割线刚度也在图 7.33 的刚度范围中。新方法高估了侧向抗压刚度 K_{ux}^x 和抗弯刚度 $K_{\theta y}^{my}$,尽管 Horsnell 等(1992)没有明确说明,但作者认为他们假设基础的刚度矩阵是对称阵。实测刚度矩阵中非对角元素与新设计方法得到的 $K_{\theta y}^x$ 比较一致,但明显大于 K_{ux}^{my}。值得一提的是,新设计方法中用非线性方法计算刚度矩阵,因此刚度矩阵不再是对称阵(即 $K_{ux}^{my} \neq K_{\theta y}^x$)。

Horsnell 等(1992)用传统设计方法得到群桩的刚度矩阵为

$$\begin{Bmatrix} F_z \\ F_x \\ M_y \end{Bmatrix} = \begin{bmatrix} K_z & 0 & 0 \\ 0 & K_{ux}^x & K_{\theta y}^x \\ 0 & K_{ux}^{my} & K_{\theta y}^{my} \end{bmatrix} \begin{Bmatrix} U_z \\ U_x \\ \Theta_y \end{Bmatrix} = \begin{bmatrix} 7 & 0 & 0 \\ 0 & 1.27 & -9 \\ 0 & -9 & 600 \end{bmatrix} \begin{Bmatrix} U_z \\ U_x \\ \Theta_y \end{Bmatrix} \quad (7.16)$$

该矩阵明显比实测值小很多,其中轴向抗压刚度 K_z^z 比实测值小 4.5 倍,其他值小两倍左右。

5. 波浪荷载

本节介绍用上述群桩计算和设计方法分析 1984 年 1 月 22 日最大暴风雨下 Magnus 海洋平台中一组群桩的情况,即被测试的 A4 支承腿。Horsnell 等(1992)指出 A4 支承腿上实测的波浪荷载为:轴力 69.1MN,水平推力 11.7MN,弯矩 146.7MN·m。若假设水平推力作用在 x 方向,弯矩作用在 y 方向,于是施加的荷载可以用向量 $\boldsymbol{F}$ 表示

$$\boldsymbol{F} = \begin{Bmatrix} F_z \\ F_x \\ M_y \end{Bmatrix} = \begin{Bmatrix} 69.1 \\ 11.7 \\ 146.7 \end{Bmatrix} \quad (7.17)$$

分别用新设计方法得到的刚度矩阵(式(7.14))和用传统方法得到的刚度矩阵(式(7.16))计算该荷载下的位移情况,得到的结果见表 7.4。新设计方法要迭代四次才能计算出 U_x。这组桩的实测位移情况(Horsnell et al.,1992)表中也已列出,实测值由安装在基础腿上的加速计读数计算。由表 7.4 可见,新方法低估了侧

向位移和转角,高估了沉降,但总体来说与实测值比较吻合。传统方法得到的结果
远远大于实测值,沉降高出 4.5 倍,侧向位移和转角也要高出两倍。

表 7.4 群桩位移计算值和实测值

位 移	新设计方法	传统设计方法	实测值
沉降 U_z/mm	2.3	9.9	2
侧向位移 U_x/mm	3.9	12.2	5.7
转角 Θ_y/rad	1.7×10^{-4}	4.3×10^{-4}	2.5×10^{-4}

　　7.4.4 小节中的方法也能计算群桩中每根桩的位移和转角。由初始荷载试算
值得到的计算结果可以满足 7.4.4 小节"刚性承台准则验算"中除刚性承台外的所
有条件,于是桩头弯曲和拉压荷载引起的转角 Θ_y 不相等。得到满足 7.4.4 小节
"刚性承台准则验算"中所有条件的解答需要迭代五次,且每次迭代都要再进行另
外的傅里叶级数有限元计算。图 7.42 是按群桩计算方法得到的每根桩侧向位移
情况,新方法、传统方法和实测值也在图中一并给出。由图可知,新设计方法和新
计算方法结果很接近,这说明 7.4.5 小节"荷载叠加"中假设的荷载叠加法是合理的。

　　从图 7.42 中还可以看到新计算方法与实测结果非常吻合,传统方法则估计过
高。荷载叠加法和新设计方法预测的准确性也可以从图 7.43 中得到验证,这是同
样荷载下各桩沉降在 x 方向的变化情况。

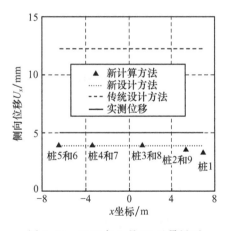

图 7.42　1984 年 1 月 22 日暴风雨
荷载下桩顶侧向位移

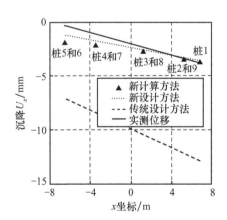

图 7.43　1984 年 1 月 22 日暴风雨
荷载下的桩顶沉降

　　Kenley 等(1992)给出了上述波浪荷载下群桩中的一根桩不同深度处的弯矩
情况,并给出了实测值和传统设计方法计算结果,弯矩实测值是根据安装在不同桩
上、不同深度处应变计测得的弯矩推算到一根桩上的结果,这些实测结果及按新方
法得到的弯矩表示在图 7.44 中,与传统方法相比,显然新方法的结果更接近实测

值,而且新方法得到的最大弯矩深度不像传统方法差距那么大。

Kenley 等(1992)对图 7.44 中的弯矩进行二次积分得到了侧向位移随深度的变化,如图 7.45 所示,图中还给出了新方法计算结果。对比发现,计算值随深度的变化与实测值类似,但计算值要大一些,这与图 7.42 中的结果正相反,图 7.42 中实测的桩头位移大于测试结果。Horsnell 等(1992)指出不应该用图 7.42 中安装在支承腿上加速计的结果直接估计泥面处桩的位移,因为该处支承腿和桩之间不是刚接,而是由桩套内灌浆连接,这样桩的位移会小一些。Kenley 等(1992)给出的位移结果也会受此影响,因为桩身弯矩也是由同样的方法得到的,此外与弯矩的二次积分也有关系。尽管如此,由群桩新计算方法及新设计方法得到的位移值都在两次实测值范围内。

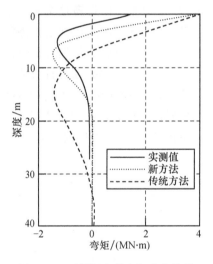

图 7.44　不同深度处弯矩分布情况

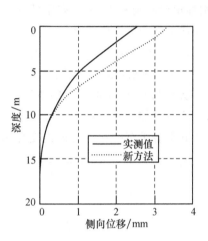

图 7.45　侧向位移随深度分布情况

7.5　桶 形 基 础

7.5.1　简介

吸力式沉箱(或大直径桶形基础,简称桶形基础)目前在海洋工程中应用非常广泛,主要作为浮力结构的深水锚或海洋平台的基础。沉箱为顶部有盖的空心圆柱结构,壁很薄,因此又称为"裙式基础"。图 7.46 是 Snorre 海洋平台桶形基础示意图,平台四条支承腿通过锚杆锚固在桶形基础上,每条腿下都有三个连在一起的桶形基础(Christophersen et al.,1992;Jonsrud et al.,1992)。

桶形基础沉放时先利用圆桶自重将其沉入海底,用抽水泵抽出截留在土体表面和桶顶中间的隔离水以降低桶内水压力,这样圆桶在桶顶正水压力差作用下逐渐沉到预定深度。

　　Snorre 海洋平台通过增加自重使桶形基础上作用着向下的压力，随着油田开发逐渐向深海转移，如何利用桶形基础的抗拉承载力引起了人们的兴趣。波浪荷载既有水平方向的分量，也有垂直方向的分量，合力与竖直方向成一定角度，因此设计主要考虑的因素之一是估计该基础的抗拔承载力。

　　Zdravković等(1998,2001)对软土中桶形基础短期抗拔承载力进行了大量的数值计算，在桶形基础三维有限元分析中进行了初始参数研究(Zdravković et al.,1998)，包括不同的圆桶直径、圆桶深度、土与结构界面的黏聚力和倾斜荷载的大小，计算中假设土体为

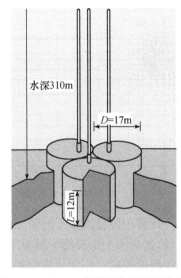

图 7.46　Snorre 海洋平台基础示意图

各向同性，不排水强度随深度线性增加，该研究得到了上述各因素对桶形基础抗拔承载力的影响。

　　后来 Zdravković等(2001)又研究了土体各向异性对基础抗拔承载力的影响，计算中采用 MIT-E3 本构模型。桶形基础目前普遍用作锚固基础，因此近年来伦敦帝国理工学院主要研究圆桶上不同锚固位置的情况，具体介绍如下。

7.5.2　几何形状

　　这里研究的桶形基础主要参考 Snorre 海洋平台中的圆桶尺寸，如图 7.47 所示。图中混凝土圆桶壁厚 0.4m，顶板厚 1.0m，圆桶直径 D 为 17.0m，圆桶沉入海底(L)12.0m，径深比 $D/L=1.4$。参照 Snorre 平台情况，入水深度为 310m。

　　不排水情况下在桶顶中心处施加与垂直方向成角 β 的拉力，计算中 β 从 0°变化到 90°，这里研究的是典型的拉脚平台，其他类型的浮力结构加载方式会不同。

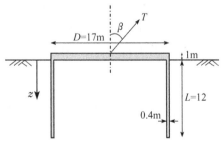

图 7.47　有限元分析理想化几何形状

7.5.3　有限元计算

　　圆桶基础本身是轴对称情况，但倾斜荷载(角度成 β)在桶形基础和土体中产生的应力、应变都是三维的，因此实际分析时必须进行三维计算，只有垂直荷载($\beta=0°$)这种特殊情况下才能当作轴对称问题考虑。

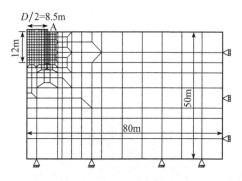

图 7.48　桶形基础分析有限元网格

倾斜荷载下用傅里叶级数有限元计算桶形基础,计算网格如图 7.48 所示,其中底部和右侧边界为约束位移边界,左侧边界是几何对称轴,没有约束位移。环向方向上利用平行对称,并用 10 个谐波函数表示环向上的函数大小。计算中通过变化谐波数进行了参数研究,保证所用的谐波数满足计算要求。垂直荷载情况下($\beta = 0°$)用一般轴对称计算以减小误差。

计算中假设混凝土圆桶为线弹性,杨氏模量 $E = 30 \times 10^6 \mathrm{kN/m^2}$,泊松比 $\mu = 0.15$,这表明上部荷载下混凝土有足够的强度和配筋,不考虑基础沉放过程,即计算中假设基础已经在计算位置处了。

$\beta = 0°$ 的轴对称计算中在桶顶中心施加垂直向上位移 v,直致基础破坏,这里的反力代表施加的荷载。$\beta \neq 0°$ 的倾斜荷载计算要用荷载控制模式,在桶顶右边角 A 点处(图 7.48)施加垂直方向和水平方向的线荷载(在环向上施加)。如 6.5.7 小节中圆形基础部分所述,垂直荷载(V)情况下只要将零谐函数系数设为非零就行了。要得到水平荷载,则必须确定径向荷载(H_r)和环向线荷载(H_θ),对径向荷载只要将第一个余弦谐函数设为非零函数,对环向荷载只需要确定第一个正弦谐函数系数,它与径向荷载大小相等、符号相反。这些荷载增量成比例增加直至达到设计倾斜荷载。一旦破坏,则不再增加荷载增量,此时荷载就是极限荷载。由这些边界荷载合成便得到作用在中心处的设计荷载。

图 7.48 中的网格既可用作轴对称计算,也可用于傅里叶级数有限元分析。网格中含 350 个 8 节点等参单元。土体不排水情况用很大的孔隙水体积模量模拟(等于 1000 倍的土体有效体积模量 K_{skel}),详见《岩土工程有限元分析:理论》。

7.5.4　桶顶与土体的接触模拟

用零厚度接触面单元模拟桶顶与土体之间的接触,开始时考虑三种不同的接触情况,如图 7.49 所示。第一种情况圆桶沉放得很好,桶顶与土体之间没有水,即假设桶形基础完全防水;第二种是另一极端情况,即桶顶与土体之间有一层水,而且水压力与基础外海底压力相等(即桶顶有一个圆孔);第三种情况介于两者之间,桶顶与土体之间既有一层水,基础又防水。

用常规轴对称有限元计算上述三种不同接触下桶形基础($D = 17\mathrm{m}, D/L = 1.4$)的垂直受拉情况,各向同性土体参数见 7.5.5 小节。第一种情况没有接触面,模拟的是桶顶与土体的完全接触;第二种情况接触面单元在垂直荷载作用下可以自由张开;第三种情况接触面单元的抗剪刚度很小,但抗压刚度很大。另外如果水压力降到-100kPa,计算中抗压刚度将降到很小以模拟气穴现象。上述三种情况下桶壁与土体之间均假设完全接触。

图 7.50 是三种情况下垂直荷载与位移关系曲线。与预想的一样,第二种情况得到的极限荷载最低,因为这时上部荷载反力仅由桶壁与土体之间的黏聚力提供。第一和第三种情况中,桶顶下的土体也提供了额外反力,因此抗拔承载力提高近180%。第三种情况结果比第一种小,但二者得到的极限承载力相等,第一种情况下二者结果不同是因为土体和桶顶之间有水平剪应力分布,但第三种情况下没有(土体和桶顶间的隔离水层不能传递剪应力)。

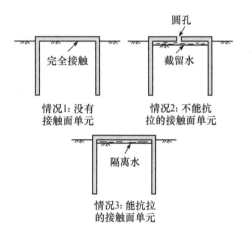

图 7.49 桶顶与土体的各种接触情况

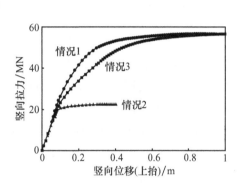

图 7.50 不同接触条件下荷载-位移曲线

第三种情况与实际情况较吻合,后面的计算都按这种情况考虑。注意图 7.50 情况 3 的计算结果及本章后续计算中,土体和桶顶间的隔离水层没有因气穴形成半真空状态,这样初始加载前隔离水层中压力能达到 310m 水压力也就不奇怪了。

7.5.5 各向同性研究

1. 土体情况

开始介绍中提到,软土上桶形基础抗拔承载力计算时假设土体为各向同性,这里可以假设土体为弱超固结土($OCR=1$),用修正剑桥模型计算。偏应力平面上屈服面和塑性势面分别用莫尔-库仑六边形和圆形表示,材料参数情况见表 7.5。三轴不排水抗剪强度由《岩土工程有限元分析:理论》附录 VII.4 中土体其他基本参数计算,并随深度线性增加($S_u/\sigma_v'=0.33$)(图 7.51),这是软黏土三轴压缩不排水抗剪强度的典型特征(Hight et al.,1987)。

表 7.5　软黏土修正剑桥模型参数

OCR	γ	K_0	v_1	λ	κ	φ'	μ
1.1	17kN/m^3	0.47	3.1	0.2	0.03	$32°$	0.3

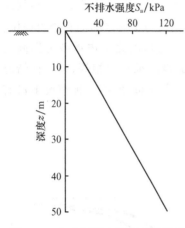

图 7.51　各向同性土体不排水强度

2. 参数研究

图 7.47 给出的几何形状中 $D/L=1.4$。下面分析三组不同参数对桶形基础抗拔承载力的影响：

（1）保持圆桶直径不变（$D=17.0\text{m}$），变化桶壁深度，考虑不同嵌入深度的影响，桶壁深度分别为 $L=8.0\text{m}(D/L=2.1)$，$L=12.0\text{m}$（$D/L=1.4$），$L=17.0\text{m}(D/L=1.0)$ 及 $L=24.0\text{m}(D/L=0.7)$。

（2）用类似的径深比（直径 $D=8.5\text{m}$）研究不同直径的影响情况。

（3）大多数计算中假设土体与桶壁完全接触（$c_w=aS_u$），即破坏时土体与桶壁间不排水强度完全发挥（$a=1$）。为考虑桶壁黏聚力降低的影响，有些计算中令桶壁黏聚力等于周围土体不排水强度的 50%。

每次计算中抗拔力 T 倾角 β 在 $0°\sim90°$ 变化。

3. 计算结果

图 7.52 是典型的计算结果，计算中圆桶直径 $D=17.0\text{m}$，$L=12.0\text{m}$（即 $D/L=1.4$），抗拔力 T 倾角为 $70°$（即 $\beta=70°$），图中分别给出了抗拔力垂直分量 V 随竖向位移及水平分量 H 随水平位移的变化情况，由图可见，计算得到了破坏时垂直分量和水平分量的极限值。

该计算得到破坏时的位移增量矢量如图 7.53 所示，图中矢量的绝对大小不是

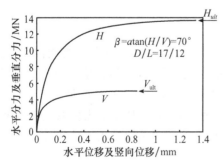

图 7.52　倾斜荷载下典型的荷载-位移曲线

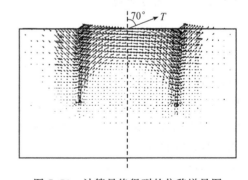

图 7.53　计算最终得到的位移增量图

很清楚,但可以从变化方向及相对大小中看出破坏特征。

1)桶壁完全接触

图7.54是桶壁与土体完全接触时不同桶壁深度、圆桶直径下,基础破坏时的垂直荷载和水平荷载极限值,跟预想的情况相同,极限荷载与圆桶直径和嵌入深度有关,但基础形状一定,计算结果表明,抗拔力倾角 β 在 $0°\sim90°$ 变化时,垂直极限荷载和水平极限荷载关系曲线几乎成椭圆形,图7.54中给出了计算结果的椭圆拟合,这些曲线与椭圆间的最大误差为 $\pm(0.6\%\sim1.2\%)$,由图7.54可得到以下三条主要结论:

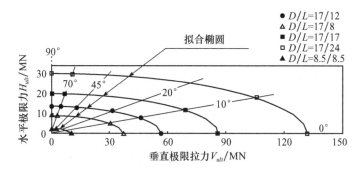

图7.54 桶壁与土体完全接触时极限水平荷载与极限垂直荷载包络线

(1)基础形状一定时,随着拉力倾角的增加(即逐渐水平),垂直荷载下最大抗拔承载力逐渐减小。

(2)直径一定时桶形基础承载力随桶壁深度线性增加,即桶深一半时极限荷载也为一半。

(3)桶壁深度不变、仅变化圆桶直径对承载力的影响,比直径不变、变化桶壁深度的影响大,即直径减半时的极限荷载比直径不变、桶壁深度减半时的承载力低3.5倍。

将基础形状一定、拉力倾角一定时的极限水平荷载 H_{ult} 和极限垂直荷载 V_{ult} 分别用最大垂直荷载 V_{max} 进行无量纲化,最大垂直荷载 V_{max} 是基础形状一定时只有垂直拉力作用时的极限荷载。不同形状、不同倾角下的 H_{ult}/V_{max} 和 V_{ult}/V_{max} 结果表明,它们之间存在唯一的对应关系,可以用以下椭圆方程表示:

$$\frac{H_{ult}^2}{0.235^2} + V_{ult}^2 = V_{max}^2 \tag{7.18}$$

计算结果与椭圆的拟合误差只有 $\pm(1.5\%\sim3.0\%)$。

显然径深比 D/L 较大时,式(7.18)不成立,因为嵌入深度 L 接近于零时,水平极限承载力也趋近于零(桶顶与土体之间的隔离水不能承受剪应力)。于是进一步研究了式(7.18)不成立时的 D/L 极限值,结果表明,当 $D/L<4$ 时式(7.18)才成立。

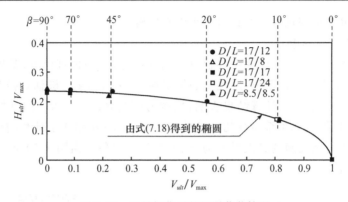

图 7.55　无量纲化后的极限荷载情况

2）桶壁接触降低

上述计算中假设桶壁与土体之间完全接触，因此无须在二者间设置接触面单元。若桶壁黏聚力降低到土体不排水抗剪强度的 50%（即 $c_w=0.5S_u$），要在桶壁与土体间设置零厚度接触面单元，接触面单元的抗压刚度和抗剪刚度分别为 $100G$ 和 $10G$，G 表示随深度变化的土体弹性剪切模量。

图 7.56 是 $D/L=17/12$ 和 $D/L=17/24$ 两种情况的计算结果，由图可知：

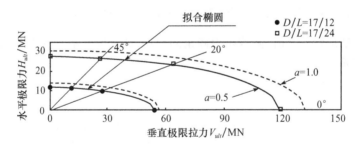

图 7.56　桶壁接触降低时极限水平荷载与极限垂直荷载包络线

（1）基础形状一定时有限元计算结果可以用椭圆拟合，这与桶壁完全接触得到的结果即图 7.56 类似。

（2）桶壁接触降低 50% 得到的极限荷载仅比完全接触时（图 7.56 中用虚线表示）低 10%～15%，这表示随着桶壁接触降低，极限荷载并不直接线性降低。

无量纲化后的计算结果及式（7.18）结果如图 7.57 所示，二者之间很吻合，最大误差为 6%。

7.5.6　各向异性研究

1. 概述

用 MIT-E3 模型模拟土体的各向异性，海底软黏土计算参数在 6.5.7 小节中

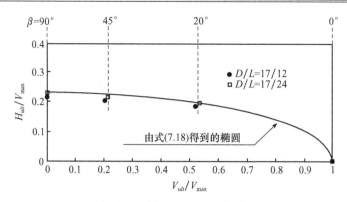

图 7.57 桶壁接触降低时无量纲化后的极限荷载情况

已作讨论,结果见表 6.4,这里也用同样的参数计算。

三轴不排水压缩试验得到的软黏土抗剪强度分布如图 6.42 所示,三轴不排水抗剪强度在地面处很低,然后沿深度线性增加,$S_u/\sigma_v'=0.36$,这种分布情况与前面各向同性计算差不多,但这是空心圆柱仪各向异性试验的结果(见 6.5.7 小节 2,译者注:原文为 6.4.1 小节,似有误),二者的差别对结论没什么影响。

2. 计算结果

为定量分析土体各向异性对桶形基础抗拔承载力的影响,假设基础形状 $D/L=$ 17/12,桶壁与土体完全接触,计算了下列两种情况:

(1)拉力倾角在 0°~90°变化,土体为各向异性,不排水抗剪强度如图 6.41 及图 6.42 所示。

(2)基础上荷载相同,但土体为各向同性,用 MIT-E3 模型计算,大主应力倾角 α 时的不排水抗剪强度与各向异性土体 $\alpha=0$°时的剪切强度相同,见 6.5.7 小节"条件基础的性状",这表示任意 α 时的有效应力路径与图 6.41 中 M0 试验的有效应力路径一致。

不同角度拉力下的垂直极限荷载和水平极限荷载情况如图 7.58 所示,图中上

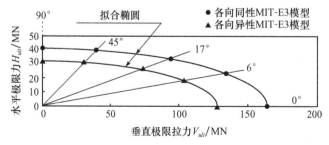

图 7.58 MIT-E3 模型各向同性与各向异性极限
水平荷载与极限垂直荷载包络线

面一条包络线代表各向同性,下面一条包络线代表各向异性,与前面类似,各向同性和各向异性计算结果都可以用椭圆拟合,最大误差为±(0.6%~1.2%)。计算结论是,考虑了土体的各向异性后,桶形基础的抗拔承载力降低了,就本计算中的土体而言,各向异性结果比各向同性低22%。各向异性引起的抗拔承载力降低与土体的各向异性强度有关。

无量纲化后的结果如图7.59所示,椭圆表达式(7.18)得到的结果也表示在图中,结果显示两者最大误差为6%。

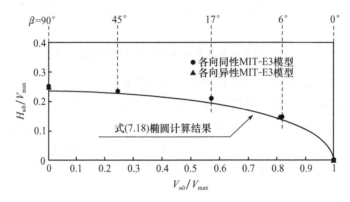

图 7.59　MIT-E3 模型各向同性与各向异性无量纲化后的极限荷载情况

7.5.7　吸力锚杆

1. 概述

前面几节中考虑桶形基础桶顶中心处受拉的情况,这是拉脚平台的典型受力方式,这种情况下锚杆的最大承载力无法充分发挥。近期大尺寸现场试验研究表明,拉力位置从桶顶降到桶壁一半处荷载承载力会提高(Anderson,1998)。为考虑拉力位置对承载力的影响,本节对拉力作用范围进行了数值研究。

2. 几何情况

假设钢桶直径 $D=3m$,桶深 $L=9m$,如图 7.60 所示,拉力位置距桶顶 l 深度。图 7.61 是有限元计算网格,由于傅里叶级数有限元中无法用壳单元计算,因此钢桶用实体单元模拟。实际工程中钢桶厚约 10mm,如果这样划分单元的话,为避免单元尺寸过大需要划分很多单元。于是计算中钢桶厚度取为 100mm,但杨氏模量相应地从 $210 \times 10^6 kN/m^2$ 降为 $30 \times 10^6 kN/m^2$,泊松比 $\mu=0.15$。假设土体为各向同性,因此用修正剑桥模型计算,计算参数见表 7.5。

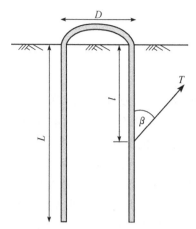

图 7.60 吸力锚杆计算示意图

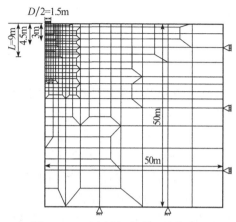

图 7.61 吸力锚杆有限元计算网格

受力点位于桶边一侧且距离桶顶一定深度，因此确定荷载边界条件时要特别注意。本计算中是在桶壁一定深度处的节点上施加指向桶外的单点线荷载，该节点用局部坐标表示，而且一条坐标轴与加载方向平行（即与垂直方向夹角为 β），在加载方向施加线荷载，圆周方向上荷载的变化如图 7.62 所示，图中表示了一级增荷载分布情况，桶边 40° 扇形区内线荷载大小为 100kN/m，其他部分荷载为零，这样得到该范围内加载方向上每级荷载增量等于 100kN。

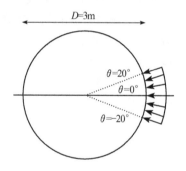

图 7.62 傅里叶级数有限元计算中锚杆受力模拟

加载条件用《岩土工程有限元分析：理论》附录 XII.7 中拟合法确定，该方法中需要输入线荷载强度及作用方向 θ。

3. 计算结果

分别对四种不同拉力位置，即桶顶、距桶顶三分之一、一半桶深和桶底处进行了计算，每一位置处荷载夹角 β 分别等于 0°、45°、70° 和 90°（即水平加载），如图 7.60 所示。

计算得到的极限承载力如图 7.63 所示。有意思的是，不论拉力点的位置如何，垂直拉力下得到的极限荷载都一样；倾斜拉力的情况则不同，结果表明，拉力点位于桶深一半处得到的极限荷载最大。

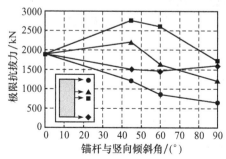

图 7.63 不同拉力位置锚杆极限抗拔力

本节所有计算结果与现场测试结果一致。

7.6　小　　结

(1) 轴向荷载下单桩计算中要在桩侧设置实体薄单元或者接触面单元。如果用实体单元模拟桩-土接触情况而单元又不够薄的话，结果会高估桩侧承载力。

(2) 桩侧设置接触面单元时要谨慎选择单元的抗压刚度和抗剪刚度，如果刚度不够大，接触面单元会控制桩的荷载响应；但刚度太大的话，会导致病态刚度矩阵。

(3) 土体剪胀对桩的性状影响很大，因此选择本构模型及计算参数时要注意。

(4) 有效应力模型计算轴向荷载下桩的性状时，若采用塑性剪胀无限发展的模型是不明智的，因为土体无法达到临界状态（如莫尔-库仑模型中 $v>0°$），这样的计算得不到桩的极限承载力。

(5) 侧向荷载下单桩计算要考虑桩后可能产生裂缝的情况。如果可能，则要沿桩-土界面设置不能承受垂直拉应力的接触面单元。是否产生裂缝则取决于土体的强度，特别是土体强度沿深度的分布情况。

(6) 介绍了一种群桩计算和设计的新方法，该方法与现有方法相比有很大的改进，因为：

① 单桩的计算方法更完备、更严格，并可以考虑复杂的土体情况及桩-土作用；

② 基于单桩计算结果，提出了更一致的群桩相互作用计算方法。

(7) 提出了任意荷载下群桩转角及位移的计算方法，该方法要进行迭代计算，每一次迭代要用傅里叶级数有限元计算。该方法的基本假设如下：

① 群桩中一根桩上的荷载对其他桩的位移影响可以用叠加法计算。

② 群桩中荷载分布情况可以用刚性承台准则确定。

(8) 由设计方法得到的设计图可以计算群桩位移和转角，因此不用求助傅里叶级数有限元计算。除了上面两个假设外，该方法还假设产生位移 U 所需的荷载等于产生位移 U 各分量所需的荷载之和（荷载叠加法）。

(9) 用上述群桩计算及设计方法分析了 Magnus 海洋平台基础，新方法得到的群桩刚度与实测刚度结果很吻合。

(10) 用本章群桩计算及设计方法预测了 1984 年 1 月 22 日最大暴风雨下群桩的位移及转角情况，计算结果与实测情况非常一致，这表明新方法的预测结果比传统方法准确得多。

(11) 通过有限元参数研究定量分析了桶形基础桶顶受拉情况下以下因素对抗拔承载力的影响：①基础形状；②桶壁接触情况；③荷载倾斜情况。

计算得到的主要结论有以下几点：

① 垂直受拉情况下基础抗拔承载力最大。

② 荷载由垂直方向逐渐倾斜后抗拔承载力也逐渐降低。

③ 桶径对抗拔承载力的影响比嵌入深度影响大。

④ 极限抗拔承载力与桶壁黏聚力之间没有线性关系。

(12) 用 MIT-E3 模型有限元计算说明了如何考虑试验中观察到的土体不排水抗剪强度的各向异性。由各向异性 S_u 计算得到的抗拔承载力比各向同性结果低约 22%。

(13) 计算结果表明,对本计算中的土体,$D/L<4$ 时用仅考虑垂直受拉得到的极限垂直拉力将极限水平拉力和极限垂直拉力无量纲化后,将得到二者间唯一的关系曲线,即无量纲化后的破坏荷载包络线与基础形状、筒壁接触情况或土体的各向异性无关,该曲线是一条轴径比(短轴/长轴)等于 0.235 的椭圆。因此一旦知道垂直受拉时的抗拔承载力,设计人员可以通过该曲线确定任意倾斜荷载下的抗拔承载力,而无须进行另外复杂的三维计算。

(14) 注意上述结论仅适用于桶形基础拉脚平台桶顶中心受拉的情况。如果该基础用作拉力锚以锚固其他设备,一般在桶壁一定深度处施加拉力。这种情况下计算结果显示,桶壁一半深度处施加与垂直方向成 45°的拉力得到的基础抗拔承载力最大。

第8章 程序基准测试

8.1 引　　言

本章主要讨论有限元程序的基准测试,结论同样适用于其他计算机软件的测试。其目的是阐明有限元计算可能引发的问题,这些问题如果不查明会存在严重的隐患。

这里介绍了一些岩土工程方面的基准测试问题及讨论,并给出了评价有限元程序可靠性的测试试验结果。

8.2 定　　义

本章将用到下列术语,现定义如下。

基准测试问题:专门用于检验计算机程序运行情况的问题。

基准测试:测试、验证、检查计算机程序的性能或软件的运行情况。

解析解:确定问题的精确、唯一理论解,通常由一组方程直接解出,不用迭代求解。

计算机硬件:计算机实体组成部分,如硬盘、软驱、硬盘驱动器、打印设备、处理器等。

计算机软件:给出必要的指令使计算机进行计算的计算机程序,包括计算机操作系统,如 Windows 98、Windows NT、Unix 系统、编译器、软件使用及计算说明手册等。

开发者:计算机软件编写或开发的人或机构。

用户:简单使用开发者所提供软件的人或单位,不涉及软件的任何编写或修改。

审定:认可或确认运行操作是正确的。一般在软件开发的最后阶段要对软件进行评估,确保软件要求得到满足。

核查:通过验证或证明,说明软件的正确性。确定一阶段的软件能否满足上一阶段的要求。

测试软件及其操作时常容易混淆审定和核查的含义,因为对大多数人来讲,两者意思很接近,但有的科技文献将两者明确地区分开。本章中审定和核查是指由个人用专门的硬件对计算机程序进行测试并评价其性能,以及估定软件的精确性和运行的正确程度的过程。

8.3　简　　介

计算机辅助设计已经应用很多年了,近年来一些先进的数值计算方法,如有限元计算、边界元计算及有限差分法等已日渐用于日常设计中,这主要得益于软件的实用性大大增强,硬件发展速度也很快。显然数值计算已越来越普及,越来越多的工程师在检查复杂问题及这些问题对影响因素的敏感程度时尝到了数值计算的甜头。

工程师有责任对任何计算检查其结果是否合适,数值方法是否正确。检查的目的是确保计算方法正确,这样得到的结果才可靠。一定要记住,计算机和程序本身自己没有思想,只是简单地执行预先设定好的指令。问题是,给出的指令能否正确地进行需要的计算,给出想要的结果,或者用户是否理解计算结果说明了什么。

数值计算结果错误的原因很多,如软件编写中的错误或缺陷,计算方法的错误或缺陷,软件使用不得当,或比较特殊的情况,如硬件有问题等。检查计算机程序及运行的方法称为“程序基准测试”,确切地说,它包含一部分审定和一部分核查。

本章从论述计算机软件的审定、核查开始,讨论有限元程序的基准测试,特别是岩土工程领域内的程序测试,其中的大多数原理和方法同样适用于其他(如结构、热学或水力等)问题和其他计算程序。

此外还介绍了程序基准测试原理(什么叫程序测试,为什么必须进行程序测试,收获如何等),及岩土工程的一些基准测试问题范例。

8.4　计算错误原因分析

引起计算错误的原因很多,大多数由以下因素造成:

(1) 软件开发人员对基本原理的理解有错误。程序设计者对计算方法或计算理论的理解不对,编写的程序显然不可能正确。

(2) 程序有错,或有缺陷。即程序进行了错误的计算,没有按照开发者或用户的意图执行(见8.5节中介绍的 Aston 公园多层车库事故)。这些缺陷可能会影响操作系统或编译器,从而出现一些问题,甚至运行前面已测试过的程序也会出错。即使现在这种问题也不少见。

(3) 数值计算方法不恰当或错误。数值计算不稳定会产生误导性结果。例如,有限元中用迭代法求解非线性问题,有些情况下很难收敛,可能需要尝试不同的计算步长(参见本书第9章)。

（4）软件与硬件，或软件与软件之间的接口冲突。同一问题用不同类型的计算机或不同的操作系统得到不同的结果。

（5）用户不懂程序所用的理论或计算方法，无法正确地描述需要解决的问题。

（6）没有正确地使用程序，即用程序解决它无法解决的问题。

（7）使用说明或参数输入介绍中有错误，误导用户输入不正确的数据，类似的错误在后处理说明中也会出现，这样即使计算再精确，给用户的数据也是错误的。

（8）硬件有毛病。例如，"奔腾处理器"刚开发出来时由于有缺陷，除法计算结果不准确，使计算精度大打折扣。对很多用户而言，便意味着不得不用其他硬件比较结果（NCE，1994）。

计算机硬件及程序在使用前要进行检查，以确保没有上述问题，一个小小的错误会产生严重的后果及一系列的连带问题，如 8.5 节中介绍的三个算例。因此，将计算机程序中所有可能出现的问题，包括使用时可能出现的问题一一排除非常重要。

8.5　计算错误后果

计算错误的后果差别很大，大多数情况下小错误对问题的实际影响不大，但有些情况下，却有致命的影响。计算错误会降低安全系数，或异常情况下导致结构破坏；也有可能使设计更保守，增加不必要的投资，或者错误地高估现有问题，从而不得不通过额外投资或以经济损失为代价来解决。以作者的经验看，后者更常见。例如，错误地显示隧道衬砌中应力过高、结构位移过大，这些错误的结果会扰乱已明确了的施工计划，或为解决这些问题而延误施工。

一旦发生破坏不仅有经济损失，还会危及生命安全。计算程序错误或使用错误导致结构破坏的例子如下：

（1）Aston 公园多层停车库（约建于 1983 年）。施工完成后最上面两层钢筋混凝土板上发现裂缝，最后裂缝延伸到下面几层，显然这是一个很严重的问题。结果表明，错误的计算使混凝土板方向铺错了 90°，"沿跨度方向混凝土板的配筋量应该多，而不是少"。事故分析报告总结说，问题归咎于程序中"没有考虑隔板"（后来软件开发者才认识到是程序出了问题），并严厉指责设计人员，声称计算结果并没有任何裂缝迹象产生。更糟的是，程序显示出计算结果有问题，由于用户和软件开发者之间的理解错误，对错误信息没有完全理解。设计人员错误地认为自己完全理解了计算结果，忽略了错误信息的重要性（NCE，1983；1984a；1984b）。这起事故给当时的人们敲响了警钟，因为工程师常用此程序进行这类结构设计。

（2）试验（三叶）风轮机（约 1990 年）。这台先进风轮机叶片的破坏完全归咎于错误的计算程序。叶片主动先边裂开并渐进破坏导致另一边脱落。为了能适用于该项目，对计算程序作了明显改动（NCE，1991）。一时起大家普遍关注同一厂家其他风轮机的安全。

(3) Sleipner 海洋平台(1993 年)。1993 年 Sleipner 混凝土重力式海洋平台 A 在压舱试验中下沉。先是听到一声巨响,15min 后这座 10m 高的结构完全消失在水中,当时平台上及周围有 22 个人,所幸全部获救。这座平台的造价约为 1.8 亿美元,但造成的损失达 7 亿美元,事故的起因是一个浮力舱在荷载作用下爆炸。该结构设计中大量采用了有限元计算,但不管什么原因,软件使用的问题或计算结果的解释问题难辞其咎,特别是没有明确临界设计状态。

对客户和设计人员来说,上述三个事故的后果都相当严重,其中的两个事故更糟一些,当时三个事故都公开报道了,并作为警戒提醒所有工程师,计算程序和结果都要仔细检查。如果设计前认真检查软件,发现程序中的错误或使用中的问题,就可以避免事故的发生。

8.6 开发者和用户

8.6.1 开发者

一般说来,软件开发者要么是一些研究机构,要么是从事程序分析或数值计算的专业人士,用户由销售或解密等商业渠道得到所开发的软件。

有些软件开发者会通过多种方法检查他们的软件,以确保软件无误。有时用一些限制条件,如对一些控制参数采用缺省默认值,以防止错误使用。他们也会把软件送到独立的评估或核准机构(如 Lloyds Register)进行检测,这是"产品"检验,不是软件开发的程序。有的开发者仅对程序及操作进行一些最基本的测试,他们倾向于"用户谨慎"原则。花多少努力测试最后都反映在价格上。显然便宜的软件没有贵的软件牢靠,因为后者经过了更多的测试,用户购买前要考虑到这个因素。

尽管开发者可以对软件负责,对软件进行充分检测以确保所用的理论正确,程序可以准确运行,却不能对软件的使用方法或用户对计算结果的解释负责。再说开发者不可能找出几千行程序中所有的细小错误,况且有些错误只会在特定情况下才会出现,用户必须清楚地知道这些。

过去用户很少有机会修改程序,修改必须由程序设计人员完成。近来情况变复杂了,有些计算机程序销售时就有"用户自定义子程序",允许用户自行增加一些子程序,或在程序中使用一些新的本构模型。这样传统意义上的用户也成了开发者,这种情况下不仅要求编写子程序的人确保子程序准确无误,而且与程序其他部分的连接也要仔细检查。有些子程序本身完美无误,但会使原来正确程序的其他部分出错,因而需要大量的检测,尤其对复杂程序而言。用户自定义子程序必须包含所有的错误控制程序,如果子程序与源程序的接口有限,问题会变得更复杂,原则上程序改动后一定要进行重新审定(参考风轮机事故案例)。

8.6.2 用户

用户应该指望程序开发者为保证程序运行准确已经对程序作了充分的测试,但不能也不应该想当然。于是引发出一系列问题:用户或设计人员是否有责任对设计所用软件进行充分的审核;如果有,用什么方法;如果不用这些方法是否就暗示着违反了职责。

有人认为用户应该更多地接触到源程序,这有利于他们更好地理解程序,而且在某些情况下可以允许将程序用户化,显然用基准测试问题或其他方法测试程序时当然希望如此,如果有问题发生,可以确定错误的来源。

但这样也有一些缺点。不论是有限元程序,还是基于高等数值算法的其他程序,仅有为数不多的人能够读懂程序,有足够的知识能进行个性化修改的人就更少了。要知道,即便是一个细小的改动,程序也要重新进行严格的测试,确保没有可预见的错误,而且与程序其他部分接口没有问题。

用户得到源程序并有机会进行检查,是否会将程序检验的责任由软件开发者转嫁到用户身上,是否更有必要让用户参与程序基准测试? 如果确实程序有问题,即使已测试正确或进行过基准测试的源程序没有被动过,用户确认发现了问题,开发者会不会因此减轻或逃避自身的责任?

长久以来土木工程师学会(Institute of Civil Engineers)一直认为对计算机程序进行充分地检查是工程师的职责。下列问题曾经是工程师专业考试的一个问答题(见 1981 年 4 月、8 月专业考试 B 部分,工程师协会及管理方面考题 24):

"论述越来越多的计算机应用对土木工程师设计责任的影响及确保合理使用的措施。"

20 世纪 80 年代初,在《新土木工程师》(*New Civil Engineer*)杂志(土木工程师学会周刊)上经常有这方面的讨论,其中多数是关于"建筑施工研究及信息协会"(Construction Industry Research and Information Association,CIRIA)进行的对比研究,他们比较基于钢筋混凝土梁实用规范开发的 7 个不同程序计算结果,没有两个结果相同。

1990 年针对当时的立法,英国经济发展部告诫用户,如果计算机软、硬件中发现问题,他们不愿起诉供应商或开发者。为此咨询工程师协会提醒所有工程师,即便不考虑法律赔偿,不管是否用计算机计算,他们也都有责任确保计算结果正确。

为鉴别程序使用中可能出现的问题,1994 年环境土工及岩土工程专家协会(Association of Geoenvironmental and Geotechnical Specialists,AGS,1994)出版了《土工软件审核及使用指南》,这本册子不单单面向高级数值计算的使用者,还针对全国有限元计算及标准机构(National Agency for Finite Element Methods and

Standard,NAFEMS),要他们提出程序测试方法。该书出版后就如何解决这些问题引发了一系列争论,还提出了一些建议,包括成立专门的软件测试机构,后来这个建议便不了了之了。

近年来工程设计中都开始应用质量论证体系,尽管有些时候该体系表明出不必要的官僚意味,但他们确实颁布了与标准相对应的管理体系,即普遍使用的 ISO 9000 标准,它要求生产产品(设计)的"工具"质量有保证,为保证质量必须进行检测。计算机分析结果显然对设计有很大影响,因此对程序和结果要进行充分的检查。

8.7　计算结果检验方法

有一些方法可以帮助开发者或用户对程序进行检查,这些方法包括:

(1)仔细阅读程序,检查有没有疏忽错误。

(2)特殊算法用算例验证。

(3)用解析解验算计算结果。

(4)用其他程序、其他方法,或已检测并验证过的程序老版本结果进行验证。

(5)不同计算机上用同样的程序求解同一问题,检查不同软件与硬件或操作系统的接口情况。

大多数情况下由于源程序很复杂或无法得到源程序,不可能逐行对程序进行检查,这时就要用其他结果来验证,这种方法就是程序基准测试。

程序基准测试不仅检查程序运行正确与否,还检查计算的精度,有些情况下为提高计算精度要用一些特殊方法。

8.8　程序基准测试

8.8.1　概述

有很多原因需要对软件进行基准测试,包括:

(1)软件基本性能测试。一般软件有很多功能,包括自身特有的,以及与其他软件共享的,都需要用算例进行全面测试。显然程序越复杂,测试的内容也越多,理想的检测方法是与解析解对比。也可比较同一问题不同软件的计算结果,问题是如果两个软件都错了呢?如果都用不太准确的算法,这样的测试公平吗(后面的算例将具体说明这个问题)?

(2)测试没有硬-软件的接口问题,或操作系统变化不会引发接口问题。除了与解析解对比外,还要比较不同环境下同一版本程序的运行结果,作者在这方面有过经验教训。软件升级时(操作系统不变),过去每天在用、运行很好的程序也会出现问题。在旧操作系统下运行程序可以划分网格,新操作系统下同样的程序就无法进行。错误明显的话,可以很快发现并进行修改,这时比较幸运;否则就要与系统供应商进行相当复杂、费时的讨论。

(3) 让用户熟悉软件或其升级版本,或者检验用户软件的使用能力。因此程序基准测试不仅要测试软件,还要检测用户。8.10 节和 8.11 节分别用两个基准测试实例说明其重要性,一个是 INTERCLAY II 项目(EUR 15285,1993),另一个是德国岩土力学学会组织的检测项目。

程序结构很复杂,因此基准测试必然是一项既费时又费力的任务。标准程序测试问题固然有,但也需要考虑用其他非标准的方法,尤其对岩土软件而言。

8.8.2　标准基准测试问题

NAFEMS 是英国一个由软件开发者及用户组成的机构,大多来自航空工业或系统工程界。多年来 NAFEMS 陆续公布了一些标准有限元基准测试问题。《NAFEMS 标准基准测试问题》(NAFEMS,1990)中介绍了基准测试问题的背景,下面摘录其中一段:

"1986 年 NAFEMS 试图进行第一批独立的'标准'测试,适用于任何有限元程序,为程序开发者、用户及其他对软件感兴趣的人服务,其主要意图是研究,不是为了发表或被软件开发者引证,因为最初他们想要证明的是系统的优点而不是找出其缺点。"

基准测试问题对算例的要求非常苛刻,问题要规定得非常具体、严格,不仅要规定一些主要情况,如几何形状、加载情况、边界条件和材料性质,还规定了单元类型及每个单元的尺寸。

1990 年 NAFEMS 公布了标准基准测试问题,涵括了结构(包括板、壳结构)问题、热传递和振动问题,近期又公布了其他一些问题的基准测试实例,但没有岩土工程方面的。

由欧洲委员会发起的 INTERCLAY II 项目是考虑土体流变的基准测试问题,该项目报告中用四个算例进行程序基准测试,后面将详细介绍(Jefferies et al.,1994)。

8.8.3　非标准基准测试问题

正如 NAFEMS 所述,岩土工程师不能完全依赖开发者提供的软件,必须对软件进行检查,尤其是刚开始安装时非常有用,因为软件使用初期容易识别硬件及操作系统的问题。由于没有岩土方面的标准测试问题,用户面临的问题更严重些。

从这个意义上讲,用户更需要充分、严格地检测软件,检测用的算例应有已知解,这样才能与计算结果进行比较。

8.9　INTERCLAY II 项目

INTERCLAY II 项目是欧洲委员会"欧洲原子能委员会第四期研究发展计划"资助项目,共有 10 家单位参与了共同测试,尽管不是所有单位都参与了计划中的每一项内容(EUR 15285,1993)。该项目有两个主要意图:

"评估欧洲所有有限元程序分析土体力学特性的适用性及能力"及"确定土体力学特性数值分析的准确性和可靠度"。

指导小组统一分配各参与单位的测试问题,然后比较测试结果。特别要指出的是,所有参与测试的人员都是经验丰富的计算专家,他们中有的已多年使用自己的软件,有的使用的是非常高级的商业软件。如果可以对这些软件分类的话,应该说测试所用的软件,从开发和测试角度上说是市场上最好的软件,因此在购买或版权上花了很多钱。

测试分三个阶段进行:第一阶段,对已知几何形状(不是指 NAFEMS 标准基准测试问题中的单元类型及尺寸)、已知加载条件和材料特性的假想问题进行求解;第二阶段,用两个试验的反分析结果预测第三个试验情况;第三阶段,分析比利时 Mol 地铁的现场试验结果。就基准测试问题而论,第一阶段更有意义。

8.10 节将讨论第一阶段计算结果,并将此作为基准测试问题的例子。Jefferies 等(1994)评价分析结果时这样说:

"本项目需要强调的是必须正式认识到人为失误的可能性,并提出相应的控制方法。测试表明,很多情况下直到将计算结果与实测值对比,或与其他平行计算结果比较时才发现错误。错误主要来源于对测试问题的错误理解,所需参数要么没有全部定义,要么错误地解释它们的含义。"

除去一些参加单位确实发现了他们的软件有一些实质性问题,或者不适用于一些问题的分析外,这次测试对所有关注、强调慎用任何软件的人来说,收益非常大。

8.10　基准测试问题实例——第一部分

8.10.1　概述

本节介绍基准测试问题实例,它们不是完整的测试问题,因为没有包括岩土工程有限元计算或有限差分计算需要确定的全部边界条件及加载情况。若需要参考详细的结果对比情况,可将 Schweiger(1998)介绍的内容添加在此处。

《岩土工程有限元分析:理论》用四个简单问题说明了不同算法的准确性,即理想三轴试验、条形基础、基坑开挖和单桩问题,其中任一个用作基准测试问题都很理想,但理想三轴试验比其他问题更好些,因为该问题有解析解。

　　其他四个基准测试问题实例都选自 INTERCLAY II 项目,为具体说明每个问题,这里只介绍一部分结果,实例的详细规定和全部结果见 INTERCLAY II 报告(EUR 15285,1993),附录 VIII.1~附录 VIII.5 也给出了规定说明,由于对网格及算法没有任何限制,因此没有 NAFEMS 标准基准测试问题中那么详细、那么严格。

　　实例 1——理想三轴试验分析:对正常等向固结压缩的三轴试样,进行排水和不排水情况分析。

　　实例 2——厚壁空心圆柱试样分析:分析内、外不同围压下的厚壁空心圆柱试样,该问题有解析解。

　　实例 3——隧道掘进分析:模拟隧道渐进开挖及施工。

　　实例 4——浅层垃圾填埋分析:分析浅层垃圾填埋场施工、分级填埋及封顶。

　　实例 5——在实例 4 基础上进行一维计算。

8.10.2　实例 1:理想三轴试验分析

　　1) 计算说明

　　不规定问题的几何形状,由于不考虑"端部效应",因此可以只计算一个单元。为模拟试样压缩,排水、不排水条件下均等级施加轴向应变直到 20%,具体见附录VIII.1。

　　2) 计算结果

　　《岩土工程有限元分析:理论》第 9 章具体介绍了排水、不排水条件下修正剑桥模型的计算结果。图 8.1 是采用修正牛顿-拉弗森算法中应力子算法求解非线性有限元方程模拟的三轴排水剪切试验结果,图 8.2 是同一问题的切线刚度法结果。

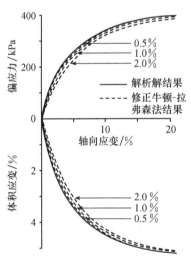

图 8.1　修正牛顿-拉弗森算法预测的三轴剪切试验结果

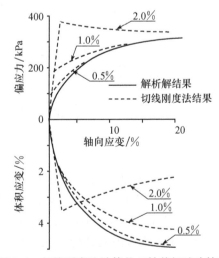

图 8.2　切线刚度法计算的三轴剪切试验结果

三种轴向应变 0.5%、1.0% 和 2.0% 的计算结果在图中都显示了。

3）分析评述

该问题可以用解析解对比计算结果，如果没有解析解就比较麻烦。试想如果计算人员用不太准确的切线刚度法或黏塑性算法计算（参见《岩土工程有限元分析：理论》第 9 章），并将结果与类似算法的其他软件比较，结果将如何呢？

显然解非线性方程所用的算法有时会有一些问题。如果用切线刚度法解方程，即使程序没有任何错误，使用也没有任何问题，得到的结果仍然可能不准确，仅用类似算法、类似荷载增量的计算结果进行比较不够严格，得到的结果不准确。

由此用户可以看到软件的精确程度，要获得准确的结果需要采用一些方法。

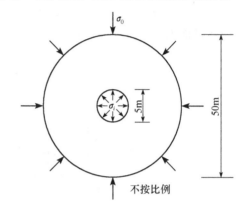

8.10.3　实例 2：厚壁空心圆柱试样分析

1）计算说明

对内压为 σ_i 的厚壁空心圆柱试样进行总应力分析（图 8.3）。内壁初始压力为

图 8.3　厚壁空心圆柱试样的几何形状

5000kPa，然后分级卸载，最后内压为 1500kPa，见附录 VIII.2。

2）计算结果

图 8.4 为压力-变形情况，图 8.5 为弹-塑性变形分界面位置。

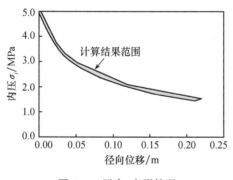

图 8.4　压力-变形情况

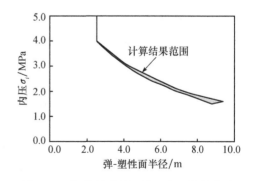

图 8.5　弹-塑性分界面位置与压力的关系

3）分析评述

与实例 1 一样，该问题也是理想的基准测试问题算例，该问题有解析解可以对比计算结果。

INTERCLAY II 项目中所有参与单位的计算结果都很一致，与解析结果吻合得也非常好,因为他们都知道解析解,因此可以调整荷载增量得到准确结果。所有参与者对所用的软件都很有经验,因而有理由认为他们能够用这些软件得到准确的结果,但对没有经验的人或不太完善的软件,就该另当别论了。

8.10.4　实例3:隧道掘进分析

1) 计算说明

图8.6为该轴对称问题的几何形状。数值计算要模拟隧道开挖的施工过程,即隧道面不断向内掘进及刚性衬砌支护逐渐插入,见附录Ⅷ.3。

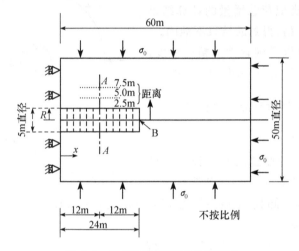

图8.6　隧道掘进问题的几何形状

2) 计算结果

图8.7为A-A断面距轴线不同高度处总应力计算预测的径向位移(朝向隧道

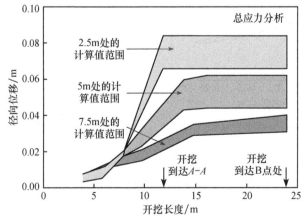

图8.7　开挖过程中的径向位移(总应力分析)

内)(图 8.6),图 8.8 为有效应力计算结果(有效应力和总应力参数不匹配,因此不能比较两者的位移大小)。不同开挖深度时 B 点处的位移如图 8.9 所示,图中同时给出了总应力和有效应力计算结果。

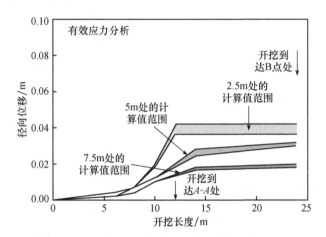

图 8.8　开挖过程中的径向位移(有效应力分析)

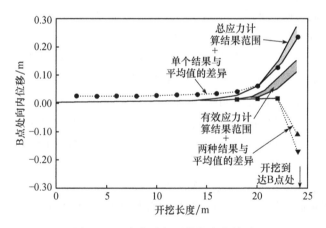

图 8.9　B 点位移与开挖长度的关系

　　原报告中给出了距离开挖轴线三个不同高度处的应力计算结果。图 8.10 总结了开挖最后完成时径向应力的情况。

　　图 8.11 是隧道开挖到 B 点时,离开挖轴线 2.5m 处的径向总应力沿前面开挖 12m(从一开始开挖到断面 A-A 处)的变化情况。

　　3) 分析评述

　　与前面两个算例不同,这不是理想的基准测试问题,它没有解析解;也不同于 NAFEMS 标准基准测试问题,这里没有规定有限元网格的几何形状。

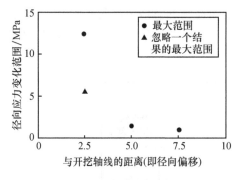

图 8.10　离开挖轴线不同距离处
径向应力的变化范围

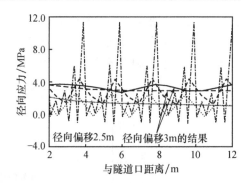

图 8.11　隧道边界径向应力

INTERCLAY II 项目各家计算结果非常离散,由图 8.7、图 8.8 可见,越靠近开挖轴线结果越离散,距轴线 2.5m 隧道边一点的计算误差近 20mm,这很可能由病态条件所致,因为要在开挖边界上施加边界条件模拟衬砌,而并非软件的精度问题。因此,构筑基准测试问题时,一定要保证边界条件合理、现实。

开挖轴线附近各家径向应力结果都有一定幅度的波动,如图 8.11 所示。不仅他们的结果不同,即便同样距轴线 2.5m 的开挖边界,沿开挖深度的结果也有波动,但距轴线 5m 和 7.5m 的结果沿开挖深度的波动幅度要小很多。

由结果分析认为,应力波动及位移估计的差异主要由衬砌附近应力梯度急剧变化及掘进面的奇异性引起,当然也与隧道边界网格有关(如果结果受到网格的影响,那么就是用户的计算能力问题,这也是软件测试的一方面内容)。正如其中两家计算单位得出的结果所示,离隧道边 0.5m 处的应力值比隧道边的结果平稳得多,如图 8.11 所示。如果进行深入对比,该处的结果比较更能说明问题。离隧道越远,计算结果吻合越好。

除去隧道边缘处的计算结果,总的来说这是一个很好的计算实例,因为它比前两个算例的要求高,前面是一维计算,这里分析的是二维问题。

8.10.5　实例 4:浅层垃圾填埋分析

1) 计算说明

模拟浅层垃圾填埋的施工是一个较复杂的问题,具体计算尺寸如图 8.12 和图 8.13 所示。

设置初始应力后开始模拟填埋场的开挖,坑壁及底板的施工,基础底板下的排水(即保证地下水位低于基础底板),垃圾回填,最后在顶部覆土。计算要考虑长期地下水的变化情况及堆场的失稳破坏(见附录 VIII.4)。

如何模拟堆场的破坏有一些争论,这里采用的方法可能不太现实,但对测试而

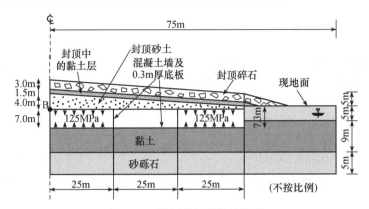

图 8.12　浅层垃圾填埋计算图

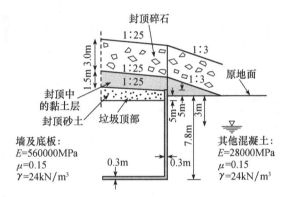

图 8.13　四周挡墙及底板详图

言是可以的,因为所有的参与单位都用同样的方法。

2) 计算结果

INTERCLAY II 报告中有详细的计算结果(EUR 15285,1993)。图 8.14～
图 8.18 是五个阶段中每一阶段沿底板长度的垂直变形情况(见附录 VIII.4)。
图 8.19 是底板中心线上砂土覆盖层中 B 点(图 8.12)的位移比较图。

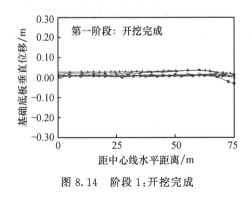

图 8.14　阶段 1:开挖完成

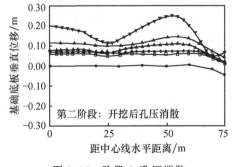

图 8.15　阶段 2:孔压消散

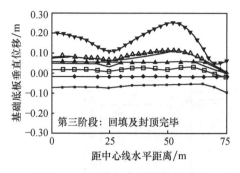

图 8.16　阶段 3：回填及封顶完毕

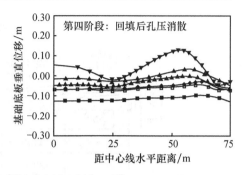

图 8.17　阶段 4：孔压消散

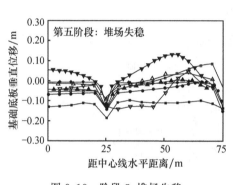

图 8.18　阶段 5：堆场失稳

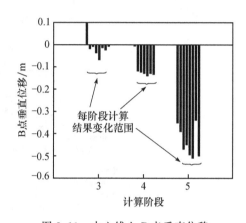

图 8.19　中心线上 B 点垂直位移

3）分析评述

这是五个实例中要求最高的一个，与算例 3 一样没有解析解，因此不能直接比较结果。该算例清楚地表明，INTERCLAY II 项目中一些参与单位使用的软件有错误，对情况规定的理解也有问题。

除了其中两家单位外，第一阶段各单位底板位移结果很接近，如图 8.14 所示。第二、三、四阶段，结果有一些差异；但第四、五阶段，各家结果又较吻合（图 8.15～图 8.17）。最后一个阶段要模拟堆场失稳，显然原计算规定有些问题，因为除一家以外其他全部将规定理解错误。

对任何软件而言，该算例都是一个相当严格的测试，它要分析一个二维开挖、回填问题，要考虑已知位移及排水条件。

排水条件的处理有不同的方法（与渗流的耦合计算、非耦合计算），后面把它作为软件差别的原因之一。各家单位模拟墙及底板的方法不同也引起结果差异，有的用零厚度单元（如梁单元）并选择了合适参数，另外一些则选用实体单元。

计算后各参与单位的讨论表明，有些程序有问题，基准测试前没有发现。这一点也进一步强调了 NAFEMS 提出的基准测试问题的"先天"问题,同时也说明任何计算开始前,一定要清楚、准确地理解计算说明。

讨论中还发现各参与单位对问题的处理有微妙的差别,有的计算会变得简单一些,问题表述也更清楚、明确。下面介绍第 5 个实例分析。

8.10.6　实例 5:浅层垃圾填埋简化计算

1) 计算说明

实例 4 中对计算说明和边界条件有争议,后来将这些问题澄清后又进行了两次计算(5a 和 5b),重新分析算例 4。

5a 中明确规定了边界条件(附录 VIII.5),5b 中要求各计算单位边界条件与 5a 不同时用原算例 4 中的边界条件。

计算尺寸如图 8.20 所示,开始计算时,现地面以上没有填土,除了不考虑挡墙施工和垃圾失稳外,各级计算与实例 4 一样。

计算结果见总报告(EUR 15285,1993),5b 的主要意图是看一看算例 4 中对计算说明的不同理解会引起多大的差别,因此不能算是基准测试问题;5a 清楚规定了所有边界条件,是一个很好的测试算例。这个问题虽然没有理论解,但可以用简单手算结果进行检查。

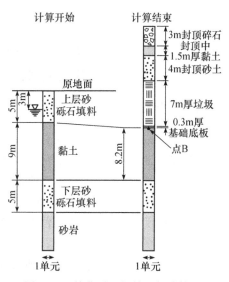

图 8.20　简化后垃圾填埋场计算图

2) 计算结果

图 8.21 给出了 5a 条件下不同阶段底板面上 B 点的位移比较,相似地,图 8.22 给出了底板下竖向总应力比较。

3) 分析评述

图 8.21 中除一家外其他结果都吻合很好,要不是这一家用完全固结的计算分析不排水问题,结果会更一致。固结计算中由于时间步长不够短,发生了部分排水,以至于有一些沉降,但最后的位移与其他结果非常接近。同样除了一家外,其余基础底板的总应力预测值都很接近(图 8.22)。

仔细检查不同算法得到的 5a、5b 结果,便可知道算例 4 中哪个结果更可靠(INTERCLAY II 报告中进行了结果比较,但本章附图还不能说明问题)。

如果问题简单、计算规定得很清楚,但计算要用到程序各项不同的功能,这是另一种很有用的程序基准测试问题。

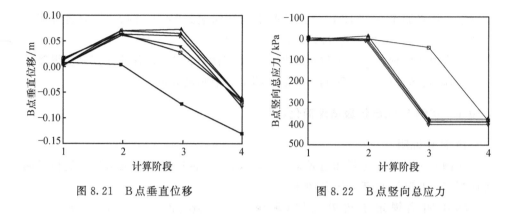

图 8.21　B 点垂直位移　　　　　　　　图 8.22　B 点竖向总应力

8.11　程序基准测试范例——第二部分 （德国岩土基准测试问题实例）

8.11.1　背景介绍

Schweiger(1998)又参见 Carter 等(2000)介绍了德国岩土学会工作小组组织的程序基准测试试验,通过实例计算达到以下目的:

(1) 对商业程序(或称作软件)进行检查。

(2) 对年轻的岩土工程师提供学习指导,帮助他们熟悉数值计算。

(3) 提供审核算例,证明岩土工程中数值计算的能力。

该项目的研究目的大体与 INTERCLAY II 类似,旨在通过实际工程问题,对其进行简化,然后由计算得到合理的解答。

Schweiger(1998)介绍了两个计算实例,第一个实例(实例 6)要模拟隧道施工,第二个实例(算例 7)模拟深基坑开挖,这都是岩土工程师经常计算的问题。

一些单位参与了上述问题的计算试验,并比较了他们的计算结果。注意这两个算例都没有解析解,因此必须由权威人士给出大家一致认可的结果(一些复杂的 INTERCLAY II 项目也是一样)。

8.11.2　实例 6:隧道施工

1) 计算说明

这是一个非圆形隧道的施工,如图 8.23 所示,要计算两种情况:一个是一次性开挖,另一个是分两步开挖。两种情况都假设土体为理想弹塑性的莫尔-库仑材料,材料参数见附录 VIII.6,其他说明见文献(Schweiger,1998)。

2) 计算结果

10 家计算单位得到一次性开挖的地面沉降预测值如图 8.24 所示,图 8.25 为隧道衬砌上弯矩及正应力预测值。

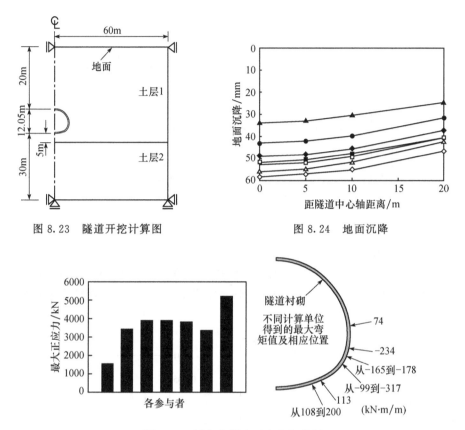

图 8.23　隧道开挖计算图　　　　　　　　　图 8.24　地面沉降

图 8.25　衬砌上最大正应力和弯矩

3）分析评述

虽然有一半的参与单位预测的最大地面沉降在 52～55mm,但总体上讲,沉降预测值差异很大。有两家单位特别指出由于程序的限制,他们用了不同的隧道施工方法,不同方法之间很难协调,这也导致了结果差别较大。

各单位得到的衬砌处最大弯矩、产生位置和正应力值也差很多,如图 8.25 所示。就算将没有按规定计算的结果除去,最大弯矩的数值和产生位置仍差距很大。

8.11.3　实例 7:深基坑开挖

1）计算说明

计算图如图 8.26 所示,该计算模拟 12m 深、30m 宽基坑分步开挖的情况,土体假设为莫尔-库仑材料。基坑开挖中设两道支撑,顶部不设。地面下 3m 处第 1 道支撑设置前,挡墙起悬臂墙的作用,材料参数和施工各阶段参数见附录 Ⅷ.7,

详见文献(Schweiger,1998)。

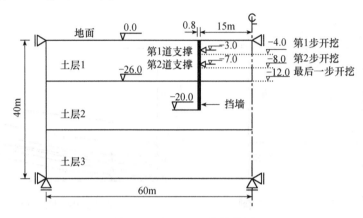

图 8.26 深基坑开挖计算图

2）计算结果

施工第 1 阶段挡墙后面土体的垂直位移估算值如图 8.27 所示，同阶段挡墙顶部的水平位移如图 8.28 所示，图 8.29 是全部施工完成后（第 3 阶段施工）挡墙后土体的垂直位移。

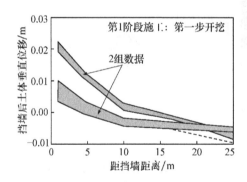

图 8.27 挡墙后土体的垂直位移——第 1 阶段

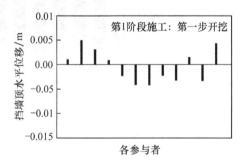

图 8.28 挡墙顶水平位移——第 1 阶段

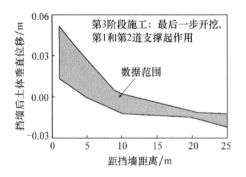

图 8.29 挡墙后土体的垂直位移——第 3 阶段

3）分析评述

由图 8.27、图 8.28 可见，第 1 阶段挡墙为悬臂墙时结果很分散。有些单位用梁单元模拟挡墙，有的用实体单元，有的用接触面单元模拟墙和土体的接触，这些都是数据分散的一部分原因，但不是全部。就本阶段墙体的水平位移而言，只有一半单位预测出墙体发生正的水平位移，即向坑内移动。奇怪的是,其他结果居然预测本阶段墙体发生背向坑内的负位移。最后一级施工预测结果差距更大,预测的最大地面沉降为 $10\sim50\text{mm}$。

8.11.4　结论

Schweiger 对用理想塑性线弹性模型分析该问题提出质疑,尽管该质疑是对的,但由于大家都用同样的模型,因此理论上是一致的,结果差异主要由计算方法不同引起,隧道掘进计算中对隧道施工用了不同的模拟方法,深基坑计算中挡墙的处理也不同。不论怎样,预测出背离挡墙的水平位移都无法给出解释。

值得一提的是,12 家参与单位中有 5 家用了同样的程序,就算结果不合理,这5 家单位的结论应该是一致的,8.9 节中 Jefferies 等(1994)的评论可以参考。正如Schweiger 所指出的,规定说明的不同理解也会导致结果不同。令人吃惊的是,经验丰富的计算专家居然递交出明显错误的计算结果,即挡墙移向坑外,而且没有给出任何解释。

8.12　小　　　结

(1) 本章论述了程序基准测试在计算机软件审定和核查中的重要作用,及软件开发者和用户在这方面的责任。程序使用前,开发者和用户都要对程序进行检查,以保证其能按照预期目的正确运行。用户对程序的检查应独立于开发者,仅用开发者提供的算例验证显然不够。

(2) 尽管开发者在程序发行前已进行了检测,还不太可能将程序中所有的错误都找出来。即便程序检测非常严格,也不可能预测到程序可能运行的某些情况、与硬件或操作系统的某些接口问题。从商业角度看,开发者对程序的检测程度从一个侧面反映了程序的价格。用户要知道程序可能出现的问题,并有相应的对策让它们不影响计算。程序一定要进行基准测试。

(3) 用解析解结果或其他独立计算方法检查结果比较理想。一些简单的手算也可以检测阶段性计算结果。

(4) 基准测试问题一般比较简单,不可能揭示出深层次问题。因此,要选择一些要求较高的实例,并与其他程序(至少一个)的结果对比。对很多用户来说,这不容易做到或者不太现实,因为他们可能只有一个程序,从这个意义上说,需要建立有关岩土工程基准测试问题的标准。

(5) 程序中缺陷或错误的后果会非常严重,将导致重大经济损失。

(6) 这里介绍了基准测试问题的一些实例。INTERCLAY II 项目不仅提供了许多岩土工程程序实用基准测试实例,它也证明了程序必须要经过彻底的检测。在检测中还发现了一些程序有问题。该项目还强调计算前一定要详细、清楚、正确地理解计算说明和规定。

附录 VIII.1　算例1计算规定:理想三轴试验分析

VIII.1.1　几何形状

没有明确规定,可以只计算一个单元。

VIII.1.2　材料参数和初始应力情况

用修正剑桥模型计算,材料参数见表 VIII.1。

表 VIII.1　修正剑桥模型参数

OCR	v_1	λ	κ	M	G/p_0'
1.0	1.788	0.066	0.0077	1.2	100

初始应力:竖向有效应力 σ_v' 为 200kPa,水平有效应力 σ_h' 为 200kPa,孔隙水压力 p_f 为 0kPa。

VIII.1.3　加荷情况

荷载没有明确规定,但排水及不排水情况下均施加等应变增量至 20%,水平总应力不变。

附录 VIII.2　算例2计算规定:厚壁空心圆柱试样分析

VIII.2.1　几何形状

计算图如图 8.3 所示。

VIII.2.2　材料参数

用 Tresca 模型进行总应力计算,材料参数见表 VIII.2。

表 VIII.2　Tresca 模型参数

E_u/MPa	μ	S_u/MPa
240	0.499	1.0

初始应力:竖向有效应力 σ_v' 为 5000kPa,水平有效应力 σ_h' 为 5000kPa。

VIII.2.3　加荷情况

进行总应力计算,在内边界上加载然后再卸载。最大初始压力为 3500kPa,残余压力为 1500kPa,荷载增量步没有规定。

附录 VIII.3　算例 3 计算规定:隧道渐进挖掘分析

VIII.3.1　几何形状

计算图如图 8.6 所示,进行轴对称计算。

VIII.3.2　材料参数

(1)用 Tresca 模型进行总应力计算,材料参数见表 VIII.3。

表 VIII.3　Tresca 模型参数

E_u/MPa	μ	S_u/MPa
240	0.499	1.0

(2)有效应力计算用莫尔-库仑准则,相关联的流动法则,材料参数见表 VIII.4。

表 VIII.4　莫尔-库仑参数

E'/MPa	μ	c'/MPa	K_f/MPa	φ'
200.13	0.25	0	3000	23°

注:有些程序需要用到,孔隙比 0.4,渗透系数 4.0×10^{-12} m/s。

初始应力:竖向有效应力 σ'_v 为 2500kPa,水平有效应力 σ'_h 为 2500kPa,孔隙水压力 p_f 为 2500kPa。

VIII.3.3　加荷情况

总应力计算仅用于 1~3 施工阶段,所有阶段都要进行有效应力计算:

(1)瞬时施加 2m 的洞面,假设开挖面上内应力为零。

(2)施加刚性衬砌提供径向支撑。

(3)重复步骤(1)、(2)直至完成全长施工(24m)。

(4)允许超静孔压在隧道衬砌内消散,假设刚性洞面完全透水(外边界孔压 $p_f=2.5$MPa,隧道边界上 $p_f=0$,洞面没有纵向位移)。

附录 VIII.4　算例 4 计算规定:浅层垃圾填埋分析

VIII.4.1　几何形状

计算图如图 8.12 和图 8.13 所示。

VIII. 4. 2　材料参数

不同材料的莫尔-库仑参数见表 VIII. 5。

表 VIII. 5　浅层垃圾填埋计算的莫尔-库仑参数

参　　数	砂、砾石		黏　土	混凝土	封顶砂土	封顶黏土	垃　圾	封顶碎石
	上层	下层						
E'/MPa	25	100	15	28000	25	5	2500	10
μ'	0.2	0.2	0.3	0.15	0.2	0.2	0 或 0.2	0.2
c'/kPa	0	0	0	—	0	0	—	0
$\varphi'/(°)$	35	35	28	—	35	25	—	40
$\nu/(°)$	17.5	17.5	7	—	17.5	0	—	20
$\gamma/(kN/m^3)$	20	20	20	24	20	20	30	20
K_0(初始)	0.5	1.0	1.0	—	0.5	0.8	—	0.5
p_f	地下水位线为初始静水压力线			—	0	0	0	0

1~4 级计算中垃圾的泊松比为 0.2，第 5 级中设为零。除黏土外所有材料均透水。地下水位线以下初始孔隙水压力为静止水压力，地下水位以上孔压为零。

VIII. 4. 3　加荷情况

分级计算：

(1)* 修建四周挡墙(瞬时完成)，开挖，铺设排水层(零厚度)，修建基础底板和隔墙。

(2) 孔压消散至稳定状态，假设底板排水层中孔压为零，上、下砂、砾石层(可完全补给)。

(3)* 回填垃圾，并封顶。

(4) 孔压消散，与第 2 级中情况一样。

(5)* 垃圾泊松比降为零。在垃圾上、下边界上加垂直压力 125MPa，模拟填埋场失稳。

上文中 * 表示不排水。

附录 VIII. 5　算例 5 计算规定：浅层垃圾填埋简化分析

VIII. 5. 1　几何形状

计算图如图 8.20 所示。

VIII. 5. 2　材料参数

材料参数和初始应力与算例相同。初始应力如图 VIII. 1 所示。

VIII. 5. 3　加荷情况

分级计算：

（1）* 从现地面开始向下开挖 7.8m，修建 0.3m 厚基础底板。

（2）孔压消散至稳定状态。

（3）* 回填垃圾至原地面下 0.5m，铺 4.0m 厚砂土、1.5m 厚黏土、3m 厚碎石封顶。

（4）所有孔压消散，与第 2 级中情况一样。

上文中 * 表示不排水。

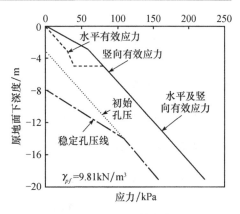

图 VIII.1　初始应力

VIII. 5. 4　附加边界条件

（1）所有垂直边界水平位移为零。

（2）底部网格（下部砂、砾石层与砂岩接触面处）垂直、水平位移为零。

（3）所有垂直边界不排水。

（4）混凝土基础底板在 1、3 阶段不排水，2、4 阶段排水。

（5）底部网格排水。

附录 VIII. 6　算例 6 计算规定：隧道施工

VIII. 6. 1　几何形状

计算尺寸如图 8.23 所示。

VIII. 6. 2　材料参数

土体及喷射混凝土参数见表 VIII.6。

表 VIII. 6　隧道施工材料参数

参　　数	E/kPa	μ	$\varphi'/(°)$	c'/kPa	K_0	$\gamma/(\text{kN/m}^3)$
第一层	50000	0.3	28	20	0.5	21
第二层	200000	0.25	40	50	0.6	23
喷射混凝土*	5000000	0.15	—	—	—	—

* 表示喷射混凝土厚 25cm。

附录 VIII.7　算例 7 计算规定:深基坑开挖

VIII.7.1　几何形状

计算尺寸如图 8.26 所示。

VIII.7.2　材料参数

计算中所用材料参数见表 VIII.7。

表 VIII.7　深基坑开挖计算材料参数

参　数	E/kPa	μ	φ'/(°)	c'/kPa	K_0	γ/(kN/m³)
第一层	20000	0.3	35	2	0.5	21
第二层	12000	0.4	26	10	0.65	19
第三层	80000	0.4	26	10	0.65	19
挡墙*	21000000	0.15	—	—	—	22

* 表示挡墙厚 80cm。

VIII.7.3　施工阶段

每一级施工如下:

(1) 第一级开挖(从地面开挖到−4.0m)。

(2) 第二级开挖(从地面开挖到−8.0m,−3.0m 处的第 1 道支撑开始起作用)。

(3) 全部开挖到底(从地面开挖到−12.0m,−3.0m 处的第 1 道支撑和−7.0m 的第 2 道支撑都开始起作用)。

第 9 章 有限元的局限性及不足

9.1 引　　言

本章介绍有限元分析岩土工程问题时的不足及使用时的局限性,将明显的三维问题简化为平面应变时,如计算一端锚固在挡墙上的锚杆,这些问题大多会产生。本章还对不排水情况下用莫尔-库仑模型计算会产生的问题,如只有设剪胀角为零时才能达到破坏状态进行了讨论。偏应力平面中塑性势函数控制了平面问题中土体破坏时的应力情况,这在《岩土工程有限元分析:理论》第 7 章中已作了介绍,这里用修正剑桥模型的边界值问题进行了验证。此外,本章研究了不排水时临界状态模型的缺陷,暗渠模拟的缺陷及零厚度接触面单元的问题。

9.2 概　　述

由前面章节中可以看到,用有限元求解岩土工程问题非常复杂。理论上该方法可以为大多数需要求解的问题提供解答,但数值近似会引起误差。数值近似有两类:一类是有限元方法本身的近似,另一类是用户将实际问题简化为可分析的数值模型而作的理想化近似。

有限元方法本身会引起两大类误差:一类是本构方程的积分,另一类是几何问题离散为有限单元。《岩土工程有限元分析:理论》第 9 章讨论了与本构方程积分有关的误差问题,若选用合适的算法可以将误差降低到可接受的范围。但几何离散的误差还没有考虑,本章 9.3 节用条形及圆形基础的算例讨论由此引起的误差大小。此外,本章 9.4 节将研究与零厚度接触面单元有关的问题。

本章 9.5 节着重讨论实际问题理想化处理引起的误差。先考虑平面应变中的近似问题,尽管岩土工程很多问题可以进行平面应变假设(如很长的开挖问题),但其中细小的组成部分(如锚杆、桩等)却不行,于是平面应变分析就存在一些局限性,本章对这些局限性及如何近似处理进行了研究。

还有一类误差与用户对土体本构模型的理解不足有关,目前很多本构模型非常复杂,因而这类误差并不少见。本章介绍了两个算例:一个是用莫尔-库仑模型进行不排水计算,结果表明,如果模型设定一定的塑性剪胀大小,则不可能预测出材料破坏;第二个算例考虑塑性势函数对土体强度的影响,修正剑桥模型的计算结果说明,一些看似敏感的参数会得到不合理的结果。我们的经验表明,这类问题经常产生,不知不觉中很多用户得到了错误的破坏荷载,而且一般都是偏危险的。

不排水强度不是临界状态模型参数,因此用这类模型分析不排水情况时会存在问题,当现场勘察已得到土体的不排水强度,如何在计算中得到反映需要研究。本章将具体讨论这个问题,结果表明,只有恰当地选取模型输入参数和初始应力条件,才能得到与实际相符的不排水强度,这需要程序有灵活的参数输入功能。本章最后讨论回填及地下排水问题,并进行总结。

9.3　离 散 误 差

这里用图 9.1 中垂直荷载下光滑的刚性条形基础和圆形基础说明几何离散引

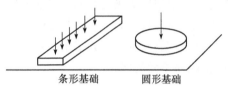

条形基础　　　圆形基础

图 9.1　垂直荷载下条形基础和圆形基础

起的误差。土体假设为线弹性-理想塑性,选用 Tresca 屈服准则,杨氏模量 $E=10000\text{kPa}$,泊松比 $\mu=0.45$,不排水强度 $S_u=100\text{kPa}$。

图 9.2(a)、(b)是两种有限元网格划分情况,其中图 9.2(a)有 110 个 8 节点等参单元,图 9.2(b)中仅有 35 个单元。分别用这两种网格进行平面应变(对条形基础)和轴对称(对圆形基础)计算,以得到使基础垂直向下移动完整的荷载-沉降曲线。粗看一下两种网格,大多数用户会认为 110 个单元的计算结果更准确,因为网格划分得较多,而且空间分布较均匀。

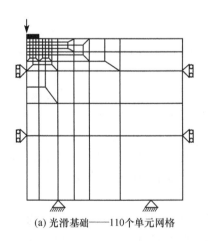

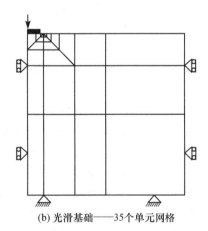

(a) 光滑基础——110个单元网格　　　　(b) 光滑基础——35个单元网格

图 9.2　两种有限元网格划分情况

对整个荷载-沉降曲线而言,条形基础和圆形基础都没有理论解,但它们的极

限荷载 Q 有理论解,条形基础每沿米 $Q_{max}=2BN_cS_u$,其中,$N_c=(2+\pi)$,$2B$ 是基础宽度;教材中常引用的圆形基础等效极限荷载 $Q=N_cS_u\pi R^2$,其中,$N_c=5.69$,R 为基础半径。该解含应力场方程的数值积分,不是严格意义上的理论解,但总的来说还是准确的。

由图 9.2(a)、(b)网格得到的计算结果如图 9.3 所示,极限荷载理论解也列于其中。若假设极限荷载理论解是正确的,那么对条形基础,110 个单元的计算结果高出破坏荷载 3.8%($N_c=5.33$),圆形基础要高出 8.8%($N_c=6.19$);若用 35 个单元计算,则条形基础高出 0.5%($N_c=5.17$),圆形基础高出 2%($N_c=5.8$)。为什么 110 个单元计算结果反而较差?原因

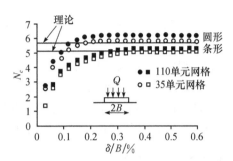

图 9.3　光滑基础荷载-位移曲线

如图 9.4 所示,这是条形基础最后一级荷载增量下节点位移矢量图,每一个矢量表示相应节点位移的大小(长度表示)和方向(方位表示)。图中位移增量的绝对值大小不重要,但每个矢量的相对大小和位置清楚地显示了基础的破坏机理。注意基础角部,可以看到矢量增量的方向变化很快,基础角下和相邻地表节点的矢量方向变化几乎达 120°,这说明基础角部应力和应变的变化幅度很大。110 个单元中基础角端附近单元太大,没有足够的单元准确反映这种应力集中现象。比较而言,35 个单元网格中基础角端网格较小,而且网格大小呈梯度变化,如图 9.5 所示,这样容易反映应力集中的情况,得到的结果也更准确。

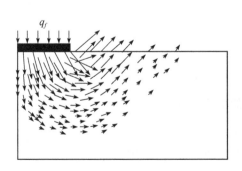

图 9.4　破坏时位移增量向量(110 个单元)

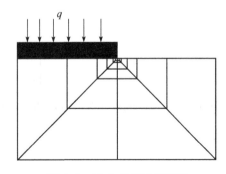

图 9.5　35 个单元网格详图

可见在应力、应变、变形变化大的地方将单元划分得小一些、数量多一些很重要。有些程序为提高结果的精度会自动重新进行网格划分,开始时先用较均匀的单元计算,然后根据计算结果在应力、应变变化最大的地方细分网格,再计算;直到结果不受单元影响才停止网格细分。

9.4　零厚度接触面单元的数值稳定性

9.4.1　简介

如《岩土工程有限元分析:理论》3.6 节所述,模拟土与结构间的相互接触有很多种方法,这些方法中零厚度接触面单元用得最多,本书前面章节也介绍了有限元边界问题中该单元的应用情况。

接触面单元用处很大,也有很多缺陷,已有一些学者(Wilson,1977;Desai et al.,1984;Day et al.,1994)遇到了病态矩阵、结果不收敛、积分点处应力值不稳定等问题,下面具体讨论这种单元的缺点或局限性。

9.4.2　基本理论

零厚度接触面单元的方程已在《岩土工程有限元分析:理论》3.6.2 小节中给出,这里有必要再给出二维方程表达式。

接触面上应力包括正应力 σ 和剪应力 τ,正应力、剪应力与单元"正应变"ε、"剪应变"γ 的关系用本构方程表示为

$$\begin{Bmatrix} \Delta\tau \\ \Delta\sigma \end{Bmatrix} = [\boldsymbol{D}] \begin{Bmatrix} \Delta\gamma \\ \Delta\varepsilon \end{Bmatrix} \tag{9.1}$$

接触面的"应变"定义为接触面单元上、下界面的相对位移

$$\gamma = \Delta u_l = u_l^{\text{bot}} - u_l^{\text{top}} \tag{9.2}$$

$$\varepsilon = \Delta v_l = v_l^{\text{bot}} - v_l^{\text{top}} \tag{9.3}$$

式中

$$\begin{cases} u_l = v\sin\alpha + u\cos\alpha \\ v_l = v\cos\alpha - u\sin\alpha \end{cases} \tag{9.4}$$

其中,u 和 v 对应总坐标中 x_G 和 y_G 方向的位移,因此

$$\begin{cases} \gamma = (v^{\text{bot}} - v^{\text{top}})\sin\alpha + (u^{\text{bot}} - u^{\text{top}})\cos\alpha \\ \varepsilon = (v^{\text{bot}} - v^{\text{top}})\cos\alpha - (u^{\text{bot}} - u^{\text{top}})\sin\alpha \end{cases} \tag{9.5}$$

特别要注意的是,单元"应变"并非无量纲,它们的单位与位移(即长度)单位一样。

弹性矩阵 $[\boldsymbol{D}]$ 的表达式为

$$[\boldsymbol{D}] = \begin{bmatrix} K_s & 0 \\ 0 & K_n \end{bmatrix} \tag{9.6}$$

式中,K_s 和 K_n 分别为弹性剪切刚度和抗压刚度。注意,这些刚度通过式(9.1)将

应力(单位是力/长度²)与应变(单位是长度)联系起来,于是单位是力/长度³,这与土体及(或)结构的杨氏模量单位不同(杨氏模量单位与应力一样,都是力/长度²)。很难用室内试验测出 K_s 和 K_n,因此计算时参数确定比较困难。

如果接触面中有孔隙流体存在,不排水计算时可以用《岩土工程有限元分析:理论》3.4 节中实体单元的处理方法,用孔隙流体的有效体积刚度计算刚度矩阵。接触面单元也可以考虑固结,即沿长度方向进行一维固结。

接触面应力同样可以受破坏准则的约束,只要用弹-塑性模型计算就可以了,如用莫尔-库仑破坏准则确定屈服面 F

$$F = |\tau| + \sigma' \tan\varphi' - c' \tag{9.7}$$

塑性势函数 P 对应力的导数为

$$\frac{\partial P}{\partial \sigma'} = \tan\nu, \quad \frac{\partial P}{\partial \tau} = \pm 1 \tag{9.8}$$

式中,φ' 为最大剪切角;c' 为黏聚力(图 9.6);ν 为剪胀角。如果接触面上下移动且超过最大垂直抗拉强度($c'/\tan\varphi'$),接触面便可张开、闭合,有限元中残余拉应力将在非线性计算中重新分布。接触面张开后正应力仍为 $c'/\tan\varphi'$,剪应力则一直为零,接触面的张开程度要重新记录。接触面再闭合或再变形后又可以用本构模型计算反映接触面的变化。

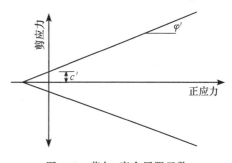

图 9.6　莫尔-库仑屈服函数

接触面单元张开、闭合的特性特别适合模拟拉裂缝问题,如水平向荷载作用下桩后土体(见 7.3.3 小节)或挡土墙后土体的模拟。

三维接触面单元的方程除了有三个接触应力(正应力 σ,两个互相垂直的剪应力 τ_a 和 τ_b)、三个应变(ε、γ_a、γ_b)和三个位移(u_l、v_l、w_l)外,与二维情况类似。

9.4.3　病态矩阵

如果单元刚度矩阵与相邻单元刚度矩阵在数值上相差很大,则总刚度矩阵会成为病态矩阵,这种情况下非对角元素数值很大,计算精度降低很多。Wilson(1977)和 Day 等(1994)用弹性块体的抗倾覆计算说明了病态矩阵会引发的问题,下面部分结果摘自后者(Day et al.,1994)。

图 9.7 用一个弹性块体粗略地表示重力式墙体,弹性块的杨氏模量 $E = 10^6$ kPa,泊松比 $\mu = 0$,墙体下面 AB 处与刚性基础间设置接触面单元,为清楚起见,接触面单元直接在图中标出。该问题划分为 10 个 6 节点接触面单元,50 个 8

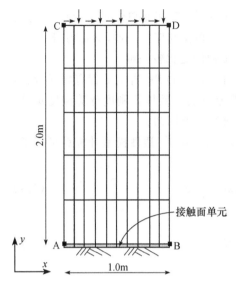

图 9.7　弹性块体抗倾覆计算

节点二维实体单元。墙体顶部边界 CD 上作用垂直向下的压力 200kPa 及沿 x 轴正方向的剪应力 50kPa。计算中大多假设弹性接触面单元，刚度 K_s 和 K_n 从 10^6 kPa 到 10^{10} kPa 变化，且一般情况下 K_s 不等于 K_n。

$K_s = K_n = 10^7$ kN/m^3 时接触面单元积分点处的应力如图 9.8 所示。图中线性分布的正应力和剪应力是位于弹簧上的刚性基础理论解。块体垂直面是应力自由面，因此块体底部的剪应力在端部（即 A 和 B 两处）必须为零，但由接触面施加到基础上的剪应力没必要一定为零。为满足连续性条件，块体端部的剪应力和正应力分布会出现奇异。理论上刚性基础上长柔性块体的剪应力呈抛物线形分布（图 9.8）（Young，1989）。接触面单元中剪应力分布在两个极限理论解之间。完全高斯积分法（3 点）和简化高斯积分法（2 点）得到的计算结果相似，没有受到病态刚度矩阵的影响。

如果接触面单元的刚度远大于二维实体单元的刚度，总刚度矩阵就会成为病态矩阵，于是接触面单元中应力会发生波动。图 9.9 为 $K_s = K_n = 10^9$ kN/m^3 时 3

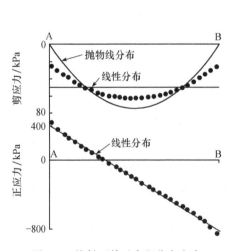

图 9.8　接触面单元中积分点应力

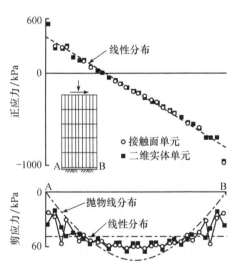

图 9.9　病态矩阵对接触面单元应力的影响（完全积分法）

点高斯积分法计算结果。块体边界上正应力和剪应力的波动非常明显。简化（2点）高斯积分法也不能阻止图 9.9 中的波动情况。Day 等（1994）研究了不同弹性块体和接触面刚度的取值，结果表明，K_s 或 K_n 大于 $100E$ 时，病态情况就会出现。注意，由于 K_s 和 K_n 与 E 的量纲不同，它们之间的数值关系还与单位有关，也与研究的问题有关。

　　Day 等（1994）用二维薄单元代替接触面单元作了进一步研究，薄单元的弹性参数为 E_i 和 μ_i，厚度为 t，薄单元中等效抗压刚度和抗剪刚度分别为

$$K_{in} = \frac{E_i}{t(1-\mu_i^2)}, \quad K_{is} = \frac{E_i}{2t(1+\mu_i)} \qquad (9.9)$$

$K_{in}=K_{is}$ 时，$(1-\mu_i^2)=2(1+\mu_i)$，于是 $\mu_i=-1$，这时 K_{in} 和 K_{is} 为无穷大。为避免矛盾，并与上面的其他单元保持一致，将泊松比设为零（$\mu_i=0$）；单元厚度取 0.02m，

$E_i=2\times10^7$ kPa，这样薄单元抗压刚度与接触面单元相等（即 $K_{in}=10^9$ kN/m³），抗剪刚度为接触面单元的一半（$K_{is}=5\times10^8$ kN/m³）。仍用 3 点高斯积分法进行计算，二维薄单元中心线上积分点应力也在图 9.9 中给出，其波动情况与接触面单元类似。可见计算结果的波动并非由接触面单元引起，而是弹性块体与接触面单元的刚度差异造成的。

　　若总单元个数保持不变，减小接触面单元附近实体单元的尺寸会降低矩阵的病态程度，用图 9.10 中的网格进行与图 9.9 同样的计算，这时在接触面自由度位置处实体单元对总刚度矩阵的贡献增加，使计算结果的波动程度降低。二维实体单元的贡献表示为

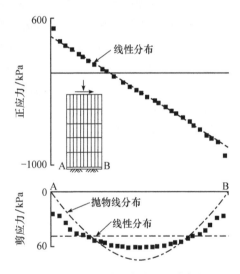

图 9.10　小尺寸单元病态程度降低情况
（完全积分法）

$$[\boldsymbol{K}_E] = \int_{-1}^{1}\int_{-1}^{1} t[\boldsymbol{B}]^{\mathrm{T}}[\boldsymbol{D}][\boldsymbol{B}]\,|\boldsymbol{J}|\,\mathrm{d}S\mathrm{d}T \qquad (9.10)$$

它与矩阵 $[\boldsymbol{D}]$、$[\boldsymbol{B}]$ 及雅可比行列式 $|\boldsymbol{J}|$ 有关（平面应变计算中 $t=1$）。$[\boldsymbol{D}]$ 是弹性矩阵，与单元大小无关，但应变矩阵 $[\boldsymbol{B}]$ 与 $|\boldsymbol{J}|$ 的倒数成正比。因此刚度的贡献也与 $|\boldsymbol{J}|$ 的倒数成正比，而 $|\boldsymbol{J}|$ 随单元的减小而降低，于是对总刚度矩阵的贡献就增大了。但接触面单元对总刚度矩阵的贡献不变，于是接触面单元的刚度与实体单元的刚度差距减小了，矩阵病态程度就降低了。该算例说明要注意有限单元中网

格的大小(参见《岩土工程有限元分析：理论》第2章)。

9.4.4 应力梯度急剧变化

简单抗拔试验中也会出现应力波动问题。地基加固和桩基分析中可以用

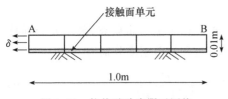

图9.11 抗拔试验有限元网格

图9.11中的例子说明滑移变形控制下的接触面单元情况,图中条形二维薄单元代表刚性基础上的加筋膜。膜和基础间的接触用接触面单元模拟。该问题共划分为5个8节点二维单元和5个6节点接触面单元。开始时在膜端部施加均布荷载10kPa,膜A端在位移控制下沿图示方向水平向外移动 δ 距离。这个问题主要说明滑移面由加载端逐渐向膜末端移动的情况。

为具体说明该问题,一开始考虑不发生应力波动的情况。假设弹性膜的杨氏模量 $E=10^6$ kPa,泊松比 $\mu=0$;接触面单元用莫尔-库仑弹塑性模型计算,接触面上 $K_s=K_n=10^6$ kN/m³, $\varphi'=30°$, $c'=0$, $\nu=0°$;位移增量为 0.3mm 时弹性膜收缩。图9.12为接触面上剪应力及不同试验阶段膜中轴力的分布情况。由图可见,弹性膜拉伸过程中滑移面从膜的左端移向右端。膜的最大收缩力为 5.7736kN,与理论值 5.7735kN 一致。

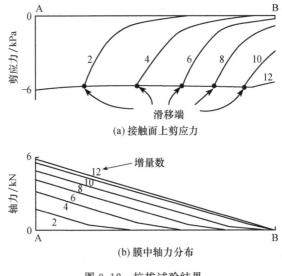

图9.12 抗拔试验结果

其他参数保持不变,将弹性膜的杨氏模量降为 $E=10^5$ kPa 和 $E=10^4$ kPa 再进行计算,图9.13是 A 端位移 0.12mm 时,三种模量下接触面中剪应力分布情况。膜刚度降低后,积分点应力波动区向滑移端靠近。Gens 等(1989)也得到同样的结

论并认为滑移端应力波动主要由高斯积分点引起(注意,上面是 3 个高斯积分点计算结果),如果用牛顿-科茨积分法就不会出现这样的情况,图 9.13 中也给出了 3 点牛顿-科茨积分法结果。

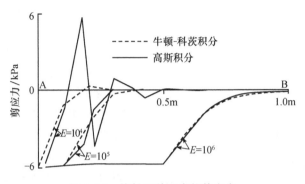

图 9.13　接触面单元中的剪应力

高斯法和牛顿-科茨积分法的主要差别在于积分点的位置及权重不同(Zienk-iewicz,1977),3 点牛顿-科茨积分法中积分点对应着接触面单元 3 组节点对(两个端点及一个中点),单元中每个积分点的应力用积分点处节点对之间的相对位移表示,与单元中其他节点的位移无关,这样接触面单元实际上相当于连接单元(Her-mann,1978;Frank et al.,1982)。3 点牛顿-科茨积分法等于在积分点处采用辛普森法则。高斯积分法中积分点位于单元两个端点和中点之间及单元中点处,单元所有节点位移都会影响每个积分点的应力。

初看图 9.13 会觉得牛顿-科茨积分法会大大提高接触面单元的计算精度,因为该方法制止了高斯积分法会出现的应力振荡现象,仔细观察 $E=10^4$ kPa 时的抗拔试验结果就会发现,牛顿-科茨积分法计算结果实际上与真解的差距很大。

图 9.13 表明膜刚度降低后,接触面中剪应力变化幅度加大。$E=10^6$ kPa 时,剪应力在 0.4m 长度上,即两个单元或 6 个积分点范围内从最大值 5.8kPa 降到几乎为零。$E=10^5$ kPa 时剪应力在 0.2m 长度上,即一个单元长度范围内变化;$E=10^4$ kPa 时同样的剪应力变化在不到一个单元长度范围内发生,于是会引起图 9.13 中的应力振荡。如果 $E<10^5$ kPa,计算时最好采用小一点的单元(单元长度小于 0.2m)。

将 A 端膜单元和接触面单元变小一些,再计算 $E=10^4$ kPa 时的情况,此时 A 端膜单元长度为 0.05m,接触面单元长度为 0.025m。$\delta=0.12$mm 时的计算结果如图 9.14 所示,图 9.13 中单元长度为 0.2m 的结果也在图中列出。计算结果显示,A 端接触面上的剪应力大于预计值 5.77kPa(10tan30°),最初 0.05m 内剪应力波动相当惊人,且剪应力只作用在膜单元内部。由于膜很薄,抗弯刚度很小,因此膜 A 端的剪应力使膜向下弯曲,导致接触面上正应力和最大容许剪应力增加;而膜在端部很短距离内的弯曲使接触面单元中正应力降低,结果使剪应力分布变得很复

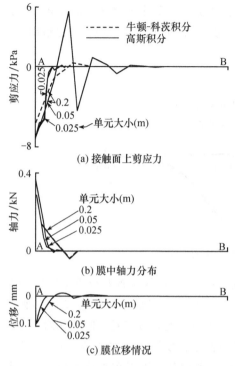

(a) 接触面上剪应力

(b) 膜中轴力分布

(c) 膜位移情况

图 9.14　单元大小对抗拔试验计算结果的影响

杂。如果膜受到约束不能弯曲，那么接触面单元中最大正应力保持在 10kPa，最大剪应力为 5.77kPa。这进一步说明了正是膜的弯曲造成图 9.14 中剪应力的异常分布。

本问题中由于单元太大不能准确模拟应力梯度急剧变化，使应力发生了波动，若用小一些的单元计算就会避免这种情况，因为一般小单元中应力不会发生波动。本算例中遇到的问题与接触面单元特性无关，主要由网格划分不够准确引起。若要用较大的单元准确模拟滑移端的情况，只有采用高阶单元才行，而且最好不要用牛顿-科茨积分法，因为它会"掩盖"或"平滑"剧烈的应力变化，不能反映实际情况。如果所用的单元足够小，能够准确反映应力梯度的变化，则牛顿-科茨积分法和高斯积分法得到的结果一样。

9.5　结构构件的平面应变分析

很多岩土工程问题作平面应变简化后其主要特征仍能得到反映，但这些问题中的小构件则不行，图 9.15 是典型的基坑开挖示意图，其中嵌入式挡墙由锚杆支撑，基础底板与抗拔桩连接。该图也可以表示道路开挖的一个横断面，其中结构构件如何考虑下面分别加以介绍。

9.5.1　墙体

混凝土挡墙最好用实体单元表示，并选择合适的单元形状和参数，只要挡墙满足平面应变假设就没有问题。如果是混凝土咬合桩、刚板桩，或其他柱、板结合的挡墙形式，垂直平面方向上墙体的几何形状

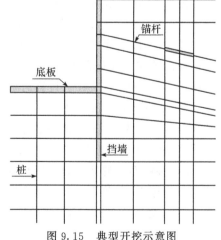

图 9.15　典型开挖示意图

和材料参数有变化,则平面应变假设不满足,若用平面应变计算必然包含一些近似假设,常用的方法是先估算出每沿米墙体的轴向抗压刚度(EA)和抗弯刚度(EI),如果墙体用梁单元模拟,则直接将这些参数作为材料参数输入计算,参见《岩土工程有限元分析:理论》;如果用实体单元计算,则将轴向抗压刚度和抗弯刚度转换为单元的等效厚度 t 和等效杨氏模量 E_{eq},即同时求解式(9.11)和式(9.12)。

抗压刚度

$$tE_{eq} = EA \tag{9.11}$$

抗弯刚度

$$\frac{E_{eq}t^3}{12} = EI \tag{9.12}$$

式中,E 为挡墙的杨氏模量;A 为横截面面积;I 为转动惯量。有时可能还需要计算平均强度,这取决于墙体选用的本构模型。以上近似处理方法显然不可能准确计算出墙体各构件中应力的详细分布情况。

9.5.2　桩

由于桩不在计算平面内,桩体分布不连续且桩间有大量土体,计算基础底板下的抗拔桩需要作另外的假设。这时可以像上述墙体那样,计算出垂直平面的单位长度方向上平均轴向抗压刚度、抗弯刚度及其他等效参数,然后用实体单元或梁单元模拟桩体,这意味着桩间土体不能自由运动,因为此时将桩假设为图 9.16 所示垂直于平面的墙体,限制了开挖面以下土体的侧向位移。合理的处理方法是用弹簧或膜单元代表桩体(参见《岩土工程有限元分析:理论》第 3 章内容),忽略桩的抗弯刚度,这样土体的侧向位移不受限制。

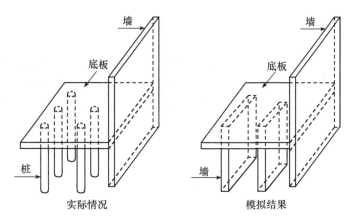

图 9.16　桩体实际分布与模拟情况比较

若用线弹簧表示桩体,则只能描述桩的弹性特征,此外如果弹簧一端与混凝土底板连接，另一端与土体连接（图 9.17 中 A、B 两点），则只能计算这两点上的力，不能考虑桩的侧壁摩擦力，也不能在 B 点设置极限端阻力。

　　若用图 9.18 中的膜单元（或梁单元）模拟桩体，由于桩身与土体接触，因此一定程度上可以考虑桩侧摩阻力的分布。但平面分析中单元厚度为零意味着桩端阻力仅作用在一个节点上，因此很难施加极限端阻力。

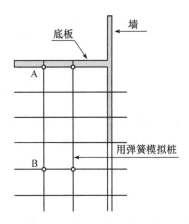

图 9.17　用弹簧模拟桩体

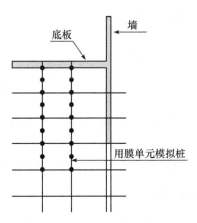

图 9.18　用膜单元模拟桩体

9.5.3　锚杆

挡墙后的锚杆分自由段和固定段两部分，如图 9.19 所示。与桩一样，计算出平面外每排锚杆各部分单位长度上的等效抗压刚度和抗弯刚度，计算时要考虑锚杆间距，同样最好不要考虑锚杆的抗弯刚度。锚杆自由段和固定段部分可以分别用弹簧、膜单元或二者的组合表示，如图 9.20 所示。图 9.20(c) 中自由段用弹簧、固定段用膜单元模拟最合理。计算时一般不考虑土体与自由段间的剪应力，于是弹簧一端固定在墙上（图 9.20(c) 中的 A 点），另一端固定在土中（B 点）。和桩的情形一样，上述锚杆的简化处理很粗糙，无法准确计算固定段的端阻和侧阻。

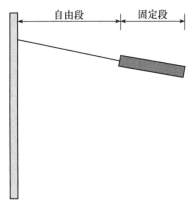

图 9.19　锚杆

　　图 9.21 是固定段的另一种处理方法，用实体单元和接触面模拟，这样可以考虑固定段的端阻和侧阻分布，因而可以设定极限值。计算实体单元和接触面单元的等效参数时要考虑锚杆间距，一般不能直接求解。将等效杨氏模量分布到实体单元上时，锚杆固定段会有抗弯刚度，这会限制垂直锚杆方向上的土体位移，事实

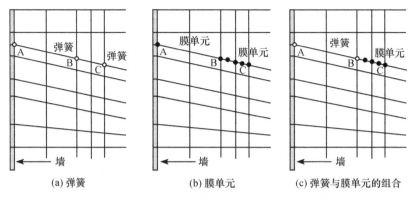

图 9.20　用弹簧、膜单元以及二者的组合模拟锚杆

上锚杆间的土体是可以变形的。

　　由于桩和锚杆在垂直平面方向上不连续，因此简化处理中近似成分更多一些，比较而言，挡墙的简化更符合实际情况。

9.5.4　结构构件的固结计算

　　固结计算中如果用膜单元或梁单元模拟结构构件会有一些弊端，下面用图 9.22 中的挡墙予以说明。若用梁单元模拟挡墙，挡墙就与其前、后实体单元共享节点，如图 9.22（b）所示。两侧实体单元在墙上的节点相同意味着固结计算中墙体透水，即水可以自由通过墙体，这显然不是想要的结果。若假设

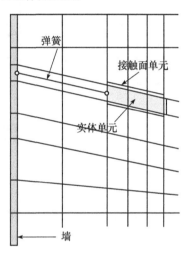

图 9.21　用实体单元模拟锚杆的情况

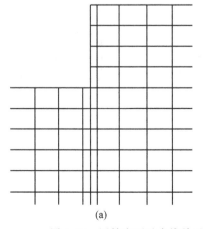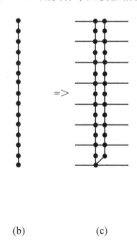

图 9.22　固结中不透水线单元的应用(使用接触面单元)

墙体不透水则要在两侧增设接触面单元,如图 9.22(c)所示,如果这些单元不能固结,就可以在墙体和两侧实体单元之间起隔水作用。

9.5.5 结构连接

不同结构间的连接模拟也会引发一些问题,如支撑和挡墙的连接可以假设为简单连接、铰接和固端连接,平面应变中这些不同的处理方式如图 9.23 所示,铰接时按图 9.24 所示的方式处理比较容易,固端连接时按图 9.25 所示的方式处理。

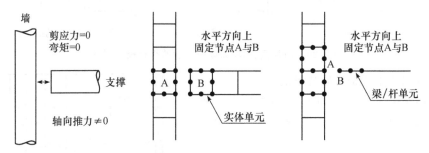

图 9.23 墙与支撑的简单连接

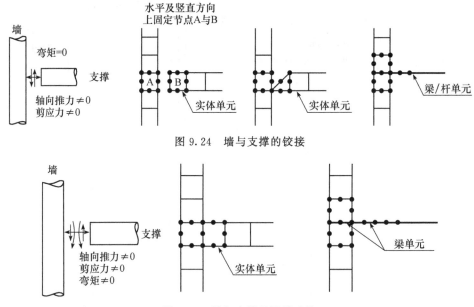

图 9.24 墙与支撑的铰接

图 9.25 墙与支撑的固端连接

9.5.6 隧道分段衬砌

大多数隧道衬砌都为分段施工,一个完整的环形衬砌一般由 8～12 段组成,如图 9.26(a)所示。有时段与段之间用螺钉拴住,有时则不用。不管哪种情况下段与段之间几乎都不存在抗弯反力,所以常用梁或实体单元模拟隧道衬砌。如果像图 9.26(b)中那样将这些单元顺序排成一个圆环,就隐含着段与段之间为固端连接;如果实际情况不是这样,就要采取其他方法。在伦敦帝国理工学院,我们提出用一种特殊的梁单元模拟衬砌段之间的接触(见第 2 章)。每一个衬砌段用一组梁单元模拟,然后用这些小的特殊梁单元将它们连接起来,如图 9.26(c)所示。

(a)衬砌段　　　　　(b)用梁单元模拟　　　　(c)用一般梁单元及
　　　　　　　　　　　　　　　　　　　　　　　　　　特殊梁单元模拟

图 9.26　隧道衬砌的模拟

9.6　不排水情况下莫尔-库仑模型的运用

《岩土工程有限元分析:理论》第 7 章中介绍了莫尔-库仑模型可以考虑剪胀角在 $\nu=0°$ 及 $\nu=\varphi'$ 之间变化的情况,剪胀角大小决定了塑性剪胀(塑性体积膨胀)的大小,土体屈服时剪胀角不变意味着继续剪切时土体剪胀将无限发展下去,很明显这与实际情况不符。大多数土体屈服后若继续剪切,土体在体积不变的情况下产生变形,最终达到临界状态。剪胀变形无限发展这种不现实的情况对无约束的边界问题(如基础表面排水问题)影响不大,但会大大影响约束边界问题,如排水情况下的圆孔扩张和桩的轴向加载问题,因为这些问题中边界条件约束了体积的变化。特别在不排水计算中因总体积变化为零引起的位移约束会得到意想不到的计算结果,下面以两个实例具体说明。

先考虑线弹性莫尔-库仑土体的理想(没有端部效应)三轴不排水压缩试验($\Delta\sigma_v>0,\Delta\sigma_h=0$),土体 $E'=10000\text{kPa},\mu=0.3,c'=0,\varphi'=24°$。因不考虑试样的端部效应,用一个单元及合适的边界条件便可模拟试验情况。开始时试样在 $p'=200\text{kPa}$ 和孔压为零情况下等向固结,然后进行不排水剪切试验,用不同的剪胀角 ν 模拟此过程。以孔隙水体积模量为 1000 倍的土体弹性有效体积模量 K' 模拟不排水条件。图 9.27(a)、(b)是 $J\text{-}p'$ 和 $J\text{-}\varepsilon_z$ 表示的计算结果。$J\text{-}p'$ 图中各阶段的应力路径相同,只是达到莫尔-库仑破坏时的速率不同,这在图 9.27(b)中表示得很清楚。剪胀角 $\nu=0°$ 时没有剪胀变形,破坏时 J 和 p' 不变;其他情况下应力路径逐渐向破坏线靠拢,剪胀角越大靠拢得越快,继续剪切时剪胀变形沿破坏线无限发展。其中只有零剪胀变形的计算结果表明土体会破坏,即 J 有极值。

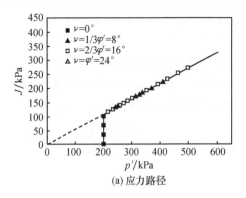

(a) 应力路径

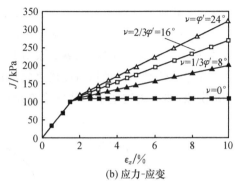

(b) 应力-应变

图 9.27　不同剪胀角时莫尔-库仑模型的三轴不排水计算结果

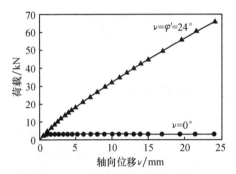

图 9.28　不同剪胀角时用莫尔-库仑
模型计算得到的条形基础荷载-沉降曲线

第二个算例考虑光滑条形刚性基础的不排水加载情况，土体参数与上面三轴试验中一样，用饱和重度 20kN/m^3 计算土体的初始应力，地下水位于地表处，侧压力系数 $K_0 = 1 - \sin\varphi'$。轴向加载用竖向位移增量表示，取孔隙水体积模量为 1000 倍土体的 K' 模拟不排水条件。图 9.28 为 $\nu = 0°$ 和 $\nu = \varphi'$ 两种情况下的计算结果，二者的差距十分惊人：与三轴试验一样，只有 $\nu = 0°$ 时才能得到极限荷载，

$\nu = \varphi'$ 情况下荷载随位移不断增加。

　　上述两个例子均说明只有 $\nu = 0°$ 时才能得到极限荷载，因此用莫尔-库仑模型进行不排水计算要特别小心。有人认为 $\nu > 0°$ 时不宜再用该模型计算，但实际情况往往不这么简单，有限元计算中常常既要考虑排水情况，又要考虑不排水情况，如基坑不排水开挖后要考虑孔压消散，这需要针对不同的情况调整剪胀角，或采用其他更好的复杂模型。如果模型不能模拟土体的临界应力状态，同样的问题还会出现，因此选用模型时要注意。

9.7　屈服面形状及偏平面中塑性势函数面的影响

　　偏平面中塑性势函数形状会影响平面应变计算中破坏时的应力洛德角 θ，即土体的强度会发生变化。很多商业软件中用户不能选择塑性势函数，因此更需要知道其隐含的结果，下面用修正剑桥模型进行分析(参见《岩土工程有限元分析：理论》7.9 节)。

　　大多数软件都假设偏平面中圆形屈服面和塑性势面，即参数 M_J 为常数。这样假设隐含着内摩擦角 φ' 随应力洛德角 θ 变化。令 M_J 等于 $g(\theta)$ 并代入《岩土工

程有限元分析：理论》式(7.41)中,得到 M_J 和 θ 表示的 φ'

$$\varphi' = \arcsin\left(\frac{M_J\cos\theta}{1 - \dfrac{M_J\sin\theta}{\sqrt{3}}}\right) \tag{9.13}$$

三轴压缩试验中 $\theta=30°$,由式(9.13)得到用摩擦角表示的 M_J,参见《岩土工程有限元分析：理论》式(7.26)

$$M_J(\varphi'_{TC}) = \frac{2\sqrt{3}\sin\varphi'_{TC}}{3 - \sin\varphi'_{TC}} \tag{9.14}$$

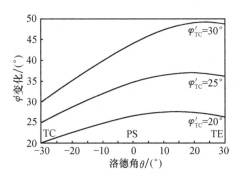

图 9.29 不同 M_J 情况下 φ' 随 θ 的变化情况

式(9.14)中分别取 $\varphi'_{TC}=20°$、$25°$ 和 $30°$ 计算相应的 M_J,代入式(9.13)得到 φ' 随 θ 的变化情况,如图 9.29 所示。如果偏平面中采用圆形塑性势函数面,则平面应变计算中洛德角 $\theta=0°$ 时土体破坏。由图可见,不同 M_J 时 φ' 均随 θ 的增加而增加,若取 $\varphi'_{TC}=25°$,则平面应变条件下摩擦角 $\varphi'_{PS}=34.6°$,大于试验值却仍可以接受。M_J 越大,φ'_{TC} 和 φ'_{PS} 的差距也越大。

不同 M_J 时洛德角 θ 对不排水强度 S_u 的影响用《岩土工程有限元分析：理论》式(7.50)计算,所用的参数如下：

$$OCR = 1, \quad g(\theta) = M_J, \quad K_0 = 1 - \sin\varphi'_{TC}, \quad \frac{\kappa}{\lambda} = 1$$

计算结果如图 9.30 所示。

若用 φ' 代替 M_J 得到的结果如图 9.31 所示,同样用《岩土工程有限元分析：理论》式(7.50)及上述参数计算,但用《岩土工程有限元分析：理论》式(7.41)计算 $g(\theta)$,与图 9.30 相比,计算结果与试验数据更吻合。

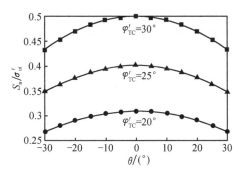

图 9.30 不同 M_J 情况下 θ 对 S_u 的影响

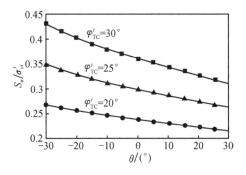

图 9.31 不同 φ' 情况下 θ 对 S_u 的影响

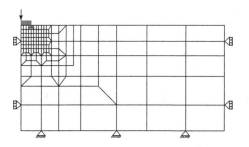

图 9.32　条形基础有限元计算网格

为考虑边界值问题中塑性势函数的影响,以 2m 宽粗糙的刚性条形基础为例进行二次计算,计算网格如图 9.32 所示。修正剑桥模型参数为

$$OCR = 6, \quad v_1 = 2.848, \quad \lambda = 0.161,$$
$$\kappa = 0.0322, \quad \mu = 0.2$$

第一次计算假设偏平面上屈服函数和塑性势函数均为圆形,取 $M_J = 0.5187$,相当于 $\varphi'_{TC} = 23°$;第二次计算取 $\varphi' = 23°$,即对应偏平面上莫尔-库仑六边形屈服面,但塑性势函数仍为圆形,因此与第一次计算一样,土体还是在 $\theta = 0°$ 时破坏。两次计算中均用土体饱和重度 18kN/m³ 计算初始应力,地下水位在地面以下 2.5m 处,$K_0 = 1.227$。假设地下水位以上土体饱和且能承受孔隙吸力。对此进行固结计算,但需仔细选择渗透系数和时间步长以确保满足不排水条件,荷载施加由设定竖向位移增量实现。

总体上讲,两次计算输入的参数是一样的,只不过第一次计算用的是 M_J,第二次输入的是 φ',两次计算中 φ'_{TC} 均等于 23°,因此三轴压缩计算结果应该是一样的,由于条形基础属于平面应变问题,因此结果会有不同,计算得到的荷载-沉降曲线如图 9.33 所示。图中给定 M_J 得到的极限荷载比给定 φ' 的结果高 58%。该算例清楚地说明,如果用户不知道塑性函数或不熟悉软件中使用的本构模型,很容易输入 $\varphi'_{TC} = 23°$ 计算,若模型采用 M_J 计算方法,相当于 $\varphi'_{PS} = 31.2°$,这样计算出的极限荷载会有较大的误差。

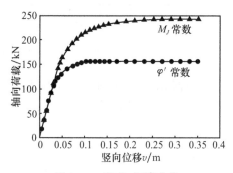

图 9.33　荷载-沉降曲线

9.8　不排水情况下极限状态模型的运用

大多数极限状态模型参数主要反映土体的排水特性,不包括土体的不排水强度 S_u,这样计算不排水情况时会出现问题。软土地基上修筑堤坝或基础时,从稳定角度看短期不排水情况非常关键,因此准确反映土体的不排水强度非常重要,一般现场勘察结果会事先得到不排水强度分布图。

不排水强度并非模型参数,但可以由输入参数及地面初始应力计算得到,参见《岩土工程有限元分析:理论》剑桥模型和修正剑桥模型的附录 VII.4。因此,如果

已知不排水强度断面,可以用《岩土工程
有限元分析:理论》式(7.49)(剑桥模型)
或式(7.50)(修正剑桥模型)反求出参数
OCR、K_0^{OC} 或 κ/λ。图 9.34(b)为一典型
软土的不排水强度分布图,除 OCR 外其
他参数都很容易确定。用《岩土工程有
限元分析:理论》式(7.49)或式(7.50)便
可求出与不排水强度 S_u 吻合的 OCR 分
布情况,图 9.34(a)为式(7.50)(修正剑桥
模型)得到的计算结果,当然这需要软件
能够允许用户输入随深度变化的 OCR。

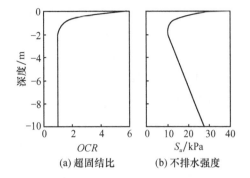

(a) 超固结比　　(b) 不排水强度

图 9.34　土体超固结比和不排水
强度随深度变化情况

　　注意,剑桥模型和修正剑桥模型中不排水强度 S_u 都与竖向有效应力 σ'_{vi} 成正
比,因此如果 $\sigma'_{vi}=0$,则不排水强度也等于零,这就是为什么图 9.34(a)中超固结比
在靠近地表处要急剧增大的原因。即便地表处 $\sigma'_{vi}=0$(即没有孔隙水吸力),仍可
以用有限元计算地表处不排水强度很小的情况,因为程序中仅计算积分点,而积分
点位于地表以下一定深度。

9.9　填 土 模 拟

　　《岩土工程有限元分析:理论》第 3 章介绍了有限元计算中填土情况的模拟。
施工阶段新填筑单元的本构模型要与施工期材料的特性匹配,开始时可以假设材
料为线弹性,刚度较低;填好后选用施工一次性完成对应的本构模型,通常为弹塑
性模型。如果施工结束后单元应力状态与本构模型不一致,就会出现问题。

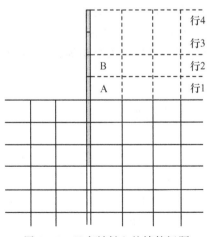

图 9.35　已有材料上的填筑问题

　　计算时如果在已有材料的一侧增加新的
单元,也会出现一些问题。图 9.35 中挡墙后
土体要一层层回填,填第一层时墙边 A 单元
受墙体刚度影响,单元"悬"在墙体上,靠近墙
侧的积分点上会产生拉应力,如果施工结束
后单元的本构模型不能承受拉应力,就有问
题了,后面几层回填也会有同样的问题。要
解决该问题有下面几种方法:

　　(1) 施工后调整单元应力,使之与单元
新的本构模型协调。这需要用专门的方法进
行处理,同时对平衡方程右边的荷载向量也
要进行相应调整,以保证平衡条件得到满足。

（2）重新划分墙后新填筑的土体单元，选择更小、层数更多的单元重新计算。

（3）施工时在墙和土体间设置无摩擦接触面单元，施工后重新设置接触面单元，使之可以承受拉应力。

（4）施工过程中及施工后土体采用同样的本构模型。遗憾的是，目前很多模型无法模拟施工条件。

9.10　解除已知自由度

有限元计算中有时边界条件要变化，因此需要将已知自由度节点变为未知节

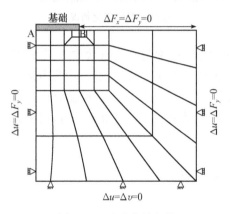

图 9.36　基础边界条件

点。例如，刚性、光滑条形基础不排水加载后再等压固结问题中，模拟不排水加载比较简单，只要在基础下的地面节点上施加竖向位移增量即可（图 9.36 中 AB 线）。等压固结时需要保持基础上荷载不变，但基础可以自由向下移动。有限元模拟时要将 AB 线上的已知自由度变为约束自由度边界，即允许 AB 上节点产生竖向位移。

解除 AB 线上节点已知自由度后会发生什么非常关键。上面例子中，与已知位移有关的节点反力及基础上的荷载在后面

的计算中还要继续保持，这是程序最擅长的处理方式，但这需要有一定的计算空间。最简单的方法是程序自动将与位移增量对应的节点反力也去除，这不是想要的处理方法，如果程序这样做的话要特别小心。也有一些情况下用户需要解除上一次已知位移产生的部分或全部反力，如上面条形基础固结一段时间后要卸载，最好软件有这样的功能能够解除一部分反力。如果程序做不到的话就需要停止计算，计算出反力后用应力或荷载边界条件将与部分或全部反力大小相等、方向相反的力加在节点上重新计算。

9.11　地下排水情况的模拟

一般城市中地下孔隙水压力分布主要或部分由排水系统控制，图 9.37 是常见的伦敦地下孔隙水压力分布图。19 世纪初工业革命时期从白垩纪含水层中大量开采地下水导致此层及下覆兰本斯层（Lamberth group）中孔压降低，目前还保持降低状态。若从下向上倒推计算，潜水水位（零孔隙水压力面）位于伦敦黏土层某一深度，但上层滞水面位于伦敦黏土顶部的泰晤士砂中，这样渗透性较差的伦敦黏

土中孔隙水压力分布比较复杂,由上、下两个水力边界条件控制,因此得到图9.37中的分布形式。

　　如果伦敦黏土的透水性不随深度变化,且有足够的时间使土体完全固结,则孔隙水压力应随深度线性变化,如图9.37中的虚线所示。图中弯曲的孔隙水压力线无法用一个水力边界条件或上、下两个边界条件的共同作用解释。一方面,伦敦黏土的渗透性很差,超静孔隙水压力没有完全消散,即土体可能没有完全固结;另一方面,黏土的渗透性随深度发生了变化。渗透系数的实测结果表明,伦敦黏土层基本上已完全固结,因而现场观测到的非线性孔隙水压力形式主要由随深度变化的渗透系数引起。室内试验及现场实测结果也证实土体的渗透性随孔隙比变化,孔隙比随深度降低,因此渗透性也随深度降低。

　　前面第4章中介绍的曼谷黏土中也有类似的情况,如图4.5所示(这里表示为图9.38)。上层滞水面位于透水性较好的风化壳层中,孔隙水压力在深处粉砂层顶部降为零,使软黏土和硬黏土层中孔压非线性分布。

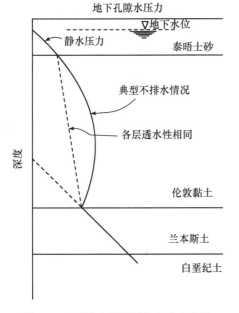

图9.37　不排水情况下伦敦黏土中孔
隙水压力分布

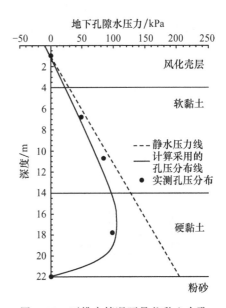

图9.38　不排水情况下曼谷黏土中孔
隙水压力分布

　　本书多处强调模拟填筑或开挖,进行加、卸载计算前一定要输入地基中真实、准确的初始应力和孔隙水压力分布。例如,若在伦敦黏土或曼谷黏土较深部位开挖隧道,准确反映初始孔隙水压力的分布非常重要,它将影响地基中的初始有效应力,从而控制黏土的不排水强度。

因此,有限元计算中有必要直接将初始应力和初始孔隙水压力分布作为初始条件,理论上讲这是可行的,这样处理可以非常方便地输入非线性孔压分布。但如果要进行固结计算则要特别注意,因为孔压分布一定要与土体输入参数——渗透系数分布一致。

以图 9.38 所示曼谷黏土的孔压分布形式为例说明可能出现的问题。用图 9.39 中简单的单元形式模拟土柱情况,土体底部有竖直方向约束,垂直边界上有水平向约束。土体参数在第 4 章中作了详细介绍,具体见表 4.2~表 4.4。这里采用弹性临界状态模型。超固结比(OCR)及 K_0 系数的分布如图 4.10、图 4.11 所示。

由土体重度计算初始有效应力的分布,K_0 系数及图 9.38 的初始孔压分布作为初值输入,进行两次固结计算。两次计算中软土表面及硬黏土底部的孔压保持初始值不变,仅变化时间步长。两次计算的不同之处在于,第一次各黏土层的渗透系数为常数(即不随深度变化),如图 9.40 中虚线所示,风化壳层渗透系数 $k = 8 \times 10^{-10}$ m/s,软土及硬土的渗透系数分别为 5.5×10^{-10} m/s 和 1×10^{-10} m/s。第二次渗透系数按式(4.4)变化,如图 9.40 中实线所示。理想情况下渗透系数应随孔隙比变化,由于实际工程中很少有足够的数据,因此作为权宜之计常用平均有效应力表示,见《岩土工程有限元分析:理论》第 10 章。

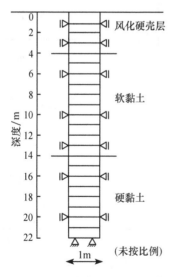

图 9.39　土柱有限元网格划分

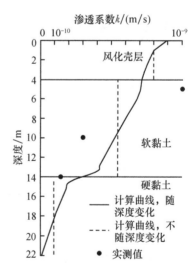

图 9.40　两次计算中采用的渗透系数

为获得稳定孔压,两次计算均采用了足够的时间步长。如果土体的渗透系数分布与初始孔压分布一致,则从开始计算起孔压就一直为稳定状态,没有位移发生,土体中也没有应力变化。图 9.41~图 9.43 为两次计算的结果。

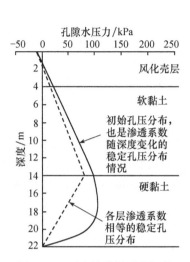

图 9.41　两次计算得到的初始
孔压及稳定孔压情况

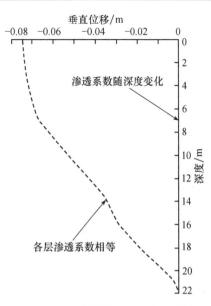

图 9.42　两次计算中孔压稳定时的
垂直位移比较

图 9.41 所示为孔隙水压力初始值与稳定值的对比情况。若用式(4.4)计算渗透系数,则得到的孔压稳定值与初始值一致;但渗透系数不变时得到的结果却不同:软黏土和硬黏土中孔压线性变化。图 9.42 所示为土体垂直位移的变化情况,渗透系数用式(4.4)计算时土体的垂直位移可以忽略不计,常渗透系数的计算结果却得到了相当可观的位移值;不排水强度的变化如图 9.43 所示,同样常渗透系数的情况下变化很大。

渗透系数用式(4.4)计算得到的结果表明,渗透系数分布与初始孔压分布彼此协调,常渗透系数情况下二者却不协调,这对有限元计算结果的启示非常明显。例如,在硬黏土中开挖隧道,渗透系数与初始孔压不一致就会导

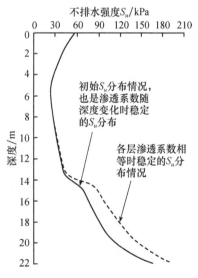

图 9.43　两次计算中初始及稳定时
的不排水强度比较

致结果有误。如果开挖前允许有足够长的时间使孔压达到平衡,则计算就不能模拟初始假设条件下的施工情况。如果不允许孔压有足够长的时间达到平衡,得到的土体位移和应力变化则是隧道开挖,及初始渗透系数和孔压由不协调到协调的

共同作用结果。

显然，初始孔压和渗透系数不协调是计算中的一大不足。这里要指出的是，孔隙水压力的分布主要取决于渗透系数随深度的变化情况，而不是具体的数值大小，此外具体分布情况也与水力边界条件有关。如果初始孔压为静水压力，则孔压分布不受渗透系数的影响，换句话说，与渗透系数的大小和分布无关。

本书第 4 章介绍了如何确定式(4.4)中的参数使渗透系数与初始孔压一致，用这样的渗透系数计算才能得到正确的结果。实际工程中孔压分布常常已知，但渗透系数的变化却不得而知，因而有必要用上述简单的土柱单元分析不同的渗透系数分布情况。即便渗透系数已知，进行土柱分析确保二者一致仍不失为明智之举。

当渗透系数依式(4.4)随平均有效应力变化时，只要渗透系数简单地随深度变化就能保证与初始孔压协调，并得到正确的计算结果，这种情况下可选择图 4.13 中所示渗透系数的分布形式。

9.12 小　结

(1) 有限元方法自身两大缺陷主要与本构方程的积分和有限单元的离散有关，前者引起的误差大小在《岩土工程有限元分析：理论》第 9 章已作了讨论，通过强大的应力算法可以将误差降到最低。本章主要讨论单元离散引起的误差，该误差值较大，若采用合理的单元网格则可降低。在应力、应变变化急剧处应采用较小的单元。

(2) 模拟相对滑移及预先确定面的张开和闭合时，零厚度接触面单元非常有用，病态刚度矩阵及接触面单元上较大的应力梯度会使数值计算出现问题。大多数情况下接触面上应力梯度较大，且随接触面刚度的提高而增大。这类问题常易与病态矩阵混淆。

(3) 如果接触面的刚度高出周围土体杨氏模量近 100 倍，则总刚度矩阵会成为病态矩阵，此外病态矩阵也与接触面单元及周围土体单元的大小有关。

(4) 零厚度接触面单元的抗压刚度和抗剪刚度单位为力/长度^3，与实体单元的体积模量和剪切模量单位(力/长度^2)不同。

(5) 牛顿-科茨积分法会提高接触面单元的计算精度，却以"掩盖"真解为代价。如果用足够小的单元模拟接触面单元，牛顿-科茨积分法和高斯积分法得到的结果相同。

(6) 用平面应变计算结构构件会有问题。大多数构件本身可以理想化为平面应变问题，但有些构件却不行，因此要作近似假定，如采用材料的平均参数或作一些限制。

(7) 固结计算中若采用梁或膜单元一定要特别小心，此时很容易犯错，将不透水的构件当作透水情况处理。

(8) 分析构件间的连接时要小心。

(9) 用莫尔-库仑模型进行不排水计算时,如果剪胀角不设为零,则得不到破坏结果。

(10) 偏平面上塑性势函数形状对平面应变中土体的强度有很大影响。极限状态计算中要特别小心,因为大多数有限元程序都假设偏平面中圆形屈服函数和塑性势函数,因此会得到不合理的内摩擦角或不排水强度。合理的假设是采用圆形塑性势函数面,但屈服面为莫尔-库仑六边形。

(11) 虽然大多数极限状态模型中不排水强度 S_u 不是计算参数,却可以由参数和初始应力状态计算其数值。因而调整输入参数可以得到需要的不排水强度,方法之一是保持其他参数不变,仅使超固结比 OCR 随深度变化。

(12) 用有限元进行填土模拟时,若施工期应力与施工后所用的本构模型不协调会出现问题,解决该问题有好几种方法。

(13) 边界条件由已知自由度变化为未知自由度时,若处理不当也会出现问题,用户要知道所用软件是如何处理这类问题的。

(14) 如果计算时初始孔隙水压力分布受地下排水情况的影响,又要进行固结计算,则一定要保证初始孔隙水压力与渗透系数的分布一致,否则计算要出错。这种情况下建议计算前先进行一维分析,以确保二者一致。

参 考 文 献

Abbo A. J. & Sloan S. W. (1996), "An automatic load stepping algorithm with error control", Int. Jnl. Num. Meth. Engng, Vol. 39, pp 1737-1759

Addenbrooke T. I. (1996), "Numerical analysis of tunnelling in stiff clay", PhD thesis, Imperial College, University of London

Addenbrooke T. I & Potts D. M. (2001), "Twin tunnel interaction-surface and subsurface effects", accepted for publication in the Int. Jnl. Geomech

Addenbrooke T. I. , Potts D. M. & Puzrin A. M. (1997), "The influence of pre-failure soil stiffness on numerical analysis of tunnel construction", Geotechnique, Vol. 47, No. 3, pp 693-712

A. G. I. (1991), "The leaning Tower of Pisa: present situation", Proc. 10th Eur. Conf. Soil Mech. & Found. Eng. , Florence

A. G. S(1994), "Validation and use of geotechnical software", Association of Geotechnical Specialists, London

Anderson K. H. (1998), "Skirted anchors-case histories in cost effectiveness", NR. 199, Norwegian Geotechnical Institute

Apted J. P. (1977), "Effects of weathering on some geotechnical properties of London Clay", PhD thesis, Imperial College, University of London

Arthur J. R. F. & Menzies B. K. (1972), "Inherent anisotropy in a sand", Geotechnique, Vol. 22, No. 1, pp 115-128

Barton M. E. , Cooper M. R. & Palmer S. N. (1988), "Diagenetic alteration and micro-structural characteristics of sands: neglected factors in the interpretation of penetration tests", Proc. Conf. Penetration Testing in the UK, I. C. E. , Birmingham

Bernat S. (1996), "Modelisation du creusement d'un tunnel en terrain meuble", Qualification sur chantier experimental, PhD thesis, Ecole Central de Lyon

Binnie G. M. (1978), "The collapse of the Dale Dyke dam in retrospect", Q. J. Engng. Geol. , Vol. 11, pp 305-324

Bishop A. W. (1955), "The use of the slip circle in the stability analysis of slopes", Geotechnique, Vol. 5, No. 1, pp 7-17

Bishop A. W. & Bjerrum L. (1960), "The relevance of the triaxial test to the solution of stability problems", ASCE Research Conf. Shear Strength of Cohesive Soils, Boulder, Colorado, pp 437-451

Bishop A. W & Henkel D. J. (1962) "Test measurement of soil properties in the triaxial test", Arnold, London

Bishop A. W. & Wesley L. D. (1975), "A hydraulic triaxial apparatus for controlled stress path testing",Geotechnique,Vol. 25,No. 4,pp 657-670

Bolton M. D. (1986). "The strength and dilatancy of sands",Geotechnique,Vol. 36,No. 1,pp 65-78

Bolton M. D. & Lau C. K. (1993),"Vertical bearing capacity factors for circular and strip footings on Mohr-Coulomb soil",Can. Geotech. Jnl. ,Vol. 30,pp 1024-1033

Boscardin M. D. & Cording E. J. (1989),"Building response to excavation induced settlement", Jnl. Geotechnical Eng,ASCE,Vol. 115,No. 1,pp 1-21

Burland J. B. (1969),Discussion. Proc. Conf. Insitu Investigations in Soil & Rock,I. C. E. ,pp 62

Burland J. B. (1990),"On the compressibility and shear strength of natural clays",Geotechnique, Vol. 40,No. 3,pp 327-378

Burland J. B. (1995),"Assessment of risk of damage to buildings due to tunnelling and excavation",Proc. 1st Int. Conf. Earthquake Geotechnical Eng,IS-Tokyo

Burland J. B. & Hancock,R. J. R. (1977),"Underground car park at the House of Commons, London:Geotechnical aspects",The Structural Engineer,Vol. 55,No. 2,pp 87-100

Burland J. B. ,Jamiolkowski M. ,Lancellotta,R. ,Leonards G. A. & Viggiani C. (1993),"Leaning Tower of Pisa-what is going on",ISSMFE News,20,2

Burland J. B. ,Jamiolkowski M. ,Lancellotta R. ,Leonards G. A. & Viggiani C. (1994),"Pisa update-behaviour during counterweight application",ISSMFE News,21,2

Burland J. B. & Kalra J. C. (1986),"Queen Elizabeth II Conference Centre: Geotechnical Aspects",Proc. Inst. Civ. Eng,Part I,Vol. 80,pp 1479-1503

Burland J. B. ,Longworth T. I. & Moore,J. F. A. (1977),"a study of ground movement and progressive failure caused by a deep excavation in Oxford Clay",Geotechnique,Vol. 27,No. 4, pp 557-591

Burland J. B. & Maswoswe J. (1982). Discussion on "In-situ measurement of horizontal stress in overconsolidated clay using push-in spade-shaped pressure cells" by P. Tedd & J. A. Charles,Geotechnique,Vol. 32,No. 3,pp 285-286

Burland J. B & Potts D. M. (1994),"Development and application of a numerical model for the leaning tower of Pisa",Pre-failure Deformation of Geomaterials,Edt. Shibuya, Mitachi & Miure,Balkema,Rotterdam,pp 715-737

Burland J. B. ,& Wroth C. P. (1974),"Settlement of buildings and associated damage",BGS conference 'Settlement of Structures',Cambridge,pp 611-651

BS 8002(1994),"Code of practice for earth retaining structures",BSI publications,British Standards Institution,London

BS 8006(1995),"Code of practice for strengthened/reinforced soils and other fills",BSI publications,British Standards Institution,London

Calabresi G. ,Rampello S. & Callisto L. (1993),"The Leaning Tower of Pisa-Geotechnical characterisation of the Tower's subsoil within the framework of the Critical State Theory", Studie Ricerche,Dipartimento di Ingegneria Strutturale e Geotechnica,Universita di Roma 2

La Sapienza

Carter J. P. ,Desai C. S. ,Potts D. M. ,Schweiger H. F. & Sloan S. W. (2000),"Computing and computer modelling in geotechnical engineering",GeoEng 2000,Melbourne,Technomic,Lancaster,Vol. 1,pp 1157-1252

Caswell I. ,Carder D. R. & Gent A. J. C. (1993),"Behaviour during construction of a propped contiguous bored pile wall in stiff clay at Walthamstow",TRRL Project Report 10(E468A/BG),Transport and Road Research Laboratory

Chandler R. J. (1974),"Lias Clay:The long-term stability of cutting slopes",Geotechnique,Vol. 24,No. 1,pp 24-38

Chandler R. J. (1984a),"Recent European experience of landslides in overconsolidated clays and soft rocks",Proc. 4th Int. Symp. Landslides,Toronto,Vol. 1,pp 61-81

Chandler R. J. (1984b),"Delayed failure and observed strengths of first-time slides in stiff clay",Proc. 4th Int. Symp. Landslides,Toronto,Vol. 2,pp 19-25

Chandler R. J. & Skempton,A. W. (1974),"The design of permanent cutting slopes in stiff fissured clays",Geotechnique,Vol. 24,No. 4,pp 457-464

Charles J. A. (1976),"The use of one-dimensional compression tests and elastic theory in predicting deformations of rockfill embankments",Can. Geotech. J. ,Vol. 13,No. 3,pp 189-200

Charles J. A. & Watts K. S. (1985),"Report on testing of rockfill for Roadford Reservoir",Job No. W84/203,Building Research Establishment,UK

Christophersen H. P. ,Bysveen S. & Stove O. J. (1992),"Innovative foundation systems selected for the Snorre field development",Behaviour of offshore structures(BOSS),Vol. 1,pp 81-94

Clough G. W. & Leca E. (1989),"Whit focus on use of finite element methods for soft ground tunnelling",Tunnels et micro-tunnels en terrain Meuble du chantier a la theome(Proc. Int. Conf. on tunnelling and micro-tunnelling in soft ground,from field to theory). Presses de l'ecole national des pot et chaussees,Paris,Vol. 1,pp 531-573

Coyle H. M. & Reese L. C. (1966),"Load transfer for axially loaded piles in clay",Jnl. Soil. Mech. Found. Div. ,ASCE,Vol. 92,SM2,pp 1-26

Crabb G. I. & Atkinson J. H. (1991),"Determination of soil strength parameters for the analysis of highway slope failures",Proc. Int. Conf. Slope Stability Engineering,Inst. Civ. Eng. ,London,pp 13-18

Davies R. V. & Henkel D. J. (1982),"Geotechnical problems associated with the construction of Chater Station",The Arup Journal 17,No. 1,pp 4-10

Davis E. H. (1968),"Theories of plasticity and the failure of soil masses",Soil Mechanics-Selected Topics,Edt. I. K. Lee,Butterworths,London,pp 341-380

Davis E. H. & Booker J. R. (1973),"The effect of increasing strength with depth on the bearing capacity of clays",Geotechnique,Vol. 23,No. 4,pp 551-565

Day R. A. & Potts D. M. (1994),"Zero thickness interface elements-numerical stability and application",Int. Jnl. Num. Anal. Geomech. ,Vol. 18,pp 698-708

Day R. A & Potts D. M. (1998), "The effect of interface properties on retaining wall behaviour", Int. Jnl. Num. Anal. Meth. Geomech., Vol. 22, pp 1021-1033

Day R. A. & Potts D. M. (2000), Discussion on "Observations on the computation of the bearing capacity factor N_γ by finite elements" by Woodward & Griffiths, Geotechnique, Vol. 50, No. 3, pp 301-303

de Moor E. K. (1994), "An analysis of bored pile/diaphragm wall installation effects", Geotechnique, Vol. 44, No. 2, pp 341-347

Desai C. S., Zaman M. M, Lightner J. G. & Siriwardane H. J. (1984), "Thin-layer element for interfaces and joints", Int. Jnl. Num. Anal. Meth. Geomech., Vol. 8, pp 19-43

Dounias G. T. (1987), "Progressive failure in embankment dams", PhD thesis, Imperial College, University of London

Dounias G. T., Potts D. M. & Vaughan P. R. (1996), "Analysis of progressive failure and cracking in old British dams" Geotechnique, Vol. 46, No. 4, pp 621-640

Dounias G. T., Potts D. M. & Vaughan, P. R. (1989), "Numerical stress analysis of progressive failure and cracking in embankment dams", Report to the Department of the Environment, Contract No. PECD 7/7/222, Building Research Establishment

Duncan J. M. (1992), "Static stability and deformation analysis", Proc. Spec. Conf. Stability and Performance of Slopes and Embankments-II, Geot. Eng. Div., ASCE, Vol. 1, (Edt. Seed and Boulanger), pp 222-266

Duncan J. M. (1994), "The role of advanced constitutive relations in practical applications", Proc. 13th Int. Conf. Soil Mechs. Found. Eng., New Delhi, Vol. 5, pp 31-48

Duncan J. M., Byrne P. M., Wang K. S. & Mabry, P. (1980), "Strength, stress-strain and bulk modulus parameters for finite element analyses of stresses and movements in soil masses", Geotechnical Engineering Research Report No. UCB/GT/80-01, University of California, Berkeley

Duncan J. M. & Seed R. B. (1986), "Compaction induced earth pressures under K_0 conditions", Jnl. Geotech. Eng., ASCE, Vol. 112, No. 1, pp 1-21

EUR 15285(1993), "INTERCLAY II project: A co-ordinated benchmark exercise on the rheology of clays", The European Commission, Brussels

Fernie R., Kingston P., St John H. D., Higgins K. G. & Potts D. M. (1996), "Case history of a deep 'stepped box' excavation in soft ground at the seafront-Langney Point, Eastbourne", Geotechnical Aspects of Underground Construction in Soft Clay, Edt. R. J. Mair & R. N. Taylor, Balkema, Rotterdam, pp 123-130

Finno R. J., Harahap I. S. & Sabatini P. J. (1991), "Analysis of braced excavations with coupled finite element formulations", Computers & Geotechnics, Vol. 12, pp 91-114

Frank R., Guenot A. & Humbert P. (1982), "Numerical analysis of conbacts in geomechanics", Proc. 4th Int. Conf. Num. Met. Geomech., Rotterdam, pp 37-42

Ganendra D. (1993), "Finite element analysis of laterally loaded piles", PhD thesis, Imperial College, University of London

Ganendra D. & Potts D. M. (2002a), "A new approach to the analysis and design of pile groups-Theory", In preparation

Ganendra D. & Potts D. M. (2002b), "A new approach to the analysis and design of pile groups-Application", In preparation

Garga V. K. (1970), "Residual strength under large strains and the effect of sample size on the consolidation of fissure clay", PhD thesis, Imperial College, University of London

Gens A. , Carol I. & Alonso E. E. (1989), "An interface element formulation for the analysis of soil-reinforcement interaction", Comput. Geotech. Vol. 7(1,2), pp 133-151

Gens A. & Potts D. M. (1988), "Critical state models in computational gemechanics", Engineering and mechanics, Vol. 15, pp 178-197

Geotechnical Consulting Group(1993), "Finite element parametric study on long term settlement caused by tunnelling", Report to 'Crossrail', May 1993.

Germaine J. T. (1982), "Development of the Directional Shear Cell for measuring cross anisotropic clay properties", DSc thesis, MIT, USA

Gourvenice S. (1998), "Three dimensional effects of diaphragm wall installation and stagged construction sequences", PhD thesis, University of Southampton

Gunn M. J. , Satkunananthan A. & Clayton C. R. I. (1993), "Finite element modelling of installation effects", Retaining Structures, Edt. C. R. I. Clayton, Thomas Telford, London, pp 46-55

Griffiths D. V. & Lane P. A. (1999), "Slope stability analysis by finite elements", Geotechnique, Vol. 49, No. 3, pp 387-403

Hamza M. M. A. F. (1976), "The analysis of embankment dams by nonlinear finite element method", PhD thesis, Imperial College, London University

Hansen J. B. (1970), "A revised and extended formula for bearing capacity", Bulletin No. 28, Danish Geotechnical Institute, Copenhagen

Harris D. I. , Potts D. M. , Brady K. C. , Hight D. W. & Higgins K. C. (1993), "Finite element analysis of anchored earth retaining walls", Retaining Structures, Edt. C. R. I. Clayton, Thomas Telford, London, pp 599-608

Head K. H. (1994), "Manual of soil laboratory testing", Vol. 2, Wiley, New York

Hermann L. R. (1978), "Finite element analysis of contact problems", Proc. ASCE, Vol. 104, EM5, pp 1043-1057

Hight D. W. (1993), "A review of sampling effects in clays and sands", Offshore site investigation and foundation behaviour, Society for Underwater Technology, Vol. 28, pp 115-146

Hight D. W. & Higgins K. G. (1944), "An approach to the prediction of ground movements in engineering practice: background and application", Prefailure Deformation of Geomaterials, Edt. Shibuya, Mitachi & Miura, Balkema, Rotterdam, pp 909-945

Hight D. W. , Higgins K. G. , Jardine R. J. , Potts D. M. , Pickles A. R. , DeMoor E. K. , & Nyirende, Z. M. (1992), "Predicted and measured tunnel distortions associated with construction of waterloo International Terminal", Predictive Soil Mechanics, Proc. Wroth Memorial Symp. , pp 317-338

Hight D. W. , Jardine R. J. & Gens A. (1987) , "The behaviour of soft clays", Embankments on soft clays, Bulletin of the Public Works Research Centre, Athens, pp 33-158

Higgins K. G. (1983) , "Diaphragm walling, associated ground movements and analysis of construction", MSc thesis, Imperial College, London University

Higgins K. G. , Fernie R. , Potts D. M. & Houston C. (1999) , "The use fo numerical methods for the design of base propped retaining walls in a stiff fissured clay", Geotechnical Aspects of Underground Construction in Soft Ground, Edt. Kusakabe et al, Balkema, Rotterdam, pp 511-516

Higgins K. G. , Potts D. M. , and Mai, R. J. (1996) , "Numerical modelling of the influence of the Westminster Station excavation and tunnelling on Big Ben Clock Tower", Geotechnical Aspects of Underground Construction in Soft Clay, Edt. R. J. Mair & R. N. Taylor, Balkema, Rotterdam, pp525-530

Higgins K. G. , Potts D. M. & Symonds I. F. (1993) , "The use of laboratory derived soil parameters for the prediction of retaining wall behaviour", Retaining Structures, Edt. C. R. I. Clayton, Thomas Telford, London, pp 92-101

Hill R. (1950) , "The mathematical theory of plasticity", Clarendon Press. Oxford

Hird C. C. , Pyrah I. C. & Russell D. (1990) , "Finite element analysis of the collapse of reinforced embankments on soft ground", Geotechnique, Vol. 40, No. 4, pp 633-640

Horsnell M. R. , Norris V. A. & Ims B. (1992) , "Mudmat interaction and foundation analysis", Proc Int. Conf. Recent Large Scale Fully Instrumented pile test in Clay, Thomas Telford, London

Huder J. (1972) , "Stability of bentonite slurry trenches with some experience of Swiss practice", Proc 5th European Conf. Soil Mech. & Found. Eng, Madrid, pp 517-522

Jackson C. , Zdravkovic L. & Potts D. M. (1997) , "Bearing capacity of pre-loaded surface foundations on clay", Computer Methods & Advances in Geomechanics, Edt. J. X Yuan, Balkema, Rotterdam, Vol. 1, pp 745-750

Jamiolkowski M, Lancellotta R. , & Lo Presti D. C. F. (1994) , "Remarks on the stiffness at small strains of six Italian clays", Pre-Failure Deformation of Geomaterials, Edt. S. Shibuya, T. Mitachi & S. Miura, Balkema, Rotterdam, pp 817-836

Jardine R. J. (1985) , "Investigation of pile-soil behaviour with special reference to the foundations of offshore structures", PhD thesis, Imperial College, London University

Jardine R. J. (1992) , "Non-linear stiffness parameters from undrained pressuremeter tests", Canadian Geotechnical Journal, Vol. 29, pp 436-447

Jardine R. J. (1994) , "One perspective of the pre-failure deformation characteristics of some geomaterials", Pre-failure Deformation of Geomaterials, Edt. Shibuya, Mitachi & Miura, Balkema, Rotterdam, pp 855-885

Jardine R. J. & Chow F. C. ,"New design methods for offshore piles",MTD Publication 96/103

Jardine R. J & Potts D. M. (1988),"Hutton tension leg platform foundations: predictions of driven pile behaviour",Geotechnique,Vol. 38,No. 2,pp 231-252

Jardine R. J & Potts D. M. (1992),"Magnus foundations: soil properties and predictions of field behaviour",Proc. Int. Conf. Recent Large Scale Fully Instrumented Pile tests in Clay,Thomas Telford,London

Jardine R. J. ,Potts D. M. ,Fourie A. B & Burland J. B. (1986),"Studies of the influence of nonlinear stress-strain characteristics in soil-structure interaction",Geotechnique,Vol. 36,No. 3,pp 377-396

Jefferies R. M. & Knowles N. C. (1994),"Finite element benchmarks for clay-the INTERCLAY project",Proc. 3rd Eur,Conf. Num. Meth. Geotech. Eng. ,Edt. I. M. Smith,Balkema,Rotterdam,pp 165-170

Jonsrud R & Finnesand G. (1992),"Instrumentation for monitoring the installation and performance of the concrete foundation templates for the Snorre tension leg platform",Behaviour of offshore structures(BOSS),Vol. 1,pp 690-703

Jovičić V. & Coop M. R. (1998),"The measurement of stiffness anisotropy in clays with bender element tests in the triaxial apparatus"Geotechnical Testing Journal,ASTM,Vol. 21,No. 1, pp3-10

Kimmance J. P,Lawrence S. ,Hassan O. ,Purchase N. J. & Tollinger G. (1996),"Observations of deformations created in existiong tunnels by adjacent and cross cutting excavations", Geotechnical Aspects of Underground Construction in Soft Ground,Edt. R. J. Mair & R. N. Taylor,Balkema,Rotterdam,pp 707-712

Kovačević N. (1994),"Numerical analyses of rockfill dams,cut slopes and road embankments", PhD thesis,Imperial College,University of London

Kovačević N. ,Potts D. M. ,Vaughan P. R. ,Charles J. A. & Tedd P. (1997),"Assessing the safety of old embankment dams by observing and analysing movement during reservoir operation",Proc. 19th Int. Cong. Large Dams(ICOLD),Florence,pp 551-566

Kenley R. M. & Sharp D. E. (1992),"Magnus foundation monitoring project instrumentation,data processing and measured results",Proc Int. Conf. Recent Large Scale Fully Instrumented Pile tests in Clay,Thomas Telford,London

Kuwano R. (1999),"The stiffness and yielding anisotropy of sand",PhD thesis,Imperial College, University of London

Kuzuno T. ,Takasaki H. ,Tanaka M,& Tamai,T. (1996),"Driving control and ground behaviour of triple circular face shield machine",Geotechnical Aspects of Underground Construction in Soft Ground,Edt. R. J. Mair & R. N. Taylor,Balkema,Rotterdam,pp 283-288

La Rochelle P. ,Trak B. ,Tavenas F. A. & Roy M. (1974),"Failure of a test embankment on a sensitive Champlain clay deposit";Canadian Geotechnical Journal,Vol. 11,pp 142-164

Lade P. V. (1997),"Elasto-plastic stress-strain theory for cohesionless soil with curved yield surfaces",Int. J. Solids Structures,Vol. 13,pp 1019-1035

Lade P. V. & Kim M. K. (1988),"Single hardening constitutive model for frictional materials, III. Comparison with experimental data",Computers and Geotechnics,VoL. 6,pp 13-29

Lambe T. W. (1973),"Predictions in soil engineering",Geotechnique,Vol. 23,No. 2,pp 149-202

Lancellotta R. & Pepe C. (1990),"Pisa Tower-Apreliminary report",Politecnico di Turino,Dipartimento Ingegnaria Strutturale,Rapporto di Ricerca,No2. 1

Leonards G. A. & Ramiah B. K. (1959),"Time effects in the consolidation of clay",ASTM,STP 254,pp 116-130

Leroueil S. (1977)Quelques considerations sur le comportement des argiles sensibles;PhD thesis, University of Laval,Quebec,Canada

Lo Prestige D. C. F. ,Pallara O. ,Lancellotta R. ,Armandi M. & Maniscalco R. (1993),"Monotonic and cyclic loading behaviour of two sands at small strains",Geotechnical Testing Journal,Vol. 16,No. 4,pp 409-424

Lunne T. & Kleven A. (1981),"Role of CPT in North Sea foundation engineering",Cone penetration testing,ASCE

Lupini J. F. ,Skinner A. E. & Vaughan P. R. (1981),"The drained residual strength of cohesive soils",Geotechnique,Vol. 31,No. 2,pp 181-213

Mair R. J. ,Hight D. W. & Potts D. M. (1992),"Finite element analyses of settlements above a tunnel in soft ground",Contractor Report 265,Transport and Road Research Laboratory

Mair R. J. & Wood D. M. (1987),"Pressuremeter testing: Methods and interpretation",CIRIA Ground Eng. Report: Insitu testing,CIRIA & Butterworths,London & Sevenoaks

Marsland A. & Eason B. J. (1973),"Measurements of displacements in ground below loaded plates in boreholes",Proc. Conf. Filed Instrumentation,Butterworths,pp 304-317

Marsland A. & Quaterman R. S. (1982),"Factors affecting the measurements and interpretation of quasi-static penetration tests in clays",Proc. 2nd Eur. Sym. Penetration Testing ,Amsterdam

Ministero dei Lavori Pubbici(1971),"Ricerche e studi sulla Torre di Pisa ed i fenomeni connessi alle condizione di ambiente,Vol. 3,I. G. M. ,Florence

Mori R. T. & Pinto N. L. deS. (1988),"Analysis of deformations in concrete face rockfill dams to improve face movement prediction",Proc. 16th Int. Cong. Large Dams(ICOLD),San Francisco,Vol. 2,pp 27-34

NAFEMS(1990),"The standard NAFEMS benchmarks",Publication P18,NAFEMS

Nash D. F. T. ,Sills G. C. & Davison L. R. (1992),"One-dimensional consolidation testing of soft clay from Bothkennar",Geotechnique,Vol. 42,No. 2,pp 241-256

Naylor D. J. (1975). "Numerical Models for clay core dams,Proc, Int. Symp. Criteria and Assumptions for Num,Analysis of Dams,Swansea,Edt. Naylor,Stagg & Zienkiewicz,pp 489-514

Naylor D. J. (1991a),"Stress-strain laws and parameter values",Advances in Rockfill Structures, Edt. Maranha das Neves,pp269-290

Naylor D. J. (1991b), "Finite element methods for fills and embankment dams", Advances in Rockfill Structures, Edt. Maranha das Neves, pp 291-340

Naylor D. J. , Tong S. L. & Shahkarami A. A. (1989), "Numerical modelling of saturation shrinkage", Numerical Models in Geomechanics NUMOG III, Edt. Pietruszczak and Pande, pp 636-648

Naylor D. J. (1999), "On the use of the FEM for assessing the stability of cuts and fills", Numerical Models in Geomechanics, NUMOG VII, Edt. Pietruszczak & Pande, Balkema, Rotterdam, pp 553-560

NCE(1983), New Civil Engineer, October Issue, Emap, London

NCE(1984a), New Civil Engineer, January Issue, Emap, London

NCE(1984b), New Civil Engineer, February Issue, Emap, London

NCE(1991), New Civil Engineer, March Issue, Emap, London

NCE(1994), New Civil Engineer, December Issue, Emap, London

Ng C. W. W. (1992), "An evaluation of soil-structure interaction associated with a multi-propped excavation", PhD thesis, University of Bristol

Nyren R. (1998), "Field measurements above twin tunnels in London Clay", PhD thesis, Imperial College, University of London

Ong J. C. W. (1997), "Compensation grouting for bored tunnelling in soft clay", MSc dissertation, Imperial College, University of London

Ong H. L. (1996), "Numerical analysis for tunnelling and grouting in soft ground", MSc dissertation, Imperial College, University of London

O'Neil M. W. , Ghazzaly O. I. & Ha H. B. (1977), "Analysis of three dimensional pile groups with non-linear soil response and pile-soil-pile interaction", Offshore Technology Conf. , Paper 2838, pp 245-256

Padfield C. J. & Mair R. J. (1984), "Design of retaining walls embedded in stiff clay", CIRIA Report 104

Pagano L. (1998), "Interpretation of mechanical behaviour of earth dams by numerical analysis", Proc. Symp. Prediction and Performance in Geotechnical Engineering, Hevelius Edizioni, Napoli, pp 89-150

Panet M. & Guenot A. (1982), "Analysis of convergence behind the face of a tunnel", Proc. Tunnelling, 82, London, The Institution of Mining & Metalluragy, pp 197-204

Peck R. B. (1969), "Deep excavations and tunnelling in soft ground", Proc. 7th Int. Conf. Soil Mech. & Found. Eng. , Mexico, pp 225-290

Penman A. D. M. , Burland J. B. & Charles J. A. (1971), "Observed and predicted deformations in a large embankment dam during construction", Proc. Instn. Civ. Eng. , London, Vol. 49, pp 1-49

Penman A. D. M. & Charles J. A. (1985), "Behaviour of rockfill dam with asphaltic membrane", Proc. 11th Int. Conf. Soil Mechs. Found. Eng. , San Francisco, Vol. 4, pp 2011-2014

Perry J. (1989), "A survey of slope condition on motorway earthworks in England and Wales", Transport and Road Research Laboratory, Research Report No. 199, pp 49

Porovic E. (1995), "Investigations of soil behaviour using a resonant column torsional shear hollow cylinder apparatus", PhD thesis, Imperial College, University of London

Potts D. M. & Addenbrooke T. I. (1997), "A structure's influence on tunnelling-induced ground movements", Proc. Inst. Civ. Eng. Geotech. Eng. , Vol. 125, pp 109-125

Potts D. M. , Addenbrooke T. I. & Day. R. A. (1993), "The use of soil berms for temporary support of retaining walls", Retaining Structures, Edt. C. R. I. Clayton, Thomas Telford, London, pp 440-447

Potts D. M. & Burland J. B. (2000), "Development and application of a numerical model for simulating the stabilisation of the Leaning Tower of Pisa", Developments in Theoretical Geomechanics, Booker Memorial Symp. , Edt. D. W. Smith & J. P. Carter, Ballkema, Rotterdam, pp 737-758

Potts D. M. & Day R. A. (1990), "The use of sheet pile retaining walls for deep excavations in stiff clay", Proc. Inst. Civ. Engineers, Part 1, Vol. 88, pp 899-927

Potts D. M. , Dounias G. T. & Vaughan P. R. (1987), " Finite element analysis of the direct shear box test", Geotechnique, Vol. 37, No. 1, pp 11-23

Potts D. M. , Dounias G. T. & Vaughan P. R. (1990), " Finite element analysis of progressive faiure of Carsington embankment ", Geotechnique, Vol. 40, No. 1, pp 79-101

Potts D. M. & Fourie A. B. (1986), "A numerical study of the effects of wall deformation on earth pressures", Int. Jnl. Num. Anal. Geomech. , Vol. 10, No. 4, pp 383-405

Potts D. M. & knights M. C. (1985), "Finite element techniques for the preliminary assessment of a cut and cover tunnel", Tunnelling' 85, Edt. M. J. Jones, The Institution of Mining & Metallurgy, pp 83-92

Potts D. M. , Kovačević N. & Vaughan P. R. (1997), "Delayed collapss of cut slopes in stiff clay", Geotechnique, Vol. 47, No. 5, pp 953-982

Potts D. M. & Zdravković L. (1999) "Finite element analysis in geotechnical engineering: Theory", Thomas Telford, London

Poulos H. G. & Davis E. H. (1968). "Pile foundation analysis and design", Wiley Prandtl L. (1920), "Uber die Harte Plastischer Korper", Nachrichten von der Koniglichen Gesellschaft der Wissenschaften,. Gottingen, Math. Phys. , Klasse, pp 74-85

Puzrin A, & Burland J. B(1998), "Non-linear model of small-strain behaviour of soils", Geotechnique, Vol. 48, No. 2, pp 217-233

Randolph M. F. & Poulos H. G. (1982), "Estimating the flexibility of offshore pile groups", Proc. 2nd Int. Conf. Num. Meths, Offshore Piling, Austin Texas, pp 313-328

Randolph M. F. , Martin C. M. & Hu Y. , "Limiting resistance of a spherical penetrometer in cohesive material", Geotechnique, Vol. 50, No. 5, pp 573-582

Reese L. C. (1977), "Laterally loaded piles: Program documentation", Jnl. Geot. Eng. Div. ,

ASCE, Vol. 103, No GT4, pp 287-305

Rigden W. J. & Semple R. M. (1983), "Design and installation of the Magnus foundations; Predictions of pile behaviour", Conf. on design and construction of offshore structures, Thomas Telford, London, pp 29-52

Robertson P. K. & Campanella R. G. (1983), "Interpretation of cone penetration tests. Parts 1 & 2", Canadian Geotechnical Journal, Vol. 20, pp 718-745

Roscoe K. H. & Burland J. B. (1968), "On the generalised stress-strain behaviour of 'wet' clay", Eng. plasticity, Cambridge Univ. Press, pp 535-609

Rowe R. K. , Lo K. Y. & Kack G. J. (1983), "A method of estimating surface settlement above tunnel constructed in soft ground", Canadian Geotechnical Journal, Vol. 20, pp 11-22

Rowe P. W. (1971), "Theoretical meaning and observed values of deformation parameters for soil; Stress-Strain Behaviour of Soils", Proc. Roscoe Memorial Symp. , Cambridge University, Foulis, pp 143-194

Rowe R. K. , Booker J. R. & Balaam N. P. (1978), "Application of the initial stress method to soil-structure interaction", Int. Jnl. for Num. Meth. Eng. , Vol. 12, pp873-880

Sandroni S. S. (1977), "The strength of London Clay in total and effective stress terms", PhD thesis, Imperial College, University of London

Sarrailh J. & Tavenas F. A. (1972). "Etude geotechnique preliminarie du site de Saint-Alban", Internal report GCN-72-09-02(MS-N2), University of Laval. Quebec, Canada

Schultheiss P. J. (1981), "Simultaneous measurement of P & S wave velocities during conventional laboratory soil testing procedures", Marine Geotechnoloy, Vol. 4, No. 4, pp 343-367

Schweiger H. F. (1998), "Results from two geotechnical benchmark problems", Proc. 4th European Conf. Num. Meth. Geotech. Eng. , Edt A. Cividini, pp645-654

Schweiger H. F. & Freiseder M. (1994), "Three dimensional finite element analysis of diaphragm wall construction", Computer Methods and Advances in Geomechanics", Edt. H. J. Siriwardane & M. M. Zaman, Balkema, Potterdam, pp 2493-2498

Sharp D. E. (1992), "Magnus foundation monitoring-an overview", Proc Int. Conf. Recent Large Scale Fully Instrumented Pile tests in Clay, Thomas Telford, London

Shibuya S. (1999), Personal communication

Shin J. H. (2000), "Numerical analysis of tunnelling in decomposed granite soil", PhD thesis, Imperial College, University of London

Shin D. M. & Potts D. M. (2001), "Time-based two dimensional modelling of tunnelling", in preparation

Sieffert J. G. & Bay-Gress Ch. (2000), "Comparison of European bearing capacity calculation methods for shallow foundations", Proc. Inst. Civ. Eng. Geotech. Eng. , Vol. 143, pp 65-74

Simpson B. , Atkinson J. H. & Jovičić, V. (1996), "The influence of anisotropy on calculations of ground settlements above tunnels", Geotechnical Aspects of Underground Construction in Soft Ground, Edt. R. J. Mair & R. N. Taylor, Balkema, Rotterdam, pp 51-514

Skempton A. W. (1951), "The bearing capacity of clays", Proc. Build. Res. Congress, Vol. 1, pp 180-189

Skempton A. W. (1964), "Long term stability of clay slopes", Geotechnique, Vol. 14, No. 2, pp 77-101

Skempton A. W. (1977), "Slope stability of cuttings in brown London Clay", Proc. 9th Int. Conf. Soil Mechs. Found. Eng. , Tokyo, Vol. 3, pp 261-270

Skempton A. W. (1985), "Geotechnical aspects of the Carsington dam failure", Proc. 16th Int. Conf. Soil Mech. Found. Eng. , San Francisco, Vol. 8, pp 2581-2591

Skempton A. W. (1986), "Standard penetration test procedures and the effects in sands of overburden pressure, relative density, particle size, ageing and overconsolidation", Geotechnique, Vol. 36, No. 2, pp 425-447

Skempton A. W. & Chrimes M. M. (1994), "Thames tunnel: geology, site investigation and geotechnical problems", Geotechnique, Vol. 44, No. 2. pp 191-216

Skempton A. W. & Henkel D. J. (1957), "Tests on London Clay from deep borings at Paddington, Victoria and South Bank", Proc. 4th Int. Conf. Soil Mechs. Found. Eng. , London, Vol. 1, pp 100-106

Skinner A. E. (1975), "The effect of high pore water pressures on the mechanical behaviour of sediments", PhD thesis, Imperial College, University of London

Standing J. R. , Farina M. & Potts D. M. (1998). "The prediction of tunnelling induced building settlements-a case study", Tunnels & Metropolises, Edt, A. Negro & A. A. Ferreira, Balkema, Rotterdam, pp 1053-1058

St John H. D. (1975), "Field and theorerical studies of behaviour of ground around deep excavations in London Clay", PhD thesis, University of Cambridge

St John H. D. , Harris D. I. , Potts D. M. & Fernie R. (1993), "Design study for a cantilever bored pile retaining wall with relieving slabs", Retaining Structures, Edt. C. R. I. Clayton, Thomas Telford, London, pp 363-372

St John H. D. , Higgins K. G. & Potts D. M. (1995), Discussion on "An analysis of bored pile/diaphragm wall installation effects", by E. K. de Moor, Geotechnique, Vol. 45, No. 4, pp 753-755

Stroud M. A. (1974), "The Standard Penetration Test in insensitive clays and soft rocks", Proc. ESOPTI 2(2), pp 367-375

Stroud M. A. (1989), "The standard penetration test-its application and interpretation", Penetration testing in the UK, Thomas Telford, London, pp 29-49

Swoboda G. (1979), " Finite element analysis of the New Austrian Tunnelling Method (NATM)", Proc. 3rd Int. Conf. Num. Meth. Geomech. , Aachen, Vol. 2, pp 581-586

Symons I. F & Carder D. R. (1993), "Stress changes in stiff clay caused by the installation of embedded retaining walls", Retaining Structures, Edt. C. R. I. Clayton, Thomas Telford, London, pp 227-236

Tavenas F. A. & Chapeau C. (1973), "Etude en laboratorie des proprietes geotechniques de l'argile de Saint-Alban", Internal report GCN-73-04-03 (MS-N5), University of Laval, Quebec, Canada

Tavenas, F. A. & Leroueil S(1980), "The behaviour of embankments on clay foundations", Canadian Geotech. Journ., Vol. 17, No. 2, pp 236-260

Tedd P., Chard B. M., Charles J. A. & Symons I. F. (1984), "Behaviour of a propped embedded retaining wall in stiff clay at Bell Common Tunnel", Geotechnique, Vol. 34, No. 4, pp 513-532

Tedd P., Claydon J. R. & Charles J. A. (1990), "Deformation of Ramsden during reservoir drawdown and refilling", The Embankment Dam, Proc. 6th Conf. British Dam Society, Nottingham, Thomas Telford, pp 171-176

Tedd P., Charles J. A., Holton I. R. & Robertshaw A. C. (1994), "Deformation of embankment dams due to changes in reservoir level", Proc. 13th Int. Conf. Soil Mech. & Found. Eng., New Delhi, Vol. 3, pp 951-954

Terzaghi K. & Peck, R. B. (1948), "Soil Mechanics in Engineering Practice", Wiley, New York

Vaughan P. R. (1989), "Nonlinearity in seepage problems-theory and field observations", De Mello Volume, Edgard Blucher, Sao Paulo, pp 501-516

Vaughan P. R. (1994), "Assumption, prediction and reality in geotechnical engineering, Geotechnique, Vol. 44, No. 4, pp 573-603

Vaughan P. R., Dounias G. T. & Potts D. M. (1989), "Advances in analytical techniques and the influence of core geometry on behaviour", Proc. Conf. Clay Barriers for Embankment Dams, Inst. Civ. Eng., London, pp 35-56

Vaughan P. R., Kennard R. M. & Greenwood D. A. (1983), "Squeeze grouting of stiff fissured clay after a tunnel collapse", Proc. 5th Eur. Conf. Soil Mechs. Found. Eng., Helsinki, Vol. 1, pp 171-176

Vaughan P. R. & Walbancke, H. J. (1973), "Pore pressure changes and the delayed failure of cutting slopes in over-consolidated clay", Geotechnique, Vol. 23, No. 4, pp 531-539

Vesic A. S(1973), "Analysis of ultimate loads of shallow foundations", JSMFD, ASCE, Vol. 99, SM1, pp 45-73

Viggiani G. (1992), "Small strain stiffness of fine grained soils", PhD thesis, The City University, London

Walbancke H. J. (1976), "Pore pressure in clay embankments and cuttings", PhD thesis, Imperial College, University of London

Ward W. H. (1969), Discussion on Peck R. B, "Deep excavations and tunnelling in soft ground", Proc. 7th Int. Conf. Soil Mech. & Found. Eng., Mexico City, Vol. 3, pp 320-325

Wilson E. L. (1977), "Finite elements for foundations, joints, and fluids", Chapter 10 in Finite Elements in Geomechanics, Edt. G. Gudehus, Wiley, New York

Wilson A. C. & Evans J. D. (1990), "The use of low grade rockfill at Roadford Dam", The British Dam Society, 6th Conf. Embankment Dam, London, pp 15-21

Young W. C. (1989), "Roark's formulas for stress and strain", 6th Edition, McGraw-Hill, New York

Yoshida Y, Ikemi M. & Kokusho T, (1988), "Empirical formulas of SPT blow-counts for gravelly soils", Penetration testing ISOPT-1, Orlando, pp 381-387

Zdravković L. (1996), "The stress-strain-strength anisotropy of a granular medium under general stress conditions", PhD thesis, Imperial College, University of London

Zdravković L. & Jardine R. J. (1997), "Some anisotropy stiffness characteristics of a silt under general stress conditions", Geotechnique, Vol. 47, No. 3, pp 407-437

Zdravković L. & Jardine R. J. (2000), "Undrained anisotropy of K_o consolidated silt", Can. Geotech. Jnl. , Vol. 37, pp 178-200

Zdravković L. , Potts D. M. & Jackson C. (2001), "Undrained bearing capacity of pre-loaded strip foundations on clay", under review

Zdravković L. Potts D. M. & Jardine R. J. (1998), "Pull-out capacity of bucket foundations in soft clay"; Offshore site investigation and foundation behaviour(SUT), London, pp 301-324

Zdravković L. , Potts D. M. & Jardine R. J. (2001), "A parametric study of the pull-out capacity of bucket foundations in soft clay", Geotechnique, Vol. 51, No. 1, pp 55-67

Zdravković L. , Potts D. M. & Hight D. W(2002), "The effect of anisotropy on the behaviour of embankments on soft ground"; in preparation

Zienkiewicz O. C. (1977), "The finite element method", 3rd Edition, McGraw-Hill, London